高等学校自动化类专业系列教材

普通高等教育"十一五"国家级规划教材

中国石油和化学工业优秀出版物奖（教材奖）一等奖

自动检测技术

第四版

王化祥　编著

U0254058

+

ZIDONG

JIANCE

JISHU

化学工业出版社

·北京·

内容简介

本书在介绍测量误差理论、测量系统特性及系统可靠性基本知识的基础上，系统地阐述了温度、压力、流量、液位、成分分析等过程参数以及运动控制系统中的位置、速度（转速）、转矩及功率测量等参数的检测原理、测量方法、测量系统构成及测量误差分析，同时还注意介绍各种测量装置的安装使用条件，以保证检测系统的测量精度。

本书可作为高等院校自动化、测控技术与仪器及相关专业的教材，也可供从事自动化检测技术、过程控制以及运动控制领域科研及工程技术人员参考。

图书在版编目（CIP）数据

自动检测技术/王化祥编著. —4 版. —北京：化学
工业出版社，2022.8（2024.2 重印）
高等学校自动化类专业系列教材　普通高等教育"十
一五"国家级规划教材
ISBN 978-7-122-41416-8

Ⅰ.①自… Ⅱ.①王… Ⅲ.①自动检测-高等学校-教材
Ⅳ.①TP274

中国版本图书馆 CIP 数据核字（2022）第 080246 号

责任编辑：郝英华　唐旭华
责任校对：赵懿桐　　　　　　　　　　　装帧设计：史利平

出版发行：化学工业出版社（北京市东城区青年湖南街 13 号　邮政编码 100011）
印　　装：大厂聚鑫印刷有限责任公司
787mm×1092mm　1/16　印张 20¼　字数 534 千字　　2024 年 2 月北京第 4 版第 3 次印刷

购书咨询：010-64518888　　　　　　　售后服务：010-64518899
网　　址：http://www.cip.com.cn
凡购买本书，如有缺损质量问题，本社销售中心负责调换。

定　　价：59.00 元

前　言

本书第一版自 2004 年 8 月出版以来，受到了不少大专院校的欢迎，并被选为教材。本次再版，编者努力在保持原有教材特点基础上，对部分内容进行了修改补充。

编者编写这本教材的宗旨是，既注意保持传统的流程工业中主要参数的基本检测技术有关内容，又力求反映当前国内外检测技术的最新成就和发展。本书第 1～3 章重点讲述了测量系统的测量误差分析及处理、测量系统的构成和特性分析以及测量系统的可靠性等有关内容，使学生能从测量系统的角度，对测量误差、测量精度和测量系统特性及可靠性有一个总体了解；第 4～8 章主要介绍了流程工业中的主要参数，如温度、压力、液位、流量、成分分析等参数的检测技术，以及动力系统的机械量，如位置、速度、转矩及功率测量等相关内容。本次修订对"流量测量"章节进行了进一步的修改和调整，主要考虑加深基本概念和基本理论有关内容的阐述。其中，有关传统的流程工业中广泛应用的测量方法和测量技术是本书的基本内容，学生需要牢固掌握；同时本书也包括了目前流程工业中参数检测的最新技术，如温度测量中"红外测温仪与红外热像仪"、流量测量中"多相流检测技术"，以及运动控制中有关机械量测量方法，这有助于学生扩大视野、开阔思路，掌握当前最新科技发展动态，进而提高解决实际问题的能力。

本书按照教学学时的要求安排内容（教学课时一般安排为 64 学时），内容较为丰富；文字力求通俗易懂；为便于学习，每章末均附有本章小结、思考题和习题，以帮助读者学习时练习与参考。对于教学学时不足 64 学时的，可选择重点内容讲解。

"自动检测技术"既是一门独立的课程，又是一门交叉应用专业课，即融传感技术、电子技术、计算机技术及通信技术等于一体的课程，为学生掌握跨学科研究的思路和方法奠定了基础。

本书配套教学课件，有需要的读者可登录化工教育平台 www.cipedu.com.cn 注册后下载使用。

由于编者学识有限，书中不妥之处在所难免，恳请诸位专家、读者批评指正。

编　者

2022 年 4 月于津大园

目 录

绪　论

一、过程检测的对象与需求

在工业生产中，反映过程的参数常见有温度、压力、流量、物位、成分、密度等。这些参数的检测构成了过程检测的基本内容，这对于保证产品的产量与质量，对于企业节能降耗增效，提高市场竞争力，对于保障安全生产，均发挥着十分重要的作用。

过程检测是生产过程自动控制系统的重要组成部分。实施任何一种控制，首要问题是要准确及时地把被控参数检测出来，并变换成为调节、控制装置可识别的方式，作为过程控制装置判断生产过程的依据。因此，过程检测是实现生产过程自动化、改善工作环境、提高劳动生产率的重要环节。如加热炉的温度控制，首先应对被测对象即炉膛内炉温进行测定，将测定数据提供给操作人员掌握炉况，并将此工况值送入调节或控制装置以便实施自动控制炉温。

二、检测系统的组成与功能

检测系统的主要作用在于测量各种参数以用于显示或控制。为实施测量，一般检测系统都包括以下几部分：传感器、测量电路、显示或输出部分。当然，根据传感器输出测量信号的形式不同及测量系统的功能不同，检测系统的构成也相应地有所区别。图1所示的计算机辅助检测系统主要由传感器、基本转换电路、信号预处理电路、微机处理、输出等环节组成。其中，基本转换电路和信号预处理电路统称为测量电路。

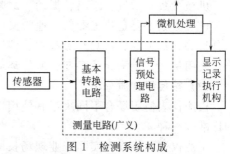

图1　检测系统构成

(1) 传感器

传感器是将各种非电量（包括物理量、化学量和生物量等）按一定规律转换成便于处理和传输的另一种物理量（一般为电量）的装置。传感器是检测系统中的关键器件，是实现自动检测及控制的首要环节。

(2) 测量电路

测量电路的功能是将传感器输出的电信号经过必要的转换和信号处理，使之便于驱动显示、记录、执行机构或进行微机数据处理。测量电路的组成与传感器输出测量信号的形式及测量系统（或仪器）功能要求有关，由此决定测量电路的类型，其中绝大部分为模拟量测量电路。图2所示为模拟量测量电路的基本构成方框图。

(3) 微机数据处理

微机在检测系统中的应用，使检测系统产生了质的飞跃。如计算机数据采集系统、智能数据采集系统及虚拟设备技术等均为计算机技术在测量系统中应用的结果。

测量数据的微机处理，不仅可以对信号进行分析、判断、推理，产生控制量，还可以用数字、图表显示测量结果。如果在微机中采用多媒体技术，可使测量结果的显示丰富多彩。

(4) 显示输出部分

显示输出部分是检测系统向观察者显示或输出被测量数值的装置。显示输出部分包含显示和打印记录装置、数据处理和控制装置等，它们不仅可以实时检测，而且可以实现对被测

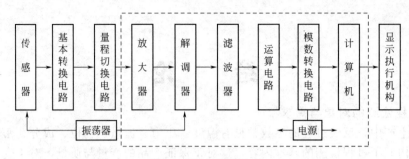

图 2 模拟量测量电路

对象的控制。目前，显示方式可分为指针式、数字式、屏幕式等。

三、检测系统的分类

在生产过程中，不同行业生产流程复杂多样，被测对象多样性和复杂化对过程检测提出了诸多要求。从企业的原辅材料、燃料进厂到生产过程安全、环保、质量、产品监控等，均涉及检测问题。下面介绍常见的检测分类方法。

（1）按被测参数分类

常见的被测参数有过程参数、电气参数、机械参数等几大类。

电气参数有电能、电流、电压、频率等。

机械参数有质量、距离、振动、缺陷检查、故障诊断等。

过程参数主要是热工参数，通常又可细分为温度、压力、流量、物位、湿度、密度、成分分析等。每种参数被测对象范围、特性不同需采用检测方法和装置不同，因此过程参数检测仪表用量大、检测介质多变、所处环境恶劣，故本书重点讲述这类非电量的过程参数。

（2）按使用性质分类

检测仪表使用场合不同决定其使用性质的差异，通常可据此分为工业仪表、实验室仪表和标准表三种。

工业仪表，是指在实际工业现场长期使用的仪表，为数最多，根据安装地点的不同又分为现场安装和控制室安装。

实验室仪表精确度比工业仪表高，但对使用环境如温度、湿度、振动等要求较严，往往无需特殊的防水、防尘措施，宜在实验室条件下使用。

标准表是专用于校准工业仪表和实验室仪表的。各企业使用计量标准表时须经所在地计量部门定期检定，获得有效检定合格证书方可使用。

（3）按是否接触被测介质分类

可分为接触式和非接触式检测仪表。

接触式仪表的检测元件与被测介质直接接触，感受被测量的作用或变化，从而获得测量信号，如热电阻温度计测温、电容式物位计测物位等均为接触式，其测量结果较准确，但易受介质物理、化学性质影响。

非接触式仪表不直接接触被测介质，而是间接感受被测量的变化达到检测目的。如辐射温度计不与被测物直接接触，而是接收被测物热辐射的能量并转换为电信号，再按辐射定律以温度值显示出来。其特点是不受被测对象污染或影响，使用寿命长，适用于接触式仪表某些难以胜任的场合，但测量精度一般比接触式略低。

（4）按被测对象状态分类

检测仪表按被测对象状态可分为静态和动态测量。静态测量是指被测对象处于稳定状态，其被测参数不随时间变化或随时间缓慢变化；动态测量是指被测对象处于不稳定状态，或被测参数随时间变化的情况下实施的测量。

（5）按仪表各环节连接方式分类

如前所述，检测仪表是由传感器、测量电路及显示输出部分等环节组成，这些内部环节的连接方式不同，使检测仪表有开环式与闭环式之分。

开环式仪表中各环节按开环方式连接，如图 3 所示，仪表中前一环节的输出是后一环节的输入，首尾相接形成测量链，信号由输入端到输出端沿一个方向传递。

闭环式仪表又称反馈式仪表，如图 4 所示。闭环式仪表最大特点是整个仪表的传递函数只与反馈环节传递函数 K_f 有关，而与各串联环节无关，故在很大程度上消除或减少了其他环节的影响。

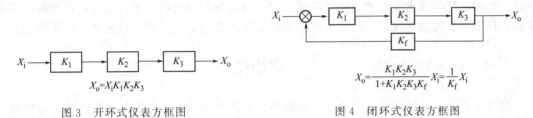

$$X_o = \frac{K_1 K_2 K_3}{1 + K_1 K_2 K_3 K_f} X_i = \frac{1}{K_f} X_i$$

$$X_o = X_i K_1 K_2 K_3$$

图 3　开环式仪表方框图　　　　　图 4　闭环式仪表方框图

四、检测技术的发展

目前，非电量测量技术发展的总趋势如下。

（1）不断扩大测量范围，提高可靠性和精度

随着科学技术的发展，对测量技术要求不断提高，尤其是测量范围的进一步扩大。如为满足超低温技术发展的要求，利用超导体的约瑟夫逊效应已开发出能测量 10^{-6} K 的超低温传感器；辐射型温度传感器最高测量温度原理上可达 10^5 K，但可控聚核反应理想温度却要达到 10^8 K，这就要求超高温测量范围还要进一步扩大。此外，超高压测量、大吨位如 3×10^7 N 以上测量等也都需要扩大测量范围。

随着测量范围的不断扩大，测量环境将变得越来越复杂和恶劣，这就要求测量的可靠性随之提高。如导弹和卫星上安装的测量仪器，既要能耐高温，又要能在极低温和强辐射的环境下保持正常工作，因此，它必须有极高的可靠性和工作寿命。

科学技术的发展，对测量精度要求也在不断提高。因为只有测量精度更高，才能更准确地反映被测量的真实情况。

（2）开发集成化、一体化、多功能化的传感器

随着半导体技术的发展，现在部分传感器实现了传感器与信号调节电路的集成化、一体化。在半导体技术基础上，利用某些固体材料的物理性质变化（机械特性、电特性、热特性等）实现物理量的变换，同时把测量电路也集成在一起，可以直接转换出所需要的电信号供显示输出单元使用，如压阻式传感器、集成温度传感器等。多功能化是指把两种或两种以上敏感元件集成于一体，在一块芯片上可实现多种功能，如半导体温湿敏传感器、多功能气体传感器等。

（3）非接触测量技术

接触式测量是把传感器安装在被测对象上，直接感受其物理量的变化，但在有些情况下，这会使被测对象工作状态受到干扰。如温度传感器贴在被测物体上，会使被测物体散热、导热状态发生变化，影响测温精度。此外，有些被测体上不可能安装传感器，如测量高速旋转体的转速、振动等。因此，非接触测量技术越来越受重视，已开发出光电式、电涡流式、超声波及微波等传感器，同时人们也正在研究利用其他的原理及方法进行非接触测量。

（4）利用计算机技术使测量智能化，提高测试水平

自从微处理器特别是单片机问世以来，使传统的测量仪器变为智能仪器，增加了功能，提高了精度。智能仪器一般都可以完成自校准、自调零、自动测试，并能对传感器非线性进行校正，从而提高测量精度，增加可靠性。

此外，配备计算机大型数据采集系统，可同时采集多达数千路信号，并可根据误差理论自动进行测量数据处理，其处理后的结果，既可以用磁盘长期储存、用打印机打印、用绘图仪绘出曲线，又可以在计算机屏幕上观看。因此，极大增强了数据采集的功能和测量水平。

20世纪末，国外提出了虚拟仪器的概念。在通用计算机系统上，利用与此计算机相配的硬件板卡和组态软件组成具有测量控制功能的系统。在虚拟仪器中软件集成了数据采集、控制、处理、打印输出及用户界面等功能，用户可以根据自己的需要，组建自己专用的测量仪器，打破了传统测量仪器由厂家定义而用户无法改变的方式，给测量领域注入了新观念。

本章小结

检测是利用各种物理和化学效应，将物质世界的有关信息通过测量的方法赋予定性或定量结果的途径。

测量的过程即是比较变换的过程。通过直接测量或间接测量获得被测变量的数值。

检测仪表一般由检测部分、转换传送部分、显示部分构成。

检测部分有时称为传感器，它将被测变量转换成与之对应的信号（电信号）并传送出去。当传送的是符合国际标准的电信号（0～10mA、4～20mA）或气信号时，又称为变送器。检测部分是检测仪表的核心。

测试技术发展日新月异，特别是伴随计算机技术和嵌入式系统的发展，使传统的测量仪器发展为智能化仪表，不仅增加了仪器功能，提高了测量精度，而且实现了集成化、多功能化，同时完成了自校准、自调零以及非线性校正，极大提高了测量精度和可靠性。

1　检测系统基本特性

1.1　检测系统的数学模型

在工程实践和科学实验中，常遇到的一些检测系统大都可以认为是线性系统，不论是电气、机械、热工或生物医学工程等系统，均可以近似地用常系数线性微分方程来描述。

当线性系统在不变的单输入和单输出时，并忽略外界噪声干扰的影响，其检测系统的数学模型表示为

$$a_n \frac{\mathrm{d}^n Y(t)}{\mathrm{d}t^n} + a_{n-1} \frac{\mathrm{d}^{n-1}Y(t)}{\mathrm{d}t^{n-1}} + \cdots + a_1 \frac{\mathrm{d}Y(t)}{\mathrm{d}t} + a_0 Y(t)$$

$$= b_m \frac{\mathrm{d}^m X(t)}{\mathrm{d}t^m} + b_{m-1} \frac{\mathrm{d}^{m-1}X(t)}{\mathrm{d}t^{m-1}} + \cdots + b_1 \frac{\mathrm{d}X(t)}{\mathrm{d}t} + b_0 X(t) \tag{1.1}$$

式中　$Y(t)$——输出量；

　　　$X(t)$——输入量；

　　　　t——时间；

　n 和 m——正整数，一般 $n \geqslant m$；

　a_0，a_1，$\cdots$，a_n 及 b_0，b_1，$\cdots$，b_m——与检测系统特性有关的常数。

对上式进行拉氏变换，即可由时域形式变换到复频域形式，当初始条件为零时，得到系统的传递函数为

$$G(s) = \frac{Y(s)}{X(s)} = \frac{b_m s^m + b_{m-1} s^{m-1} + \cdots + b_1 s + b_0}{a_n s^n + a_{n-1} s^{n-1} + \cdots + a_1 s + a_0} \tag{1.2}$$

式中　s——复频率。

传递函数是一个有理分式，可以很方便地描述系统特性。

1.2　检测系统的特性及性能指标

检测系统的输入量可分为静态量和动态量两类。静态量指稳定状态的信号或变化极其缓慢的信号。动态量通常指周期信号、瞬变信号或随机信号。无论静态量或动态量，检测系统的输出量都应当不失真地复现输入量的变化。这主要取决于检测系统的静态特性和动态特性。

1.2.1　静态特性及其指标

检测系统在被测量的各个值处于稳定状态时，输出量和输入量之间的关系称为静态特性。

通常，要求系统在静态情况下的输出与输入之间关系保持线性。在不考虑迟滞和蠕变效应时，输出量和输入量之间的关系可由下列方程式确定。

$$Y = a_0 + a_1 X + a_2 X^2 + \cdots + a_n X^n \tag{1.3}$$

式中　　　　Y——输出量；

　　　　　　X——输入量；

　　　　　　a_0——零位输出；

　　　　　　a_1——检测系统的灵敏度，常用 K 表示；

$a_2, a_3, \cdots, a_n$——非线性项待定常数。

由式(1.3)可知，如果 $a_0 = 0$，表示静态特性通过原点。此时静态特性是由线性项（a_1，X）和非线性项（$a_2 X^2$，$\cdots$，$a_n X^n$）叠加而成，一般可分为以下四种典型情况。

① 理想线性［见图1.1(a)］

$$Y = a_1 X \tag{1.4}$$

② 具有 X 奇次阶项的非线性［见图1.1(b)］

$$Y = a_1 X + a_3 X^3 + a_5 X^5 + \cdots \tag{1.5}$$

③ 具有 X 偶次阶项的非线性［见图1.1(c)］

$$Y = a_1 X + a_2 X^2 + a_4 X^4 + \cdots \tag{1.6}$$

④ 具有 X 奇、偶次阶项的非线性［见图1.1(d)］

$$Y = a_1 X + a_2 X^2 + a_3 X^3 + a_4 X^4 + \cdots \tag{1.7}$$

由此可见，除图1.1(a)为理想线性关系外，其余均为非线性关系。其中具有 X 奇次项的曲线图1.1(b)，在原点附近一定范围内基本上是线性特性。

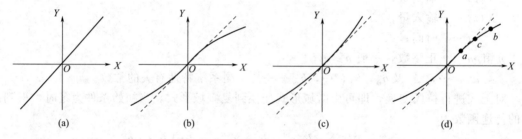

图 1.1　检测系统的四种典型静态特性

实际应用中，若非线性项的方次不高，在输入量变化不大的范围内，用切线或割线代替实际的静态特性曲线的某一段，使系统的静态特性曲线接近于线性，这称为系统静态特性的线性化。在设计系统时，应将测量范围选取在静态特性最接近直线的一小段，此时原点可能不在零点。以图1.1(d)为例，如取 ab 段，则原点在 c 点。系统静态特性的非线性，使其输出不能成比例地反映被测量的变化，而且对动态特性也有一定影响。

检测系统的静态特性是在静态标准条件下测定的，标准条件是指没有加速度、振动、冲击（除非这些参数本身就是被测物理量）；环境温度一般为室温（20 ± 5）℃；相对湿度不大于 85%；大气压为（760 ± 60）mmHg❶ 的情况。在标准工作状态下，利用一定精度等级的校准设备，对系统进行往复循环测试，即可得到输出-输入数据。将这些数据列表，再画出各被测量值（正行程和反行程）对应输出平均值的连线，即为系统的静态校准曲线。

(1) 线性度（非线性误差）

在规定条件下，系统校准曲线与拟合直线间最大偏差与满量程（F·S）输出值的百分比称为线性度，如图1.2所示。

用 δ_1 表示线性度，则

---

❶ 注：1mmHg=133.3224Pa。

$$\delta_L = \pm \frac{\Delta Y_{max}}{Y_{F \cdot S}} \times 100\% \qquad (1.8)$$

式中　ΔY_{max}——校准曲线与拟合直线间的最大
　　　　　　　偏差；

　　　　$Y_{F \cdot S}$——系统满量程输出；

　　　　$Y_{F \cdot S} = Y_{max} - Y_0$。

由此可知，非线性误差是以一定的拟合直线
或理想直线为基准直线算出来的。因而，基准直
线不同，所得线性度也不同，如图1.3所示。

应当指出，对同一检测系统，在相同条件下
做校准试验时得出的非线性误差不会完全一致。

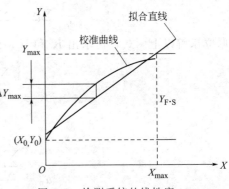

图1.2　检测系统的线性度

因而，不能笼统地说线性度或非线性误差，必须同时说明所依据的基准直线。目前，国内外
关于拟合直线的计算方法不尽相同，下面仅介绍两种常用的拟合基准直线方法。

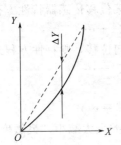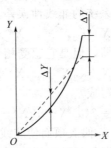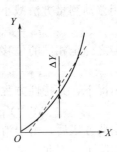

图1.3　基准直线的不同拟合方法

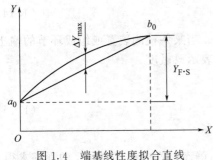

图1.4　端基线性度拟合直线

① 端基法。把检测系统校准数据的零点输出平均值 a_0 和满量程输出平均值 b_0 连成直
线 $a_0 b_0$ 作为拟合直线，如图1.4所示。其方程式为

$$Y = a_0 + KX \qquad (1.9)$$

式中　Y——输出量；

　　　　X——输入量；

　　　　a_0——Y 轴上截距；

　　　　K——直线 $a_0 b_0$ 的斜率。

由此得到端基法拟合直线方程，按式(1.8)可算出
端基线性度。这种方法简单直观，但是未考虑所有
校准点数据的分布，拟合精度较低，一般用在特性
曲线非线性度较小的情况。

② 最小二乘法。用最小二乘法原则拟合直线，可使拟合精度提高。其计算方法如下。

令拟合直线方程为 $Y = a_0 + KX$。假定实际校准点有 n 个，在 n 个校准数据中，任一个
校准数据 Y_i 与拟合直线上对应的理想值 $a_0 + KX$ 间线差为

$$\Delta_i = Y_i - (a_0 + KX_i) \qquad (1.10)$$

最小二乘法拟合直线的拟合原则就是使 $\sum\limits_{i=1}^{n} \Delta_i^2$ 为最小值，亦即使 $\sum\limits_{i=1}^{n} \Delta_i^2$ 对 K 和 a_0 的一阶偏
导数等于零，从而求出 K 和 a_0 的表达式。

$$\frac{\partial}{\partial K} \sum \Delta_i^2 = 2 \sum (Y_i - KX_i - a_0)(-X_i) = 0$$

$$\frac{\partial}{\partial a_0} \sum \Delta_i^2 = 2 \sum (Y_i - KX_i - a_0)(-1) = 0$$

联立求解以上两式，可求出 K 和 a_0，即

$$K = \frac{n \sum\limits_{i=1}^{n} X_i Y_i - \sum\limits_{i=1}^{n} X_i \sum\limits_{i=1}^{n} Y_i}{n \sum\limits_{i=1}^{n} X_i^2 - \left(\sum\limits_{i=1}^{n} X_i \right)^2} \tag{1.11}$$

$$a_0 = \frac{\sum\limits_{i=1}^{n} X_i^2 \sum\limits_{i=1}^{n} Y_i - \sum\limits_{i=1}^{n} X_i \sum\limits_{i=1}^{n} X_i Y_i}{n \sum\limits_{i=1}^{n} X_i^2 - \left(\sum\limits_{i=1}^{n} X_i \right)^2} \tag{1.12}$$

式中 n——校准点数。

由此得到最佳拟合直线方程，由式(1.8)可算得最小二乘法线性度。

通常采用差动测量方法减小检测系统的非线性误差。如某位移传感器特性方程式为

$$Y_1 = a_0 + a_1 X + a_2 X^2 + a_3 X^3 + a_4 X^4 + \cdots$$

另一个与之完全相同的位移传感器，但是它感受相反方向位移，则特性方程式为

$$Y_2 = a_0 - a_1 X + a_2 X^2 - a_3 X^3 + a_4 X^4 - \cdots$$

在差动输出情况下，其特性方程式可写成

$$\Delta Y = Y_1 - Y_2 = 2(a_1 X + a_3 X^3 + a_5 X^5 + \cdots) \tag{1.13}$$

可见采用此方法后，由于消除了 X 偶次项而使非线性误差大大减小，灵敏度提高一倍，零点偏移也消除了。因此差动式传感器已得到广泛应用。

(2) 灵敏度 K

灵敏度是指检测系统在静态测量时，输出量的增量与输入量的增量之比的极限值，即

$$K = \lim_{\Delta X \to 0} \frac{\Delta Y}{\Delta X} = \frac{\mathrm{d}Y}{\mathrm{d}X} \tag{1.14}$$

灵敏度的量纲是输出量的量纲和输入量的量纲之比。当某些检测装置或组成环节的输出和输入具有同一量纲时，常用"增益"或"放大倍数"表示灵敏度。

对线性检测装置，其灵敏度为

$$K = \frac{Y}{X} = \tan\theta \tag{1.15}$$

式中 θ——相应点切线与 X 轴向夹角。

式(1.15)表示线性测量装置的灵敏度为常数，可由静态特性曲线（直线）的斜率求得，直线斜率越大，其灵敏度越高，如图 1.5(a) 所示。对线性不太好的检测装置如图 1.5(b) 所示，则可用输出量与输入量测量范围 $\overline{Y}$ 与 $\overline{X}$ 的比值来表示其平均灵敏度，即

$$K = \frac{\overline{Y}}{\overline{X}} \tag{1.16}$$

式中，$\overline{X} = X_h - X_i$；$\overline{Y} = Y_h - Y_i$；而 X_i 与 Y_i 是 X 和 Y 的测量下限值，X_h 与 Y_h 是 X 和 Y 的测量上限值。

对于非线性检测装置，其灵敏度是变化的，如图 1.5(c) 所示。

一般希望检测装置的灵敏度 K 在整个测量范围内保持为常数。这样要求一方面有利于读数，另一方面便于分析和处理测量结果。

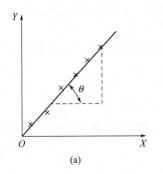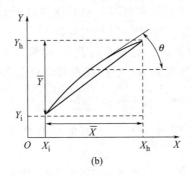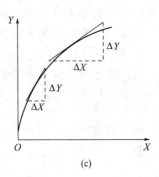

图 1.5　检测装置的灵敏度

实际测量中，常用的还有相对灵敏度表示法。相对灵敏度 K_r 为输出变化量与被测量的相对变化率之比，即

$$K_r = \frac{\Delta Y}{\dfrac{\Delta X}{X} \times 100\%} \tag{1.17}$$

（3）精度

在静态测量中，由于任何检测装置和测量结果都含有一定大小的误差，所以人们往往用误差说明精度。

① 绝对误差 δ。绝对误差是检测装置示值 X 与被测量真值 X_0 之间的代数差值，即

$$\delta = X - X_0 \tag{1.18}$$

实际上，真值是未知的，通常只能用实际值（或约定真值）代替真值，它是由高一级的计量标准所复现或高一级精度仪器测得的被测量值。绝对误差 δ 越小，说明示值越接近于真值，测量精度越高，但这一结论只适用于被测值相同的情况，而不能比较不同值的测量精度。

在校准或检定仪表时，常采用比较法，即对同一被测量，将标准表的示值 X_0（真值）与被校表的示值 X 进行比较，则它们的差值即为被校表示值的绝对误差。如果它是恒定值，则是系统误差，此时仪表的示值应加以修正，修正后才得到被测量的实际值 X_0。即

$$X_0 = X - \delta = X + C \tag{1.19}$$

式中　C——修正值或校正值。

修正值与示值的绝对误差数值相等，但符号相反，即

$$C = -\delta = X_0 - X$$

试验室用的标准表常由高一级的标准表校准，检定结果附带有示值修正表，或修正曲线 $C = F(x)$。

② 示值相对误差 r（简称相对误差）。示值相对误差是检测装置示值绝对误差与真值 X_0 之比值，常用百分数表示，即

$$r = \frac{\delta}{X_0} \times 100\% = \frac{X - X_0}{X_0} \times 100\% \tag{1.20}$$

当测量误差很小时，示值相对误差可近似用式(1.21) 计算。

$$r = \frac{\delta}{X} \times 100\% \tag{1.21}$$

示值相对误差只能说明不同测量结果的准确程度，而不能评价检测仪表本身的质量。因为同一台检测仪表在整个测量范围内的相对测量误差不是定值，随着被测量的减小，相对误

差也增大，当被测量接近于量程起始零点时，相对误差趋于无限大，故一般不应测量过小的量，而多用于测量接近上限的量，如 2/3 量程附近处。

③ 最大引用误差 q_{max}（又称满量程相对误差）。检测仪表示值绝对误差 δ 与仪表量程 L 的比值，称之为仪表示值的引用误差 q。引用误差常以百分数表示为

$$q = \frac{\delta}{L} \times 100\%$$

最大引用误差是检测仪表绝对误差（绝对值）的最大值与仪表量程 L 之比的百分数，即

$$q_{max} = \frac{|\delta|_{max}}{L} \times 100\% = \frac{|X - X_0|_{max}}{L} \times 100\% \tag{1.22}$$

最大引用误差是检测仪表基本误差的主要形式，故也常称之为仪表的基本误差。

④ 精度等级。仪表在出厂检验时，其示值的最大引用误差 q_{max} 不能超过其允许误差 Q（以百分数表示）即

$$q_{max} \leqslant Q$$

工业检测仪表常以允许误差 Q 作为判断精度等级的尺度。规定：取允许误差百分数的分子作为精度等级的标志，即用最大引用误差中去掉百分数（％）后的数字表示精度等级，其符号为 G，则 $G = Q \times 100$。工业仪表常见的精度等级见表 1.1。

表 1.1　工业仪表常见精度等级

精度等级 G	0.1	0.2	0.5	1.0	1.5	2.5	5.0
允许(引用)误差 $|Q|$	0.1%	0.2%	0.5%	1%	1.5%	2.5%	5%

(4) 迟滞

迟滞是指在相同工作条件下做全测量范围校准时，在同一次校准中对应同一输入量的正行程和反行程其输出值间的最大偏差（见图 1.6）。其数值用最大偏差或最大偏差的一半与满量程输出值的百分比表示。

$$\delta_H = \pm \frac{\Delta H_{max}}{Y_{F \cdot S}} \times 100\% \tag{1.23}$$

或

$$\delta_H = \pm \frac{\Delta H_{max}}{2Y_{F \cdot S}} \times 100\% \tag{1.24}$$

式中　ΔH_{max}——输出值在正反行程间最大偏差；

$\quad\quad\ \delta_H$——系统的迟滞。

迟滞现象反映了装置机械结构或制造工艺上的缺陷，如轴承摩擦、间隙、螺钉松动、元件腐蚀或积塞灰尘等。

(5) 重复性

重复性是指在同一工作条件下，输入量按同一方向在全测量范围内连续变化多次所得特性曲线的不一致性（见图 1.7）。数值上用各测量值正、反行程标准偏差最大值的 2 倍或 3 倍与满量程 $Y_{F \cdot S}$ 的百分比表示。即

$$\delta_k = \pm \frac{2\sigma \sim 3\sigma}{Y_{F \cdot S}} \times 100\% \tag{1.25}$$

式中　δ_k——重复性；

$\quad\quad\ \sigma$——标准偏差。

当用贝塞尔公式计算标准偏差 σ 时，则有

$$\sigma = \sqrt{\frac{\sum_{i=1}^{n}(Y_i - \overline{Y})^2}{n-1}}$$

式中　Y_i——测量值；

　　　$\overline{Y}$——测量值的算术平均值；

　　　n——测量次数。

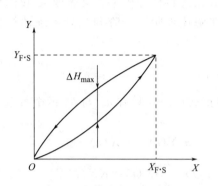

图 1.6　检测系统的迟滞特性

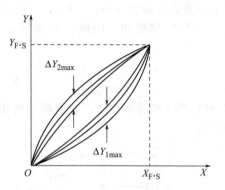

图 1.7　检测系统的重复性

重复性所反映的是测量结果偶然误差的大小，而不表示与真值之间的差别。有时重复性虽然很好，但可能远离真值。

（6）其他静态性能指标

灵敏阈，又称死区，指由于摩擦或游隙等影响引起的检测装置不响应的最大输入变化量，是衡量起始点不灵敏的程度。

分辨力，指能引起输出量发生变化时输入量的最小变化量 ΔX。它说明了检测装置响应与分辨输入量微小变化的能力。具有数字式显示器的测量装置，其分辨力是指最后一位有效数字增加一个字时相应示值的改变量，即相当于一个分度值。

测量范围，指检测装置能够正常工作的被测量范围，即测量最小输入量（下限）至最大输入量（上限）之间的范围。

稳定性，指在一定工作条件下，保持输入信号不变，输出信号随时间或温度变化而出现的缓慢变化程度。随时间变化而出现的漂移称为时漂；随环境温度变化而出现的漂移称之为温漂。如弹性元件的时效、电子元件的老化、放大线路的温漂、热电偶电极的污染等。

1.2.2　动态特性及其指标

检测系统的动态特性是指在动态测量时，输出量与随时间变化的输入量之间的关系。在分析系统动态特性时，常把一些典型信号作为输入信号，如阶跃信号、正弦信号等，而其他较复杂的信号均可以将其分解为若干阶跃信号或正弦信号之和。

（1）检测系统的动态误差

动态特性好的检测系统应具有很短的暂态响应和很宽的频率响应特性。由于检测系统中总是存在机械的、电气和磁惯性，从某种程度上说，任何实际的检测系统均不可能精确地响应变化中的输入信号。也就是说，系统输出信号不会与输入信号具有相同的时间函数，即存在动态误差。

在静态灵敏度 $K=1$ 的情况下，检测系统的动态误差是输出信号与其相应的输入信号之差，可表示为

$$\varepsilon_x(t) = \overline{Y}_x(t) - \overline{X}(t) \tag{1.26}$$

① 稳态误差。动态误差中只与系统特性参数有关而与时间无关的那一部分误差称为系统的稳态误差。即使时间趋于无穷大，稳态误差也依然存在。

② 瞬态误差。动态误差中与时间有关的那一部分误差称为系统的瞬态误差。一般来说，当时间趋于无穷大时，瞬态误差趋于零。

(2) 常见检测系统的动态特性

常见检测系统多为零阶、一阶或二阶系统。在动态特性分析中，灵敏度 K 仅起使输出相对输入放大 K 倍作用。因此，为方便起见，在阐述零阶、一阶和二阶系统动态特性时均取

$$K = \frac{b_0}{a_0} = 1 \tag{1.27}$$

① 零阶系统的动态特性。在零阶系统中，对照式(1.1) 只有 a_0 与 b_0 两个系数，于是微分方程为

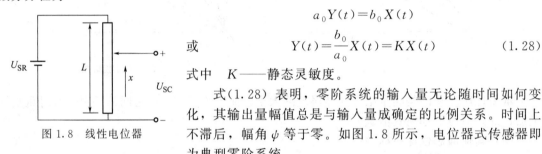

图 1.8　线性电位器

$$a_0 Y(t) = b_0 X(t)$$

或

$$Y(t) = \frac{b_0}{a_0} X(t) = K X(t) \tag{1.28}$$

式中　K——静态灵敏度。

式(1.28) 表明，零阶系统的输入量无论随时间如何变化，其输出量幅值总是与输入量成确定的比例关系。时间上不滞后，幅角 ψ 等于零。如图 1.8 所示，电位器式传感器即为典型零阶系统。

设电位器的阻值沿长度 L 是线性分布的，则输出电压 U_{SC} 和电刷位移之间的关系为

$$U_{SC} = \frac{U_{SR}}{L} x = K x \tag{1.29}$$

式中　U_{SC}——输出电压，V；

　　　　U_{SR}——输入电压，V；

　　　　x——电刷位移，m。

由式(1.29) 可知，输出电压 U_{SC} 与位移 x 成正比，它对任何频率输入均无时间滞后。在实际应用中，许多高阶系统在变化缓慢、频率不高时，均可以近似地当作零阶系统处理。

② 一阶系统的动态特性。这时在式(1.1) 中除系数 a_1, a_0, b_0 外，其他系数均为零，因此可写为

$$a_1 \frac{\mathrm{d}Y(t)}{\mathrm{d}t} + a_0 Y(t) = b_0 X(t)$$

上式两边各除以 a_0，得到

$$\tau \frac{\mathrm{d}Y(t)}{\mathrm{d}t} + Y(t) = K X(t) \tag{1.30}$$

式中　K——$K = \dfrac{b_0}{a_0}$，为静态灵敏度；

　　　　τ——$\tau = \dfrac{a_1}{a_0}$，为时间常数。

如果系统中含有单个储能元件，则在微分方程中出现 Y 的一阶导数，便可用一阶微分方程式表示。

如图 1.9 所示使用不带保护套管的热电偶插入恒温水浴中进行温度测量。根据能量守恒定律可列出如下方程组

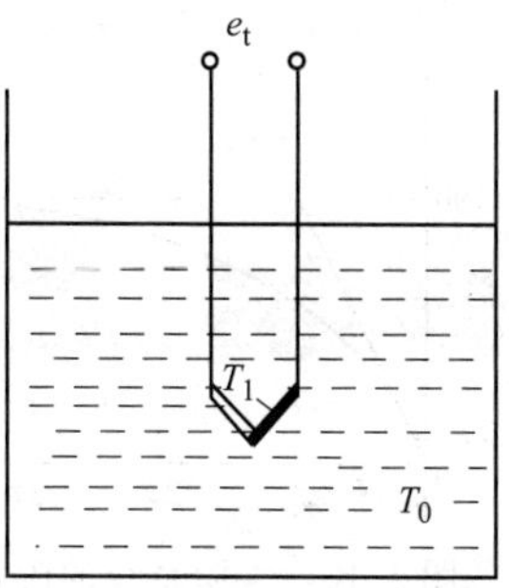

$$\begin{cases} m_1 c_1 \dfrac{\mathrm{d}T_1}{\mathrm{d}t} = q_{01} \\ q_{01} = \dfrac{T_0 - T_1}{R_1} \end{cases} \tag{1.31}$$

图 1.9　一阶测温传感器

式中　m_1——热电偶质量，kg；

$\quad\ c_1$——热电偶比热容，J/(kg·K)；

$\quad\ T_1$——热接点温度，K；

$\quad\ T_0$——被测介质温度，K；

$\quad\ R_1$——介质与热电偶之间热阻，K/J；

$\quad\ q_{01}$——介质传给热电偶的热量（忽略热电偶本身热量损耗），J。

将式(1.31) 整理后得

$$R_1 m_1 c_1 \frac{\mathrm{d}T_1}{\mathrm{d}t} + T_1 = T_0$$

$$\tau_1 = R_1 m_1 c_1$$

式中　τ_1——时间常数。

则上式可写为

$$\tau_1 \frac{\mathrm{d}T_1}{\mathrm{d}t} + T_1 = T_0 \tag{1.32}$$

式(1.32) 是一阶线性微分方程。如果已知 T_0 的变化规律，求出微分方程式(1.32) 的解，即可得到热电偶对介质温度的时间响应。

在正弦输入时，由式(1.2) 可求出其传递函数 $G(s)$ 为

$$G(s) = \frac{K}{1 + \tau s} \tag{1.33}$$

而一阶系统的频率特性为

$$G(\mathrm{j}\omega) = \frac{K}{1 + \mathrm{j}\omega\tau} \tag{1.34}$$

幅频特性为

$$A(\omega) = |G(\mathrm{j}\omega)| = \frac{K}{\sqrt{1 + \omega^2 \tau^2}} \tag{1.35}$$

相频特性为

$$\psi(\omega) = \arctan(-\omega\tau) \tag{1.36}$$

在相频特性表达式中，负号表示相位滞后。由频率特性公式可以看出，时间常数 τ 越小，系统频率特性越好。在上述热电偶测温系统中，要想减小 τ_1，就要求系统热阻 R_1、热电偶质量 m_1、比热容 c_1 越小越好。

通常描述检测系统动态性能指标的方法是给系统输入一个阶跃信号，并给定初始条件，求出系统微分方程的特解，以此作为动态特性指标的描述和表示法。

对单位阶跃输入，即

$$\begin{cases} X = 0,\ t < 0 \\ X = 1,\ t \geqslant 0 \end{cases} \tag{1.37}$$

由一阶微分方程式(1.30)，令 $K = 1$ 可以解出一阶系统阶跃响应为

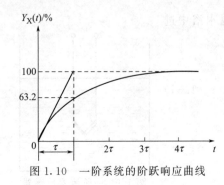

图 1.10　一阶系统的阶跃响应曲线

$$Y_X(t)=1-e^{-t/\tau} \tag{1.38}$$

响应曲线如图 1.10 所示。它说明系统的实际输出量是按指数规律上升至最终值的（稳态输出值）。而理想的响应是应该得到阶跃输出，因此，一阶系统的动态误差为

$$\varepsilon_X(t)=Y_X(t)-X(t)=-e^{-t/\tau}$$

并随着时间的增加按指数规律衰减，当 $t=\tau,2\tau,3\tau,4\tau$，输出量仅为稳态输入量的 63.2%，86.5%，95%，98.2%。当 $t\to\infty$，$\varepsilon_X(t)\to 0$。

时间常数 τ 是按指数规律上升至最终值的 63.2% 所需的时间，时间 $t=0$ 时，响应曲线的初始斜率为 $1/\tau$，要使斜率大，即减小动态误差，就要求 τ 值小。所以一阶系统的时间常数越小，响应越快。

③ 二阶系统的动态特性。对于二阶系统，参照式(1.1) 微分方程系数除 a_2,a_1,a_0 和 b_0 外，其他系数均为零，因此，可写为

$$a_2\frac{\mathrm{d}^2Y(t)}{\mathrm{d}t^2}+a_1\frac{\mathrm{d}Y(t)}{\mathrm{d}t}+a_0Y(t)=b_0X(t)$$

整理后，得

$$\frac{1}{\omega_0^2}\frac{\mathrm{d}^2Y(t)}{\mathrm{d}t^2}+\frac{2\xi}{\omega_0}\frac{\mathrm{d}Y(t)}{\mathrm{d}t}+Y(t)=KX(t) \tag{1.39}$$

式中　K——$K=\dfrac{b_0}{a_0}$，为静态灵敏度；

　　　　ω_0——$\omega_0=\sqrt{\dfrac{a_0}{a_2}}$，为无阻尼系统固有频率；

　　　　ξ——$\xi=\dfrac{a_1}{2\sqrt{a_0a_2}}$，为阻尼比。

上述 3 个量 K，ω_0，ξ 为二阶系统动态特性的特征量。

图 1.11 所示为带保护套管式热电偶插入恒温水浴中的测温系统。根据热力学能量守恒定律列出方程

$$m_2c_2\frac{\mathrm{d}T_2}{\mathrm{d}t}=q_{02}-q_{01} \tag{1.40}$$

$$q_{02}=\frac{T_0-T_2}{R_2}$$

$$q_{01}=\frac{T_2-T_1}{R_1}$$

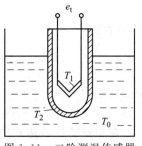

图 1.11　二阶测温传感器

式中　T_0——介质温度，K；

　　　　T_1——热接点温度，K；

　　　　T_2——保护套管温度，K；

　　　m_2c_2——套管比热容，J/K；

　　　　R_1——套管与热电偶间的热阻，K/J；

　　　　R_2——被测介质与套管间的热阻，K/J；

　　　　q_{02}——介质传给套管的热量，J；

q_{01}——套管传给热电偶的热量，J。

由于 $R_1 \gg R_2$，所以 q_{01} 可以忽略。式(1.40)经整理后得

$$R_2 m_2 c_2 \frac{\mathrm{d}T_2}{\mathrm{d}t} + T_2 = T_0$$

令 $\tau_2 = R_2 m_2 c_2$，则得

$$\tau_2 \frac{\mathrm{d}T_2}{\mathrm{d}t} + T_2 = T_0 \tag{1.41}$$

同理，令 $\tau_1 = R_1 m_1 c_1$，则得

$$\tau_1 \frac{\mathrm{d}T_1}{\mathrm{d}t} + T_1 = T_2 \tag{1.42}$$

联立式(1.41)和式(1.42)，消去中间变量 T_2，便得到此测量系统的微分方程式

$$\tau_1 \tau_2 \frac{\mathrm{d}^2 T_1}{\mathrm{d}t^2} + (\tau_1 + \tau_2) \frac{\mathrm{d}T_1}{\mathrm{d}t} + T_1 = T_0 \tag{1.43}$$

令

$$\omega_0 = \frac{1}{\sqrt{\tau_1 \tau_2}}, \quad \xi = \frac{\tau_1 + \tau_2}{2\sqrt{\tau_1 \tau_2}}$$

将 ω_0 和 ξ 代入式(1.43)，则得

$$\frac{1}{\omega_0^2} \frac{\mathrm{d}^2 T_1}{\mathrm{d}t^2} + \frac{2\xi}{\omega_0} \frac{\mathrm{d}T_1}{\mathrm{d}t} + T_1 = T_0 \tag{1.44}$$

由式(1.44)可知，带保护套管的热电偶是一个典型的二阶测温系统。

当正弦输入时，由式(1.2)可求得其传递函数 $G(s)$ 为

$$G(s) = \frac{K}{\dfrac{s^2}{\omega_0^2} + \dfrac{2\xi s}{\omega_0} + 1} \tag{1.45}$$

频率特性为

$$G(\mathrm{j}\omega) = \frac{K}{\left(\dfrac{\mathrm{j}\omega}{\omega_0}\right)^2 + \dfrac{2\xi \mathrm{j}\omega}{\omega_0} + 1} \tag{1.46}$$

幅频特性

$$A(\omega) = |G(\mathrm{j}\omega)| = \frac{K}{\sqrt{\left[1 - \left(\dfrac{\omega}{\omega_0}\right)^2\right]^2 + 4\xi^2 \left(\dfrac{\omega}{\omega_0}\right)^2}} \tag{1.47}$$

相频特性

$$\psi(\omega) = -\arctan \frac{2\xi \left(\dfrac{\omega}{\omega_0}\right)}{1 - \left(\dfrac{\omega}{\omega_0}\right)^2} \tag{1.48}$$

二阶系统频率特性如图 1.12 所示。从式(1.47)可知幅频特性 $A(\omega)$ 随 ω/ω_0 及阻尼比 ξ 的变化而变化。在一定 ξ 值下 $A(\omega)$ 与 ω/ω_0 之间关系如图 1.12(a) 所示，由图中可得如下结论。

① 当 $\omega/\omega_0 \ll 1$ 时测量动态参数和静态参数是一致的。

② 当 $\omega/\omega_0 \gg 1$ 时 $A(\omega)$ 接近零，而 $\psi(\omega)$ 接近 $180°$。即被测参数的频率远高于其固有频率时，测量系统没有响应。

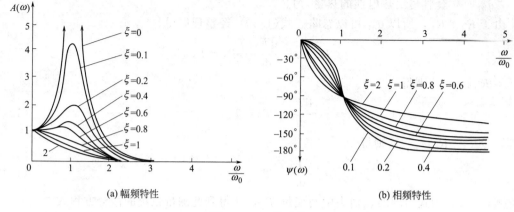

(a) 幅频特性　　　　　　　　　(b) 相频特性

图 1.12　二阶系统

③ 当 $\omega/\omega_0=1$，且 $\xi\to0$ 时，系统出现谐振，即 $A(\omega)$ 有极大值。其结果使输出信号波形的幅值和相位严重失真。

④ 阻尼比 ξ 对频率特性有很大影响。ξ 增大，幅频特性的最大值逐渐减小。当 $\xi>1$ 时，幅频特性曲线是一条递减的曲线，不再有凸峰出现。由此可见，幅频特性平直段宽度与 ξ 密切相关。当 $\xi\approx0.7$ 时，幅频特性的平直段最宽。

当输入阶跃信号时，通过求解二阶系统的数学模型可以得到输出响应 $Y(t)$，如图 1.13 所示。按阻尼比 ξ 不同，阶跃响应可分为如下三种情况。

① 欠阻尼 $\xi<1$

$$Y(t)=-\frac{\mathrm{e}^{-\xi\omega_0t}}{\sqrt{1-\xi^2}}K\sin(\sqrt{1-\xi^2}\,\omega_0t+\psi)+K \tag{1.49}$$

式中　　　　　　　　　　　　　$\psi=\arcsin\sqrt{1-\xi^2}$

② 过阻尼 $\xi>1$

$$Y(t)=-\frac{\xi+\sqrt{\xi^2-1}}{2\sqrt{\xi^2-1}}K\mathrm{e}^{(-\xi+\sqrt{\xi^2-1})\omega_0t}+\frac{\xi-\sqrt{\xi^2-1}}{2\sqrt{\xi^2-1}}K\mathrm{e}^{(-\xi-\sqrt{\xi^2-1})\omega_0t}+K \tag{1.50}$$

③ 临界阻尼 $\xi=1$

$$Y(t)=-(1+\omega_0t)K\mathrm{e}^{-\omega_0t}+K \tag{1.51}$$

以上三种阶跃响应曲线如图 1.13 所示。由图可知，只有 $\xi<1$ 时，阶跃响应才出现过冲，超过了稳态值。式(1.49)表明欠阻尼情况下系统振荡频率为 $\omega_d=\omega_0\sqrt{1-\xi^2}$，$\omega_d$ 为有阻尼时系统固有频率。在实际应用中，为了兼顾有短的上升时间和小的过冲量，阻尼比 ξ 一般取为 0.7 左右。

二阶系统阶跃响应的典型性能指标如图 1.14 所示。

有阻尼自然振荡周期 T_d　$T_d=\dfrac{2\pi}{\omega_d}$，$\omega_d$ 为有阻尼系统固有频率。

上升时间 t_r　输出由稳态值的 10% 变化到稳态值的 90% 所用的时间。二阶系统中 t_r 随 ξ 的增大而增大，当 $\xi=0.7$ 时，$t_r=\dfrac{2}{\omega_0}$。

稳定时间 t_s　系统从阶跃输入开始到系统稳定在稳态值的给定百分比时所需的最小时间。对稳态值给定百分比为 $\pm5\%$ 的二阶系统，在 $\xi=0.7$ 时，t_s 最小（$=3/\omega_0$）。

t_r，t_s　都是反映系统响应速度的参数。

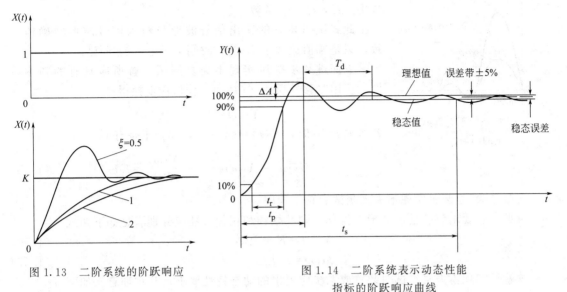

图 1.13　二阶系统的阶跃响应　　　　图 1.14　二阶系统表示动态性能
指标的阶跃响应曲线

峰值时间 t_p　阶跃响应曲线达到第一个峰值所需时间。$t_p = \dfrac{\pi}{\omega_d}$。

超调量 $\sigma\%$　通常用过渡过程中超过稳态值的最大值 ΔA（过冲）与稳态值之比的百分数表示。$\sigma\%$ 与 ξ 有关，ξ 越大，$\sigma\%$ 越小，其关系可用下式表示为

$$\xi = \frac{1}{\sqrt{\left(\dfrac{\pi}{\ln \dfrac{\sigma}{100}}\right)^2 + 1}} \tag{1.52}$$

同时可求得

$$\omega_0 = \frac{\pi}{t_p \sqrt{1-\xi^2}} \tag{1.53}$$

总之，只要从二阶系统阶跃响应特性曲线中求出其特征量 ω_d、峰值时间 t_p、超调量 $\sigma\%$，由式（1.52）及式（1.53）可进一步计算出二阶系统的特性参数 ξ 和 ω_0。

1.3　不失真测量的条件

要实现不失真测试首先要求测试装置是一个单向环节，即被测对象作用于测量装置，而装置对于测试对象的反作用可以忽略不计。如测量零件尺寸时候要求测量力足够小，不致使被测零件在测量力作用下产生不可忽略的变形。在进行动态测量时候要求不因测试装置对于被测对象的作用而改变它的状况，如它的自振频率 ω_0 等。

除此之外，要实现不失真测试还需要装置的幅频特性 $A(\omega)$ 和相频特性 $\psi(\omega)$ 满足一定要求，在讨论此问题之前，首先要明确不失真测试的定义。

如图 1.15 所示，装置的输出 $Y(t)$ 与其对应的输入 $X(t)$ 相比，在时间轴上所占宽度相等，对应的高度成比例，只是滞后了一个位置 t_0。这样即可认为输出信号波形没有失真，或者说实现了不失真的测试。其数学表达式为

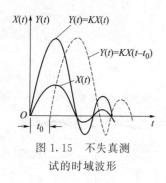

图 1.15　不失真测试的时域波形

$$Y(t)=KX(t-t_0) \qquad (1.54)$$

式中　K，t_0——常数。

此式说明装置的输出信号波形与输入信号波形精确地一致，只是幅值放大了 K 倍，时间上延迟了 t_0 而已。

下面进一步探讨实现不失真测试装置所应具有的频率特性。运用时移性质对式(1.54) 作傅氏变换得

$$Y(\omega)=K\,e^{-jt_0\omega}X(\omega)$$

若考虑 $t<0$ 时，$X(t)=0$，$Y(t)=0$，于是有

$$G(j\omega)=A(\omega)e^{j\psi(\omega)}=\frac{Y(\omega)}{X(\omega)}=K\,e^{-jt_0\omega} \qquad (1.55)$$

式(1.55)是装置实现不失真测试的频率响应。

可见，若要求装置输出波形不失真，则其幅频和相频特性应分别满足如下两式。

$$A(\omega)=K=常数 \qquad (1.56)$$
$$\psi(\omega)=-t_0\omega \qquad (1.57)$$

这就是实现不失真测试对装置或系统应提出的动态特性要求。其物理意义如下。

① 输入信号中各频率分量的幅值通过装置时，均应放大或缩小相同倍数 K，即幅频特性曲线是平行于横轴的直线，如图 1.16(a) 所示；

② 输入信号中各频率分量的相角在通过装置时作与频率成正比的滞后移动，即各频率分量通过装置后均应延迟相同的时间 t_0，其相频特性曲线为一通过原点并具有负斜率的斜线，如图 1.16(b) 所示。

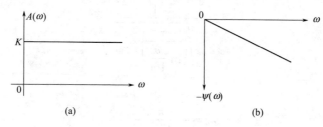

图 1.16　不失真测试的频率响应

以上不失真测试条件中，对幅频特性要求较容易理解，因为，只要装置对输入信号中的各频率分量均放大或缩小相同倍数，保持信号中各分量的幅值比例不变，这样的分量叠加所组成的输出信号波形才能与输入信号的波形一致。而对相频特性要求的理解需举例说明。

设信号 $X(t)$ 由频率为 ω_0 和 $2\omega_0$ 的两个分量组成如图 1.17(a) 所示。要使输出 $Y(t)$ 相对于 $X(t)$ 不失真，在相频特性的要求方面，必须对这两个分量均延迟相同的时移 t_0 如图 1.17(b) 所示。这个时移折算成为相移 $\psi=-\omega t_0$，因为 t_0 为常数，但相应的相移则是与频率成正比的变量。如图 1.17(b) 所示：代表 ω_0 频率分量的曲线①和代表 $2\omega_0$ 频率分量的曲线②虽然都作了同样的时移 $-t_0$，但对曲线①来说，若对应于 $-t_0$ 是 $-\dfrac{\pi}{2}$ 相移，那么对曲线②来说就作了 $-2\times\dfrac{\pi}{2}$ 的相移。同样时移频率越低对应的相移 ψ 值越小，两者相移的倍数就是频率的倍数。

如果测试装置频率响应不满足不失真测试条件，就会导致输出信号的波形失真，其中 $A(\omega)$ 不等于常数时引起的失真称为幅值失真，$\psi(\omega)$ 与 ω 之间不成线性关系所引起的失真

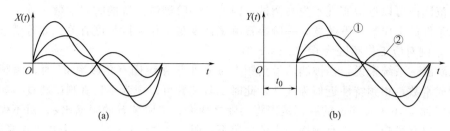

图 1.17 信号通过装置的时移

称为相位失真。因而，不失真测试的两个条件必须同时满足。

应当指出，满足上述条件，输出虽能精确地复现输入的波形，但输出仍滞后于输入一定时间 t_0。如果测量结果用来作为反馈控制的信号，还要注意这个时间滞后有可能破坏系统的稳定性。这时应根据具体要求，力求减小时间滞后。

实际测试装置不可能在无限宽的频率范围内满足不失真测试条件要求，所以一般测得的信号既有幅值失真也有相位失真。即不同频率的正弦信号通过同一个测试装置时，相对应不同频率的输出正弦信号有不同的幅值缩放和相角滞后。由于定常线性测试装置具有同频性，对于单频率信号而言，只要未进入装置非线性工作区，输出量的频率不变，波形不变，因此，对单频信号，只要装置是定常线性装置，无所谓波形失真的问题。但对于含有多个频率分量的输入信号，对应的输出信号波形会出现失真。由此表明，不失真测试条件是针对两个或两个以上的多频信号而言的。

对于实际测试装置，即使在有限长的某一频率范围内，也难以理想地符合不失真测试条件。我们只可能把波形失真限制在一定误差范围内。为此首先要选用合适的测试装置，在其工作频率范围内，幅频、相频接近不失真测试条件。其次对输入信号做必要的预处理，滤去测试装置工作频区之外的信号分量，以免这些分量影响测试结果的精度。

实际应用中，对装置特性的选择应分析并权衡幅值失真、相位失真对测试的影响。如在振动测量中，有时只要求了解振动信号的频率及其强度，并不关心确切的波形变化，此时要考虑的应是装置的幅频特性。又如，要求测量特定波形的延迟时间，这就对测试装置的相频特性有严格要求，以减小相位失真产生的误差。

通常，对装置测试精度的要求可以用幅值相对误差 ε（简称幅值误差）来表示，由于输出信号的幅值随输入信号的角频率 ω 而变，因此，幅值误差是 ω 的函数，其定义式及其与装置幅频特性 $A(\omega)$ 的关系如下。

$$\varepsilon(\omega) = \left| \frac{\frac{Y}{K} - X}{X} \right| \times 100\% = \left| \frac{Y}{X} \times \frac{1}{K} - 1 \right| \times 100\% = \left| \frac{A(\omega)}{K} - 1 \right| \times 100\% \qquad (1.58)$$

式中 K——测试装置静态灵敏度系数。

实际装置只能在一定的频区和一定的精度上近似满足不失真测试条件。将保证实际与理想频响特性之差不超过允许误差的频率区确定为装置的工作频区，这一指标广泛地用来评价测试系统的动态特性。

不失真测试条件式(1.56)和式(1.57)是进行动态测试时普遍遵循的要求，对于一阶和二阶系统，可以归结出它们各自实现不失真测试的具体条件。

对一阶测试系统来说，被测信号的角频率 $\omega \ll \frac{1}{\tau}$ 时，由系统的幅频和相频特性分析可知在该频率范围内可以近似实现不失真测试。因此，一阶测试系统的时间常数 τ 越小，满足不失真测试条件的工作频区就越宽，一阶装置测试精度与工作频区长度有关。如若要求幅值误差 $\varepsilon \leqslant 5\%$，则对应工作频区为 $0 \sim 0.33/\tau$。

对二阶测试系统来说，当被测信号角频率 ω 远小于系统固有角频率 ω_0 时，幅频特性可以近似看成常数，相频特性近似为线性，此时二阶装置可以视为不失真测试装置。如果增大固有角频率 ω_0，不失真测试的频率范围将会随之变大；二阶装置的阻尼比 ξ，对不失真测试的工作频区也有影响，在固有频率一定的情况下，阻尼比 $\xi = 0.7$ 时，不失真工作频区最长。通过计算可以得到，当 $\xi = 0.7$ 时，在 $0 \sim 0.58\omega_0$ 频率范围内，幅值误差 $\varepsilon \leqslant 5\%$，相频特性 $\psi(\omega)$ 也接近直线，所产生的相位失真很小。应当指出，二阶系统的固有角频率 ω_0 一般不可能太大，因为增大 ω_0 会导致系统静态灵敏度系数 K 减小，在设计中应综合考虑其性能，选择参数适中。

1.4　测量系统动态特性参数的测定

为使测量系统工作精确可靠，需要定期校准。即要正确地测定测量系统的特性参数。

测量系统静态特性参数测定，一般采用输入标准静态量，求其输入-输出曲线。根据这条曲线确定其精度、灵敏度、非线性误差等静态参数。所采用的标准输入量的误差应当是所要求测量结果误差的 $1/3 \sim 1/5$ 或更小。

本节主要叙述对测量系统动态特性参数的测定。动态特性参数的测定方法，常因测量系统的形式（如电的、机械的、气动的等）不同而不同，但从原理上一般可分为正弦信号响应法、阶跃信号响应法、脉冲信号响应法和随机信号响应法等。

1.4.1　正弦信号响应法

正弦信号响应法的原理框图如图 1.18 所示。改变正弦信号发生器的信号频率，用测量仪器测出被校测量系统的幅频特性。

图 1.18　正弦信号响应法

图 1.19 所示为一阶测量系统的幅频特性。由图可知，转角频率 $\omega_b = \dfrac{1}{\tau}$。因此可以测出时间常数 τ。

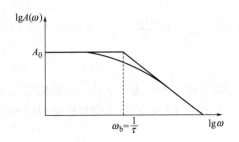

图 1.19　一阶测量系统幅频特性

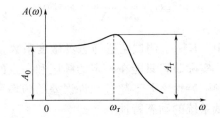

图 1.20　欠阻尼二阶测量系统的幅频特性

图 1.20 所示为欠阻尼（$0 < \xi < 0.707$）二阶测量系统的幅频特性。从图中可以得到三个特征量，即零频增益 A_0、共振频率增益 A_r 和共振角频率 ω_r。且

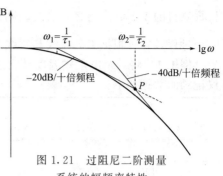

图 1.21 过阻尼二阶测量
系统的幅频率特性

$$\omega_r = \omega_0 \sqrt{1-2\xi^2} \tag{1.59}$$

$$\frac{A_r}{A_0} = \frac{1}{2\xi\sqrt{1-\xi^2}} \tag{1.60}$$

由式(1.59)和式(1.60)，即可求出 ω_0 和 ξ。

图 1.21 所示为过阻尼二阶测量系统的幅频特性。按图中所作两条渐近线，交点 P 所对应的角频率 $\omega_2 = \frac{1}{\tau_2}$，从中求出 τ_2。−20dB/十倍频程的渐近线与横坐标轴交点为 $\omega_1 = \frac{1}{\tau_1}$，从中可求出 τ_1。

由于

$$\tau_1 = \frac{1}{(\xi-\sqrt{\xi^2-1}\,)\omega_0} \tag{1.61}$$

$$\tau_2 = \frac{1}{(\xi+\sqrt{\xi^2-1}\,)\omega_0} \tag{1.62}$$

即可求出过阻尼二阶测量系统的 ω_0 和 ξ 值。

$$\xi = \frac{\dfrac{\tau_1}{\tau_2}+1}{2\sqrt{\tau_1/\tau_2}} \tag{1.63}$$

$$\omega_0 = \frac{1}{(\xi+\sqrt{\xi^2-1}\,)\tau_2} = \frac{1}{(\xi-\sqrt{\xi^2-1}\,)\tau_1} \tag{1.64}$$

测定幅频特性时，测量仪器本身的频率特性，在被校验的测量系统的工作频率范围内必须接近于理想仪器，即接近零阶仪器。这样，测量仪器本身的频率特性的影响才可忽略。

1.4.2 阶跃信号响应法

(1) 一阶测量系统动态特性参数的测定

简单地说，测得一阶测量系统的阶跃响应曲线后，输出值达到阶跃值的 63.2% 所经过的时间即为一阶测量系统的时间常数 τ。值得注意的是，这样确定的 τ 值实际没有涉及响应的全过程，测量结果的可靠性仅取决于某些个别瞬时值。改用下述方法，可以获得较为可靠的 τ 值。设阶跃信号为

$$X(t) = \begin{cases} 0, & t<0 \\ X_S, & t \geqslant 0 \end{cases}$$

由式(1.38)得

$$1 - \frac{y(t)}{KX_S} = e^{-\frac{t}{\tau}}$$

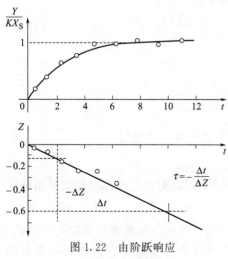

图 1.22 由阶跃响应
曲线求时间常数

令

$$Z = -\frac{t}{\tau} \tag{1.65}$$

则

$$Z = \ln\left(1 - \frac{y(t)}{KX_S}\right) \tag{1.66}$$

式中 K——静态灵敏度系数。

式(1.65)表示 Z 与时间 t 成线性关系。因此，

根据测得的 $Y\text{-}t$ 值作出 $Z\text{-}t$ 曲线，则 $\tau=-\dfrac{\Delta t}{\Delta Z}$，如图 1.22 所示。这种方法考虑了瞬态响应的全过程，并可根据 $Z\text{-}t$ 曲线与直线的密合程度判断测量系统接近一阶系统的程度。

例 1.1　将一个电阻式温度计突然放入恒温油槽，油槽温度稳定在120℃，由快速记录仪记录的数据如下。

t/s	0	1	2	3	4	5	6	7
$T/℃$	0	28.4	50.0	66.6	79.2	88.8	96.2	101.9
t/s	8	9	10	11	12	20	25	30
$T/℃$	106.1	109	112	114	115	119.4	119.86	119.96

求该电阻温度计的时间常数。

解　① 按 $Z=\ln\left[1-\dfrac{y(t)}{KX_\text{S}}\right]$ 计算 Z 值，列表如下（$X_\text{S}=120℃$，令 $K=1$）。

t/s	0	1	2	3	4	5	5	7	8	9	10	11	12	20	25	30
$-Z$	0	0.27	0.54	0.81	1.08	1.35	1.62	1.89	2.15	2.43	2.7	2.98	3.2	5.3	6.75	8.01

② 按所得 $Z(t)$ 值画出图形，如图 1.23 所示。由图可见非常接近直线，故可断定为一阶系统。

③ 计算 τ 值，由图求得 $\Delta Z=-2.48$，$\Delta t=9.2\text{s}$，故

$$\tau=\left|-\frac{9.2}{-2.48}\right|=3.71\text{s}。$$

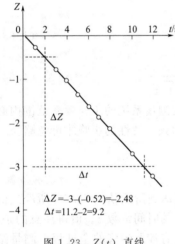

$\Delta Z=-3-(-0.52)=-2.48$
$\Delta t=11.2-2=9.2$

图 1.23　$Z(t)$ 直线

(2) 二阶测量系统动态参数的测定

对欠阻尼二阶测量系统，测得其阶跃响应曲线（见图 1.14）后，根据式（1.52）可求取 ξ，然后根据式（1.53）求取无阻尼固有角频率 ω_0。

对过阻尼二阶测量系统的阶跃响应将不出现振荡，因此 ξ 和 ω_0 较难测定。通常用两个时间常数 τ_1 和 τ_2 来表达系统的阶跃响应，由式（1.61）和式（1.62）可以写出过阻尼二阶测量系统的响应式为

$$\frac{y(t)}{KX_\text{S}}=C_1\text{e}^{-t/\tau_1}-C_2\text{e}^{-t/\tau_2}+1 \qquad (1.67)$$

式中

$$C_1=\frac{\tau_1}{\tau_2-\tau_1}=-\frac{\tau_1}{\tau_1-\tau_2}$$

$$C_2=\frac{\tau_2}{\tau_2-\tau_1}=-\frac{\tau_2}{\tau_1-\tau_2}$$

只要求出 τ_1 和 τ_2，则可用式（1.63）和式（1.64）求出 ξ 和 ω_0 的值。

利用实验曲线求 τ_1 和 τ_2 的方法如下。

① 令 $R_\text{P}=100\left[1-\dfrac{y(t)}{KX_\text{S}}\right]$，并从阶跃响应曲线中［见图 1.24(a)］各点的数值算出瞬时的 R_P 值。

② 用对数标尺 R_P 对线性标尺 t 绘出曲线如图 1.24(b) 所示。如果测量系统是二阶的，则这条曲线当 t 大时接近直线，把这条直线向后延伸到 $t=0$ 处，并把它与纵坐标轴交点的 R_P 值称为 P_1。而 $0.368P_1$ 值处后是直线渐近线，此点对应的时间 t 就是第一时间常数 τ_1。

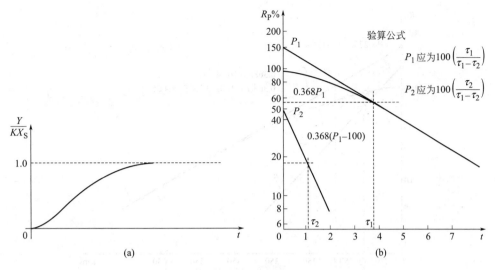

图 1.24 过阻尼二阶测量系统求 τ_1，τ_2 方法示意

③ 再把直线渐近线与 R_P 曲线的差值在同一图上绘一条新曲线如图 1.24（b）所示。如这条新曲线不是直线，则系统不是二阶的；如果是直线，则在 $0.368(P_1-100)$ 值处时间 t 即为第二时间常数 τ_2。

例 1.2 某动态称重系统阶跃响应曲线实验数据如下。

t/ms	0	50	100	150	200	250	300	350	400
y/t	0	2.95	10.05	19.75	30.15	40.05	49.55	58.35	65.80

t/ms	450	500	550	600	650	700	750	800	900	1000	1200
y/t	72.05	77.35	81.90	85.40	88.15	90.20	91.95	93.35	94.85	95.90	96.30

稳态值 $y_S = 96.30t$，试求该称重系统的动态参数。

解 从实验数据可以看出本系统是一个二阶过阻尼环节，故可用图 1.25 的作图法求 τ_1 和 τ_2，为此先计算 $R_P = 100\left[1 - \dfrac{y(t)}{KX_S}\right]$，并按前面介绍的方法作图。

由题意可知，稳态值 $y_S = KX_S = 96.30t$，故 R_P 值计算结果如下。

t/ms	0	50	100	150	200	250	300	350
$R_P/\%$	100	97	89.5	79.5	68.7	58.4	48.5	39.4

t/ms	400	450	500	550	600	650	700	800	900	1000	1200
$R_P/\%$	31.7	25.2	19.7	15	11.3	8.5	6.3	3.06	1.51	0.42	0

$R_P(t)$ 曲线 A 画在图 1.25 上，并按要求作出其他辅助线 B，C，E，F，从 D 点、G 点求得 $\tau_1 = 180\text{ms}$，$\tau_2 = 110\text{ms}$。

1.4.3 随机信号校准法

阶跃信号校准法虽然可以在所有的频率范围内激励被校验的测量仪表，但是因其频谱幅值小，如测量仪表本身有噪声，则没有输入校验阶跃信号时，也会有输出，其响应将会被噪声所掩盖，增加检验阶跃信号幅值，可以减小噪声干扰的影响，但可能造成仪表过载。

随机信号与阶跃信号一样具有宽的频谱，而其能量均匀分布，用以作为测量仪表的校验信号，不会有过载的危险。以下简要介绍随机信号校准测量仪表动态特性原理。

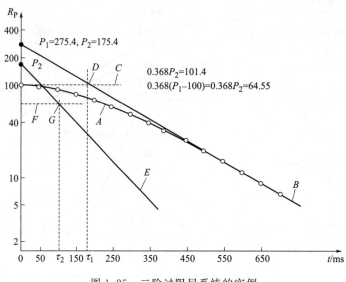

图 1.25 二阶过阻尼系统的实例

由传递函数定义可知，测量仪表输出 $Y(t)$ 的拉氏变换为 $Y(s)=G(s)X(s)$，根据卷积定理可得

$$Y(t) = \int_0^\infty g(\nu)x(t-\nu)\mathrm{d}\nu \tag{1.68}$$

测量仪表输入与输出信号的互相关函数为

$$R_{xy}(\tau) = \lim_{T\to\infty} \frac{1}{T}\int_0^T x(t-\tau)Y(t)\mathrm{d}t \tag{1.69}$$

将式(1.68)代入式(1.69)得

$$R_{xy}(\tau) = \lim_{T\to\infty} \frac{1}{T}\int_0^T x(t-\tau)\int_0^\infty g(\nu)x(t-\nu)\mathrm{d}\nu\,\mathrm{d}t$$

$$= \int_0^\infty g(\nu) \lim_{T\to\infty} \frac{1}{T}\int_0^T x(t-\tau)x(t-\nu)\mathrm{d}t\,\mathrm{d}\nu \tag{1.70}$$

引入自相关函数 $R_{xx}(\tau-\nu)$。

$$R_{xx}(\tau-\nu) = \lim_{T\to\infty} \frac{1}{T}\int_0^T x(t-\tau)x(t-\nu)\mathrm{d}t$$

则

$$R_{xy}(\tau) = \int_0^\infty g(\nu)R_{xx}(\tau-\nu)\mathrm{d}\nu \tag{1.71}$$

比较式(1.68)和式(1.71)，若仪表的响应函数为 $Y(t)$，其输入为输入信号的自相关函数 $R_{xx}(\tau)$ 时，其输出为该仪表的输入信号 $X(t)$ 与输出信号 $Y(t)$ 的互相关函数。如果能知道自相关函数 $R_{xx}(\tau)$ 和互相关函数 $R_{xy}(\tau)$，则可由式(1.71)求得测量仪表的响应函数 $g(\nu)$。但是对于一般形式的 $R_{xx}(\tau)$ 和 $R_{xy}(\tau)$，求解式(1.71)是很困难的，为解决这个问题，可将式(1.71)进行傅里叶变换，便可得到

$$S_{xy}(\mathrm{j}\omega) = G(\mathrm{j}\omega)S_{xx}(\mathrm{j}\omega)$$

或

$$G(\mathrm{j}\omega) = \frac{S_{xy}(\mathrm{j}\omega)}{S_{xx}(\mathrm{j}\omega)} \tag{1.72}$$

$$S_{xy}(\mathrm{j}\omega) = \int_{-\infty}^\infty R_{xy}(\tau)\mathrm{e}^{-\mathrm{j}\omega\tau}\,\mathrm{d}\tau$$

$$S_{xx}(j\omega) = \int_{-\infty}^{\infty} R_{xx}(\tau) e^{-j\omega\tau} d\tau$$

式中　$S_{xy}(j\omega)$——互功率谱密度函数；

　　　$S_{xx}(j\omega)$——自功率谱密度函数。

白噪声是随机信号的一种特殊形式，它有如下两个重要特征。

① 其自功率谱密度函数为常数，即 $S_{xx}(j\omega) = C$；

② 它只与每一瞬时自身信号有关，当信号作任何超前或延迟，与原信号均互不相关，是互相独立的。

若测量仪表输入信号是白噪声，因白噪声的自功率谱为常数 C，代入式（1.72）即可求得被校仪表的频率响应函数 $G(j\omega)$ 为

$$G(j\omega) = \frac{S_{xy}(j\omega)}{C} \tag{1.73}$$

1.4.4　动态特性校准装置

对于非电气测量系统进行动态校准时，要产生一个可控制的大幅度高频率的正弦变化标准信号（如压力和温度等）往往是很困难的。因此应用阶跃响应法很普遍。如热电偶的动态响应测量方法，常用弹射机构将热电偶突然置于高温介质中，根据其输出特性确定其时间常数。压力传感器常用激波管来产生压力阶跃信号来校验其动态特性。

激波管的结构如图 1.26（a）所示，一段管道由薄膜分为高压侧和低压侧，压力传感器平装在管道低压侧的端部。当薄膜突然爆破时，激波即以高于声速

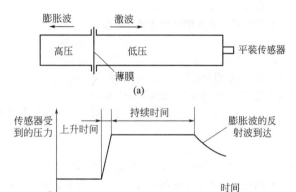

图 1.26　用激波管产生压力阶跃信号

的速度向低压侧传播，而膨胀小波向高压侧传播。当激波传至低压侧管端时，传感器即感受到上升时间很短大约 1×10^{-8} s 的阶跃压力波，直到膨胀波的反射波从高压侧传到传感器为止。此阶跃压力波可在短时间内保持不变，如图 1.26（b）所示，持续时间可采用调整激波管尺寸进行改变。此持续时间的长短要能使压力传感器有充分振荡时间，以便根据其输出确定其频率特性。压力传感器固有频率越低，要求恒压持续时间越长，所以一般激波管适应于高频响应压力传感器的校准。

校准平膜式压力传感器，有时用一种很简单的产生脉冲函数信号的方法。用一小钢球从不同高度落到压力传感器的平膜片上可造成不同幅值的压力脉冲信号。将压力传感器的响应记录下来，即可求出其频率特性和动态特性参数。虽然这种输入是一集中力，而不是一均匀压力，但其结果仍然与其他方法是一致的。

本章小结

本章主要介绍了测试系统的基本要求和数学模型，并分析了静态系统和动态系统的数学模型，以及它们的性能指标，分别对一阶系统和二阶系统进行了描述和分析，为检测系统的设计奠定基础。

思考题与习题

1.1 解析检测装置静态特性，静态特性的主要技术指标有哪些？

1.2 解析检测装置动态特性，动态特性的主要技术指标有哪些？

1.3 不失真测试对测量系统动态特性的要求是什么？并说明其物理意义。

1.4 测量系统动态参数测定常采用的方法有哪些？

1.5 某位移传感器，在输入位移变化 1mm 时，输出电压变化有 300mV，求其灵敏度。

1.6 用标准压力表来校准工业用压力表时，应如何选用标准压力表精度等级？可否用一台 0.2 级、量程 0～25MPa 的标准表来校验一台 1.5 级、量程 0～2.5MPa 的压力表？为什么？

1.7 某一阶测量系统，在 $t=0$ 时，输出 10mV，$t \to \infty$ 时，输出为 100mV；在 $t=5s$ 时输出为 50mV，试求该测量系统的时间常数 τ。

1.8 某二阶系统的力传感器，已知系统固有频率 $f_0=10$kHz，阻尼比 $\xi=0.6$，如果要求其幅值误差小于 10%，求其可测信号频率范围。

1.9 已知某测量系统静态特性方程为 $y=e^x$，试分别用端基法、最小二乘法，在 $0<x<1$ 范围内拟合刻度直线方程，并求出相应线性度。

1.10 某玻璃水银温度计微分方程为

$$4\frac{\mathrm{d}Q_0}{\mathrm{d}t}+2Q_0=2\times10^{-3}Q_1$$

式中，Q_0 为水银柱高度，m；Q_1 为被测温度，℃。

试确定该温度计的时间常数和静态灵敏度系数。

1.11 某压电式加速度计动态特性可用下述微分方程描述

$$\frac{\mathrm{d}^2q}{\mathrm{d}t^2}+3.0\times10^3\frac{\mathrm{d}q}{\mathrm{d}t}+2.25\times10^{10}q=11.0\times10^{10}a$$

式中，q 为输出电荷量，pC；a 为输入加速度，m/s²。

试确定该加速度计的静态灵敏度系数 K 值；测量系统的固有振荡频率 ω_0 及阻尼比 ξ。

2 测量误差与数据处理

为了对设计对象进行研究，需要做大量的试验。试验和测量结果均以数值形式或曲线形式对其性能参数变化规律进行描述。通过对这些数值和曲线的进一步分析研究发现被测对象设计、工艺等各方面的问题，以便改善其性能。因而提供准确的数据是极其重要的。

但是，由于实验方法和实验设备的不完善、周围环境的影响以及人为因素等，测量所得数值和真值之间总存在一定差异，数值上即表现为误差。随着科学技术的日益发展和人们认识水平的不断提高，误差被控制得越来越小，但始终不能完全消除。误差存在的必然性和普遍性已为实践所证明，即误差是不受人们主观意识影响而客观存在的。因此，使测量结果尽可能接近真值以及合理地处理实验数据，是误差理论研究的内容。

2.1 误差的基本概念

2.1.1 测量误差的定义

测量误差即为测量结果与被测量的真值之差，可用式(2.1) 表示

$$\delta = X - X_0 \tag{2.1}$$

式中　δ——测量误差；

　　X——测量结果；

　X_0——真值。

上述表示方法也称为绝对误差表示法，通常绝对误差简称误差。

真值是在一定条件被测量的客观实际值，是与被测量定义一致的量值，是被测量本身所具有的真实大小，只有通过完善的测量才能获得。实际上，由于被测量的定义和测量不可能完善，因而真值往往是未知的，真值只是一个理想的概念。

① 理论真值。如三角形内角和为 $180°$，同一量值自身之比为 1 等。

② 约定真值。是被承认的或是约定的值，是真值的最佳估计值。如约定 1kg 为铂铱合金的国际千克原器的质量；约定 1K 是水处于三相点时温度值的 1/273.16 等。此外，在给定地点由测量标准所复现的量值可取作约定真值，如由各级计量机构（国际、国家或省）确定了若干物理量的不同准确度等级的标准。其中以国际标准或国家标准为各物理量的定值依据，用这些约定真值代替真值进行量值传递和仪表的计量、校验，还可以用某量的多次测量结果确定约定真值。显然，约定真值是具有不确定度的。

因为，用绝对误差难以比较不同测量值的准确程度，因而采用相对误差的表示形式。相对误差为绝对误差与真值之比，用百分率表示为

$$相对误差 = \frac{绝对误差}{真值} \times 100\%$$

当绝对误差很小时可有以下近似表达式。

$$相对误差 \approx \frac{绝对误差}{测量结果（真值的最佳估计值）} \times 100\%$$

用符号表示为

$$r = \frac{\delta}{X_0} \times 100\% \approx \frac{\delta}{X} \times 100\% \qquad (2.2)$$

在多挡和连续刻度的仪表中，因各挡示值和对应真值均不同，这时若按式(2.2)计算相对误差，所用分母也不一样。为此，又定义了最大引用误差，其分母一律取仪表量程 L（即最大刻度值与最小刻度值之差）；其分子为在测量范围内产生的最大绝对误差 $|\delta|_{max}$，用 q_{max} 表示最大引用误差。其表达式为

$$q_{max} = \frac{|\delta|_{max}}{L} \times 100\% \qquad (2.3)$$

实际应用时，常用最大引用误差表示仪表的质量，进行准确度分级。

2.1.2 误差来源

分析误差的来源是测量误差分析的重要环节，只有了解误差源才能消除或减少测量误差。主要有以下几种误差源。

(1) 设备装置误差

① 标准器误差。标准器即由各级计量机构确定的提供标准量值的基准器，如标准量块、标准电池和活塞压力计等，它们本身体现出来的量值，不可避免地含有误差。这些误差随时间和空间位置变化的不均匀性也引起误差，如激光波长的长期稳定性和电池的老化等引起的误差。

② 仪器仪表误差。仪器仪表是用来直接或间接地将被测量和测量标准比较的设备。这些仪器仪表，如传感器、记录仪和电压表等本身均具有误差。由于工艺制造、加工和长期磨损而产生设备机构误差。

③ 辅助设备和附件误差。仪器仪表或为测量创造必要条件的设备在使用时没有调整到理想的正确状态。此外，参与测量的各种辅助附件，如电源、导线和开关等也会引起误差。

(2) 环境误差

由于各种环境因素与要求的标准状态不一致，而引起测量装置和被测量本身的变化所造成的误差，如温度、湿度、压力、振动（外界条件及测量人员引起的振动）、照明（视差）、电磁场、重力加速度等所引起的误差。通常仪器仪表在规定条件下使用产生的示值误差称为基本误差，超出此条件使用引起的误差称为附加误差。

(3) 方法误差

方法误差有多种情况，如由于采用近似的测量方法而造成的误差；又如测量圆轴直径 d 采用测其圆周长 S，然后用 $d = S/\pi$ 计算的方法，由于 π 取值不同会引起误差。由于测量方法错误而引起的误差，如测量仪表安装和使用方法不正确。此外，还包括测量时所依据的原理不正确而产生的误差。

(4) 人员误差

由于测量者受分辨能力的限制，因工作疲劳引起的视觉器官的生理变化、反应速度及固有习惯引起的误差，以及精神因素产生的一时疏忽所引起的误差。

必须注意以上几种误差来源，有时是叠加作用的，在给出测量结果时要进行全面分析，力求不遗漏、不重复，特别要注意对误差影响较大的因素。

2.1.3 误差的分类

按照误差的特点与性质，误差可分为系统误差、随机误差和粗大误差。

(1) 系统误差

系统误差是被测量的数学期望与真值之差，其数学期望是指无限多次测量结果的平均值。它是在同一条件下（指测量程序、测量者、测量仪器和地点均相同的情况下，在短时间

内进行的重复测量）多次重复测量同一量值时，误差的绝对值和符号保持不变；或在条件改变时，按某一确定规律变化的误差，表示测量结果偏离真值的程度。

（2）随机误差

随机误差是测量值与数学期望之差。它是在同一条件下多次测量同一量值时，误差的绝对值和符号以不可预测的规律随机变化的误差，表示测量结果的分散程度。

因为实际测量中不可能进行无限多次，也不可能得到真值，因此，以上两种误差是定性的概念，不可能得到准确值。

（3）粗大误差

粗大误差是明显歪曲测量结果的误差。它一般是由测量者主观原因引起，如由于测量者的粗心大意、疲劳和缺乏经验等而读错、记错数据引起的误差。此外，由于测量条件意外地改变，如机械冲击、电源瞬时波动等引起的误差。含有粗大误差的测量值称为坏值或异常数值。正确的结果不应包含粗大误差，因而，处理数据时要把所有异常数值剔除。

必须注意系统误差和随机误差之间在一定条件下是可以相互转化的。对某一具体误差，在 A 条件下为系统误差，而在 B 条件下可能为随机误差，反之亦然。如尺子的刻度误差，对于制造尺子可能是随机误差；但将它作为基准去测量某长度时，则刻度误差就会造成测量结果的系统误差。掌握误差转换的特点，在有些情况下可将系统误差转化为随机误差，用增加测量次数并进行数据处理的方法减小误差的影响；或者将随机误差转化为系统误差，用修正的方法减小其影响。

2.1.4　测量的准确度、精密度

为了反映不同性质误差对测量结果的影响，人们提出了准确度和精密度的概念。

（1）准确度

准确度又称精确度，表示测量结果与真实值接近的程度，简称为精度，反映系统误差与随机误差对测量结果综合影响的程度。准确度与误差是反映测量结果真实性的两个相辅相成的概念。误差表示测量值偏离真值的程度，准确度表示测量值接近真值的程度。它与误差的大小相对应，也是一个定性的概念。但实际应用中人们需要用定量的概念描述，以确定测量仪器示值接近真值的能力。这一描述常采用其他术语定义，如准确度等级、测量仪器的引用误差等。

（2）精密度

精密度表示测量值重复一致的程度，反映了随机误差影响的程度，是一个定性的概念。随机误差越小，测量结果越精密。一般建议用重复性代替这一概念。

2.2　随机误差

2.2.1　随机误差的正态分布性质

任何一次测量，随机误差的存在是不可避免的。如对同一静态物理量进行等精度重复测量，每一次测量所得的测定值各不相同，尤其是在各测定值的尾数上，总是存在差异，表现出不定的波动状态。测定值的随机性表明了测量误差的随机性质。

随机误差就其个体来说变化是无规律的，但在总体上却遵循一定的统计规律。在对大量的随机误差进行统计分析后，可以总结出随机误差分布的如下几点性质：

① 有界性。在一定的测量条件下，测量的随机误差总是在一定的、相当窄的范围内变动，绝对值很大的误差出现的概率接近于零。也就是说，随机误差的绝对值实际上不会超过

一定的界限。

② 单峰性。随机误差具有分布上的单峰性。绝对值小的误差出现的概率大，绝对值大的误差出现的概率小，零误差出现的概率比任何其他数值的误差出现的概率都大。

③ 对称性。大小相等、符号相反的随机误差出现的概率相同，其分布呈对称性。

④ 抵偿性。在等精度测量条件下，当测量次数趋于无穷大时，全部随机误差的算术平均值趋于零，即

$$\lim_{n \to \infty} \frac{1}{n} \sum_{i=1}^{n} \delta_i = 0 \tag{2.4}$$

理论和实践均证明：大多数测量的随机误差服从正态分布的规律，其分布密度函数可用式(2.5)表示。

$$f(\delta) = \frac{1}{\sigma \sqrt{2\pi}} \exp\left(-\frac{\delta^2}{2\sigma^2}\right) \tag{2.5}$$

如果用测定值 x 本身表示，则

$$f(x) = \frac{1}{\sigma \sqrt{2\pi}} \exp\left[-\frac{(x-\mu)^2}{2\sigma^2}\right] \tag{2.6}$$

式中，μ 和 σ 是决定正态分布的两个特征参数。μ 代表被测参数的真值，完全由被测参数本身所决定。当测量次数趋于无穷大时，有

$$\mu = \lim_{n \to \infty} \frac{1}{n} \sum_{i=1}^{n} x_i \tag{2.7}$$

σ 称为均方根误差，表示测定值在真值周围的散布程度，由测量条件所决定。定义式为

$$\sigma = \lim_{n \to \infty} \sqrt{\frac{1}{n} \sum_{i=1}^{n} \delta_i^2} = \lim_{n \to \infty} \sqrt{\frac{1}{n} \sum_{i=1}^{n} (x_i - \mu)^2} \tag{2.8}$$

μ 和 σ 确定之后，正态分布就完全确定了。正态分布密度函数 $f(x)$ 的曲线如图 2.1 所示。由曲线可以看出：正态分布很好地反映了随机误差的分布规律。

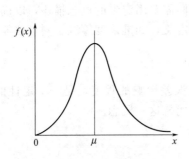

图 2.1　正态分布密度函数曲线

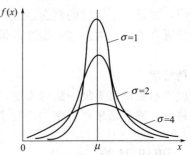

图 2.2　不同 σ 值的正态分布密度曲线

应该指出，在测量技术中并非所有随机误差都服从正态分布，还存在着一些非正态分布（如均匀分布、反正弦分布等）的随机误差。由于大多数测量误差服从正态分布，或可以由正态分布来代替，而且以正态分布为基础可使得随机误差分析处理大为简化，所以重点讨论以正态分布为基础的随机误差的分析和处理。

2.2.2　正态分布密度函数与概率积分

由式(2.6)可以看出，正态分布密度函数是一个曲线族，其参变量是特征参数 μ 和 σ。在静态条件下，被测量真值 μ 是一定的。σ 的大小表征着诸测定值在真值周围的弥散程度。

不同 σ 值的正态分布密度曲线如图 2.2 所示。由图可见，σ 值越小，曲线越尖锐，幅值越大；反之，σ 值越大，幅值越小，曲线越趋于平坦。σ 值小表明测量列中数值较小的误差占优势；σ 值大则表明测量列中数值较大的误差相对比较多。因此可用参数 σ 表征测量的精密度。σ 越小，表明测量的精密度越高。σ 与真误差 δ 具有相同的量纲，因而把 σ 称为均方根误差。

随机误差出现的性质决定了人们不可能准确地获得单个测量值的真误差 δ_i 的数值，只能在一定的概率意义之下估计测量随机误差数值的范围，或者求得误差出现在某个区间的概率。

2.3 有限次测量误差分析与处理

大多数测定值及其误差都服从正态分布。如果能求得正态分布特征参数 μ 和 σ，那么被测量的真值和测量精密度唯一地被确定。然而，μ 和 σ 是当测量次数趋于无穷大时的理论值，在实际测量中人们不可能进行无穷多次测量，甚至测量次数不会很多。所以本节的讨论重点为：如何根据有限次直接测量所得的一列测定值估计被测量的真值；如何衡量这种估计的精密度和这一列测定值的精密度。

为叙述方便，引入如下数理统计中常用概念。

① 子样平均值。代表由 n 个元素 $x_1, x_2, \cdots, x_n$ 组成的子样的散布中心，表示为

$$\overline{x} = \frac{1}{n} \sum_{i=1}^{n} x_i \tag{2.9}$$

② 子样方差。描述子样在其平均值附近散布程度，表示为

$$s^2 = \frac{1}{n} \sum_{i=1}^{n} (x_i - \overline{x})^2 \tag{2.10}$$

$\overline{x}$ 和 s^2 是子样的数字特征，为随机变量。当 n 趋于无穷大时，$\overline{x}$ 趋于 μ，s^2 趋于 σ^2。

2.3.1 算术平均值原理、真值的估计

如果一列子样容量为 n 的等精度测定值 $x_1, x_2, \cdots, x_n$，服从正态分布，则根据该列测定值提供的信息，利用最大似然估计方法可估计被测量的真值 μ。

显然，用测定值子样平均值估计被测量的真值应该具有协调性和有效性。由于测定值子样平均值 $\overline{x}$ 的数学期望恰好是被测量真值。

$$E(\overline{x}) = E\left(\frac{1}{n} \sum_{i=1}^{n} x_i\right) = \frac{1}{n} \sum_{i=1}^{n} E(x_i) = \frac{1}{n} \sum_{i=1}^{n} \mu = \mu \tag{2.11}$$

按无偏性定义，用 $\overline{x}$ 估计 μ 具有无偏性。因此，测定值子样的算术平均值是被测量真值的最佳估计值。

测定值子样平均值 $\overline{x}$ 是一个随机变量，也服从正态分布。因而，可用 $\overline{x}$ 的均方根误差 $\sigma_{\overline{x}}$ 表征 $\overline{x}$ 对被测量真值 μ 估计的精密度。$\overline{x}$ 的方差为

$$\sigma_{\overline{x}}^2 = D(\overline{x}) = D\left(\frac{1}{n} \sum_{i=1}^{n} x_i\right) = \frac{1}{n^2} \sum_{i=1}^{n} D(x_i) = \frac{\sigma^2}{n}$$

也可写为均方根误差的形式

$$\sigma_{\overline{x}} = \frac{\sigma}{\sqrt{n}} \tag{2.12}$$

由式(2.12)可知，测定值子样平均值 $\overline{x}$ 的均方根误差是测定值母体均方根误差的 $1/\sqrt{n}$ 倍。

表明在等精度测量条件下对某一被测量进行多次测量，用测定值子样平均值估计被测量真值比用单次测量的测定值估计具有更高的精密度。

2.3.2 均方根误差的估计与贝塞尔公式

均方根误差表征一列测定值在其真值周围的散布程度，是衡量测量列精密度的参数。根据有限次测量获得的信息估计均方根误差 σ，仍采用最大似然估计。

母体方差 σ^2 的最大似然估计值 $\hat{\sigma}^2$ 可由似然方程 $\dfrac{\partial \ln L}{\partial \sigma^2}=0$，即

$$-\frac{n}{2\sigma^2}+\frac{1}{2\sigma^4}\sum_{i=1}^{n}(x_i-\mu)^2=0$$

求得

$$\hat{\sigma}^2=\frac{1}{n}\sum_{i=1}^{n}(x_i-\hat{\mu})^2=\frac{1}{n}\sum_{i=1}^{n}(x_i-\overline{x})^2=s^2 \tag{2.13}$$

因此，测定值子样方差是母体方差的最大似然估计值。但这种估计是有偏的。

为此，必须用 $n/(n-1)$ 乘以 s^2 来弥补这个系统误差，从有偏估计转化为无偏估计，以 $\hat{\sigma}^2$ 表示 σ^2 的无偏估计值

$$\hat{\sigma}^2=\frac{n}{n-1}s^2=\frac{1}{n-1}\sum_{i=1}^{n}(x_i-\overline{x})^2 \tag{2.14}$$

由式（2.14）得到计算均方根误差表达式

$$\hat{\sigma}=\sqrt{\frac{1}{n-1}\sum_{i=1}^{n}(x_i-\overline{x})^2} \tag{2.15}$$

式（2.15）称为计算母体均方根误差 σ 的贝塞尔公式。

2.3.3 测量结果的误差评价

对某被测量进行的重复测量称为等精度测量。一般总是将测量结果表达为在一定置信水平下，以子样平均值为中心，以置信区间半长为区间的一个范围，这个置信区间即为测量的误差。由于置信度不同，测量结果的误差可有不同的表示方法。

（1）标准误差

测量列的标准误差 σ 是母体参数，它明确地、单值地表征了测量列的精密度。测量列所服从的正态分布 $P(x;x_0,\sigma)$，当 $(x-x_0)/\sigma=1$ 时，查得 $P=0.683$。若测量结果用单次测量值表示，置信区间采用标准误差，则

$$测量结果 = 单次测定值 \; x \pm 标准误差 \; \sigma \quad (P=68.3\%)$$

若测量结果用测定值子样平均值表示，置信区间采用标准误差，则

$$测量结果 = 子样平均值 \; \overline{x} \pm 标准误差 \; \sigma_{\overline{x}} \quad (P=68.3\%)$$

用标准误差作为误差的评价，表示随机误差不大于标准误差的置信度，其对应的置信区间为 $[-\sigma,\sigma]$。这就是说，在此置信度下，高精密度的测量得到较小的置信区间、低精密度的测量具有较大的置信区间。由于正态分布密度曲线当 $|x-x_0|=\sigma$ 处正好是曲线的拐点，在 $|x-x_0|>\sigma$ 以后，概率密度变化率变小，这也是经常选用标准误差作为置信区间的理由之一。

（2）平均误差

测量列的平均误差 δ 是该测定值全部随机误差绝对值的算术平均值。

$$\delta = \frac{\sum\limits_{i=1}^{n} |(x_i - x_0)|}{n} \tag{2.16}$$

对于连续型随机变量，δ 值即为各测定值随机误差绝对值的数学期望，将这一定义代入正态分布函数，即得

$$\delta = \int_{-\infty}^{+\infty} |x - x_0| \, p(x)\mathrm{d}x = \sigma\sqrt{\frac{2}{\pi}} = 0.7979\sigma \tag{2.17}$$

可见，平均误差 δ 也可以定义为对应于置信度为 $0.7979 \times 0.683 = 0.545$ 时的置信区间。

对于单次测量结果，则有

$$测量结果 = 单次测定值 x \pm 平均误差 \delta \quad (P = 54.5\%)$$

同样为多次测量，则有

$$测量结果 = 子样平均值 \overline{x} \pm 平均误差 \delta_{\overline{x}} \quad (P = 54.5\%)$$

此处，$\delta_{\overline{x}}$ 是子样平均值的平均误差，且有

$$\delta_{\overline{x}} = \frac{\delta}{\sqrt{n}} \tag{2.18}$$

（3）或然误差

或然误差是指在一组测量中对应于置信度为 50％时的置信区间，记为 r，写为数学式 $P(x; x_0, \sigma) = 0.50$ 求得的区间为 $[-r, r]$。查表得 $z = 0.6745$，则 $r = 0.6745\sigma$。

多次测量，则有

$$测量结果 = 子样平均值 \overline{x} \pm 或然误差 r_{\overline{x}} \quad (P = 50\%)$$

同样，用 $r_{\overline{x}}$ 表示子样平均值的或然误差，它与测量列或然误差 r 的关系为

$$r_{\overline{x}} = \frac{r}{\sqrt{n}} \tag{2.19}$$

（4）极限误差（最大误差）

定义极限误差的范围（置信区间）为标准误差的 3 倍，记为 3σ。从正态分布曲线可知，对应于置信区间的 3σ 置信度为 99.7％，也就是说被测量真值落在 $x \pm 3\sigma$ 范围内的概率已接近 100％，而落在该范围之外的概率极小，所以此误差定义为极限误差。

同样，可以定义子样平均值的极限误差 $\Delta\overline{x}$，它与测量列极限误差的关系为

$$\Delta\overline{x} = 3\sigma_{\overline{x}} \tag{2.20}$$

多次测量，则有

$$测量结果 = 子样平均值 \overline{x} \pm 极限误差 3\sigma_{\overline{x}} \quad (P = 99.7\%)$$

2.3.4　小子样误差分布——t 分布

前面介绍了随机误差的正态分布，当子样足够大时，平均值 $\overline{x}$ 服从正态分布 $P(\overline{x}; x_0, \sigma_{\overline{x}})$。当子样容量 $n \to \infty$ 时，子样方差 $\hat{\sigma}^2$ 是母体方差 σ^2 的无偏估计，所以 $\overline{x}$ 的分布是已知的。当子样容量很小时（如 $n < 10$），不能用子样方差代表母体方差，因为这时的子样方差是个随机变量，不同的子样，取不同的值，子样容量越小，这种情况越严重。

为了在母体参数 σ 未知情况下，根据子样平均值 $\overline{x}$ 估计被测量真值 x_0，必须考虑一个统计量，它只取决于子样容量 n，而与母体均方根误差 σ 无关，故引入一个统计量 t，设

$$t = \frac{\overline{x} - x_0}{\sigma_{\overline{x}}} \quad 或 \quad t = \frac{\overline{x} - x_0}{\dfrac{\hat{\sigma}}{\sqrt{n}}}$$

随机变量 t 并不遵循正态分布，它的分布规律称为 t 分布。t 分布的概率密度函数为

$$f(t;\nu) = \frac{\Gamma\left(\dfrac{\nu+1}{2}\right)}{\sqrt{\nu\pi}\,\Gamma\left(\dfrac{\nu}{2}\right)\left(1+\dfrac{t^2}{\nu}\right)^{(\nu+1)/2}} \qquad (-\infty < t < +\infty) \qquad (2.21)$$

$$\nu = n - 1$$

式中　Γ——特殊函数；

　　　ν——自由度。

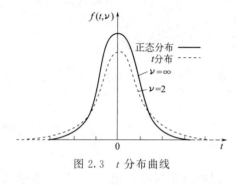

图 2.3　t 分布曲线

当进行 n 次独立测量时，因为它受到平均值 $\bar{x}$ 的约束，所以 n 个测量值中有一个是不独立的。

t 分布的概率密度函数以 $t=0$ 为对称，如图 2.3 所示。当自由度 ν（$\nu \geqslant 30$）趋于无穷大时，t 分布趋于正态分布。因此 t 分布主要用于小子样推断。由图可见，当子样容量 n 很小时，t 分布中心值比较小，分散度大。这从另一方面说明，当用正态分布来对小子样进行估计时，往往得到"太乐观"的结果，即分散度太小，夸大了测量结果的精密度。

表 2.1 中列出各种自由度 ν 和常用置信概率 P 下，满足式（2.22）的 t_P 值。

$$P(|t| \leqslant t_P) = \int_{-t_P}^{t_P} f(t;\nu)\,dt \qquad (2.22)$$

式（2.22）表明，自由度为 ν 的 t 分布在区间 $[-t_P, t_P]$ 内的概率为 P。

表 2.1　t 分布的 t_P 数值

自由度 ν	P			自由度 ν	P		
	0.9973	0.99	0.95		0.9973	0.99	0.95
1	235.80	63.66	12.71	20	3.42	2.85	2.09
2	19.21	9.92	4.30	21	3.40	2.83	2.08
3	9.21	5.84	3.18	22	3.38	2.82	2.07
4	6.62	4.60	2.78	23	3.36	2.81	2.07
5	5.51	4.03	2.57	24	3.34	2.80	2.06
6	4.90	3.71	2.45	25	3.33	2.79	2.06
7	4.53	3.50	2.36	26	3.32	2.78	2.06
8	4.28	3.36	2.31	27	3.30	2.77	2.05
9	4.09	3.25	2.26	28	3.29	2.76	2.05
10	3.96	3.17	2.23	29	3.28	2.76	2.05
11	3.85	3.11	2.20	30	3.27	2.75	2.04
12	3.76	3.05	2.18	40	3.20	2.70	2.02
13	3.69	3.01	2.16	50	3.16	2.68	2.01
14	3.64	2.98	2.14	60	3.13	2.66	2.00
15	3.59	2.95	2.13	70	3.11	2.65	1.99
16	3.54	2.92	2.12	80	3.10	2.64	1.99
17	3.51	2.90	2.11	90	3.09	2.63	1.99
18	3.48	2.88	2.10	100	3.08	2.63	1.98
19	3.45	2.86	2.09	∞	3.00	2.58	1.96

设一列等精度独立测定值 $x_1, x_2, \cdots, x_n$，服从正态分布 $N(x;\mu,\sigma)$，真值 μ 及母体均方根误差 σ 均未知。根据这一列测定值可求行子样平均值 $\bar{x}$ 及其均方根误差估计值 $\hat{\sigma}_{\bar{x}}$

$$\overline{x} = \frac{1}{n}\sum_{i=1}^{n} x_i$$

$$\hat{\sigma}_{\overline{x}} = \sqrt{\frac{1}{n(n-1)}\sum_{i=1}^{n}(x_i - \overline{x})^2}$$

由于 $(\overline{x}-\mu)/\hat{\sigma}_{\overline{x}}$ 服从自由度 $\nu = n-1$ 的 t 分布，所以可用式（2.22）作如下的概率描述。

$$P(\mid t\mid \leqslant t_P) = P\left(-t_P \leqslant \frac{\overline{x}-\mu}{\hat{\sigma}_{\overline{x}}} \leqslant t_P\right) = P$$

或改写为

$$P(\overline{x} - t_P\hat{\sigma}_{\overline{x}} \leqslant \mu \leqslant \overline{x} + t_P\hat{\sigma}_{\overline{x}}) = P$$

测量结果可表示为

$$测量结果 = \overline{x} \pm t_P\hat{\sigma}_{\overline{x}} \tag{2.23}$$

根据相应的置信概率 P，可从表 2.1 查得对应的 t_P 值。

例 2.1　用光学高温计测量某金属铸液的温度，得到如下 5 个测量数据（℃）：
$$975,1005,988,993,987$$
设金属铸液温度稳定，测温随机误差属于正态分布。试求铸液的实际温度（取 $P=95\%$）。

解　因测量次数较少，采用 t 分布推断给定置信概率下的误差限。

① 求 5 次测量的平均值 $\overline{x}$

$$\overline{x} = \frac{1}{5}\sum_{i=1}^{5} x_i = 989.8$$

② 求 $\overline{x}$ 的均方根误差的估计值 $\hat{\sigma}_{\overline{x}}$

$$\hat{\sigma}_{\overline{x}} = \sqrt{\frac{1}{5\times 4}\sum_{i=1}^{5}(x_i - 989.8)^2} = 4.7$$

③ 根据给定的置信概率 $P=95\%$ 和自由度 $\nu = 5-1=4$，查表 2.1 得 $t_P = 2.78$。按式（2.23），测量结果为

$$\mu = \overline{x} \pm t_P\hat{\sigma}_{\overline{x}} = 989.8 \pm 13.2（℃）\quad (P=95\%)$$

即被测金属铸液温度有 95% 的可能在温度区间 $[976.6℃，1003.0℃]$ 之内。

在例 2.1 中，若用正态分布求取给定置信概率 $P=95\%$ 的置信温度区间，查表计算得到该区间是 $[980.6℃,999℃]$，这要比 t 分布来的区间小。这表明，在测量次数少的情况下，用正态分布计算误差限，往往会夸大了测量结果的精密度。因此，对小子样的误差推断，宜采用 t 分布处理。

2.3.5　非等精度测量与加权平均值

在非等精度测量中，既然各个测定值（或各组测量结果）的精密度不同，可靠程度不同，那么在求被测量真值的估计值时，显然不应取它们的算术平均值，而应权衡轻重。精密度高的测定值更可靠一些，应给予更大的重视。用数 p_i 表示某一测定值 x_i 应受重视程度。p_i 越大，表明该测定值 x_i 越值得重视。p_i 称为权，而某数乘以 p_i 称为加权。在非等精度测量中，被测量真值的最佳估计值是测定值的加权平均值。

设对某被测量进行 n 次测量，得到一列测定值 $x_1, x_2, \cdots, x_n$。假定各测定值互相独立，服从正态分布 $N(x_i; \mu, \sigma_i)$。仍可用最大似然估计方法求取被测量真值的估计值。

非等精度测量测定值 $x_1, x_2, \cdots, x_n$ 的似然函数是

$$L(x_1, x_2, \cdots, x_n; \sigma_1^2, \sigma_2^2, \cdots, \sigma_n^2, \mu) = \prod_{i=1}^{n} f(x_i; \sigma_i^2, \mu)$$

因 x_i 服从正态分布 $N(x_i; \mu, \sigma_i)$，故

$$L = \left(\frac{1}{\sqrt{2\pi}} \right)^n \prod_{i=1}^{n} \left(\frac{1}{\sigma_i} \right) \exp\left[-\sum_{i=1}^{n} \frac{(x_i - \mu)^2}{2\sigma_i^2} \right] \qquad (2.24)$$

对式(2.24)两边取对数，解似然方程 $\frac{\partial \ln L}{\partial \mu} = 0$，可得到 μ 的最大似然估计值

$$\hat{\mu} = \frac{\displaystyle\sum_{i=1}^{n} \frac{x_i}{\sigma_i^2}}{\displaystyle\sum_{i=1}^{n} \frac{1}{\sigma_i^2}} \qquad (2.25)$$

将式(2.25)分子分母同乘以正常数 λ，并记 $p_i = \lambda / \sigma_i^2$，则式(2.25)可改写为

$$\hat{\mu} = \frac{\displaystyle\sum_{i=1}^{n} \frac{\lambda x_i}{\sigma_i^2}}{\displaystyle\sum_{i=1}^{n} \frac{\lambda}{\sigma_i^2}} = \frac{\displaystyle\sum_{i=1}^{n} p_i x_i}{\displaystyle\sum_{i=1}^{n} p_i} \qquad (2.26)$$

式中 $p_i = \lambda / \sigma_i^2$ 即为测定值 x_i 的权。权 p_i 与方差 σ_i^2 成反比，σ_i 越小，p_i 越大，在计算估计值 $\hat{\mu}$ 时，相应测定值 x_i 所占的比重也越大。因此，在非等精度测量中，被测量真值 μ 的最佳似然估计值是测定值的加权算术平均值，仍记为 $\bar{x}$。

由于加权算术平均值的数学期望为

$$E(\bar{x}) = E\left(\frac{\displaystyle\sum_{i=1}^{n} p_i x_i}{\displaystyle\sum_{i=1}^{n} p_i} \right) = \frac{\displaystyle\sum_{i=1}^{n} p_i E(x_i)}{\displaystyle\sum_{i=1}^{n} p_i} = \frac{\mu \displaystyle\sum_{i=1}^{n} p_i}{\displaystyle\sum_{i=1}^{n} p_i} = \mu \qquad (2.27)$$

故加权算术平均值 $\bar{x}$ 对真值 μ 的估计具有无偏性。因此说，加权算术平均值是被测量真值的最佳估计值。

关于加权算术平均值的均方根方差 $\sigma_{\bar{x}}$，由于 $\bar{x}$ 的方差为

$$D(\bar{x}) = D\left(\frac{\displaystyle\sum_{i=1}^{n} p_i x_i}{\displaystyle\sum_{i=1}^{n} p_i} \right) = \left(\frac{1}{\displaystyle\sum_{i=1}^{n} p_i} \right)^2 \sum_{i=1}^{n} p_i^2 D(x_i) = \left(\frac{1}{\displaystyle\sum_{i=1}^{n} p_i} \right)^2 \sum_{i=1}^{n} p_i^2 \sigma_i^2$$

而 $p_i = \lambda / \sigma_i^2$。

所以 $\quad D(\bar{x}) = \left(\dfrac{1}{\displaystyle\sum_{i=1}^{n} p_i} \right)^2 \displaystyle\sum_{i=1}^{n} p_i \lambda = \dfrac{\lambda}{\displaystyle\sum_{i=1}^{n} p_i} = \dfrac{1}{\displaystyle\sum_{i=1}^{n} \frac{1}{\sigma_i^2}}$

因此，$\bar{x}$ 的均方根误差

$$\sigma_{\bar{x}} = \sqrt{\frac{1}{\displaystyle\sum_{i=1}^{n} \frac{1}{\sigma_i^2}}} \qquad (2.28)$$

通过以上讨论，可以解决非等精度测量的真值估计及其误差评价问题。

例 2.2 两实验者对同一恒温水箱的温度进行测量，各自独立地获得一列等精度测定值

数据（单位：℃）。

实验者 A：91.4，90.7，92.1，91.6，91.3，91.8，90.2，91.5，91.2，90.9

实验者 B：90.92，91.47，91.58，91.36，91.85，91.23，

　　　　　91.25，91.70，91.41，90.67，91.28，91.53

试求恒温水箱温度（测量结果的误差采用标准误差）。

解　① 求两列测定值各自的算术平均值。

$$\overline{x}_A = \frac{1}{10}\sum_{i=1}^{10} x_{Ai} = 91.3, \quad \overline{x}_B = \frac{1}{12}\sum_{i=1}^{12} x_{Bi} = 91.35$$

② 求 $\overline{x}_A$，$\overline{x}_B$ 的均方根误差的估计值。

$$\hat{\sigma}_{\overline{x}_A} = \sqrt{\frac{1}{10 \times 9}\sum_{i=1}^{10}(x_{Ai} - \overline{x}_A)^2} = 0.2, \quad \hat{\sigma}_{\overline{x}_B} = \sqrt{\frac{1}{12 \times 11}\sum_{i=1}^{12}(x_{Bi} - \overline{x}_B)^2} = 0.09$$

因此，两实验者对恒温箱温度测量结果分别为

实验者 A 测温结果 $= 91.3 \pm 0.2$（℃）

实验者 B 测温结果 $= 91.35 \pm 0.09$（℃）

为求恒温箱温度，需综合考虑 A，B 两测量结果。

③ 求两测量结果的加权算术平均值。

$$\overline{x} = \frac{p_A \overline{x}_A + p_B \overline{x}_B}{p_A + p_B} = \frac{\left(\frac{1}{\sigma_{\overline{x}_A}}\right)^2 \overline{x}_A + \left(\frac{1}{\sigma_{\overline{x}_B}}\right)^2 \overline{x}_B}{\left(\frac{1}{\sigma_{\overline{x}_A}}\right)^2 + \left(\frac{1}{\sigma_{\overline{x}_B}}\right)^2}$$

用 $\hat{\sigma}_{\overline{x}_A}$ 代替 $\sigma_{\overline{x}_A}$，$\hat{\sigma}_{\overline{x}_B}$ 代替 $\sigma_{\overline{x}_B}$，则可求得

$$\overline{x} = 91.34$$

④ 求加权算术平均值的均方根误差。

$$\sigma_{\overline{x}} = \sqrt{\frac{1}{\dfrac{1}{\sigma_{\overline{x}_A}^2} + \dfrac{1}{\sigma_{\overline{x}_B}^2}}} = 0.08$$

⑤ 据题意，测量结果的误差采用标准误差，所以

恒温箱温度 $= 91.34 \pm 0.08$（℃）

2.4　系统误差

随机误差处理方法，是以测量数据中不含有系统误差为前提。实际上，测量过程中系统误差和随机误差同时存在于测量数据中，且不易发现，多次重复测量又不能减小对测量结果的影响，这种潜伏性使系统误差比随机误差具有更大的危险性。因此研究系统误差的特征与规律性，用一定的方法发现、减小或消除系统误差，显得十分必要。否则对随机误差的严格数学处理将失去意义。

由于系统误差的特殊性，在处理方法上与随机误差完全不同，它涉及对测量设备和测量对象的全面分析，并与测量者的经验、水平以及测量技术的发展密切相关。

系统误差的来源一般可以归纳为以下几点。

① 由于测量设备、试验装置不完善，或安装、调整、使用不得当引起的误差，如测量

仪表未经校准投入使用。

② 由于外界环境影响而引起的误差，如温度漂移、测量现场电磁场的干扰等。

③ 由于测量方法不正确，或测量方法所赖以存在的理论本身不完善引起的误差。如使用大惯性仪表测量脉动气流的压力，则测量结果不可能是气流的实际压力，甚至也不是真正的时均值。

④ 测量人员方面因素引起误差。如测量者在刻度上估计读数时，习惯偏于某一方向；动态测量时，记录某一信号有滞后的倾向。

2.4.1 系统误差的特点与性质

系统误差的特点表现为在同一条件下，多次测量同一量值时，误差的绝对值和符号保持不变，或者在条件改变时，误差按一定规律变化。因此，在多次重复测量同一量值时，系统误差不具有抵偿性，它是固定的或服从一定函数规律的误差。从广义上理解，系统误差即服从某一确定规律变化的误差。

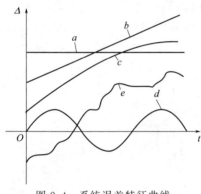

图 2.4　系统误差特征曲线

图 2.4 所示为各种系统误差 Δ 随测量过程变化所表现的不同特征。曲线 a 为不变的系统误差，曲线 b 为线性变化的系统误差，曲线 c 为非线性变化的系统误差，曲线 d 为周期性变化的系统误差，曲线 e 为复杂规律变化的系统误差。

设有一列测定值

$$x_1, x_2, \cdots, x_n$$

若测定值 x_i 中含有系统误差 θ_i，消除系统误差之后其值为 x'_i，则

$$x_i = x'_i + \theta_i$$

其算术平均值

$$\overline{x} = \frac{1}{n}\sum_{i=1}^{n}x_i = \frac{1}{n}\sum_{i=1}^{n}(x'_i + \theta_i) = \frac{1}{n}\sum_{i=1}^{n}x'_i + \frac{1}{n}\sum_{i=1}^{n}\theta_i$$

即

$$\overline{x} = \overline{x}' + \frac{1}{n}\sum_{i=1}^{n}\theta_i \tag{2.29}$$

式中，$\overline{x}'$ 为消除系统误差之后的一列测定值的算术平均值。测定值 x_i 的残差

$$v_i = x_i - \overline{x} = (x'_i + \theta_i) - \left(\overline{x}' + \frac{1}{n}\sum_{i=1}^{n}\theta_i\right) = (x'_i - \overline{x}') + \left(\theta_i - \frac{1}{n}\sum_{i=1}^{n}\theta_i\right)$$

即

$$v_i = v'_i + \left(\theta_i - \frac{1}{n}\sum_{i=1}^{n}\theta_i\right) \tag{2.30}$$

式中　v'_i——消除系统误差之后的残差。

由式(2.30)可得如下结论。

① 恒定值系统误差，由于 $\theta_i = \frac{1}{n}\sum_{i=1}^{n}\theta_i$，所以可得 $v_i = v'_i$。由残差计算出的测量列均方根误差

$$\sigma = \sqrt{\frac{1}{n-1}\sum_{i=1}^{n}v_i^2} = \sqrt{\frac{1}{n-1}\sum_{i=1}^{n}v'^2_i} = \sigma'$$

此处，σ' 是消除系统误差后测量列的均方根误差。因此，对于恒值系统误差的存在，只影响测量结果的准确度，不影响测量的精密度参数。如果测定子样容量足够大，含有恒值系统误

差的测定值仍服从正态分布。

② 对变值系统误差，一般有 $\theta_i \neq \dfrac{1}{n}\sum\limits_{i=1}^{n}\theta_i$，所以可得 $v_i \neq v'_i$，$\sigma \neq \sigma'$。因此对于变值系统误差的存在，不仅影响测量结果的准确度，而且影响测量的精密度参数。

2.4.2　系统误差的检查与判别

一般情况下，人们不能直接通过对等精度测量数据的统计处理判断恒值系统误差的存在，除非改变恒值系统误差产生的测量条件，但对于变值系统误差，有可能通过对等精度测量数据的统计处理判定变值系统误差。在容量相当大的测量列中，若存在非正态分布的变值系统误差，那么测定值的分布将偏离正态，检验测定值分布的正态性，将揭露出变值系统误差的存在。在实际测量中，常采用如下方法检验变值系统误差存在与否。

(1) 根据测定值残差的变化判定变值系统误差

若对某被测量进行多次等精度测量，获得一系列测定值 $x_1, x_2, \cdots, x_n$，各测定值的残差 v_i 由式(2.30)可表示为 $v_i = v'_i + \left(\theta_i - \dfrac{1}{n}\sum\limits_{i=1}^{n}\theta_i\right)$，如果测定值中系统误差比随机误差大，那么残差 v_i 的符号将主要由 $\left(\theta_i - \dfrac{1}{n}\sum\limits_{i=1}^{n}\theta_i\right)$ 项的符号决定。因此，将残差按照测量的先后顺序进行排列，这些残差的符号变化将反映出 $\left(\theta_i - \dfrac{1}{n}\sum\limits_{i=1}^{n}\theta_i\right)$ 的符号变化，进而反映 θ_i 的符号变化。由于变值系统误差 θ_i 的变化具有某种规律性，因而残差 v_i 的变化也具有大致相同的规律。由此得到以下两个准则。

准则 1　将测量列中诸测定值按测量先后顺序排定，若残差的大小有规则地向一个方向变化，由正到负或者相反，则测量列中有累进的系统误差（若中间有微小波动，则是随机误差的影响）。

准则 2　将测量列中诸测定值按测量先后顺序排定，若残差的符号呈有规律的交替变化，则测量列中含有周期性系统误差（若中间有微小波动，则是随机误差的影响）。

例 2.3　对某恒温箱内的温度进行了 10 次测量，依次获得如下测定值（单位：℃）：

$$20.06, 20.07, 20.06, 20.08, 20.10,$$
$$20.12, 20.14, 20.18, 20.18, 20.21$$

试判定该测量列中是否存在变值系统误差。

解
$$\bar{x} = \frac{1}{10}\sum_{i=1}^{10}x_i = 20.12$$

计算各测定值的残差 v_i，并按先后顺序排列如下：

$$-0.06, -0.05, -0.06, -0.04, -0.02,$$
$$0, +0.02, +0.06, +0.06, +0.09$$

可见，残差由负到正，其数值逐渐增大，故测量列中存在累进系统误差。

(2) 利用判据判定变值系统误差的存在

根据残差变化情况判定变值系统误差的存在，只能用于测定值所含系统误差比随机误差大的情况，否则，残差的变化情况不能作为变值系统误差存在与否的依据。为此，还要进一步依靠统计的方法来判别。

马利科夫准则　对某一被测量进行多次等精度测量，获得一列测定值 $x_1, x_2, \cdots, x_n$，按测量先后顺序排列，各测定值残差依次为 $v_1, v_2, \cdots, v_n$，把前面 k 个残差和后面 $(n-k)$ 个残

差分别求和，当 n 为偶数时，取 $k=n/2$；当 n 为奇数时，取 $k=(n+1)/2$，并取其差值得

$$D = \sum_{i=1}^{k} v_i - \sum_{i=k+1}^{n} v_i \quad \left(D = \sum_{i=1}^{k} v_i - \sum_{i=k}^{n} v_i, \; n \text{ 为奇数时} \right) \tag{2.31}$$

若差值 D 显著地异于零，则测量列中含有累进的系统误差。

阿贝-赫梅特准则 对某一被测量进行多次等精度测量，获得一列测定值 $x_1, x_2, \cdots, x_n$，按先后顺序排列，各测定值的真误差依次为 $\delta_1, \delta_2, \cdots, \delta_n$，设

$$C = \sum_{i=1}^{n-1} \delta_i \delta_{i+1}$$

若

$$|C| > \sqrt{n-1}\,\sigma^2 \tag{2.32}$$

则可认为该测量列中含有周期性系统误差。其中 σ 是该测量列的均方根误差。

例 2.4 以例 2.3 中恒温箱内温度测量获得的数据为例，试判定测量列中是否含有系统误差。

解 按例 2.3 中各测定值残差，排列如下。

$$-0.06, -0.05, -0.06, -0.04, -0.02,$$
$$0, +0.02, +0.06, +0.06, +0.09$$

用马利科夫准则检验，由式(2.31) 得

$$D = \sum_{i=1}^{5} v_i - \sum_{i=6}^{10} v_i = -0.23 - 0.23 = -0.46$$

$$|D| \gg |v_{\max}| = 0.09$$

可见，$|D|$ 显著地异于零，故可以认为测量列中含有累进的系统误差。

用阿贝-赫梅特准则检验，由式(2.32) 得

$$C = \sum_{i=1}^{n-1} v_i v_{i+1} = 0.0194$$

$$\sigma = 0.055, \quad \sqrt{9}\,\sigma^2 = 0.0091$$

因为

$$|C| = 0.0194 > \sqrt{9}\,\sigma^2 = 0.0091$$

故可判定测量列内含有周期性系统误差。

2.4.3 系统误差的减小及消除

采用何种测量方法能更好地消除或减弱系统误差对测量结果的影响，在很大程度上取决于具体的测量问题。

① 消除恒值系统误差常用的方法是对置法，也称交换法。

这种方法的实质是交换某些测量条件，使引起恒值系统误差的原因以相反的方向影响测量结果，从而中和其影响。

② 消除线性变化的累进系统误差最有效的方法是对称观测法。

具体地说，就是将测量以某一时刻为中心对称地安排，取各对点两次测量值的算术平均值作为测量结果，即可达到消除线性变化的累进系统误差的目的。由于许多系统误差随时间变化，而且短时间内可以认为是线性变化，如某些以复杂规律变化的系统误差，其一次近似也为线性误差。因此，如果条件允许均可采用对称观测法。

③ 半周期偶数观测法，可以很好地消除周期性变化的系统误差。

周期性系统误差可表示为

$$\theta = a \sin\left(\frac{2\pi}{T} t\right)$$

式中　a——常数;

　　t——决定周期性误差的量,如时间、仪表可动部分转角等;

　　T——周期性系统误差的变化周期。

当 $t=t_0$ 时,周期性系统误差 θ_0 为

$$\theta_0 = a\sin\left(\frac{2\pi}{T}t_0\right)$$

当 $t=t_0+\dfrac{T}{2}$ 时,周期性系统误差 θ_1 为

$$\theta_1 = a\sin\left[\frac{2\pi}{T}\left(t_0+\frac{T}{2}\right)\right] = -a\sin\left(\frac{2\pi}{T}t_0\right)$$

而

$$\frac{\theta_0+\theta_1}{2}=0$$

可见,测得一个数据后,相隔 t 的半个周期再测一个数据,取二者平均值即可消去周期性系统误差。

2.5　粗大误差

粗大误差是指不能用测量客观条件解释为合理的那些显著的误差,它明显地歪曲了测量结果。含有粗大误差测定值的异常数据,应予以剔除。

产生粗大误差的原因是多方面的,主要有测量者的主观原因,测量时操作不当或粗心、疏忽造成读数、记录的错误;客观外界条件的原因,测量条件意外的改变,如机械冲击、振动、电源大幅度波动等引起示值的改变。

对此类误差,除设法从测量结果中发现和鉴别而加以剔除外,重要的是要加强测量者的工作责任心和严格的科学态度;此外,还要保证测量条件的稳定。

本节将介绍常用的判定测定值中粗大误差存在与否的准则。

2.5.1　拉伊特准则

大多数随机误差服从正态分布。服从正态分布的随机误差,其绝对值超过 3σ 的出现概率很小。因此,对大量等精度测定值,判定其中是否含有粗大误差,可以采用下述简单准则:如果测量列中某一测定值 x_i 其残差 v_i 的绝对值大于该测量列标准误差的 3 倍,那么可以认为 x_i 为坏值,应予以剔除。

$$|x_i-\bar{x}|>3\sigma \tag{2.33}$$

在实际使用时,σ 取 $\hat{\sigma}$。按拉伊特准则剔除含有粗大误差的某个坏值 x_i 后,应重新计算新测量列的算术平均值及标准误差,判定在余下的数据中是否还有含粗大误差的坏值。

根据拉伊特准则剔除粗大误差固然简单,不过大量统计数据证明,由于一般工程实验数据比较少,按正态分布理论为基础的拉伊特准则不太准确,而且所取界限太宽,容易混入该剔除的数据。特别是测量次数 $n\leqslant10$ 时,拉伊特准则失效。所以,目前多推荐以 t 分布为基础的格拉布斯准则。

2.5.2　格拉布斯准则

当测量次数较少时,用以 t 分布为基础的格拉布斯准则判定粗大误差的存在比较合理。

设对某一被测量进行多次等精度独立测量,获得一列测定值 $x_1,x_2,\cdots,x_n$。若测定值服从正态分布 $N(x;\mu,\sigma)$,则可计算出子样平均值 $\bar{x}$ 和测量列标准误差的估计值 $\hat{\sigma}$

$$\overline{x}=\frac{1}{n}\sum_{i=1}^{n}x_i, \quad \hat{\sigma}=\sqrt{\frac{1}{n-1}\sum_{i=1}^{n}(x_i-\overline{x})^2}$$

为了检查测定值中是否含有粗大误差，将 x_i 由小到大排列成顺序统计量 $x_{(i)}$，使

$$x_{(1)}\leqslant x_{(2)}\leqslant\cdots\leqslant x_{(n)}$$

格拉布斯按照数理统计理论推导出统计量

$$g_{(n)}=\frac{x_{(n)}-\overline{x}}{\hat{\sigma}}, \quad g_{(1)}=\frac{\overline{x}-x_{(1)}}{\hat{\sigma}}$$

根据统计量的分布，取定危险率 α，可求得临界值 $g_0(n,\alpha)$，即

$$P\left(\frac{x_{(n)}-\overline{x}}{\hat{\sigma}}\geqslant g_0(n,\alpha)\right)=\alpha$$

$$P\left(\frac{\overline{x}-x_{(1)}}{\hat{\sigma}}\geqslant g_0(n,\alpha)\right)=\alpha \tag{2.34}$$

表 2.2 给出了在一定测量次数 n 和危险率 α 之下的临界值 $g_0(n,\alpha)$。

表 2.2　格拉布斯准则临界值 $g_0(n,\alpha)$

n	α 0.05	α 0.01	n	α 0.05	α 0.01
	$g_0(n,\alpha)$			$g_0(n,\alpha)$	
3	1.15	1.16	17	2.48	2.78
4	1.46	1.49	18	2.50	2.82
5	1.67	1.75	19	2.53	2.85
6	1.82	1.94	20	2.56	2.88
7	1.94	2.10	21	2.58	2.91
8	2.03	2.22	22	2.60	2.94
9	2.11	2.32	23	2.62	2.96
10	2.18	2.41	24	2.64	2.99
11	2.23	2.48	25	2.66	3.01
12	2.28	2.55	30	2.74	3.10
13	2.33	2.61	35	2.81	3.18
14	2.37	2.66	40	2.87	3.24
15	2.41	2.70	50	2.96	3.34
16	2.44	2.75	100	3.17	3.59

这样得到了判定粗大误差的格拉布斯准则：若测量列中最大测定值或最小测定值的残差满足

$$|v_{(i)}|\geqslant g_0(n,\alpha)\hat{\sigma} \quad (i=1 \text{ 或 } n)$$

者，则可认为含有残差 v_i 的测定值是坏值，因而该测定值按危险率 α 应该剔除。

应该注意，用格拉布斯准则判定测量列中是否存在含有粗大误差的坏值时，选择不同的危险率可能得到不同的结果。一般危险率不应选择太大，可取 5% 或 1%。危险率 α 的含意是按本准则判定为异常数据，而实际上并不是，从而误判的概率。简言之，危险率就是误剔除的概率。

如果利用此准则判定测量列中存在含有粗大误差的坏值，那么在剔除坏值之后，还需要对余下的测量数据再进行判定，直至全部测定值的残差满足 $|v_{(i)}|<g_0(n,\alpha)\hat{\sigma}$ 为止。

现举例说明用格拉布斯准则判定粗大误差存在与否的一般步骤。

例 2.5 测某一介质温度 15 次，得如下一列测定值数据（单位：℃）：

20.42,20.43,20.40,20.43,20.42,20.43,20.39,20.30,

20.40,20.43,20.42,20.41,20.39,20.39,20.40

试判断其中有无含有粗大误差的坏值。

解 ① 按大小顺序将测定值数据重新排列。

20.30,20.39,20.39,20.39,20.40,20.40,20.40,20.41,

20.42,20.42,20.42,20.43,20.43,20.43,20.43

② 计算子样平均值 $\overline{x}$ 和测量列标准误差估计值 $\hat{\sigma}$

$$\overline{x} = \frac{1}{15}\sum_{i=1}^{15} x_i = 20.404, \quad \hat{\sigma} = \sqrt{\frac{1}{15-1}\sum_{i=1}^{15}(x_i - \overline{x})^2} = 0.033$$

③ 选定危险率 α，求得临界值 $g_0(n,\alpha)$

现选取 $\alpha = 5\%$，查表 2.2 得

$$g_0(15,5\%) = 2.41$$

④ 计算测量列中最大与最小测定值的残差 $v_{(n)}$，$v_{(1)}$，并用格拉布斯准则判定

$$v_{(1)} = -0.104, \quad v_{(15)} = 0.026$$

因

$$|v_{(1)}| > g_0(15,5\%)\hat{\sigma} = 0.080$$

故 $x_{(1)} = 20.30$ 在危险率 $\alpha = 5\%$ 之下被判定为坏值，应剔除。

⑤ 剔除含有粗大误差的坏值后，重新计算余下测定值的算术平均值 $\overline{x}'$ 和标准误差估计值 $\hat{\sigma}'$。查表求新的临界值 $g_0'(n,\alpha)$，再进行判定。

$$\overline{x}' = \frac{1}{14}\sum_{i=1}^{14} x_i = 20.411, \quad \hat{\sigma}' = \sqrt{\frac{1}{14-1}\sum_{i=1}^{14}(x_i - \overline{x})^2} = 0.016$$

查表 2.2 得

$$g_0'(14,5\%) = 2.37$$

余下测定值中最大与最小残差

$$v_{(1)} = -0.021, \quad v_{(14)} = 0.019$$

而

$$g_0'(14,5\%)\hat{\sigma}' = 0.038$$

显然 $|v_{(1)}|$ 和 $v_{(14)}|$ 均小于 $g_0'(14,5\%)\hat{\sigma}'$，故可知余下的测定值中已不含粗大误差的坏值。

2.6 误差的传递和综合

2.6.1 误差的传递

各种条件决定了某些被测量必须用间接测量法才能测得，这些量称为间接测量量。为求此类被测量，需要先用直接测量法测得一个或几个与其相关的其他量（直接测量量），然后按它们间的函数关系计算求得被测量。显然间接测量误差的种类、性质与数值大小将决定于直接测量量误差的种类、性质与数值，由后者的数值求前者的数值称为误差的传递。由于间接量是直接量的函数，因此误差的传递是求函数的误差的问题。

不同类型的误差，有不同的误差传递方法。

(1) 系统误差的传递

假设被测量 y 与各直接量 $x_1, x_2, \cdots, x_n$ 之间的函数关系为

$$y = f(x_1, x_2, \cdots, x_n) \tag{2.35}$$

如果各直接测量值的系统误差分别为 $\varepsilon_1, \varepsilon_2, \cdots, \varepsilon_n$，由此引起的被测量 y 的误差也将是系统

误差，并以 ε_y 表示。

对式(2.35)求微分，可得

$$dy = \frac{\partial f}{\partial x_1}dx_1 + \frac{\partial f}{\partial x_2}dx_2 + \cdots + \frac{\partial f}{\partial x_n}dx_n \tag{2.36}$$

由于一般情况下误差是微小的，可用误差 $\varepsilon_y, \varepsilon_1, \varepsilon_2, \cdots, \varepsilon_n$ 分别近似代替式中的微分量 dy，$dx_1, dx_2, \cdots, dx_n$，式(2.36)变成

$$\varepsilon_y = \frac{\partial f}{\partial x_1}\varepsilon_1 + \frac{\partial f}{\partial x_2}\varepsilon_2 + \cdots + \frac{\partial f}{\partial x_n}\varepsilon_n \tag{2.37}$$

式(2.37)即为系统误差的传递公式。式中的 $\dfrac{\partial f}{\partial x_i}$ 为第 i 个直接量 x_i 对被测量 y 的误差的传递系数，如函数关系确定即关系式(2.35)确定时，传递系数 $\dfrac{\partial f}{\partial x_i}$ 为确定值。

（2）随机误差的传递

设间接测量值 y 与各直接测量值 $x_1, x_2, \cdots, x_n$ 的函数关系为

$$y = f(x_1, x_2, \cdots, x_n)$$

如各直接测量值 $x_1, x_2, \cdots, x_n$ 的误差均为随机误差，它们的标准差分别为 $\sigma_1, \sigma_2, \cdots, \sigma_n$，显然间接测量值 y 的误差也必将是随机误差。如 y 的标准差以 σ_y 表示，则经过数学推导可得

$$\sigma_y = \left[\left(\frac{\partial f}{\partial x_1}\right)^2\sigma_1^2 + \left(\frac{\partial f}{\partial x_2}\right)^2\sigma_2^2 + \cdots + \left(\frac{\partial f}{\partial x_n}\right)^2\sigma_n^2 + 2\sum_{1 \leqslant j < k \leqslant n}\frac{\partial f}{\partial x_j}\frac{\partial f}{\partial x_k}\rho_{jk}\sigma_j\sigma_k\right]^{\frac{1}{2}} \tag{2.38}$$

式(2.38)即为随机误差的传递公式。式中 ρ_{jk} 为直接量 x_j 和 x_k 之间的相关系数，它反映了两个直接测量值相互关联的程度。如各直接测量值相互独立，互不关联，则它们间的相关系数均为零，即 $\rho_{jk}=0$。此时式(2.38)可简化成

$$\sigma_y = \sqrt{\left(\frac{\partial f}{\partial x_1}\right)^2\sigma_1^2 + \left(\frac{\partial f}{\partial x_2}\right)^2\sigma_2^2 + \cdots + \left(\frac{\partial f}{\partial x_n}\right)^2\sigma_n^2} \tag{2.39}$$

有些场合，习惯用极限误差表征随机误差，极限误差是指在某个较高的概率（例如高于95%）下随机误差的置信限值，与此相应可以得到以极限误差表征的误差传递公式。如各直接测量值的误差各自独立，而且均服从正态分布，则误差传递公式可写成

$$\delta_y = \sqrt{\left(\frac{\partial f}{\partial x_1}\right)^2\delta_1^2 + \left(\frac{\partial f}{\partial x_2}\right)^2\delta_2^2 + \cdots + \left(\frac{\partial f}{\partial x_n}\right)^2\delta_n^2} \tag{2.40}$$

式中，δ_y 和 $\delta_1, \delta_2, \cdots, \delta_n$ 分别为 y 和 $x_1, x_2, \cdots, x_n$ 的极限误差。

2.6.2 误差的综合

在实际测量中，测量结果的误差一般都是由多个因素的影响引起的。由某个因素单独影响引起的误差可称为这个因素的单项误差，而测量的总误差则是各因素单项误差的综合结果。由各单项误差求总误差称为误差综合。例如，由若干个部分组成的仪表，各部分的不完善均会单独引起测量误差，那么整个仪表的测量误差即为各部分单项误差的合成。

讨论误差的合成要遵循两个原则：应全面分析所有误差来源，力求无遗漏也不重复；应区分误差的种类和不同的概率分布，不同的情况应采用不同的合成方法。

（1）随机误差的合成

如各单项误差均为正态分布的随机误差，标准差分别为 $\sigma_1, \sigma_2, \cdots, \sigma_n$，那么合成后总误差也将为正态分布的随机误差。其合成误差公式为

$$\sigma = \sqrt{\sigma_1^2 + \sigma_2^2 + \cdots + \sigma_n^2 + 2\sum_{1 \leqslant j < k \leqslant n}\rho_{jk}\sigma_j\sigma_k} \tag{2.41}$$

若各单项误差相互独立，则合成公式可简化成

$$\sigma = \sqrt{\sigma_1^2 + \sigma_2^2 + \cdots + \sigma_n^2} \tag{2.42}$$

如各单项误差服从不同的概率分布，工程中常用广义的方和根法进行误差的合成，合成公式为

$$\delta = K \sqrt{\left(\frac{\delta_1}{K_1}\right)^2 + \left(\frac{\delta_2}{K_2}\right)^2 + \cdots + \left(\frac{\delta_n}{K_n}\right)^2} \tag{2.43}$$

式中　δ 和 δ_i——总误差和第 i 项单项误差的极限误差；

　　K 和 K_i——总误差和第 i 项单项误差的置信系数。

各单项误差的置信系数决定于它服从的分布规律，对于正态分布 K_i 可取为 3，均匀分布可取为 1.73。对于分布种类不太明确的情况，K_i 值可用估计的方法取得：随机性强的 K_i 值可取得大些（最大取为 3）；均匀性强的，K_i 可取得小些（最小为 1.73）。如无法分辨，为保险起见，K_i 值可取得小些，以便得到较大的标准差。由于实际情况下单项误差的个数一般超过三个，无论它们服从哪种分布，总误差均接近正态分布，所以总误差的置信系数 K 可取为 3。

(2) 系统误差综合

当各单项误差均为恒值系统误差时，合成的总误差也为系统误差，合成公式为

$$\varepsilon = \sum_{i=1}^{n} \varepsilon_i$$

对于未定系统误差，鉴于它们显示出某种随机性，因此一般采用随机误差的广义方和根法进行合成。但当单项误差个数较少（$n \leqslant 3$）时，用广义合成法得出的总误差值比实际值偏小，而改用绝对和法合成较切合实际。绝对和法合成公式为

$$e = \sum_{i=1}^{n} |e_i| \tag{2.44}$$

式中　e, e_i——总误差和第 i 项单项误差的极限误差（未定系统误差的极限误差用符号"e"表示，以示与随机误差极限误差 δ 的区别）。

(3) 不同性质误差的合成

如各单项误差中既有随机误差又有未定系统误差时，一般建议用广义方和根法合成，其合成公式为

$$\Delta = K \sqrt{\left(\frac{e}{K_1}\right)^2 + \left(\frac{\delta}{K_2}\right)^2} \tag{2.45}$$

式中　Δ——总误差；

　　e, δ——各单项未定系统误差合成后的总误差和各单项随机误差合成后的总误差；

K_1, K_2, K——总未定系统误差、总随机误差和总误差的置信系数。

2.7　测量不确定度

由于测量误差的存在，被测量的真值难以确定，测量结果带有不确定性。长期以来，人们不断追求以最佳方式估计被测量的值，以最科学的方法评价测量结果的质量高低程度。测量不确定度即为评定测量结果质量高低的一个重要指标。

多年来，世界各国对测量结果不确定度的估计方法和表达方式存在不一致性。为此，1993 年国际不确定度工作组制定了 Guide to the Expression of Uncertainty in Measurement

（测量不确定度表达导则），经国际计量局等国际组织批准执行，由国际标准化组织（ISO）颁布实施，在世界各国得到执行和广泛应用。

2.7.1　测量不确定度基本概念

（1）测量不确定度的定义与分类

① 不确定度。表征合理地赋予被测量之值的分散性，是与测量结果相联系的参数。它可以是标准差或其倍数，或说明了置信水平区间的半宽度。

② 标准不确定度。以标准偏差表示的测量不确定度。绝对标准不确定度用 u 表示。

③ 相对不确定度。不确定度除以测量结果 y 的绝对值（设 $y \neq 0$），相对标准不确定度用 u_r 表示。

④ 合成标准不确定度。当测量结果是由若干个其他量的值求得时，按其他各量的方差或协方差算得的标准不确定度。合成标准不确定度用 u_c 表示，相对值用 u_{cr} 表示。

⑤ 扩展不确定度。确定测量结果区间的量，合理赋予被测量之值分布的大部分可望含于此区间。扩展不确定度用 U 表示，相对值用 U_r 表示。

⑥ 包含因子。为求得扩展不确定度，对合成标准不确定度所乘之数字因子。包含因子记为 k。

⑦ 自由度。在方差计算中，和的项数减去对和的限制数。自由度反映相应实验标准差的可靠程度。自由度记为 ν。

（2）测量不确定度与误差

测量不确定度和误差是误差理论中两个重要概念，它们具有相同点，均为评价测量结果质量高低的重要指标，均可以作为测量结果的精度评定参数，但它们又有明显区别。

误差是测量结果与真值之差，它以真值或约定真值为中心，而测量不确定度是以被测量的估计值为中心，因此误差是一个理想的概念，一般不能准确知道，难以定量；而测量不确定度是反映人们对测量认识不足的程度，是可以定量评定的。

在分类上，误差按自身特征和性质分为系统误差、随机误差和粗大误差，并可采取不同措施减小或消除各类误差对测量的影响。但是由于各类误差之间并不存在绝对界限，故在分类判别和误差计算时不易准确掌握；测量不确定度不按性质分类，而是按评定方法分为 A 类评定和 B 类评定，按实际情况的可能性加以选用。由于不确定度的评定无需顾及影响不确定度因素的来源和性质，只考虑其影响结果的评定方法，从而简化了分类，便于评定与计算。

不确定度与误差有区别，又有联系。误差是不确定度的基础，研究不确定度首先需研究误差，只有对误差的性质、分布规律、相互联系及对测量结果的误差传递关系等有充分的认识和了解，才能更好地估计各不确定度分量，正确得到测量结果的不确定度。用测量不确定度代替误差表示测量结果，易于理解，便于评定，具有合理性和实用性。

2.7.2　标准不确定度的评定

（1）测量模型

在实际测量的很多情况下，被测量 Y（输出量）不能直接测得，而是由 n 个其他量 X_1，X_2，$\cdots$，X_n（输入量）通过函数关系 f 确定为

$$Y = f(X_1, X_2, \cdots, X_n)$$

由 X_i 的估计值 x_i，可得到 Y 的估计值 y

$$y = f(x_1, x_2, \cdots, x_n)$$

x_i 是 y 的不确定度来源。寻找不确定度来源时，可以从测量仪器、测量环境、测量人

员、测量方法、被测量等方面考虑。

$X_1, X_2, \cdots, X_n$ 本身可看作被测量，也可取决其他量，甚至包括具有系统效应的修正值。在准确度要求高时，可能导出一个复杂的函数关系式。当修正值与合成标准不确定度相比很小时，修正值可不加到测量结果中，如常温下金属容器的体积修正值，液体流量的压力、温度修正值等。因此在实际测量中，同一被测量 Y 在不同的测量准确度要求下，其数学模型可能不同。

被测量 Y 的最佳估计值 y，在通过输入量 $X_1, X_2, \cdots, X_n$ 的估计值 $x_1, x_2, \cdots, x_n$ 得出时，可有以下两种方法。

①
$$y = \bar{y} = \frac{1}{n} \sum_{k=1}^{n} y_k = \frac{1}{n} \sum_{k=1}^{n} f(x_{1k}, x_{2k}, \cdots, x_{nk}) \tag{2.46}$$

式中，y 是取 Y 的 n 次独立观测值 y_k 的算术平均值，其每个观测值 y_k 的不确定度相同，且每个 y_k 都是根据同时获得的 n 个输入量的一组完整的观测值求得的。

②
$$y = f(\bar{x}_1, \bar{x}_2, \cdots, \bar{x}_n) \tag{2.47}$$

式中，$\bar{x}_i = \frac{1}{n} \sum_{k=1}^{n} \bar{x}_{ik}$，它是独立观测值 x_{ik} 的算术平均值。

以上两种方法，当 f 是输入量 X_i 的线性函数时，式（2.46）和式（2.47）的计算结果相同，但是当 f 是 X_i 的非线性函数时，则可能不同，应以式（2.46）的方法计算。

在计算测量值时，应将所有修正量加入测量值。在测量过程中因粗心大意、仪器使用不当，或突然故障、突然的环境条件变化，均会产生异常测量值。可以依据格拉布斯法判断测量异常值，对判断为异常值的数据，应予以剔除，不得包括在测量值的范围内。

(2) 标准不确定度的 A 类评定

用对观测列进行统计分析的方法评定标准不确定度称为不确定度的 A 类评定。

在重复性条件或复现性条件下得出 n 个观测结果 x_k，随机变量 x 的期望值的最佳估计为 n 次独立观测结果的算术平均值，即

$$\bar{x}_i = \frac{1}{n} \sum_{k=1}^{n} x_{ik}$$

测量结果 $\bar{x}$ 的 A 类标准不确定度 $u(\bar{x}_i)$ 即为测量平均值的实验标准差 $s(\bar{x}_i)$，它与单次测量结果 x_{ik} 的实验标准差的关系为

$$u(\bar{x}_i) = s(\bar{x}_i) = \frac{s(x_i)}{\sqrt{n}} \tag{2.48}$$

单次测量不确定度的评定方法可用贝塞尔公式法或极差法，其中，以使用贝塞尔法为主。

贝塞尔法：
$$s(x_i) = \sqrt{\frac{1}{n-1} \sum_{k=1}^{n} (x_{ik} - \bar{x}_i)^2} = \sqrt{\frac{n \sum_{k=1}^{n} (x_{ik})^2 - \left(\sum_{k=1}^{n} x_{ik} \right)^2}{n(n-1)}} \tag{2.49}$$

$s(x_i)$ 与 $s(\bar{x}_i)$ 的自由度均为 $\nu = n - 1$。

极差法：
$$s(x_i) = \frac{R}{C} = u(x_i) \tag{2.50}$$

$$R = x_{ik\max} - x_{ik\min}$$

系数 C 及自由度 ν 见表 2.3。

表 2.3 极差系数 C 及自由度 ν

n	2	3	4	5	6	7	8	9
C	1.13	1.69	2.06	2.33	2.53	2.70	2.85	2.97
ν	0.9	1.8	2.7	3.6	4.5	5.3	6.0	6.8

在重复性条件下所得的测量不确定度，通常比用其他方法所得到的不确定度更为客观，并具有统计学的严格性，但要求有充分的重复次数。此外，这一测量过程的重复观测值应互相独立。

(3) 标准不确定度的 B 类评定

用不同于对观测列进行统计分析的方法评定标准不确定度，称为不确定度的 B 类评定。

B 类标准不确定度的信息一般来源于以前的观测数据；对有关技术资料和测量仪器特性的了解和经验；生产部门提供的技术说明文件；校准证书、检定证书或其他文件提供的数据、准确度等级等；手册或某些资料给出的参考数据及其不确定度。

B 类标准不确定度的评定方法有如下几种。

① 已知扩展不确定度 U 和包括因子 k。如估计值 x_i 来源的资料明确给出了其扩展不确定度 $U(x_i)$ 是标准差 $s(x_i)$ 的 k 倍，则标准不确定度 $u(x_i)$ 可取 $U(x_i)/k$。

② 已知扩展不确定度 U_p 和置信概率 p 的正态分布。如给出了 x_i 在置信概率为 p 时的置信区间的半宽 U_p，除非另有说明，一般按正态分布考虑评定其标准不确定度 $u(x_i)$，即

$$u(x_i) = \frac{U_p}{k_p} \tag{2.51}$$

③ 已知扩展不确定度 U_p、置信概率 p 及有效自由度 ν_{eff} 的 t 分布。如给出了 x_i 在置信概率为 p 时的置信区间的半宽 U_p，而且给出了有效自由度 ν_{eff}，这时必须按 t 分布处理。

$$u(x_i) = \frac{U_p}{t_p(\nu_{\text{eff}})} \tag{2.52}$$

④ 由重复性限求不确定度。按规定的测量条件，当明确指出两次测量结果之差的重复性限 r 时，如无特殊说明，则测量结果标准不确定度为 $u(x_i) = r/2.83$。

⑤ 已知置信区间和概率分布求不确定度。如 X_i 之值 x_i 分散区间的半宽为 a，且 x_i 落于 $x_i - a$ 至 $x_i + a$ 区间的概率为 100%，即全部落于此范围中，通过对其分布的估计，可以得出标准不确定度 $u(x_i) = \dfrac{a}{k}$。k 与分布状态有关。

一般把重复条件下多次测量的算术平均值估计为正态分布，把数据修约、示值的分辨率，按使用仪器的最大允许误差等估计为矩形（均匀）分布；两相同矩形分布的合成一般估计为三角形分布。

正态分布时 $k \approx 2$，三角分布时 $k = \sqrt{6}$，矩形分布时 $k = \sqrt{3}$。

B 类标准不确定度分量的自由度 ν_i 与所得到的标准不确定度 $u(x_i)$ 的相对标准不确定度 $\Delta u(x_i)/u(x_i)$ 有关，其关系为

$$\nu_i \approx \frac{1}{2} \times \left[\frac{\Delta u(x_i)}{u(x_i)} \right]^{-2} \tag{2.53}$$

即自由度越大，不确定度的可靠程度越高。

所以，不确定的 B 类评定，除了要设定其概率分布，还要设定评定的可靠程度。这要按所依据的信息来源的可靠程度，依经验并对有关知识有深刻的了解。ν 与 $\Delta u(x_i)/u(x_i)$ 的关系见表 2.4。当不确定度的评定有严格的数字关系时，如数显仪器量化误差、数据修约

引起的不确定度计算，自由度可取无穷；当计算不确定度的数据来源于校准证书、检定证书或手册等比较可靠资料时，可取较高自由度，如 $\nu = 20 \sim 50$；当不确定度的计算带有一定主观判断因素，应取较低自由度。

表 2.4　$\Delta u(x_i)/u(x_i)$ 与 ν 的关系

$\Delta u(x_i)/u(x_i)$	0	0.10	0.20	0.25	0.30	0.40	0.50
ν	∞	50	12	8	6	3	2

（4）合成标准不确定度的评定

对于测量模型 $y = f(x_1, x_2, \cdots, x_n)$，在 $X_i = x_i$ 时，定义灵敏系数 c_i 为

$$c_i = \frac{\partial y}{\partial x_i} \tag{2.54}$$

通常使用相对不确定度的概念，此时采用相对灵敏系数 c_{ri}，它定义为

$$c_{ri} = \frac{x_i}{y} \frac{\partial f}{\partial x_i} \tag{2.55}$$

它描述输出估计值 y 如何随输入估计值 $x_1, x_2, \cdots, x_n$ 的变化而变化。灵敏系数一般由测量模型推导出来，有时也可由实验确定，即通过变化第 i 个输入量 X_i，而保持其余输入量不变，测定输出量 Y 的变化量，从而得到 c_i 值。

在计算灵敏系数时，如关系式较复杂，可采用数值方法进行计算，即用 x_i 计算出 y，然后再用 $x_i + \Delta x$ 计算出 $y + \Delta y$，其中 Δx 是一个很小的增量，则式（2.54）和式（2.55）可分别表示为

$$c_i \approx \frac{\Delta y}{\Delta x_i} \tag{2.56}$$

$$c_{ri} \approx \frac{\Delta y}{\Delta x_i} \frac{x_i}{y} \tag{2.57}$$

当全部输入量彼此独立或互不相关时，合成标准不确定度可由式（2.58）和式（2.59）得到

$$u_c^2(y) = \sum_{i=1}^n u_i^2(y) = \sum_{i=1}^n c_i^2 u^2(x_i) \tag{2.58}$$

$$u_{cr}^2(y) = \sum_{i=1}^n u_{ri}^2(y) = \sum_{i=1}^n c_{ri}^2 u_r^2(x_i) \tag{2.59}$$

式中，分量 $u_i(y) = c_i u(x_i)$。

该式称为不确定度传播律。$u_i(y)$ 是由输入估计值 x_i 的估计方差 $u^2(x_i)$ 所形成的估计值 y 的合成标准不确定度 $u_c(y)$ 的分量。输入估计值 x_i 的标准不确定度 $u(x_i)$ 既可按A类，也可以按B类方法评定。合成标准不确定度 $u_c(y)$ 的自由度称为有效自由度 ν_{eff}，可按式（2.60）进行计算。

$$\nu_{\mathrm{eff}} = \frac{u_c^4(y)}{\displaystyle\sum_{i=1}^n \frac{u_i^4(y)}{\nu_i}} \tag{2.60}$$

（5）扩展不确定度的评定

扩展不确定度分为 U 和 U_p 两种。前者为标准差的倍数，后者为具有概率 P 的置信区间的半宽。

扩展不确定度 U_p 由 $u_c(y)$ 乘以给定概率 P 的包含因子 k_p 得到，即

$$U_p = k_p u_c(y) \tag{2.61}$$

k_p 与 y 的分布有关。当对 Y 可能值的分布以正态分布估计时，取 $P = 95\%$ 时，$k_p = t_p(\nu_{\mathrm{eff}})$ 的常用值见表 2.5，当自由度足够大时，可以近似认为 $k_{95} = 2$。

表 2.5　置信概率 P 为 95% 时，t 分布条件下自由度 ν 与 $t_p(\nu)$ 关系

ν	1	2	3	4	5	6	7	8	9	10	20	40	100	∞
$t_p(\nu)$	12.71	4.30	3.18	2.78	2.57	2.45	2.36	2.31	2.26	2.23	2.09	2.02	1.984	1.960

扩展不确定度 U 由合成标准不确定度乘以包含因子 k 得到，即

$$U = k u_c(y) \tag{2.62}$$

当 y 和 $u_c(y)$ 所表征的概率分布近似为正态分布，且 $u_c(y)$ 的有效自由度较大时，可以按正态分布处理。

如果确定 Y 可能值的分布不为正态分布，则不应按以上 k 值计算 U_p 和 U。如 Y 可能值的分布近似为矩形分布，则 $P = 95\%$ 时包含因子 $k_{95} = 1.65$。

例 2.6　黏度测量的不确定度计算

(1) 测量模型及方法

使用标准黏度计测量某液体的黏度，并配有标准黏度油，用以标定黏度计的常数。

已知黏度计测量模型为

$$\eta = ct \tag{2.63}$$

式中　η——待测液体的黏度；

　　　t——流体流过黏度计的时间；

　　　c——黏度计常数。

先用标准黏度油和高精度计时秒表按 $c = \dfrac{\eta}{t}$ 测出黏度计常数，再将黏度计进行洗涤、干燥、充满待测液体，使黏度计毛细管垂直，在一定温度条件下测定待测液体流过的时间 t，然后由式(2.63)计算待测液体的黏度。

(2) 不确定度评定

由分析测量方法可知，影响黏度测量不确定度的主要因素有：温度变化引起的不确定度 u_1；黏度计体积变化引起的不确定度 u_2；时间测量引起的不确定度 u_3；黏度计毛细管倾斜引起的不确定度 u_4；空气浮力引起的不确定度 u_5。分析这些不确定度特点可知，它们均采用 B 类评定方法。下面计算各因素引起的不确定度分量。

① 温度变化引起的测量不确定度 u_1。液体黏度随温度增高而减小，控制温度在 (20 ± 0.01)℃，在此温度条件下，由大量实验得出，黏度测量的相对误差为 0.025%（对应于 3σ），则由温度变化引起的黏度测量不确定度分量为

$$u_1 = \frac{0.025\%}{3} = 0.008\%$$

② 体积变化引起的测量不确定度 u_2。在测量过程中，黏度计的体积会发生变化，并已知由此引起的黏度测量的相对误差为 0.1%（对应于 3σ），则体积变化引起的黏度测量不确定度分量为

$$u_2 = \frac{0.1\%}{3} = 0.033\%$$

③ 时间测量引起的测量不确定度 u_3。测定液体流动时间用秒表，已知由秒表引起的黏度测量的相对误差为 0.2%（对应于 3σ），则时间测量引起的黏度测量的不确定度分量为

$$u_3 = \frac{0.2\%}{3} = 0.067\%$$

④ 黏度计倾斜引起的测量不确定度 u_4。因黏度计倾斜而引起黏度测量的相对误差为 0.02%（对应于 3σ），则黏度计倾斜引起的不确定度分量为

$$u_4 = \frac{0.02\%}{3} = 0.007\%$$

⑤ 空气浮力引起测量不确定度 μ_5。由空气浮力引起的黏度测量的相对误差为 0.03%（对应于 3σ），故空气浮力引起的不确定度分量为

$$u_5 = \frac{0.03\%}{3} = 0.010\%$$

(3) 不确定度合成

因上述各不确定度分量相互独立，故按式(2.58)得黏度测量的合成标准不确定度为

$$u_c = \sqrt{u_1^2 + u_2^2 + u_3^2 + u_4^2 + u_5^2} = 0.076\%$$

(4) 扩展不确定度

因各个不确定度分量和合成标准不确定度皆基于误差范围为 3σ，故取包含因子 $k=3$，则扩展不确定度为

$$U = ku_c = 3 \times 0.076\% = 0.23\%$$

(5) 不确定度报告

黏度测量的扩展不确定度 $U = ku_c = 0.23\%$，是由合成标准不确定度 $u_c = 0.076\%$ 及包含因子 $k=3$ 确定的。

本章小结

测取被测变量的过程中，由于测量方法、测量仪表、测量环境以及测量者等多方面的原因，使得测量结果不可避免地出现误差。误差的大小反映了测量结果的准确程度。

真实值表示在一定条件下，被测变量实际应有的数值。在数据处理中，常用多次测量结果的算术平均值表示。

误差有多种分类：①从比较对象看，分为绝对误差、相对误差、引用误差；②从特性来说，可分为系统误差、随机误差和粗大误差等；③按测量条件的影响，可分为基本误差、附加误差和允许误差；④从误差变化的快慢，可分为静态误差和动态误差。

对于自动测量系统，系统总误差用各环节的均方根误差的概率统计值决定。

本章介绍了不同的误差来源判定和消除方法，以及误差的传递和综合，目前，多以不确定度判定测量结果准确程度。

思考题与习题

2.1 说明误差的分类，各类误差性质、特点及对测量结果的影响。

2.2 什么是标准偏差？它的大小对概率分布有什么影响？

2.3 有限次测量为什么要用测量值的平均值估计被测量真值？

2.4 简述小子样误差分布——t 分布与正态分布的差异。

2.5 简述非等精度测量的测量结果数据处理方法。

2.6 简述粗大误差的处理原则和方法。

2.7 简述系统误差的检查及判别方法。

2.8 不确定度意义是什么？它与误差有什么区别？

2.9　在有机分析中，测得某化合物含氢的百分比为：2.75,2.76,2.79,2.78,2.76,2.78,2.74,2.76,2.74，试给出测量结果的最佳表达式？并用 t 分布估计精度参数？（设置信概率为 99.73%）

2.10　在等精度测量条件下，对某涡轮机械的转速进行 20 次测量，获得如下一组测定值（单位：r/min）：

4754.1,4756.1,4753.5,4754.7,4752.1,4749.2,4750.6,4751.0,4753.9,4751.6,4751.3,4755.3,4752.1,4751.2,4750.3,4757.4,4752.5,4756.7,4750.0,4751.0

试求该涡轮机械的转速（假定测量结果的置信概率 $P=95\%$）。

2.11　两实验人员对同一水箱温度进行测量，各自独立地获得一组等精度测量数据如下（单位：℃）。

实验者 A：91.3,92.1,91.4,91.5,92.1,92.8,90.9,92.0

实验者 B：90.3,91.1,92.4,92.5,91.1,90.8,91.9,91.1

试求水箱的温度（测量结果的误差采用标准误差）。

2.12　在等精度测量条件下，对某管道内压力进行了 8 次测量，数据如下（单位：MPa）：

0.665,0.666,0.678,0.698,0.600,0.661,0.672,0.664

试对其进行必要的分析与处理，并写出最后结果及其不确定度。（$K=3$，$\alpha=0.05$ 风险率）

2.13　重复多次测量某混合气体中的氧含量，得到读数平均值为 11.75%，有 68.3% 的测量值的误差在 ±0.5% 以内。若该误差服从正态分布，问：测量值在多大的置信区内，其出现的概率是 99.7%？

3 测量系统的可靠性

衡量产品（包括仪器仪表）的质量，通常包括两类性质的指标：一是产品的性能是否达到满足功能要求的各项技术指标；二是在工作中能否继续满足功能要求，即技术指标保持的程度和产品损坏情况。前者是产品的性能问题，后者就是产品的可靠性问题。

产品的技术性能与可靠性的关系是极为密切的，无数事例说明，如果产品不可靠，它的技术指标再好，也难以发挥作用，譬如一台仪表，尽管其测量准确度、灵敏度等指标都很高，但却常出故障（即产品容易丧失规定的功能），那么其测量值也就不可信了，甚至不能被实际使用。因此，可以说产品的可靠性是产品质量的基础。没有可靠性保障，理论上再先进、技术指标再高的产品也是没有多少使用价值的。

3.1 可靠性概念及其特征量

可靠性是评价产品质量的一项重要标准，是产品在规定的条件下和规定的时间内完成规定功能的能力。

在可靠性中所研究的产品是各种各样的，需要用不同的数量指标，这同定量地研究仪器仪表工作性能时，需要用量程、分辨率、线性度等数量指标一样。用于度量产品可靠性高低的数量指标称为可靠性特征量。常用的可靠性特征量有可靠度、失效分布函数、失效密度、失效率以及平均寿命、寿命标准差等。

3.1.1 可靠度

可靠度是产品在规定的条件下和规定的时间内，完成规定功能的概率。对不可修复产品，把它从开始工作到首次失效前的工作时间 T 称为寿命，对可修复产品，它的寿命是指两次相邻故障之间的工作时间，也称无故障工作时间。由于产品发生失效是一随机事件，所以寿命 T 是一个随机变量。于是产品的可靠度可以表示为

$$R(t) = P(T > t) \tag{3.1}$$

它是时间 t 的函数，也称为可靠度函数。

为了估计某批产品的可靠度函数，可以从中随机抽取 N 件样品，设在 $t=0$ 时刻开始工作，到规定的时刻 t，共有 $n(t)$ 个样品失效，仍有 $n_s(t) = N - n(t)$ 个样品继续工作，则频率

$$\hat{R}(t) = \frac{n_s(t)}{N} \tag{3.2}$$

可以作为时刻 t 的可靠度 $R(t)$ 的估计值，称估计值为观测值。

3.1.2 失效分布

与可靠度概念相对的是不可靠度，它表示产品在规定的条件下和规定的时间内失效的概率，记作 $F(t)$，一般称 $F(t)$ 为失效分布函数。显然，对一个寿命为 T 的产品，在规定的时间 t 内，其失效分布函数为

$$F(t) = P(T \leq t) = 1 - P(T > t) = 1 - R(t) \tag{3.3}$$

失效分布函数也是时间 t 的函数，类似于式(3.2)，也常用频率

$$\hat{F}(t) = \frac{n(t)}{N} \tag{3.4}$$

不难得出可靠度函数 $R(t)$，失效分布函数 $F(t)$ 以及失效密度 $f(t)$ 之间的如下关系

$$F(t)=\int_0^t f(t)\mathrm{d}t, \qquad R(t)=\int_t^\infty f(t)\mathrm{d}t,$$

$$F(t)+R(t)=1, \qquad f(t)=-R'(t) \tag{3.5}$$

$F(t),R(t)$ 与 $f(t)$ 之间的关系如图 3.1 所示。

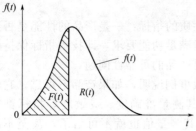

图 3.1 $f(t),F(t),R(t)$ 的关系

3.1.3 失效率

产品的失效率是可靠性理论中的重要概念，也是产品可靠性的重要指标，失效率是指工作到某时刻尚未失效的产品，在该时刻后单位时间内发生失效的概率，记为 $\lambda(t)$。

设产品在规定的条件下寿命为 T，其失效分布函数为 $F(t)$，失效密度为 $f(t)$。显然，按失效率的定义，"工作到时刻 t 尚未失效的产品"可表示为"$T>t$"，"产品在 $(t,t+\Delta t)$ 内失效"可表示为"$t<T\leqslant t+\Delta t$"，于是产品工作到时刻 t 后，在 $(t,t+\Delta t)$ 内失效的概率即是条件概率 $P(t<T\leqslant t+\Delta t\mid T>t)$，这个条件概率除以时间间隔 Δt 就是 Δt 时间内的平均失效率，当 $\Delta t\to 0$ 时，即为时刻 t 的失效率

$$\lambda(t)=\lim_{\Delta t\to 0}\frac{P(t<T\leqslant t+\Delta t\mid T>t)}{\Delta t}$$

但是

$$P(t<T\leqslant t+\Delta t\mid T>t)=\frac{P(t<T\leqslant t+\Delta t,T>t)}{P(T>t)}$$

$$=\frac{P(t<T\leqslant t+\Delta t)}{P(T>t)}=\frac{F(t+\Delta t)-F(t)}{1-F(t)}$$

故

$$\lambda(t)=\lim_{\Delta t\to 0}\frac{F(t+\Delta t)-F(t)}{\Delta t}\cdot\frac{1}{1-F(t)}=\frac{F'(t)}{1-F(t)} \tag{3.6}$$

进一步还可推得

$$\lambda(t)=\frac{F'(t)}{R(t)}=\frac{f(t)}{R(t)}=-\frac{R'(t)}{R(t)} \tag{3.7}$$

由式(3.7) 可得

$$\frac{R'(t)}{R(t)}=-\lambda(t)$$

解此微分方程得

$$R(t)=\exp\left(-\int_0^t\lambda(t)\mathrm{d}t\right) \tag{3.8}$$

于是

$$F(t)=1-R(t)=1-\exp\left(-\int_0^t\lambda(t)\mathrm{d}t\right) \tag{3.9}$$

$$f(t)=F'(t)=\lambda(t)\exp\left(-\int_0^t\lambda(t)\mathrm{d}t\right) \tag{3.10}$$

式(3.6)～式(3.10) 说明 $\lambda(t),F(t),f(t)$ 及 $R(t)$ 均为全面描述产品寿命 T 的，只是各个概念说明了 T 的不同侧面。

设有 N 个受试样品，$n(t),n(t+\Delta t)$ 分别表示工作到 $t,t+\Delta t$ 时刻的失效样品数，

$\Delta n(t)=n(t+\Delta t)-n(t)$ 为 $(t，t+\Delta t)$ 内的失效数，则当 Δt 充分小时，由式 (3.6)

$$\hat{\lambda}(t)=\left(\frac{n(t+\Delta t)}{N}-\frac{n(t)}{N}\right)\frac{1}{\Delta t}\bigg/\left(\frac{N-n(t)}{N}\right)=\frac{\Delta n(t)}{\Delta t}\cdot\frac{1}{N-n(t)} \tag{3.11}$$

为 $\lambda(t)$ 的观测值。可见，失效率可以看成产品工作到时刻 t 后，单位时间内失效的产品数 $\dfrac{\Delta n(t)}{\Delta t}$ 与还在工作的产品数 $N-n(t)$ 之比。

由式 (3.11) 可以得到失效率 $\lambda(t)$ 的量纲应该用单位时间的百分数，常用的单位用每小时的百分比表示，如 $10^{-5}/h$，即 $(\%/10^{3})h$。例 $\lambda(50)=1\%/h$，它表示产品在工作 1h 后，每 100 个中大约有 1 个失效。显然，产品的失效率越小，可靠性越高，失效率越大，可靠性越低。

对于具有高可靠性要求的产品来说，有必要采用更小的失效率单位——菲特（Fit, Failure Unit）

$$1\text{ 菲特}=1\times10^{-9}/h=1\times10^{-6}/10^{3}h$$

它表示 10^{9} 元件小时只有 1 个失效，或 1 千小时内元件失效百分数为 10^{-6}。

也可不用时间单位，而用与时间单位相当的动作次数或转数、距离等为单位。

在生产过程装置上测量系统的典型的故障率数据见表 3.1。该数据是对两个不同车间运行的仪表可靠性进行广泛观测而得到的。

表 3.1　两个车间测量系统的平均年故障率 $\lambda/$（次·年$^{-1}$）

测　量　系　统	A 车间	B 车间	测　量　系　统	A 车间	B 车间
压力测量（全部）	0.97	2.20	热电偶	0.40	1.34
流量测量（全部）	1.09	1.68	电阻温度计	0.32	1.59
差压	1.86	2.66	钢管水银温度计	0.027	—
液位测量（全部）	1.55	2.25	pH 计	4.27	17.1
差压	1.71	—	气-液色谱仪	20.9	37.7
温度测量（全部）	0.29	1.21	氧分析仪	7.0	

一定类型的元件或系统的故障率在设备使用期的过程中是变化的，可以表示为 3 个不同的阶段，每个阶段均有不同的故障特性，即早期故障、老化故障（正常工作时间）和损坏故障。图 3.2 所示为"浴盆"曲线。

早期故障区域是由不耐用零件和对系统操作不熟练造成的；老化区故障率低而稳定，这时所有不耐用零件均已换掉，系统操作正常；损坏故障区域的特点是故障率增加，此时因为零件已达到它的寿命终点。

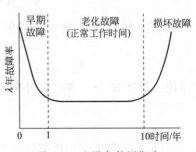

图 3.2　在设备使用期内
故障率的典型变化
——"浴盆"曲线

3.1.4　平均寿命

另一类常用的可靠性特征量与失效时间有关，通称为寿命特征量，其中最常用的是平均寿命。

设产品寿命 T 的失效密度为 $f(t)$，它的数学期望

$$E(T)=\int_{0}^{\infty}tf(t)\mathrm{d}t \tag{3.12}$$

称为产品的平均寿命，记为 μ。对不可修复产品，平均寿命是指产品从开始工作到发生失效前的平均工作时间，记为 MTTF（Mean Time To Failure）。对可修复产品的平均寿命，即

是相邻故障之间的平均工作时间，记为 MTBF（Mean Time Between Failure）。

为估计某批产品的平均寿命，从中随机地抽取 N 件样品进行寿命试验。对不可修复产品，如果所有试验样品均观测到寿命终了时，那么这 N 个样品的平均寿命可以作为整批产品的平均寿命的观测值，即

$$\hat{\mu} = \frac{1}{N} \sum_{i=1}^{N} t_i = \bar{t} \tag{3.13}$$

否则，当仍有一部分样品能继续工作时即停止试验，则以样品的累积试验时间 T 与失效数 r 之比

$$\hat{\mu} = \frac{T}{r} \tag{3.14}$$

作为平均寿命的观测值。

对可修复产品，以一个或多个产品在它的使用寿命期内的某个观测期间累积工作时间 T 与故障次数 r 之比，如式(3.14)，作为平均寿命的观测值。

3.2　不可修复系统的可靠性

3.2.1　串联系统

图 3.3 为由几个元件组成的串联系统逻辑图。

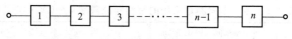

图 3.3　n 个元件的串联系统逻辑图

串联系统特征为只有 n 个单元都正常工作时，系统才能正常工作，其中任一单元功能失效，则系统功能失效。

若令事件 A 为系统处于正常工作状态，事件 $A_i(i=1,2,\cdots,n)$ 为单元 i 处于工作状态，则由串联系统特征可知

$$A = \bigcap_{i=1}^{n} A_i, \quad i=1,2,\cdots,n$$

由于诸个 A_i 相互独立，则有

$$P(A) = \prod_{i=1}^{n} P(A_i)$$

即系统可靠度 $R_s(t)$ 与单元可靠度 $R_i(t)$ 关系为

$$R_s(t) = \prod_{i=1}^{n} R_i(t) \tag{3.15}$$

式(3.15)说明，串联系统可靠度等于各独立单元可靠度的乘积。若各单元寿命分布均服从指数分布，即各单元失效均属于偶然失效，且令单元失效率为 λ_i，其可靠度为 $R_i(t) = e^{-\lambda_i t}$，则系统可靠度为

$$R_s(t) = \prod_{i=1}^{n} e^{-\lambda_i t} = e^{-\sum_{i=1}^{n} \lambda_i t} = e^{-\lambda_s t} \tag{3.16}$$

式(3.16)表明串联系统的寿命也服从指数分布，且

$$\lambda_s = \sum_{i=1}^{n} \lambda_i \tag{3.17}$$

串联系统的平均无故障工作时间（MTBF）为

$$m_s = \frac{1}{\lambda_s} = \frac{1}{\sum\limits_{i=1}^{n} \lambda_i} \tag{3.18}$$

串联系统发生故障的概率，即系统不可靠工作概率（称为不可靠度）Q_s 为

$$Q_s = 1 - R_s = 1 - e^{-\lambda_s t} \tag{3.19}$$

当满足条件 $\lambda_s t < 0.1$ 时

$$Q_s \approx \lambda_s t = \sum_{i=1}^{n} \lambda_i t = \sum_{i=1}^{n} Q_i \tag{3.20}$$

式(3.20)表明，串联系统的不可靠度近似地等于各单元的不可靠度之和。在串联系统中，系统的可靠度常常取决于系统"最弱环节"。如果该环节能承受最大负荷时，那么这个系统即可正常工作。因此提出了"最弱环模型"。即系统的可靠度为

$$R_s = \min R_i, \qquad i = 1, 2, \cdots, n \tag{3.21}$$

例 3.1　一个热电偶温度测量系统如图 3.4 所示。其中热电偶的失效率为 $\lambda_1 = 1.27 \times 10^{-4}/h$，转换器的失效率为 $\lambda_2 = 1.16 \times 10^{-5}/h$，记录仪的失效率为 $\lambda_3 = 1.16 \times 10^{-5}/h$，试计算该系统的平均无故障工作时间及工作半年（按 4320h 计算）时的可靠度。

图 3.4　热电偶温度测量系统

解　根据式(3.17)，该系统的失效率为

$$\lambda_s = \lambda_1 + \lambda_2 + \lambda_3$$
$$= 1.27 \times 10^{-4}/h + 1.16 \times 10^{-5}/h + 1.16 \times 10^{-5}/h$$
$$= 1.5 \times 10^{-4}/h$$

其平均无故障工作时间为

$$m_s = \frac{1}{\lambda_s} = \frac{1}{1.5 \times 10^{-4}/h} = 6667h$$

根据式(3.16)可求出该系统运行半年时的可靠度为

$$R(4320) = e^{-1.5 \times 10^{-4}/h \times 4320}$$
$$= 0.522$$

3.2.2　并联系统

并联系统又称为冗余系统。为了使系统可靠地运行，往往在系统的工作过程中使所需要的零件（或部件）有一定的储备。因此，冗余系统是指为了完成某一工作目的所设置的设备除了满足运行的需要外，还具有一定冗余的系统。例如，为了使计算机在掉电以后能保存程序，一般都设置备用电源，一旦主电源掉电，备用电源会自动地接入，保证程序的执行。这种方法同样用于自动控制系统中的自动化仪表。如日本Ⅰ系列仪表，设有备用电源。又如在电子线路中整流元件有可能开路或断路，为了排除由此而引起系统失效的可能性，在线路中也采用冗余技术。特别是对于工艺中的防爆系统、引爆装置、价值昂贵的系统以及危及人身安全的系统用得更为普遍。

图 3.5 为由两单元组成的纯并联系统。其特点为，其中任一个单元正常工作，系统便可正常运行，只有当两个单元同时失效，系统才失效。

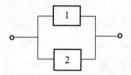

图 3.5　两单元并联
系统逻辑框图

令事件 A 为系统正常，$\bar{A}$ 为系统失效，则由并联系统的特征可写出

$$\bar{A}=\bar{A}_1 \cdot \bar{A}_2$$

$$A=A_1 \bigcup A_2$$

假设各单元状态相互独立，则由概率乘法定理可得系统的不可靠度 $F_s(t)$ 为

$$F_s(t)=P(\bar{A})=F_1(t) \cdot F_2(t) \tag{3.22}$$

由互补定理，系统可靠度 $R_s(t)$ 为

$$\begin{aligned}
R_s(t)&=1-F_s(t)\\
&=1-F_1(t) \cdot F_2(t)\\
&=1-[1-R_1(t)][1-R_2(t)]
\end{aligned} \tag{3.23}$$

若各单元寿命分布均为失效率为常数 λ_i 的指数分布，则

$$R_s(t)=1-(1-e^{-\lambda_1 t})(1-e^{-\lambda_2 t}) \tag{3.24}$$

系统的平均寿命为

$$\begin{aligned}
m_s&=\int_0^\infty R_s(t)\mathrm{d}t=\int_0^\infty [e^{-\lambda_1 t}+e^{-\lambda_2 t}-e^{-(\lambda_1+\lambda_2)t}]\mathrm{d}t\\
&=-\frac{1}{\lambda_1}e^{-\lambda_1 t}\Big|_0^\infty -\frac{1}{\lambda_2}e^{-\lambda_2 t}\Big|_0^\infty +\frac{1}{\lambda_1+\lambda_2}e^{-(\lambda_1+\lambda_2)t}\Big|_0^\infty\\
&=\frac{1}{\lambda_1}+\frac{1}{\lambda_2}-\frac{1}{\lambda_1+\lambda_2}
\end{aligned} \tag{3.25}$$

当两单元的失效率相同，即 $\lambda_1=\lambda_2$，$R_1(t)=R_2(t)$，则系统可靠性特征量为

$$R_s(t)=1-[1-R(t)]^2=1-(1-e^{-\lambda t})^2 \tag{3.26}$$

$$m_s=\frac{1}{\lambda}+\frac{1}{\lambda}-\frac{1}{2\lambda}=\frac{3}{2\lambda} \tag{3.27}$$

对于 n 个相同单元的并联系统，其相应公式有

$$F_s(t)=\prod_{i=1}^n F_i(t) \tag{3.28}$$

$$R_s(t)=1-\prod_{i=1}^n F_i(t)=1-\prod_{i=1}^n [1-R_i(t)]$$

$$=1-\prod_{i=1}^n (1-e^{-\lambda_i t}) \tag{3.29}$$

$$m_s=\frac{1}{\lambda}+\frac{1}{2\lambda}+\frac{1}{3\lambda}+\cdots+\frac{1}{n\lambda} \tag{3.30}$$

例 3.2　采用 3 个如图 3.4 所示的同样温度测量系统并联使用，如图 3.6 所示。求该系统的可靠度。

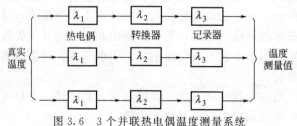

图 3.6　3 个并联热电偶温度测量系统

解 根据式(3.29)，该并联系统的可靠度为

$$\begin{aligned}R_s&=1-\prod_{i=1}^{3}[1-R_i(t)]\\&=1-(1-0.522)^3\\&=0.8908\end{aligned}$$

显然，采用同样3个温度测量系统并联应用，其可靠度大大地提高。因此，并联冗余是提高仪表系统可靠性的一种有效设计方法。当然，它是以增加投资为代价的。

3.2.3 n 中取 k 的表决系统

n 个单元组成的表决系统，其系统的特征是组成系统的 n 个单元中至少 k 个单元正常工作，系统才能正常工作；如果有大于 $(n-k)$ 个单元失效，系统便失效。这样的系统称为 k/n 表决系统。

图 3.7 2/3表决系统逻辑框图

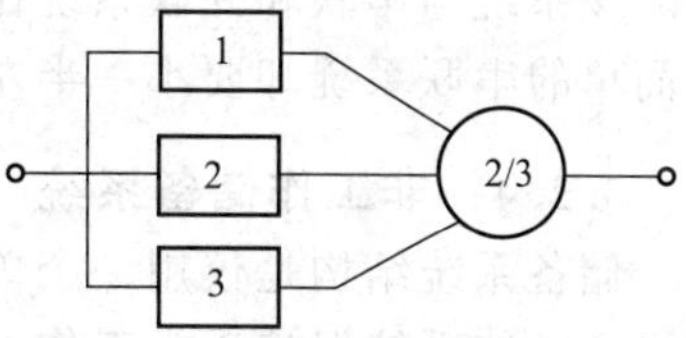

常用的2/3[G] 表决系统，如图3.7所示。

事件 A 与 A_1, A_2, A_3 的关系为

$$A=A_1A_2A_3\cup A_1A_2\bar{A}_3\cup A_1\bar{A}_2A_3\cup \bar{A}_1A_2A_3$$

因而2/3[G] 系统的可靠度为

$$R_s(t)=R_1(t)R_2(t)R_3(t)+R_1(t)R_2(t)F_3(t)+R_1(t)F_2(t)R_3(t)+F_1(t)R_2(t)R_3(t)$$

如单元的寿命分布为指数分布，即 $R_i(t)=e^{-\lambda_i t}$，则有

$$\begin{aligned}R_s(t)=&\exp[-(\lambda_1+\lambda_2+\lambda_3)t]+\exp[-(\lambda_1+\lambda_2)t][1-e^{-\lambda_3 t}]+\\&\exp[-(\lambda_1+\lambda_3)t][1-e^{-\lambda_2 t}]+\exp[-(\lambda_2+\lambda_3)t][1-e^{-\lambda_1 t}]\\=&\exp[-(\lambda_1+\lambda_2)t]+\exp[-(\lambda_2+\lambda_3)t]+\exp[-(\lambda_1+\lambda_3)t]-\\&2\exp[-(\lambda_1+\lambda_2+\lambda_3)t]\end{aligned}$$

$$m_s=\int_0^{\infty}R_s(t)\mathrm{d}t=\frac{1}{\lambda_1+\lambda_2}+\frac{1}{\lambda_2+\lambda_3}+\frac{1}{\lambda_1+\lambda_3}-\frac{2}{\lambda_1+\lambda_2+\lambda_3}$$

特别当各单元失效率均为 λ 时，则有

$$R_s(t)=3e^{-2\lambda t}-2e^{-3\lambda t} \tag{3.31}$$

$$m_s=\frac{3}{2\lambda}-\frac{2}{3\lambda}=\frac{5}{6\lambda} \tag{3.32}$$

例 3.3 例3.2所示的并联系统无疑是可靠的，但其投资费用大。由于热电偶的故障率远比转换器和记录仪大，所以一个价格更为合理且有效的安全系统往往设计成3个热电偶并联，而转换器和记录仪只用1个，如图3.8所示。3个热电偶的热电势为 E_1, E_2, E_3，它们输入到1个中间值选择器，选择器的输出信号既不是输入热电势的最低值，也不是最高值。如果 $E_1=5.0\text{mV}, E_2=5.2\text{mV}, E_3=5.1\text{mV}$，则输出信号为 E_3。然而，若3号热电偶发生故障，那么 $E_3=0\text{mV}$，选择器输出为 E_1。试求该系统运行半年（4320h）的可靠度。

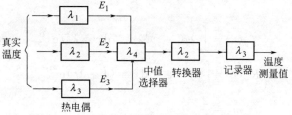

图 3.8 有3个热电偶和中间值选择器的系统

解 3个热电偶组成的并联系统其不可靠度为

$$F_1=(1-\mathrm{e}^{-\lambda_1 t})^3=(1-\mathrm{e}^{-1.27\times10^{-4}/\mathrm{h}\times4300})^3=0.076$$

其可靠度为

$$R_1=1-F_1=1-0.076=0.924$$

中间值选择器、转换器和记录仪的可靠度为

$$R_2=R_3=R_4=\mathrm{e}^{-1.16\times10^{-5}/\mathrm{h}\times4320}=0.951$$

因此，该表决系统的可靠度为

$$R_\mathrm{s}=R_1R_2R_3R_4=0.924\times(0.951)^3=0.795$$

该系统与串联和并联系统比较可知，该表决系统几乎是并联系统的不可靠度的两倍，但比简单的串联系统却要小一半左右。

3.2.4 非工作储备系统（旁联系统）

储备系统结构是仅用一个单元工作的并联形式。当工作单元失效时，备用单元立即替换并投入，使系统保持正常工作，如图3.9所示。其中K为转换开关，按照转换开关的不同，可分为理想开关（指开关在使用期间不发生故障）系统与非理想开关系统；按照储备件在储备期中失效与否可分为冷储备（指备用的部件在储备期中不发生失效）系统和热储备系统。本节仅讨论冷储备系统。

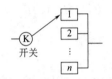

图3.9 非工作储备系统

系统由 n 个单元组成，一个工作，其余 $n-1$ 个单元储备。当工作单元失效时，储备单元逐个替换，直到所有单元失效时，系统才失效，储备单元在储备期不发生失效，且假定转换开关是完全可靠的。

假设 n 个单元的寿命为随机变量 T_1，T_2，…，T_n，则系统的寿命 $T=T_1+T_2+\cdots+T_n$，其可靠度为

$$R_\mathrm{s}(t)=P(T_1+T_2+\cdots+T_n>t)$$
$$=1-P(T_1+T_2+\cdots+T_n\leqslant t)$$

由于随机变量是相互独立的，所以系统的寿命分布的概率密度 $f_\mathrm{s}(t)$ 为 n 个单元寿命分布概率密度 $f_i(t)$ 的卷积，即

$$f_\mathrm{s}(t)=f_1(t)*f_2(t)*\cdots*f_n(t)$$

而系统的平均寿命为所有单元平均寿命之和，

$$m_\mathrm{s}=E(T)=E(T_1+T_2+\cdots+T_n)$$
$$=E(T_1)+E(T_2)+\cdots+E(T_n)$$
$$=m_1+m_2+\cdots+m_n \tag{3.33}$$

当两个单元寿命分布均为指数分布，且失效率分别为 λ_1、λ_2 时，根据卷积公式可得由此两单元组成的冷储备系统寿命分布的概率密度为

$$f_\mathrm{s}(t)=\int_0^t\lambda_1\mathrm{e}^{-\lambda_1(t-x)}\lambda_2\mathrm{e}^{-\lambda_2 x}\mathrm{d}x=\lambda_1\lambda_2\frac{\mathrm{e}^{-\lambda_1 t}-\mathrm{e}^{-\lambda_2 t}}{\lambda_2-\lambda_1},$$

当 $\lambda_1=\lambda_2=\lambda$，则

$$f_\mathrm{s}(t)=\int_0^t\lambda\mathrm{e}^{-\lambda(t-x)}\lambda\mathrm{e}^{-\lambda x}\mathrm{d}x=\lambda^2 t\mathrm{e}^{-\lambda t}$$

$$R_\mathrm{s}(t)=\int_t^\infty\lambda^2 x\mathrm{e}^{-\lambda x}\mathrm{d}x=(1+\lambda t)\mathrm{e}^{-\lambda t}$$

$$m_\mathrm{s}=\frac{2}{\lambda}$$

当 n 个单元寿命分布均为失效率为 λ 的指数分布时，可证明系统的可靠度和平均寿命分别为

$$
\begin{aligned}
R_s(t) &= \left[1 + \lambda t + \frac{(\lambda t)^2}{2!} + \cdots + \frac{(\lambda t)^{n-1}}{(n-1)!}\right] e^{-\lambda t} \\
&= \sum_{k=0}^{n-1} \frac{(\lambda t)^k}{k!} e^{-\lambda t}
\end{aligned}
\tag{3.34}
$$

$$
m_s = \frac{n}{\lambda}
$$

与前述各系统可靠度比较，显然储备系统可靠度最高。

本章小结

准确性、稳定性和可靠性是测量仪器的主要指标，其中，可靠性是最为重要的质量指标。若测量仪器没有可靠性保障，其准确性、稳定性便无从谈起。当前，我国测量仪器质量的主要问题是产品的使用寿命以及环境适应性问题，本章主要介绍了测量仪器的可靠性的主要特征量，如可靠度 $R(t)$，失效率 $\lambda(t)$，平均寿命 $E(t)$ 等，并简要讨论了不可修复系统的可靠性设计相关内容，使读者建立测量仪器可靠性设计基本概念，提高测量仪器可靠性及环境适应性。

思考题与习题

3.1 简述测量系统的可靠性，并指出其特征指标。

3.2 什么是设备的故障率 λ？它与可靠性 $R(t)$、不可靠性 $F(t)$ 的关系是什么？

3.3 简述改进测量系统可靠性的方法有哪些。

3.4 某厂仪表组负责维修 40 台变送器、30 台调节器、25 台记录仪，它们相邻两次故障之间的平均工作时间 MTBF 分别为 5000h,3000h,8000h，试估计一年内此维修组的工作任务。

3.5 已知某产品失效率为常数 λ，且要求在使用 1000h 后的可靠度仍在 80% 以上，问：此产品失效率必须低于多少才能满足要求？

3.6 一个由孔板($\lambda=0.75$/年)、差压变送器($\lambda=1.0$/年)，开方器($\lambda=0.1$/年)和记录仪($\lambda=0.1$/年)组成的流量测量系统。在以下 3 种情况下计算经过 0.5 年后流量测量失效的概率。设系统所有器件开始均经检验且工作完好。

(1) 单个流量测量系统。

(2) 3 个并联的同样的流量测量系统。

(3) 一个系统有 3 个孔板、3 个差压变送器和 1 个中间值选择器($\lambda=0.1$/年)，选择器输出通至一个开方器和记录仪。

3.7 计算如图 3.10 所示桥形电路的可靠度。

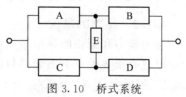

图 3.10 桥式系统

4 压力测量

4.1 概述

压力是工业生产过程中重要工艺参数之一。许多生产过程中，要求系统只有在一定的压力条件下工作，才能得到预期效果；压力的监控也是安全生产的保证。因此，压力的检测与控制是保证工业生产过程经济性和安全性的重要环节。

4.1.1 压力的概念

在物理学中，流体介质垂直作用于单位面积上的力称为压强，在工程上称为压力。压力是流体介质分子的质量或分子热运动对容器壁碰撞的结果。压力也是反映流体介质状态的一个重要参数，通常以符号 p 表示。

$$p = \frac{F}{S} \tag{4.1}$$

式中　F——流体介质垂直作用于物体表面的力，N；
　　　S——承受力的面积，m^2。

由于参照点不同，在工程技术中流体的压力分为

① 差压，又称压差。两个压力之间的相对差值。

② 绝对压力。相对于零压力（绝对真空）所测得的压力。

③ 表压力。该绝对压力与当地大气压之差。

④ 负压，又称真空表压力。当绝对压力小于大气压时，大气压与该绝对压力之差。

⑤ 大气压。它是地球表面上的空气质量所产生的压力，大气压随当地的海拔高度、纬度和气象情况而变。

工程上，按压力随时间的变化关系分为如下两类。

① 静态压力。不随时间变化或随时间变化缓慢的压力。

② 动态压力。随时间作快速变化的压力。

4.1.2 压力的单位

压力是力和面积的导出量，由于单位制的不同以及使用场合与历史发展的状况不同，压力单位也有很多种，下面介绍目前常用的几种压力单位。

① 帕斯卡[Pa(N/m²)]。$1m^2$ 的面积上均匀作用 1N 的力，它是国际单位制（SI）中规定的压力单位，也是中国国标中规定的压力单位。

② 标准大气压（atm）。温度为 0℃、重力加速度为 $9.80665m/s^2$、高度为 0.760m、密度为 $13.5951kg/m^3$ 的水银柱所产生的压力。

$$1atm = 101325Pa$$

③ 工程大气压（at）。$1cm^2$ 的面积上均匀作用有 1kgf❶ 时所产生的压力。

$$1at = \frac{1kgf}{cm^2} = 98066.5Pa$$

---

❶　1kgf=9.80665N。

④ 巴（bar）。$1cm^2$ 的面积上均匀作用有 $10^6 dyn$[1] 力时所产生的压力。

$$1bar = \frac{10^6 dyn}{cm^2} = 10^5 Pa$$

巴是厘米·克·秒制中的压力单位，曾常用于气象学和航空测量技术中，它的千分之一是毫巴，用 mbar 或 mb 表示。

⑤ 毫米液柱。以液柱（水银或水或其他液体）高度来表示压力的大小。常用的有毫米汞柱（mmHg）和毫米水柱（mmH_2O）。1 毫米汞柱压力又称为 1Torr（1 托），在温度为 0℃、重力加速度为 $9.80665m/s^2$、密度为 $13.5951 \times 10^3 kg/m^3$ 时

$$1mmHg = 1Torr = \frac{1}{760}atm = 133.322Pa$$

对于水柱来说，在温度为 4℃、重力加速度为 $9.80665m/s^2$、密度为 $1000kg/m^3$ 时

$$1mmH_2O = 9.80665Pa$$

⑥ 磅/英寸^2（psi）。$1in^2$ 的面积上均匀作用有 1lbf 时所产生的压力。

$$1psi = \frac{1lbf}{in^2} = 6.89476 \times 10^3 Pa$$

各种压力单位间的换算关系见表 4.1。

表 4.1　压力单位换算

单　　位	帕斯卡 Pa(N·m^{-2})	标准大气压 atm	工程大气压 kgf·cm^{-2}(at)	巴，bar 10^6dyn·cm^{-2}	托，mmHg Torr	磅/英寸^2 psi
帕斯卡 Pa(N·m^{-2})	1	9.86923×10^{-6}	1.01972×10^{-5}	1×10^{-5}	0.750062×10^{-2}	1.45038×10^{-4}
标准大气压 atm	101325	1	1.03323	1.01325	760	14.6959
工程大气压 at	9.80665×10^4	0.96923	1	0.980665	735.559	14.2233
巴 bar	1×10^5	0.986923	1.01972	1	750.062	14.5038
托 Torr	133.322	1.31579×10^{-3}	1.35951×10^{-3}	1.33322×10^{-3}	1	1.93368×10^{-2}
磅/英寸^2 psi	6.89476×10^3	6.80462×10^{-2}	7.0307×10^{-2}	6.89476×10^{-2}	51.7149	1

4.1.3　压力测量系统的分类

根据测量压力的原理，可分为如下几类。

① 静重式。静重式压力计包括液柱式压力计和活塞式压力计。

液柱式压力计可分为 U 形管、单管、斜管、钟罩式和环天平式压力计。

活塞式压力计可分为测压力和真空两种不同类型。从其结构来分，有单活塞式、双活塞式、圆柱形活塞式和球形活塞式压力计等。

② 弹性式。弹性式压力计有弹簧管式、膜片式、膜盒式和波纹管式等。弹簧管式又分为单圈弹簧管式、多圈弹簧管式和螺旋管式等。

③ 电远传式。包括各种压力变送器如位移式、力平衡式等。按其信号转换方式可分为电阻式、电感式、电容式及频率式等。

4.2　液柱式压力计

4.2.1　液柱式压力计的原理

利用液柱所产生的压力与被测压力平衡，并根据液柱高度来确定被测压力大小的压力计

---

[1] $1dyn = 1 \times 10^{-5}N$。

称为液柱式压力计。所用的液体称为封液，常用的封液有水、酒精、水银等。液柱式压力计有 U 形管压力计、单管压力计和斜管微压计。它们的结构形式如图 4.1 所示。

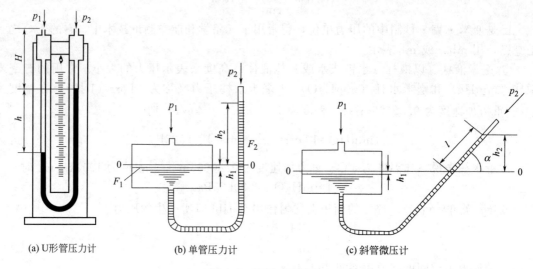

(a) U形管压力计　　(b) 单管压力计　　(c) 斜管微压计

图 4.1　液柱式压力计

U 形管压力计两侧压力 p_1，p_2 与封液液柱高度 h 间有如下关系。

$$p_1 - p_2 = gh(\rho - \rho_1) + gH(\rho_2 - \rho_1) \tag{4.2}$$

式中　ρ_1，ρ_2，ρ——左右侧介质及封液密度；

　　　　H——右侧介质高度；

　　　　h——液柱高度；

　　　　g——重力加速度。

当 $\rho_1 \approx \rho_2$ 时，式(4.2) 可简化为

$$p_1 - p_2 = gh(\rho - \rho_1) \tag{4.3}$$

若 $\rho_1 \approx \rho_2$，且 $\rho \gg \rho_1$，则有

$$p_1 - p_2 = \rho gh \tag{4.4}$$

单管压力计两侧压力 p_1，p_2 与封液液柱高度 h_2 之间的关系为

$$p_1 - p_2 = g(\rho - \rho_1)\left(1 + \frac{F_2}{F_1}\right)h_2 \tag{4.5}$$

式中　F_1，F_2——容器和单管的截面积。

若 $F_1 \gg F_2$，且 $\rho \gg \rho_1$，则

$$p_1 - p_2 = \rho gh_2 \tag{4.6}$$

斜管微压计两侧压力 p_1，p_2 和液柱长度 l 的关系可表示为

$$p_1 - p_2 = \rho gl \sin\alpha \tag{4.7}$$

式中　α——斜管的倾斜角度。

4.2.2　液柱式压力计的测量误差及其修正

在实际使用时，很多因素会影响液柱式压力计测量精度。对某具体测量问题，有些影响因素可以忽略，有些则必须加以修正。

（1）环境温度变化的影响

当环境温度偏离规定温度时，封液密度、标尺长度均会发生变化。由于封液的体膨胀系

数比标尺的线膨胀系数大 1～2 个数量级，因此，对一般工业测量，主要考虑温度变化引起的封液密度变化对压力测量的影响，而精密测量时还需要对标尺长度变化的影响进行修正。

环境温度偏离规定温度 20℃后，封液密度改变对压力计读数影响的修正公式为

$$h_{20} = h[1 - \beta(t - 20)] \tag{4.8}$$

式中　h_{20}——20℃封液液柱高度；

　　　　h——温度为 t 时封液液柱高度；

　　　　β——封液的体膨胀系数；

　　　　t——测量时的实际温度。

（2）重力加速度变化的修正

仪器使用地点的重力加速度由式(4.9) 计算。

$$g_{\varphi} = \frac{g_N[1 - 0.00265\cos(2\varphi)]}{1 + 2\dfrac{H}{R}} \tag{4.9}$$

式中　H——使用地点海拔高度，m；

　　　　φ——使用地点纬度，(°)；

　　　　g_N——9.80665m/s²，标准重力加速度；

　　　　R——6356766m，地球的公称半径（纬度 45°海平面处）。

$$h_N = \frac{h_{\varphi} g_{\varphi}}{g_N} \tag{4.10}$$

式中　h_N——标准地点封液液柱高度；

　　　　h_{φ}——测量地点封液液柱高度。

（3）毛细现象造成的误差

毛细现象使封液表面形成弯月面，这不仅会引起读数误差，而且会引起液柱的升高或降低。这种误差与封液的表面张力、管径、管内壁的洁净度等因素有关，难以精确得到。实际应用时，通常采用加大管径的方式以减少毛细现象的影响。封液为酒精时，管子内径 $d \geqslant$ 3mm；水和水银作封液时 $d \geqslant$ 8mm。

此外液柱式压力计还存在刻度、读数、安装等方面的误差。读数时，眼睛应与封液弯月面的最高或最低点持平，并沿切线方向读数，U 形管压力计和单管压力计均要求垂直安装，否则将会带来较大误差。

4.3　弹性式压力计

常用的弹性元件有弹簧管、膜片和波纹管，相应的压力测量工具有弹簧管压力计、膜片式压力计和波纹管式压差计。弹性元件变形产生的位移很小，因此需要将它变换为指针的角位移或电信号、气信号，以便显示压力大小。

4.3.1　弹簧管压力计

如图 4.2 所示，弹簧管压力计由弹簧管、齿轮传动机构、指针、刻度盘组成。

弹簧管是弹簧管压力计的主要元件。各种形式的弹簧管如图 4.3 所示。弯曲的弹簧管是一根空心的管子，其自由端是封闭的，固定端焊在仪表外壳上，并与管接头相通。弹簧管的横截面呈椭圆形或扁圆形，当它内腔通入被测压力后，在压力作用下会发生变形。短轴方向的内表面积比长轴方向的大，因而受力也大。当管内压力比管外大时，短轴要变长些，长轴要变短些，管子截面趋于圆形，产生弹性变形。由于短轴方向与弹簧管弧形的径向一致，变

形使自由端向弹簧管伸直的方向移动，产生管端位移量，通过拉杆带动齿轮传动机构，使指针相对于刻度盘转动。当变形引起的弹性力与被测压力产生的作用力平衡时，变形停止，指针指示出被测压力值。

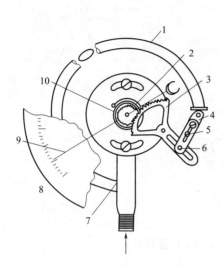

图 4.2　单圈弹簧管压力计
1—弹簧管；2—小齿；3—扇形齿轮；
4—拉杆；5—连杆调节螺钉；6—放大调节螺钉；
7—接头；8—刻度盘；9—指针；10—游丝

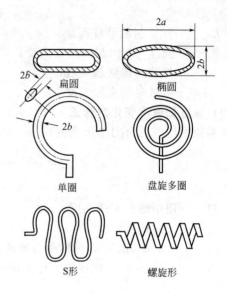

图 4.3　弹簧管及其横截面

单圈弹簧管自由端位移量较小，一般不超过 2～5mm。为了提高弹簧管灵敏度，增加自由端位移量，可采用 S 形弹簧管或螺旋形弹簧管。

齿轮传动机构的作用是把自由端的线位移转换成指针的角位移，使指针能明显地指示出被测值。它上面设有可调螺钉，用以改变连杆和扇形齿轮的铰合点，从而改变指针的指示范围。传动轴处装着一根游丝，用以消除齿轮啮合处的间隙。传动机构的传动阻力要尽可能小，以免影响仪器的精度。

单圈弹簧管压力计的精度普通为 1～4 级，精密的是 0.1～0.5 级。测量范围从真空到 10^9 Pa。为了保证压力计指示正确和能长期使用，应使仪表工作在正常允许的压力范围内。对于波动较大的压力，仪表的示值应经常处于量程范围的 1/2 处附近；被测压力波动小，仪表示值可在量程范围的 2/3 左右，但一般不应低于量程范围的 1/3。另外，还要注意仪表的防尘、防爆、防腐等问题，并要定期校验。

4.3.2　膜式压力计

膜式压力计分膜片压力计和膜盒压力计两种。前者用于测腐蚀性介质或非凝固、非结晶的黏性介质的压力，后者常用于测气体的微压和负压。它们的敏感元件分别为膜片和膜盒，其形状如图 4.4 所示。

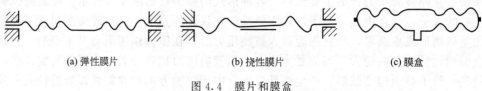

(a) 弹性膜片　　　　　　　(b) 挠性膜片　　　　　　　(c) 膜盒

图 4.4　膜片和膜盒

膜片是一个圆形薄片，它的圆周固定，通入压力后，膜片将向压力低的一面弯曲，其中心产生一定的位移（即挠度），通过传动机构带动指针转动，指示出被测压力。为了增大中心位移量，提高仪表灵敏度，可以把两片金属膜片的周边焊接在一起，成为膜盒。甚至可以把多个膜盒串接在一起，形成膜盒组。

膜片可分为弹性膜片和挠性膜片两种。弹性膜片一般由金属制成，常用的弹性波纹膜片是一种压有环状同心波纹的圆形薄片，其挠度与压力的关系主要由波纹的形状、数目、深度和膜片厚度、直径决定，而边缘部分的波纹情况基本上决定了膜片的特性，中部波纹影响很小。挠性膜片只起隔离被测介质作用，它本身几乎没有弹性，是由固定在膜片上弹簧的弹力平衡被测压力的。

膜式压力计的传动机构和显示装置在原理上与弹簧压力计基本相同，图 4.5 所示为膜盒压力计的结构示意。

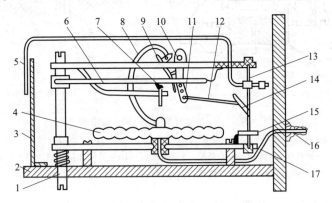

图 4.5　膜盒式压力计

1—调零螺杆；2—机座；3—刻度板；4—膜盒；5—指针；6—调零板；
7—限位螺丝；8—弧形连杆；9—双金属片；10—轴；11—杠杆架；12—连杆；
13—指针轴；14—杠杆；15—游丝；16—管接头；17—导压管

膜式压力计的精度一般为 2.5 级。膜片压力计适用于真空或 $0 \sim 6 \times 10^6 \, \mathrm{Pa}$ 的压力测量，膜盒压力计的测量范围为 $0 \sim \pm 4 \times 10^4 \, \mathrm{Pa}$。

4.3.3　波纹管式压力计

波纹管是外周沿轴向有深槽形波纹皱褶，可沿轴向伸缩的薄壁管子。其外形如图 4.6 所示。它受压时线性输出范围比受拉时大，故常在压缩状态下使用。为了改善仪表性能提高测量精度，便于改变仪表量程，实际应用时波纹管常和刚度比它大几倍的弹簧结合起来使用。这时，其性能主要由弹簧决定。

波纹管式压差计以波纹管为感压元件用于测量压差信号，可分为单波纹管和双波纹管两种，主要用做流量和液位测量的显示仪表。下面以双波纹管压差计为例说明其工作原理。

图 4.7 所示为双波纹管压差计的结构示意。连接轴 1 固定在波纹管 B_1，B_2 的端面刚性端盖上，B_1 和 B_2 被刚性地连接在一起。B_1，B_2 通过阻尼环 11 与中心基座 8 间的环形间隙，以及中心基座上的阻尼旁路 10 相通。量程弹簧组 7 在低压室，它两端分别固定在连接轴和中心基座上。接入被测压差后，B_1 被压缩，其中填充液通过环形间隙和阻尼旁路流向 B_2，使 B_2 伸长，量程弹簧组 7 被拉伸，直至压差在 B_1 和 B_2

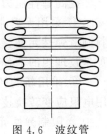

图 4.6　波纹管

两个端面上形成的力与量程弹簧和波纹管产生的弹力相平衡为止。这时连接轴系统向低压侧有位移，推板 3 推动摆杆 4 带动扭力管 5 转动，使一端与扭力管固定在一起的心轴 6 发生扭转，此转角反映了被测压差的大小。

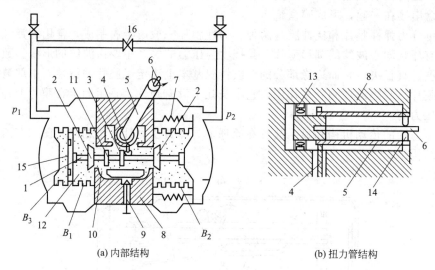

(a) 内部结构　　　　　　　　　　　　　　　(b) 扭力管结构

图 4.7　双波纹管压差计结构示意

1—连接轴；2—单向受压的保护阀；3—推板；4—摆杆；5—扭力管；6—心轴；
7—量程弹簧组；8—中心基座；9—阻尼阀；10—阻尼旁路；11—阻尼环；
12—填充液；13—滚针轴承；14—玛瑙轴承；15—隔板；16—平衡阀

波纹管 B_3 有小孔和 B_1 相通，当环境温度变化引起 B_1 和 B_2 内填充液体积变化时，由于 B_1，B_2 的体积基本不变，多余或不足部分的填充液就会通过小孔流进或流出 B_3，起温度补偿作用。

阻尼阀 9 起控制填充液在阻尼旁路 10 中的流动阻力的作用，以防仪表迟延过大或压差变化频繁引起的系统振荡。单向受压的保护阀 2 保护仪表在压差过大或单向受压时不致损坏。

4.3.4　弹性压力计的误差及改善途径

由于环境的影响，仪表的结构、加工和弹性材料性能不完善，会给测量压力带来各种误差。相同压力下，同一弹性元件正反行程的变形不一样，因而存在迟滞误差。弹性元件变形落后于被测压力变化，引起了弹性后效误差；仪表的各种活动部件之间有间隙，示值与弹性元件的变形不完全对应，会引起间隙误差；仪表活动部件运动时，相互间有摩擦力，会产生摩擦误差；环境温度改变会引起金属材料弹性模量变化，会造成温度误差。由于这些误差的存在，一般的弹性压力计要达到 0.1% 的精度是极为困难的。

提高弹性压力计精度的主要途径如下。

① 采用无迟滞误差或迟滞误差极小的"全弹性"材料和温度误差很小的"恒弹性"材料制造弹性元件，如合金 Ni42CrTi、Ni36CrTiA，这些是用的较广泛的恒弹性材料，熔凝石英是较理想的全弹性材料和恒弹性材料。

② 采用新的转换技术，减少或取消中间传动机构，以减少间隙误差和摩擦误差，如采用电阻应变转换技术、差动变压器技术等。

③ 限制弹性元件的位移量，采用无干摩擦的弹性支承或磁悬浮支承等。

④ 采用合适的制造工艺，使材料的优良性能得到充分的发挥。

4.4　电远传式压力计

当需要远传压力信号时，为了安全、方便和减少延迟，广泛采用把就地压力计弹性元件的位移或力变化量转换为电信号的方法。常用的这类压力计有电阻应变式压力变送器、电容式压力变送器、电感式压力变送器和振弦式压力变送器等。

4.4.1　电阻应变式压力变送器

利用金属电阻丝或在硅片上扩散生成的半导体电阻，都能利用弹性元件的应变测量压力，构成压力传感器或变送器。

(1) 金属应变片式传感器

单根导线的电阻 R 取决于金属材料的电阻率 ρ、长度 l 和截面积 S，则其阻值为

$$R = \rho \frac{l}{S} \tag{4.11}$$

在均匀应力作用下，导线电阻的相对变化量为

$$\frac{\Delta R}{R} = \frac{\Delta l}{l} - \frac{\Delta S}{S} + \frac{\Delta \rho}{\rho} \tag{4.12}$$

对于圆导线，$S = \pi d^2/4$，故可近似得出

$$\frac{\Delta S}{S} \approx 2 \frac{\Delta d}{d} \tag{4.13}$$

受拉伸时，l 增大的同时 d 减小，两者关系为

$$-\frac{\Delta d}{d} = \mu \frac{\Delta l}{l} \tag{4.14}$$

式中　μ——材料的泊松比，一般金属 $\mu = 0.2 \sim 0.4$。

将式（4.13）和式（4.14）代入式（4.12），可得

$$\frac{\Delta R}{R} = \frac{\Delta l}{l}(1 + 2\mu) + \frac{\Delta \rho}{\rho} \tag{4.15}$$

其实，上式中的 $\Delta l/l$ 就是拉伸应力 σ 所引起的应变 ε，故可改写为

$$\frac{\Delta R}{R} = \varepsilon(1 + 2\mu) + \frac{\Delta \rho}{\rho}$$

将此式再除以 ε，得

$$\frac{\Delta R/R}{\varepsilon} = (1 + 2\mu) + \frac{\Delta \rho/\rho}{\varepsilon} = K \tag{4.16}$$

此处，K 为材料应变灵敏系数，即导线每单位应变引起的阻值相对变化量。作为测应变的敏感元件，当然希望 K 越大越好。

金属材料的电阻率 ρ 受应变 ε 的影响很小，主要是 $(1+2\mu)$ 对 K 起决定作用。但半导体材料却相反。

金属丝应变敏感元件，通常用直径 $0.015 \sim 0.05\text{mm}$ 的康铜（Ni45%，Cu55%）或铁铬铝合金（Fe70%，Cr25%，Al5%）密密地排列成栅状，粘贴在厚 $0.02 \sim 0.04\text{mm}$ 的纸或胶质基底上，故有应变片之称。其结构如图4.8所示。

康铜丝应变片的灵敏系数约为 $1.9 \sim 2.1$，铁铬铝合金丝应变片的灵敏系数约为 $2.4 \sim 2.6$。

此外，还有用光学蚀刻法制成的箔式应变片，厚度约为 $0.003 \sim 0.01\text{mm}$。甚至能用真

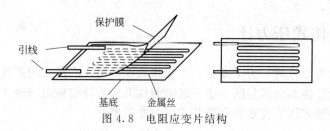

图 4.8　电阻应变片结构

空蒸镀、沉积或溅射工艺形成的薄膜式应变片，厚度从零点几到几百纳米不等。采用后一种工艺可制成耐高温的应变片，如用铂或铬在蓝宝石基底上构成的应变片工作温度可达 800℃。

普通应变片使用时，用胶粘贴在弹性元件上，通过电桥测出阻值以得知应变或压力值。

必须指出，环境温度对应变片的阻值有影响。这不仅是由于金属材料有电阻温度系数的缘故，还因为弹性元件和应变电阻两者的线胀系数不等时，即使无应变现象，环境温度波动也会引起阻值改变，所以必须有温度补偿措施。在各种补偿方法中最简单的办法是利用两个完全相同的应变片，贴在弹性元件的不同部位，形成差动结构，使在压力作用下，其中一片受拉，另一片受压。然后把这两片应变电阻接在电桥的相邻桥臂里，在压力为零时调整电桥使之平衡，温度变化时使相邻桥臂的阻值变化相同，不影响电桥平衡。有压力作用时相邻桥臂的阻值一增一减，则桥路输出电压灵敏度比使用单片时提高一倍。这种方法既有温度补偿效果又提高了灵敏度。

有的压力传感器把应变片贴在弹簧管上，也有的贴在平膜片上。一般均采用 4 个应变片，分别接在桥路的 4 个桥臂上，这不仅有温度补偿效果，而且电压灵敏度比上述差动结构又提高了一倍。

还应该指出，应变片应该贴在绝不会受到被测介质污染、氧化、腐蚀的位置，所以一般贴在弹性元件不与被测介质接触的一面。对弹簧管应贴在外表面上；对平膜片应贴在大气压侧。但是为在膜片同一面上粘贴两组受拉和受压应变片，首先要分析膜片上的应变分布状况，找出合理的粘贴位置。

对于边缘固定的圆形平膜片，当压力作用于其一面时，会引起膜片中央凹或凸的弹性变形。膜片上任意一点的应变可分为径向应变 ε_r 和切向应变 ε_t，这两个值既和压力的大小有关又和该点距膜片中心的远近有关，设所讨论的某点距中心为 x，则可写为

$$\varepsilon_r = \frac{3p}{8h^2 E}(1-\mu^2)(r^2-3x^2) \tag{4.17}$$

$$\varepsilon_t = \frac{3p}{8h^2 E}(1-\mu^2)(r^2-x^2) \tag{4.18}$$

式中　h——膜片厚度；

　　　E——膜片材料的弹性模量；

　　　μ——膜片材料的泊松比；

　　　r——膜片自由变形部分的半径。

显然，在膜片中心，$x=0$，以上两式均达到最大值，且相等，即

$$\varepsilon_{r\,max} = \varepsilon_{t\,max} = p\,\frac{3}{8h^2}\frac{1-\mu^2}{E}r^2 \tag{4.19}$$

式(4.17) 等于零的条件是 $x=r/\sqrt{3}$，即 $x \approx 0.58r$。当 $x > 0.58r$ 时，ε_r 成为负值。当 $x=r$ 时，也就是在膜片能自由变形的外边缘上，ε_r 达到负的最大值，即

$$\varepsilon_r = -p \frac{3}{4h^2} \frac{1-\mu^2}{E} r^2 \qquad (4.20)$$

式(4.18)等于零的条件是 $x=r$，即膜片边缘处的切向应变为零。

平膜片上 ε_r 和 ε_t 的分布曲线如图4.9(a)所示，根据上述应变分布规律，可找出应变片粘贴位置［见图4.9(b)］。图中 R_1 和 R_4 感受 ε_r；R_2 和 R_3 感受 ε_t。

图4.9(a)中被测压力作用在膜下方，膜的弹性变形是向上凸起，应变片贴在上表面，R_2 和 R_3 受到 ε_t 的拉伸，电阻增大；R_1 和 R_4 贴在靠近边缘处，ε_r 为负受到压缩而电阻减小。把这4个应变片电阻接在图4.10(a)所示电桥中，便可得到较大的输出信号。

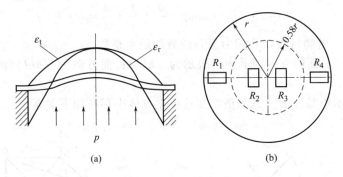

图4.9 平膜片上的应变分布及应变片的粘贴位置

图4.10(b)所示为实现同样功能而设计的箔式应变片，其周边部分有两段，相当于 R_1 和 R_4，其栅条呈辐射状以接受 ε_r 的作用。内圈部分也分两段，相当于 R_2 和 R_3，栅条呈同心圆形以接受 ε_t 的作用。将箔式应变片按图4.10(a)所示的桥式接法连接，并贴于平膜片上同样可以测压力。

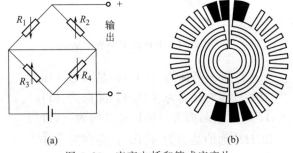

图4.10 应变电桥和箔式应变片

(2) 半导体压阻式传感器

金属丝或箔式应变片性能稳定，精确度高，已得到广泛应用。然而其应变灵敏系数较小，对粘贴工艺要求严格，不利于生产和使用。而在半导体材料上用扩散方法形成电阻，不但灵敏系数大得多，而且将弹性元件和应变电阻集成在一起，易于大批量生产，能够方便地实现微型化、集成化和智能化。

在式(4.15)中，半导体材料的 $\Delta\rho/\rho$ 起主导作用，其他两项均可忽略。当半导体小条受到纵向应力 σ 时，其电阻率 ρ 的相对变化量为

$$\frac{\Delta\rho}{\rho} = \pi_1\sigma = \pi_1 E\varepsilon \qquad (4.21)$$

式中 π_1——压阻系数；

E——材料的弹性模量；

ε——应变值。

半导体是经过掺杂质的单晶硅或锗，这些材料有晶体的属性，即各向异性。所以 π_1 和 E 是随应力方向和晶轴方向的夹角而变化的。

将式(4.21)代入式(4.16)并忽略（$1+2\mu$）得到

$$K = \frac{\frac{\Delta R}{R}}{\varepsilon} = \pi_1 E \tag{4.22}$$

既然 π_1 和 E 都和晶向有关，故灵敏系数 K 也是随晶向而变的参数。

（3）单晶硅的晶向和晶面表示及其压阻系数

① 晶向和晶面的表示方法。晶面的法线方向就是晶向。如图 4.11 所示，ABC 平面的法线方向为 N，它与 x,y,z 轴的方向余弦分别为 $\cos \alpha, \cos \beta$ 和 $\cos \gamma$；该平面在 x,y,z 轴的节距分别为 r,s,t；它们之间满足如下关系。

$$\cos\alpha : \cos\beta : \cos\gamma = \frac{1}{r} : \frac{1}{s} : \frac{1}{t} = h : k : l \tag{4.23}$$

式中　h,k,l——密勒指数，它们为无公约数的最大整数。

这样，ABC 晶面的方向即晶向可表示为 $\langle hkl \rangle$；而方向为 $\langle hkl \rangle$ 的 ABC 晶面表示为 (hkl)。

图 4.12 所示单晶硅的立方晶格，在这正立方体中存在如下关系。

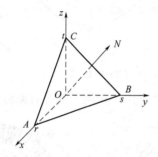

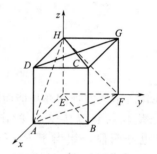

图 4.11　平面的截距表示法　　　　图 4.12　正立方体示意

$ABCD$ 面的晶面为（100）；晶向为 $\langle 100 \rangle$。

$ADGF$ 面的晶面为（110）；晶向为 $\langle 110 \rangle$。

AFH 面的晶面为（111）；晶向为 $\langle 111 \rangle$。

$BCHE$ 面的晶面为（1$\bar{1}$0）；晶向为 $\langle 1\bar{1}0 \rangle$。

② 压阻系数。在金属材料中有

$$\frac{\Delta R}{R} = K_x \varepsilon_x + K_y \varepsilon_y 。$$

式中　K_x——材料纵向应变灵敏系数；

　　　K_y——材料横向应变灵敏系数；

　　　ε_x——电阻丝的纵向应变；

　　　ε_y——电阻丝的横向应变。

而在半导体材料中相应地有

$$\frac{\Delta R}{R} = \pi_1 \sigma_1 + \pi_t \sigma_t \tag{4.24}$$

式中　σ_1——纵向应力；

　　　σ_t——横向应力；

　　　π_1——纵向压阻系数；

　　　π_t——横向压阻系数。

讨论一个标准的单元微立方体，它是沿着单晶硅晶粒的 3 个标准晶轴 1,2,3 的轴向取出的，如图 4.13 所示。在这个微立方体上有 3 个正应力：σ_{11}, σ_{22} 和 σ_{33}，可重记为 σ_1, σ_2 和 σ_3；另外有 3 个独立的剪应力：σ_{23}, σ_{31} 和 σ_{12}，可重记为 σ_4, σ_5 和 σ_6。

6 个独立的应力 σ_1, σ_2, σ_3, σ_4, σ_5 和 σ_6 将引起 6 个独立的电阻率的相对变化量 δ_1, δ_2, δ_3, δ_4, δ_5 和 δ_6。研究表明，应力与电阻相对变化率之间有如下关系。

$$[\delta]=[\pi][\sigma] \tag{4.25}$$

$$[\sigma]^T=[\sigma_1\sigma_2\sigma_3\sigma_4\sigma_5\sigma_6]$$

$$[\delta]^T=[\delta_1\delta_2\delta_3\delta_4\delta_5\delta_6]$$

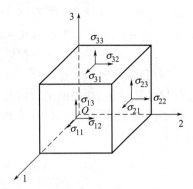

图 4.13 单晶硅微立方体上的应力分布

$$[\pi]=\begin{bmatrix} \pi_{11} & \pi_{12} & \cdots & \pi_{16} \\ \pi_{21} & \pi_{22} & \cdots & \pi_{26} \\ \vdots & \vdots & & \vdots \\ \pi_{61} & \pi_{62} & \cdots & \pi_{66} \end{bmatrix}_{6\times6} = \{\pi_{ij}\}_{6\times6}$$

$[\pi]$ 称为压阻系数矩阵，它有如下特点。

a. 剪应力不引起正向压阻效应。

b. 正应力不引起剪切压阻效应。

c. 剪应力只在自己的剪切平面内产生压阻效应，无交叉影响。

d. 具有一定的对称性。即

$\pi_{11}=\pi_{22}=\pi_{33}$，表示 3 个主轴方向上的正向压阻效应相同。

$\pi_{12}=\pi_{21}=\pi_{13}=\pi_{31}=\pi_{23}=\pi_{32}$，表示横向压阻效应相同。

$\pi_{44}=\pi_{55}=\pi_{66}$，表示剪切压阻效应相同。

故压阻系数矩阵为

$$[\pi]=\begin{bmatrix} \pi_{11} & \pi_{12} & \pi_{12} & & & \\ \pi_{12} & \pi_{11} & \pi_{12} & & & \\ \pi_{12} & \pi_{12} & \pi_{11} & & & \\ & & & \pi_{44} & & \\ & & & & \pi_{44} & \\ & & & & & \pi_{44} \end{bmatrix}_{6\times6} \tag{4.26}$$

只有 3 个独立的压阻系数，且定义为 π_{11} 是单晶硅的纵向压阻系数（Pa^{-1}）；π_{12} 是单晶硅横向压阻系数（Pa^{-1}）；π_{44} 是单晶硅剪切压阻系数（Pa^{-1}）。

在常温下，P 型硅（空穴导电）的 π_{11} 和 π_{12} 可以忽略，$\pi_{44}=138.1\times10^{-11}Pa^{-1}$；N 型硅（电子导电）的 π_{44} 可以忽略，π_{11} 和 π_{12} 较大，且有 $\pi_{12}\approx-\dfrac{\pi_{11}}{2}$，$\pi_{11}=-102.2\times10^{-11}Pa^{-1}$。

③ 任意晶向的压阻系数。单晶硅任意方向 I 的压阻系数计算如图 4.14 所示，1,2,3 为单晶硅立方晶格的主轴方向。在任意方向形成压敏电阻条 R，P 为压敏电阻条的主方向，又称纵向；Q 为压敏电阻条的副方向，又称横向。方向 P 是电阻条的实际长度方向决定的，也是电流通过电阻条的方向，记为 $1'$ 方向；方向 Q 则电阻条实际受力方向决定的，即在与 P 方向垂直的平面内，电阻条受到综合应力的方向，记为 $2'$ 方向。

于是式（4.24）中描述的纵向压阻系数 π_1（P 向）和横向压阻系数 π_t（Q 向）可表示为

$$\pi_1=\pi_{11}-2(\pi_{11}-\pi_{12}-\pi_{44})(l_1^2m_1^2+m_1^2n_1^2+n_1^2l_1^2) \tag{4.27}$$

$$\pi_t = \pi_{12} + (\pi_{11} - \pi_{12} - \pi_{44})(l_1^2 l_2^2 + m_1^2 m_2^2 + n_1^2 n_2^2) \tag{4.28}$$

式中　l_1, m_1, n_1——P 方向在标准的立方晶格坐标系中的方向余弦；

l_2, m_2, n_2——Q 方向在标准的立方晶格坐标系中的方向余弦。

利用式(4.24)可计算任意方向压阻条的压阻效应。

如计算（100）晶面上〈011〉晶向的纵向和横向压阻系数。

如图 4.15 所示的单位立方体，$ABCD$ 为（100）面，其上〈011〉晶向为 AC；其相应的横向为 BD。

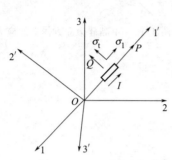

图 4.14　单晶硅任意方向的压阻系数计算　　图 4.15　（100）面上〈011〉晶向的纵向、横向示意

面（100）方向的矢量描述为 i；

方向〈011〉的矢量描述为 $j+k$；

由于

$$i \times (j+k) = i \times j + i \times k = k + (-j) \tag{4.29}$$

故（100）面内，〈011〉方向的横向为 $\langle 0\bar{1}1 \rangle$（通常写为 $\langle 01\bar{1} \rangle$）；

〈011〉的方向余弦为 $l_1 = 0, m_1 = \dfrac{1}{\sqrt{2}}, n_1 = \dfrac{1}{\sqrt{2}}$；

$\langle 01\bar{1} \rangle$ 的方向余弦为 $l_2 = 0, m_2 = \dfrac{1}{\sqrt{2}}, n_2 = \dfrac{-1}{\sqrt{2}}$；

则

$$\pi_1 = \pi_{11} - 2(\pi_{11} - \pi_{12} - \pi_{44})\frac{1}{2} \times \frac{1}{2} = \frac{1}{2}(\pi_{11} + \pi_{12} + \pi_{44}) \tag{4.30}$$

$$\pi_t = \pi_{12} + (\pi_{11} - \pi_{12} - \pi_{44})\left(\frac{1}{2} \times \frac{1}{2} + \frac{1}{2} \times \frac{1}{2}\right) = \frac{1}{2}(\pi_{11} + \pi_{12} - \pi_{44}) \tag{4.31}$$

对于 P 型硅

$$\pi_1 = \frac{1}{2}\pi_{44}, \quad \pi_t = -\frac{1}{2}\pi_{44}$$

对于 N 型硅

$$\pi_1 = \frac{1}{4}\pi_{11}, \quad \pi_t = \frac{1}{4}\pi_{11}$$

图 4.16(a) 所示为 P 型硅（100）面，设所考虑的纵向 P 与 2 轴的夹角为 α，与 P 方向垂直的 Q 方向为所考虑的横向。

在（100）面，方向 P 与方向 Q 的方向余弦分别为：l_1, m_1, n_1 和 l_2, m_2, n_2，则

$$l_1 = 0, \quad m_1 = \cos\alpha, \quad n_1 = \sin\alpha$$

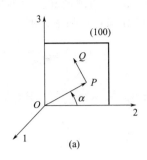 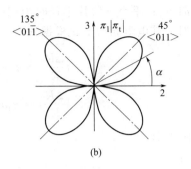

图 4.16 P 型硅（100）面内的纵向和横向压阻系数分布

$$l_2=0,\quad m_2=\sin\alpha,\quad n_2=\cos\alpha$$

$$\pi_1=\pi_{11}-2(\pi_{11}-\pi_{12}-\pi_{44})\sin^2\alpha\cos^2\alpha\approx\frac{1}{2}\pi_{44}\sin^2 2\alpha$$

$$\pi_t=\pi_{12}+(\pi_{11}-\pi_{12}-\pi_{44})2\sin^2\alpha\cos^2\alpha\approx-\frac{1}{2}\pi_{44}\sin^2 2\alpha$$

因此，P 型硅在（100）晶面内，$\pi_1=-\pi_t$，图 4.16（b）所示为纵向压阻系数 π_1 的分布。图形关于 2 轴（即〈010〉）和 3 轴（即〈001〉）对称，同时关于 45°直线（即〈011〉）和 135°直线（即〈01$\bar{1}$〉）对称。

④ 影响压阻系数大小的因素。影响压阻系数大小的因素主要有扩散杂质的表面浓度和温度。

图 4.17 所示为压阻系数与扩散杂质表面浓度 N_s 的关系。图中一条曲线是 P 型硅扩散层的压阻系数 π_{44} 与表示浓度 N_s 的关系，另一条是 N 型硅扩散层的压阻系数 π_{11} 与表面浓度 N_s 的关系。扩散杂质表面浓度 N_s 增加时，压阻系数减小。

当温度变化时，压阻系数的变化也比较明显。温度升高时，由于载流子的杂散运动增大，使单向迁移率减小，因而电阻率变大，从而使电阻率的变化率 $\frac{\mathrm{d}\rho}{\rho}$ 减小，故压阻系数随着温度的升高而减小。

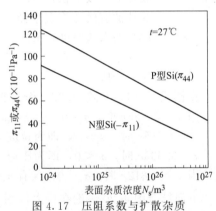

图 4.17 压阻系数与扩散杂质
表面浓度 N_s 的关系

当扩散杂质表面浓度较小时，迁移率减小得较多，使电阻率增加得也较多，因而使压阻系数随温度的升高下降的较快。而扩散杂质表面浓度较大时，迁移率减小的较少，电阻率增加也较少，因而，使压阻系数随着温度的增加下降较慢。

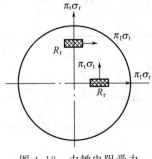

图 4.18 力敏电阻受力
情况示意

基于上述讨论，为降低温度影响，扩散杂质的表面浓度高些比较好。但扩散杂质的表面浓度较高时，压阻系数会降低，且高浓度扩散时，扩散层 P 型硅与衬底 N 型硅之间的 PN 结的击穿电压会下降，而使绝缘电阻降低。因此，必须综合考虑压阻系数的大小、温度对压阻系数的影响及绝缘电阻的大小等因素来确定合适的表面杂质浓度。

（4）固态压阻器件

在硅膜片上，根据 P 型电阻的扩散方向不同可分为径向电阻和切向电阻，如图 4.18 所示。扩散电阻的长边平行于膜片

半径时为径向电阻 R_r；垂直于膜片半径时为切向电阻 R_t。当圆形硅膜片半径比 P 型电阻的几何尺寸大得多时，其电阻相对变化根据式（4.24）可分别表示如下，即

$$\left(\frac{\Delta R}{R}\right)_r = \pi_1 \sigma_r + \pi_t \sigma_t \tag{4.32}$$

$$\left(\frac{\Delta R}{R}\right)_t = \pi_1 \sigma_t + \pi_t \sigma_r \tag{4.33}$$

式中　σ_r——径向应力；

　　　σ_t——切向应力。

以上各式中的 π_1 及 π_t 为任意纵向和横向的压阻系数，可用式（4.27）和式（4.28）求出。

若圆形硅膜片周边固定，在均布压力 p 作用下，当膜片位移远小于膜片厚度时，其膜片的应力分布为

$$\sigma_r = \frac{3p}{8h^2}\left[(1+\mu)r^2 - (3+\mu)x^2\right](N/m^2) \tag{4.34}$$

$$\sigma_t = \frac{3p}{8h^2}\left[(1+\mu)r^2 - (1+3\mu)x^2\right](N/m^2) \tag{4.35}$$

式中　r——膜片的有效半径，m；

　　　x——膜片的有效计算点半径，m；

　　　h——膜片的有效厚度，m；

　　　μ——泊松系数，硅取 $\mu=0.35$；

　　　p——压力，Pa。

根据式（4.34）和式（4.35）作出曲线如图 4.19 所示。

当 $x=0.635r$ 时，$\sigma_r=0$。

$x<0.635r$ 时，$\sigma_r>0$，即为拉应力。

$x>0.635r$ 时，$\sigma_r<0$，即为压应力。

当 $x=0.812r$ 时，$\sigma_t=0$，仅有 σ_r 存在，且 $\sigma_r<0$，即为压应力。

下面结合图 4.20 讨论在压力作用下电阻相对变化情况。在法线为 [1$\overline{1}$0] 晶向的 N 型硅膜片上，沿 [110] 晶向，在 0.635r 半径的内外各扩散两个 P 型硅电阻。由于 [110] 晶向的横向为 [001]，根据其晶向并应用式（4.27）和式（4.28）计算可得 π_1 和 π_t 为

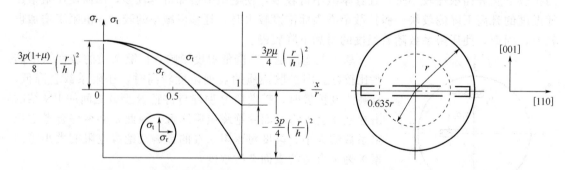

图 4.19　平膜片的应力分布　　　　图 4.20　[1$\overline{1}$0] 的硅膜片传感元件

$$\pi_1 = \frac{\pi_{44}}{2}, \quad \pi_t = 0$$

故每个电阻的相对变化量为

$$\frac{\Delta R}{R} = \pi_l \sigma_r = \frac{1}{2}\pi_{44}\sigma_r$$

由于在 $0.635r$ 半径之内 σ_r 为正值，在 $0.635r$ 半径之外 σ_r 为负值，内、外电阻值的变化率应为

$$\left(\frac{\Delta R}{R}\right)_i = \frac{1}{2}\pi_{44}\bar{\sigma}_{ri}$$

$$\left(\frac{\Delta R}{R}\right)_o = -\frac{1}{2}\pi_{44}\bar{\sigma}_{ro}$$

式中　$\bar{\sigma}_{ri}, \bar{\sigma}_{ro}$——内、外电阻所受径向应力的平均值；

$\left(\dfrac{\Delta R}{R}\right)_i, \left(\dfrac{\Delta R}{R}\right)_o$——内外电阻的相对变化。

设计时，适当安排电阻的位置，可以使得 $\bar{\sigma}_{ri} = -\bar{\sigma}_{ro}$，于是有

$$\left(\frac{\Delta R}{R}\right)_i = -\left(\frac{\Delta R}{R}\right)_o$$

即可组成差动电桥测量电路。压阻器件及扩散硅压力（差压）变送器结构简图分别如图 4.21 和图 4.22 所示。

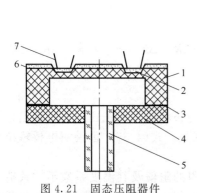

图 4.21　固态压阻器件

1—N-Si 膜片；2—P-Si 导电层；3—胶黏剂；
4—硅底座；5—引压管；6—SiO_2 保护膜；7—引线

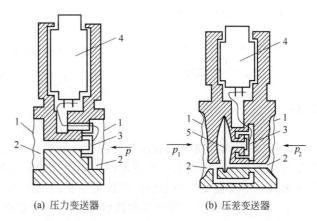

(a) 压力变送器　　　　(b) 压差变送器

图 4.22　扩散硅压力（压差）变送器结构示意

1—隔离膜片；2—充液；3—硅杯；4—转换电路；5—中心膜片

(5) 测量桥路及温度补偿

① 电桥电源。把硅底膜片上扩散的 4 个应变电阻，接成惠斯通电桥，阻值增加的两个电阻对面布置，阻值减小的两个电阻对面布置，这样电桥灵敏度最大。电桥电源有恒压源和恒流源两种。

图 4.23 所示为恒压源供电原理。设 4 个电阻的初始值为 R，当有压力作用时，产生的应力使两个电阻值增加 ΔR，另两个电阻值减小 ΔR。另外由于温度影响，每个电阻值都有 ΔR_t 的变化量，因此，电桥输出为

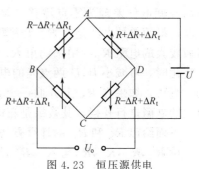

图 4.23　恒压源供电

$$U_o = U_{BD} = \frac{U(R + \Delta R + \Delta R_t)}{R - \Delta R + \Delta R_t + R + \Delta R + \Delta R_t}$$
$$- \frac{U(R - \Delta R + \Delta R_t)}{R + \Delta R + \Delta R_t + R - \Delta R + \Delta R_t}$$

整理后得

$$U_o = U \frac{\Delta R}{R + \Delta R_t}$$

如 $\Delta R_t = 0$，即没有温度影响，则

$$U_o = U \frac{\Delta R}{R} \tag{4.36}$$

式(4.36)说明了电桥的输出与 $\frac{\Delta R}{R}$ 成正比，即与被测压力成正比，同时也与电源电压成正比，因此电桥输出电压 U_o 与电源电压 U 的大小和精度均有关系。

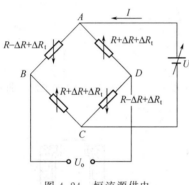

图 4.24 恒流源供电

如果 $\Delta R_t \neq 0$，则电桥输出 U_o 与 ΔR_t 有关，也就是电桥输出随温度变化而变化，而且这种影响是非线性的，所以用恒压源供电，不能消除温度的影响。

图 4.24 所示为恒流源供电原理。假设电桥两个支路的电阻相等，即

$R_{ABC} = R_{ADC} = 2(R + \Delta R_t)$，则有

$$I_{ABC} = I_{ADC} = \frac{1}{2} I$$

因此电桥输出为

$$U_o = U_{BD} = \frac{1}{2} I(R + \Delta R + \Delta R_t) - \frac{1}{2} I(R - \Delta R + \Delta R_t)$$

整理后得

$$U_o = I \Delta R \tag{4.37}$$

式(4.37)说明电桥的输出与电阻变化量成正比，即与被测压力成正比；电桥输出也与供电电流成正比，即输出与恒流源供给电流大小和精度有关。式(4.37)也说明电桥输出与温度无关，不受温度影响是恒流源供电电桥的突出优点。

② 零点温度补偿。零点温度漂移是由于 4 个扩散电阻的阻值及其温度系数不一致造成的。一般用串、并联电阻法补偿，如图 4.25 所示。其中，R_S 是串联电阻；R_P 是并联电阻。串联电阻主要起调零作用；并联电阻主要起补偿作用。其补偿原理如下。

由于零点漂移，导致 B，D 两点电位不等。如当温度升高时，R_2 增加比较大，使 D 点电位低于 B 点，B，D 两点间电位差即为零点漂移。要消除 B，D 两点的电位差，最简单的办法是在 R_2 上并联一个温度系数为负、阻值较大的电阻 R_P，用来约束 R_2 的变化。这样，当温度变化时，可减小 B，D 两点间的电位差，以达到补偿目的。当然，如果在 R_4 上并联一个温度系数为正、阻值较大的电阻进行补偿，其效果是相同的。

下面给出 R_S 和 R_P 的计算方法。

设 R'_1, R'_2, R'_3, R'_4 与 $R''_1, R''_2, R''_3, R''_4$ 为 4 个桥臂电

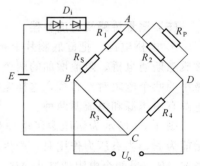

图 4.25 温度漂移的补偿

阻在低温和高温下的实测数值，R'_S、R'_P 与 R''_S、R''_P 分别为 R_S,R_P 在低温与高温下的欲求数值。根据低温与高温下 B、D 两点的电位应该相等的条件，得

$$\frac{R'_1+R'_S}{R'_3}=\frac{\dfrac{R'_2R'_P}{R'_2+R'_P}}{R'_4} \tag{4.38}$$

$$\frac{R''_1+R''_S}{R''_3}=\frac{\dfrac{R''_2R''_P}{R''_2+R''_P}}{R''_4} \tag{4.39}$$

设 R_S,R_P 的温度系数 α,β 为已知，则得

$$R''_S=R'_S(1+\alpha\Delta T) \tag{4.40}$$

$$R''_P=R'_P(1+\beta\Delta T) \tag{4.41}$$

根据式(4.38)～式(4.41) 可以计算出 R'_S,R'_P,R''_S,R''_P。实际上只需计算出 R'_S,R'_P，再由 R'_S,R'_P 计算出常温下 R_S,R_P 的数值。然后，选择该温度系数的电阻 R_S 和 R_P 接入桥路，便可起到温度补偿的作用。

③ 灵敏度温度补偿。灵敏度温度漂移是由于压阻系数随温度变化而引起的。温度升高时，压阻系数变小；温度降低时，压阻系数变大，说明传感器的灵敏度系数为负值。

补偿灵敏度温漂可以采用电源回路中串联二极管的方法。温度升高时，因为灵敏度降低，这时若提高电桥的电源电压，使桥路输出适当增大，便可以达到补偿目的。反之，温度降低时，灵敏度升高，如果使电源电压降低，电桥的输出适当减小，同样可达到补偿目的。因为二极管 PN 结的温度特性为负值，温度每升高 1℃时，其正向压降约减小 $1.9\sim2.4\text{mV}$。将适当数量的二极管串联在电桥的电源回路中，如图 4.25 所示。电源采用恒压源，当温度升高时，二极管的正向压降减小，于是桥压增加，使桥路输出增大。只要计算出所需二极管个数，将其串入电桥电源回路，便可以达到补偿目的。

根据电桥输出电压，应有

$$\Delta U_\text{o}=\Delta E\,\frac{\Delta R}{R}$$

若传感器低温时满量程输出为 U'_o，高温时满量程输出为 U''_o，则 $\Delta U_\text{o}=U'_\text{o}-U''_\text{o}$，因此 $U'_\text{o}-U''_\text{o}=\Delta E\dfrac{\Delta R}{R}$，而 $\dfrac{\Delta R}{R}$ 可根据常温下传感器电源电压和满量程输出计算，从而可求出 ΔU_o。此值便是为了补偿灵敏度随温度下降，桥路需要提高的值 ΔE。

当 n 只二极管串联时，可得

$$n\theta\Delta T=\Delta E$$

式中 θ——二极管 PN 结正向压降的温度系数，一般为 $-2\text{mV}/℃$；

  n——串联二极管的个数；

  ΔT——温度的变化范围。

根据上式可计算出

$$n=\frac{\Delta E}{\theta\Delta T} \tag{4.42}$$

用这种方法进行补偿时，必须考虑二极管正向压降的阈值，硅管为 0.7V，锗管为 0.3V。因此，要求恒压源提供的电压应有一定的提高。

④ 典型测量电路。图 4.26 所示为扩散硅差压变送器测量电路原理简图。它由应变电

桥、温度补偿网络、恒流源、输出放大器及电压-电流转换单元等组成。

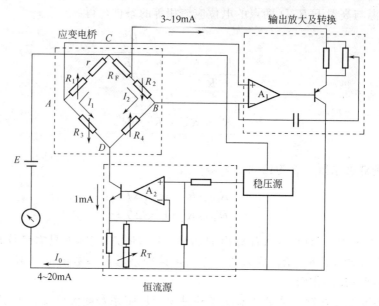

图 4.26　变送器电路原理

电桥由电流值为 1mA 的恒流源供电。硅杯未承受负荷时，因 $R_1=R_2=R_3=R_4$，$I_1=I_2=0.5mA$，故 A,B 两点电位相等（$U_{AC}=U_{BC}$），电桥处于平衡状态，因此电流 $I_0=4mA$。硅杯受压时，R_2 减小，R_4 增大，因 I_2 不变，导致 B 点电位升高。同理，R_1 增大，R_3 减小，引起 A 点电位下降，电桥失去平衡（其增量为 ΔU_{AB}）。A,B 间的电位差 ΔU_{AB} 是运算放大器 A_1 的输入信号，它的输出电压经过电压-电流变换器转换成相应的电流（$I_0+\Delta I_0$），这个增大了的回路电流流过反馈电阻 R_F，使反馈电压增加 $U_F+\Delta U_F$，于是导致 B 点电位下降，直至 $U'_{AC}=U'_{BC}$。扩散硅应变电桥在差压作用下达到了新的平衡状态，完成了"力平衡"过程。当差压为量程上限值时，$I_0=20mA$，变送器的净输出电流 $I=20-4=16mA$。

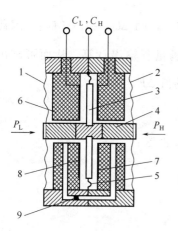

图 4.27　一室结构

1,2—隔离膜片；3—可动电极；
4—中心轴；5—测量膜片；6—绝缘体；
7,8—固定电极；9—节流孔

4.4.2　电容式压力（差压）变送器

电容式压力变送器为微位移式变送器。变送器唯一可动部件是测量膜片，利用测量膜片的微位移产生电容变化量，经测量电路转换为统一的标准信号。测量准确度可达 0.2%，可靠性很高，使用维护方便，并可做到小型化、重量轻。目前，国内已从美国 Rosemount 公司引进 1151 系列电容式压力变送器，包括有压力、差压、绝对压力、带开方器的差压（用于流量测量）等品种以及高差压、微差压、高静压等各种规格的产品。

（1）结构形式

电容式压力变送器由测量部分和转换部分组成。测量部分按照充液室的数量可分为"一室"和"二室"两种结构形式。转换部分采用组件化、插件化、固体化测量电路。

①一室结构。一室结构如图 4.27 所示。一室结构中的两侧隔离膜片 1,2 和中心的测量膜片 5 是用中心轴 4 机械地

连在一起的，测量膜片周边固定在机体上，其上焊有可动电极 3。在可动电极两侧绝缘体 6 上蒸镀金属层而构成固定电极 7,8，从而组成平行板式差动电容 C_L 和 C_H。

测量部件内充满硅油，以传递工作压力，在高压和低压腔室之间有通道相通，并设置节流孔 9，调整节流孔径可以产生阻尼效应，反应时间常数可达 15s。

被测介质压力引入后，隔离膜片受压力作用，使中心轴受力产生位移，因而使测量膜片产生挠曲变形，动极板随之移动，动极板与固定电极的间隙发生变化，即电容 C_L 和 C_H 的电容值发生差动变化。这个差动变化经电子转换电路转换，输出一个与被测压力（差压）成正比的 4～20mA 标准直流电流信号。

隔离膜片的过压保护是"全型面"的，即过压时隔离膜片全部紧贴本体，安全可靠。此外，隔离膜片上设有温度补偿片，它可以吸收由温度变化引起的充液体积的变化，以保证良好的温度稳定性。

② 二室结构。图 4.28 所示为二室结构。这种结构没有中心轴，由测量可动电极 3 分隔成完全相同的、对称的二室。玻璃与金属杯体烧结后，磨出球形凹面，然后在玻璃表面蒸镀一层金属膜，构成了球面固定电极 4、5，测量膜片焊在两个固定极板之间成为可动电极。固定极板外侧焊有隔离膜片 1,2，在二室空腔内充满硅油。当被测压力（或差压）作用于隔离膜片上时，测量膜片发生挠曲变形，作为测量膜片的电容活动极板和其两边的球面固定电极相对位置发生变化，引起电容 C_L 和 C_H 发生变化，经电子线路变换为与被测压力（或差压）成正比的 4～20mA 标准直

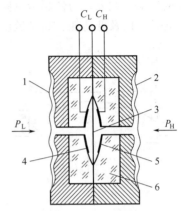

图 4.28　二室结构

1,2—隔离膜片；3—可动电极；
4,5—球面固定电极；6—绝缘体

流电流信号。当发生过压时，测量膜片与球面固定电极相贴合，从而得到过压保护，定电极表面涂一层绝缘漆。隔离膜片的过压保护也是"全型面"的。

(2) 特点

① 灵敏度高。电容式压力变送器利用变电容原理，只需输入很小的能量，即可使可动电容极板的位置发生变化，因此可以制造出测量微压的变送器。

② 电容量的相对变化量大。电容量的相对变化量 $\Delta C/C$ 可达到 30%～50%，这样可以得到很大的输出信号，这对减小外部干扰的影响，保持长期工作的稳定性，实现大的量程比是十分有利的。

③ 环境适应性强。电容式变送器结构简单，不使用有机材料和磁性材料；电容极板材质变化不影响工作特性；电容极板间介质的介电常数的温度系数很小，所以可承受高温工作条件，也能适应有辐射热的环境。由于电容可动极板的质量很小，因此其固有频率高，耐冲击和抗振能力强。

④ 工作稳定性优良。由于电容式变送器具有电容相对变化量大，结构简单等优点，所以设计和制造时只要保证几何尺寸不变，材料选择只需考虑材料的力学性能，便可以获得优良的长期工作稳定性，特性漂移很小。此外，还具有动态响应快、自热效应小和内摩擦很小等优点。从结构上看，这种变送器很容易实现过压保护，而且保护可靠。

⑤ 分布电容的影响。分布（杂散）电容是电容变送器的固有问题。分布电容的存在会造成灵敏度下降，非线性增大。解决这个问题的办法是，选择低介电常数的绝缘体，使极板和本体之间的杂散电容很小，并在测量电路中加设线性调整单元，以及使用接插件消除连接

电缆电容的影响等。

⑥ 测量膜片工作特性的非线性问题。电容式变送器用于测量低压力时，由于受测量膜片厚度限制，存在着工作特性非线性问题。可采用张紧工艺使膜片具有初始预紧张力，这样可使膜片的刚度获得较大的增加，感受的压力与位移呈线性关系，而且滞后小，也提高了耐振动和耐冲击的能力。

尽管电容式变送器的性能优良，使用方便，但制造难度较大。由于测量膜片位移量很小，约为 0.1mm，必然对零件加工精度要求很高。由于采用开环原理，各环节的误差均按 1：1 的关系传递到后级，所以膜片的微小蠕变、测量电路的误差，对整机性能均有不可忽视的影响。此外，为使测量电路稳定、可靠、灵敏度高，需要使用精密的、温度系数小的分立元件，以及低功耗、高灵敏度的线性集成电路。

（3）工作原理

① 检测元件。压力（差压）的变化转换为电容量变化分为如下两步。

a. 压力-位移转换。在力平衡式变送器中，采用膜片、波纹管和弹簧管等作为压力敏感元件，而在电容式变送器中，不论测量低压或高压，均使用金属膜片作为感压元件，以得到与压力相应的位移。

图 4.29 所示为张紧膜片在流体压力作用下的变形示意。图中，膜片的直径为 $2a$（m），膜片受到单方向流体压力作用后，变为球面状，在任意半径 r 值处，变形量 y（m）为

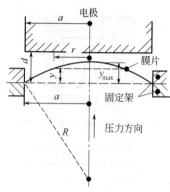

图 4.29　张紧膜片的变形示意

$$y=\frac{2T}{p}\left\{\left[\ 1-\left(\frac{rp}{2T}\right)^2\ \right]^{1/2}-\left[\ 1-\left(\frac{ap}{2T}\right)^2\ \right]^{1/2}\right\} \tag{4.43}$$

式中　T——膜片的张力，$N \cdot m^{-1}$；

p——流体的压力，$N \cdot m^{-2}$。

把式（4.43）展成级数可得

$$y=\frac{p}{4T}\left[(a^2-r^2)+\frac{1}{16}\left(\frac{p}{T}\right)^2(a^4-r^4)+\frac{1}{512}\left(\frac{p}{T}\right)^4(a^6-r^6)+\cdots\right] \tag{4.44}$$

分析式（4.44）可知，第一项表示变形与压力之间呈线性关系。如果变形量很小，$(y/a)^2 \ll 1$，则可近似用线性特性表示，即

$$y=\frac{p}{4T}(a^2-r^2) \tag{4.45}$$

b. 位移-电容转换。对于二室结构电容差压变送器，这种球-平面型电容的变化量可用单元积分法及等效电容法求得，如图 4.30 所示。C_0 为传感器初始电容，C_A 为测量膜片受压后挠曲变形位置与初始位置所形成的电容。

由等效电路可得

$$C_L=\frac{C_0C_A}{C_A-C_0} \tag{4.46}$$

$$C_H=\frac{C_0C_A}{C_A+C_0} \tag{4.47}$$

因而求出 C_0 和 C_A 便可由式(4.46) 和式(4.47) 求得传感器差动电容 C_L 和 C_H 值。

在图 4.31 中，由球面形固定电极 B 和平膜片电极 A 形成一个球-平面型电容器。在忽略边缘效应情况下，可按单元积分法求出 C_0 和 C_A。

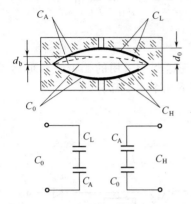

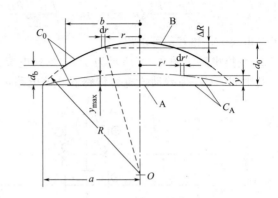

图 4.30 球-平面型差动电容等效电路　　　图 4.31 球-平面型电容器

由图 4.31 可知

$$r^2 = R^2 - (R - \Delta R)^2 = \Delta R(2R - \Delta R)$$

因为

$$R \gg \Delta R$$

所以

$$\Delta R \approx \frac{r^2}{2R} \tag{4.48}$$

于是球面电极上宽度为 dr，长度为 $2\pi r$ 的环形窄带与可动电极初始位置的电容量为

$$dC_0 = \frac{\varepsilon_0 \varepsilon_r 2\pi r\, dr}{d_0 - \Delta R} \tag{4.49}$$

将式(4.48) 代入式(4.49)，积分可求得 C_0 值

$$C_0 = \varepsilon_0 \varepsilon_r \int_0^b \frac{2\pi r\, dr}{d_0 - r^2/2R} = -2\pi \varepsilon_0 \varepsilon_r R \ln\left(d_0 - \frac{r^2}{2R}\right)\Big|_0^b = 2\pi \varepsilon_0 \varepsilon_r R \ln\frac{d_0}{d_b} \tag{4.50}$$

式中　d_0——球-平面电容极板间最大间隙；

d_b——球-平面电容极板间最小间隙；

R——球面电极的曲率半径。

若将 $\varepsilon_0 = \dfrac{1}{3.6\pi}$ (pF/cm) 及长度单位（cm）代入式(4.50)，得

$$C_0 = \frac{\varepsilon_r R}{1.8} \ln\frac{d_0}{d_b} \text{ (pF)} \tag{4.51}$$

在被测差压 $(p_H - p_L)$ 的作用下，由式(4.45)得感压膜片的挠度可近似写为

$$y = \frac{p_H - p_L}{4T}(a^2 - r'^2) \tag{4.52}$$

式中　T——膜片周边受的张紧力。

如图 4.31 中点画线所示，在挠曲平面上，宽度为 dr'，长度为 $2\pi r'$ 的环形窄带与动膜片初始位置间电容量为

$$dC_A = \frac{\varepsilon_0 \varepsilon_r 2\pi r'\, dr'}{y} \tag{4.53}$$

式中 y——膜片挠度。

将式(4.52)代入上式并积分,得

$$C_A = \int_0^b \frac{\varepsilon_0\varepsilon_r 2\pi r' \mathrm{d}r'}{\dfrac{p_H - p_L}{4T}(a^2 - r'^2)} = -\frac{\varepsilon_0\varepsilon_r \pi}{p_H - p_L}\int_0^b \frac{\mathrm{d}(a^2 - r'^2)}{a^2 - r'^2} = \frac{4\pi\varepsilon_0\varepsilon_r T}{p_H - p_L}\ln\frac{a^2}{a^2 - b^2} \quad (4.54)$$

故差动电容 C_L 和 C_H 可求出。

② 变换电路。图 4.32 所示为 1151 系列电容式压力变送器所采用的二极管环形检波电路,其中 C_L, C_H 为差动式电容传感器。该电路可分为如下几个主要部分。

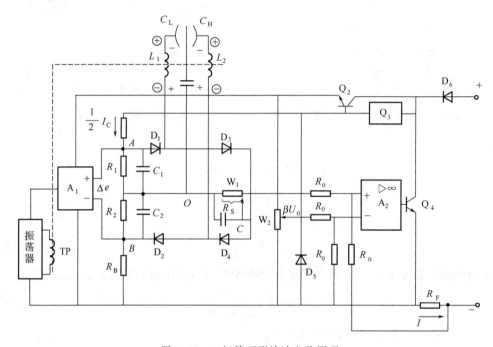

图 4.32 二极管环形检波电路原理

a.振荡器,产生激励电压通过变压器 TP 加到副边 L_1, L_2 处。

b.由 $D_1 \sim D_4$ 组成的二极管环形检波电路。

c.稳幅放大器 A_1。

d.比例放大器 A_2 和电流转换器 Q_4。

e.恒压恒流源 Q_2 和 Q_3。

设振荡器激励电压经变压器 TP 加在副边 L_1 和 L_2 的正弦电压为 e,在检测回路中一般电容 C_L 和 C_H 的阻抗大于回路其他阻抗,于是通过 C_L 和 C_H 的电流分别为

$$i_L = \omega C_L e$$
$$i_H = \omega C_H e$$

式中 ω——激励电压的角频率。

由于二极管的检波作用,当 e 为正半周时(图中所示 $\oplus$、$\ominus$),二极管 D_1, D_4 导通,D_2, D_3 截止;当 e 为负半周时(图中所示 $+$、$-$),二极管 D_2, D_3 导通,D_1, D_4 截止。于是检波回路电流在 AB 端产生的电压有效值为

$$U_{AB1} = -R(i_L + i_H)$$

在上式中 $R = R_1 = R_2$。另一方面恒流源电流 I_C 在 AB 端产生的电压降为

$$U_{AB2} = I_C R$$

因此加在 AB 端的总电压 $U_{AB} = U_{AB1} + U_{AB2}$，即运算放大器 A_1 的输入电压 Δe 为

$$\Delta e = I_C R - (i_L + i_H) R \tag{4.55}$$

运算放大器 A_1 的作用是使振荡器输出信号 e 的幅值保持稳定。若 e 增加，则 i_L 和 i_H 均随着增加，由式(4.55)可知，其运算放大器 A_1 输入电压 Δe 将减小，经 A_1 放大后则振荡器输出电压 e 相应减小；反之，当 e 减小，则 i_L 和 i_H 也减小，则 Δe 增加，经 A_1 放大后使振荡器输出电压 e 增大，这一稳幅过程直至 $\Delta e = 0$ 为止。由式(4.55)可得到振荡器稳幅条件为

$$I_C = i_L + i_H = \omega e (C_L + C_H)$$

于是

$$\omega e = \frac{I_C}{C_L + C_H} \tag{4.56}$$

此外，由于二极管检波作用，CO 两点间电压为 $U_{CO} = (i_L - i_H) R_S$，而 $i_L - i_H = \omega e (C_L - C_H)$，将式(4.56)代入此式得

$$i_L - i_H = \frac{C_L - C_H}{C_L + C_H} I_C \tag{4.57}$$

运算放大器 A_2 的输入电压信号电压 $(i_L - i_H) R_S$，调零电压 βU_0，I_C 在同相端产生的固定电压 U_B，反馈电压 $I R_F$。由于运算放大器 A_2 放大倍数很高，根据图 4.32 列出输入端平衡方程式为

$$(i_L - i_H) R_S + U_B - \beta U_0 - I R_F = 0 \tag{4.58}$$

式中　I——检测电路的输出电流。

将式(4.57)代入式(4.58)，经整理可得输出电流表达式为

$$I = \frac{I_C R_S}{R_F} \times \frac{C_L - C_H}{C_L + C_H} + \frac{U_B}{R_F} - \beta \frac{U_0}{R_F} \tag{4.59}$$

如设 C_L 和 C_H 为变间隙型差动式平板电容，当可动电极向 C_L 侧移动 Δd 时，则 C_L 增加，C_H 减小，即

$$\begin{cases} C_L = \dfrac{\varepsilon_0 S}{d_0 - \Delta d} \\[3mm] C_H = \dfrac{\varepsilon_0 S}{d_0 + \Delta d} \end{cases} \tag{4.60}$$

将式(4.60)代入式(4.59)，得

$$I = \frac{I_C R_S}{R_F} \times \frac{\Delta d}{d_0} + \frac{U_B}{R_F} - \beta \frac{U_0}{R_F} \tag{4.61}$$

由式(4.61)可以看出该电路有以下特点。采用变面积型或变间隙型差动式电容传感器，均能得到线性输出特性；用电位器 W_1、W_2 可实现量程和零点的调整，而且二者互不干扰；改变反馈电阻 R_F 可以改变输出起始电流 I_0。

若将式(4.46)和式(4.47)代入式(4.59)，则二极管环形检波电路输出电流表达式为

$$I = \frac{C_0}{C_A} I_C \frac{R_S}{R_F} + \frac{U_B}{R_F} - \frac{\beta U_0}{R_F} \tag{4.62}$$

将式(4.50)和式(4.54)代入式(4.62)，则

$$I = \frac{R \ln(d_0 / d_b)}{2 T \ln[a^2 / (a^2 - b^2)]} I_C \frac{R_S}{R_F} (p_H - p_L) + \frac{U_B}{R_F} - \frac{\beta U_0}{R_F}$$

令
$$K=\frac{R\ln(d_0/d_b)}{2T\ln\lceil a^2/(a^2-b^2)\rceil}\qquad(K\text{ 为与结构有关的系数})$$

于是
$$I=KI_C\frac{R_S}{R_F}(p_H-p_L)+\frac{U_B}{R_F}-\frac{\beta U_0}{R_F}\qquad(4.63)$$

上式说明输出电流与输入差压（p_H-p_L）呈线性关系。

4.4.3 电感式压力（差压）变送器

电感式变送器采用最新的 IC 技术、封装技术、新型的加工工艺和材料，使得变送器具有结构小巧、坚固耐用可靠、精度高等特点。目前，国内使用的 K 系列电感式变送器是由英国肯特公司在 1983 年研制成功并推向市场。K 系列变送器吸取了其他原理变送器的优点，使得它在测量范围、技术性能及可靠性诸方面具有明显的特点，它体积小、重量轻、调校维护方便是国内外广泛使用的一种产品。

（1）工作原理

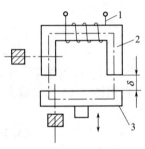

图 4.33　变气隙自感式
传感器结构原理

1—线圈；2—铁芯；3—衔铁

① 自感式传感器。简单的自感式传感器结构原理如图 4.33 所示。它由线圈、铁芯和衔铁三部分组成。铁芯和衔铁均由导磁材料制成，在铁芯和衔铁之间为空气隙，气隙的长度为 δ。传感元件与衔铁相连，传感元件的位移会引起空气隙变化。由磁路基本知识可知，线圈中的电感可以表示为

$$L=\frac{N^2}{R_M}\qquad(4.64)$$

式中　N——线圈匝数；

　　　R_M——磁路总磁阻，1/H。

当空气隙 δ 较小时，可以忽略磁路的铁损，总磁阻可以表示为

$$R_M=\frac{l}{\mu A_1}+\frac{2\delta}{\mu_0 A}\qquad(4.65)$$

式中　l——导磁体的长度，m；

　　　μ——导磁体的磁导率，H/m；

　　　μ_0——空气的磁导率，H/m；

　　　A_1——导磁体的截面积，m^2；

　　　A——气隙的截面积，m^2；

　　　δ——气隙的长度，m。

一般导磁体的磁阻与空气隙的磁阻相比要小得多，所以式(4.65)中前项可以忽略不计，因此线圈的电感可表示为

$$L\approx\frac{\mu_0 AN^2}{2\delta}\qquad(4.66)$$

由式(4.66)可知，当线圈匝数 N 确定后，只要改变 δ 或 A 均可引起电感 L 的变化，因此自感式传感器可分为变气隙长度和变气隙面积两种。

图 4.34 所示为电感 L 与气隙长度 δ 的关系曲线。下面分析变气隙式电感传感器的输出特性。

设衔铁处于起始位置时，初始气隙长度为 δ_0，对应的初始电感为

$$L_0 = \frac{\mu_0 AN^2}{2\delta_0}$$

当衔铁上移 $\Delta\delta$ 时，传感器的气隙减小 $\delta = \delta_0 - \Delta\delta$，对应的电感量为

$$L = \frac{\mu_0 AN^2}{2(\delta_0 - \Delta\delta)}$$

电感的变化量为

$$\Delta L = L - L_0 = \frac{\mu_0 AN^2}{2} \frac{\Delta\delta}{\delta_0(\delta_0 - \Delta\delta)} = L_0 \frac{\Delta\delta}{\delta_0 - \Delta\delta}$$

电感的相对变化量为

$$\frac{\Delta L}{L_0} = \frac{\Delta\delta}{\delta_0 - \Delta\delta} = \frac{\Delta\delta}{\delta_0}\left(\frac{1}{1 - \frac{\Delta\delta}{\delta_0}}\right)$$

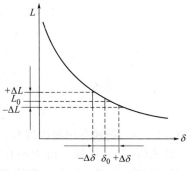

图 4.34　电感传感器 L-δ 特性

当 $\dfrac{\Delta\delta}{\delta_0} \ll 1$ 时，上式可展开成级数形式

$$\frac{\Delta L}{L_0} = \frac{\Delta\delta}{\delta_0}\left[1 + \frac{\Delta\delta}{\delta_0} + \left(\frac{\Delta\delta}{\delta_0}\right)^2 + \cdots\right] = \frac{\Delta\delta}{\delta_0} + \left(\frac{\Delta\delta}{\delta_0}\right)^2 + \left(\frac{\Delta\delta}{\delta_0}\right)^3 + \cdots \tag{4.67}$$

同理，当衔铁下移 $\Delta\delta$ 时，传感器的气隙增大，$\delta = \delta_0 + \Delta\delta$，电感的变化量为

$$\Delta L = L_0 \frac{-\Delta\delta}{\delta_0 + \Delta\delta}$$

$$\frac{\Delta L}{L_0} = \frac{-\Delta\delta}{\delta_0}\left(\frac{1}{1 + \frac{\Delta\delta}{\delta_0}}\right)$$

同样可展开成级数

$$\frac{\Delta L}{L_0} = \frac{-\Delta\delta}{\delta_0} + \left(\frac{\Delta\delta}{\delta_0}\right)^2 - \left(\frac{\Delta\delta}{\delta_0}\right)^3 + \cdots \tag{4.68}$$

式(4.67) 和式(4.68) 均为非线性特性。然而，若忽略二次项以上的高次项，则有

$$\left|\frac{\Delta L}{L_0}\right| = \frac{\Delta\delta}{\delta_0} \tag{4.69}$$

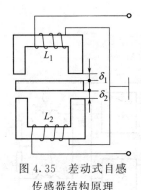

图 4.35　差动式自感
传感器结构原理

可见高次项的存在是造成非线性的原因。若 $\Delta\delta/\delta$ 越小，高次项将迅速减小。非线性可以得到改善，但这样又会使得传感器的测量范围减小。所以输出特性的线性度与测量范围之间需要折中考虑，一般取 $\Delta\delta/\delta = 0.1 \sim 0.2$。

② 差动式自感传感器。为了改善变气隙式传感器的非线性，采用限制测量范围即减小衔铁移动范围的方法，并构成如图 4.35 所示的差动结构。

起始位置时，衔铁处于中间位置，上下两侧气隙相同，即 $\delta_1 = \delta_2 = \delta_0$，则 $L_1 = L_2 = L_0$。

当衔铁偏离中间位置，向上或向下移动时，使两个电感线圈的电感量一个增一个减，即 $\delta_1 \neq \delta_2$，则 $L_1 \neq L_2$。

设衔铁上移 $\Delta\delta$，则由式(4.67) 和式(4.68) 可得

$$\Delta L = L_1 - L_2 = 2L_0 \left[\frac{\Delta\delta}{\delta_0} + \left(\frac{\Delta\delta}{\delta_0}\right)^3 + \left(\frac{\Delta\delta}{\delta_0}\right)^5 + \cdots \right] \tag{4.70}$$

$$L_1 = \frac{\mu_0 A N^2}{2(\delta_0 - \Delta\delta)}$$

$$L_2 = \frac{\mu_0 A N^2}{2(\delta_0 + \Delta\delta)}$$

式中　L_0——衔铁在中间位置时，单个线圈的初始电感量。

从式（4.70）可知，由于不存在偶数项，显然其非线性远小于单个电感传感器。与式（4.67）和式（4.68）比较，它比单个传感器的灵敏度提高了1倍。

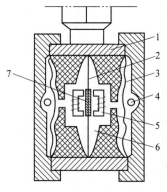

图 4.36　差动电感式检测元件

1—外壳；2—测量膜片；
3—隔离膜片；4—引压接口；
5—固定电磁铁及电感线圈；
6—灌充液；7—可动衔铁

（2）K 系列变送器结构及变换电路

① 变送器结构。差动电感式检测元件如图 4.36 所示，过程流体（液体、气体、蒸汽）的压力或差压，由过程引压接口 4 通过检测元件中的隔离膜片 3 和灌充液 6（硅油、氟油等）传递到中心测量膜片 2 上，使测量膜片产生位移，并带动焊在膜片上的可动衔铁 7 同步移动，它与两侧固定电磁铁及电感线圈 5 组成一变气隙型差动式自感传感器。中心测量膜片的位移量与过程流体的压力或差压成正比，由于膜片产生的位移量同时导致差动式自感传感器的气隙变化，从而使电磁回路中差动电感变化。通过引线将电感变化量 ΔL_1 和 ΔL_2 送到如图 4.37 所示电路模块线路中。

② 差动电感脉冲调宽电路。差动电感脉冲调宽单元电路原理简图如图 4.38 所示。L_1 和 L_2 为传感器中差动电感线圈，A_1 和 A_2 为电压比较器，U_F 是基准电压。若在某瞬时双稳触发器输出端 A 点由低电位阶跃为高电位时，L_1 通过 R_1 充电，则 C 点电压为

$$u_C = U_1 (1 - e^{-t/\tau_1})$$

式中　U_1——双稳触发器输出高电平；

　　　τ_1——$\tau_1 = L_1/R_1$，为充电回路时间常数。

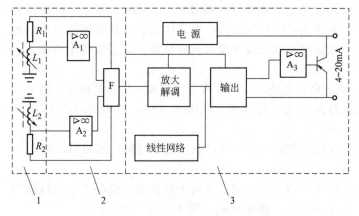

图 4.37　电路模块原理框图

1—检测部件；2—方波发生器；3—变换电路

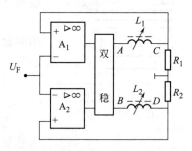

图 4.38　脉冲调宽电路原理

当 C 点电位等于基准电压 U_F 时，即 $u_C=U_F$ 时比较器 A_1 产生一脉冲使双稳触发器翻转，A 点为低电位，B 点为高电位。同时 L_1 通过 R_1 放电，此时在 D 点重复上述过程。L_2 通过 R_2 充电使 D 点电位 u_D 升高直到 $u_D=U_F$ 时，比较器 A_2 产生一脉冲，使双稳触发器再翻转一次，则 A 点为高电位，B 点为低电位。如此周而复始，在双稳触发器的输出端各自产生一个宽度受 L_1 和 L_2 调制的方波脉冲。图 4.39(a) 所示为 $L_1=L_2$ 时各点波形，此时 A，B 两点间平均电压值 $U_0=0$；图 4.39(b) 所示为 $L_1>L_2$ 时各点波形，此时 A，B 两点平均电压 $U_0\neq0$。U_0 是矩形波电压通过低通滤波器后得到的直流分量，即

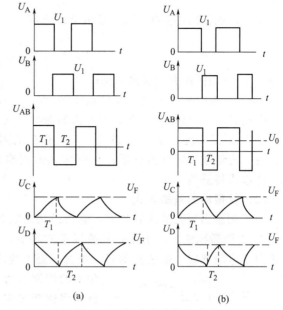

图 4.39 调宽电路各点波形

$$U_0=\overline{U}_A-\overline{U}_B=U_1\frac{T_1-T_2}{T_1+T_2} \quad (4.71)$$

式中

$$T_1=\frac{L_1}{R_1}\ln\frac{U_1}{U_1-U_F}$$

$$T_2=\frac{L_2}{R_2}\ln\frac{U_1}{U_1-U_F}$$

于是

$$U_0=\frac{L_1-L_2}{L_1+L_2}U_1 \quad (4.72)$$

从式(4.72)可以看出，如果 U_1 保持不变，输出电压 U_0 随 L_1 和 L_2 变化而成线性变化。当 $L_1=L_2=L_0$ 时，$U_0=0$，将 U_0 送到输出级电压/电流转换电路，转换成电流信号 $I=4\text{mA}$。当压力或差压达到测定上限时，相应地，L_1 增大到 $L_0+\Delta L$，L_2 减小到 $L_0-\Delta L$，由于两个电感充电回路时间常数的不同，使双稳触发器的上下脉冲宽度发生变化 $T_1\neq T_2$，其输出端获得电平为 $U_0=\overline{U}_A-\overline{U}_B$，对应输出级电压/电流转换电路，将其变换成电流信号 $I=20\text{mA}$。当被测压力或差压在一给定量程之间变化时，输出级电流信号将在 $4\sim20\text{mA}$ DC 标准信号之间变化。

4.4.4 振弦式压力（差压）变送器

振弦式传感器以张紧的钢弦作为敏感元件，其弦振动的固有频率与张紧力有关。当振弦长度确定后，弦的振动频率变化即可表示张紧力的大小。其输入量为力或压力，输出量为频率信号。

(1) 弦振动的固有频率

图 4.40 所示为振弦式传感器原理，敏感元件振弦 2 是一根张紧的金属丝，置于直流磁场中，其一端固定于支承 1 上，另一端与可动部件 4 相连。张力 T 作用于可动部件上，使弦

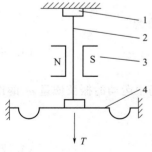

图 4.40 振弦式传感器原理

1—支承；2—振弦；
3—永久磁铁；4—可动部件

张紧。

此时，振弦的固有频率 f_0 可由下式决定

$$f_0 = \frac{1}{2l}\sqrt{\frac{T}{\rho}} \tag{4.73}$$

式中　l——振弦的有效长度，m；

　　　ρ——振弦的线密度（单位长度的质量），kg/m。

由式（4.73）可见，对于 ρ 为定值的振弦，其固有频率 f_0 由张力 T 或有效长度 l 决定。因此张力 T 或长度 l 可由 f_0 测定。利用振弦的固有频率与其张力的函数关系，可以作成压力、力、力矩或加速度传感器；利用振弦的固有频率与其长度 l 的函数关系，可以作成温度、位移式传感器。

（2）弦振动的激励方式

为了测量出振弦的固有频率，必须设法激励弦振动，激励弦振动的方式一般有两种。

① 连续激励法。由于振弦是被置于磁场中，当振弦中通一窄脉冲电流后，位于磁场中的弦由于电磁感应，振弦将受到一垂直于磁力线的作用力，从而激发振弦作频率等于其自振频率的周期运动。由于阻尼的作用（如空气阻尼），振弦的自振将逐渐减弱，因此必须补充能量才能使振弦保持连续振动。给振弦不断补充能量的方式，可以用电流法及电磁法。

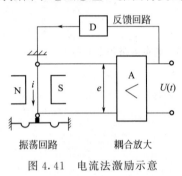

图4.41　电流法激励示意

a.电流法。它是把钢弦作为振荡器的一部分。在磁场中，当钢弦通入电流时产生振动，钢弦振动后输出电势信号给放大器 A，经放大后通过反馈网络 D 把放大器输出的一部分电流反馈到钢弦上，使钢弦连续运动，其原理如图4.41所示。

根据图4.41可推导振弦固有频率公式。当电流 i 流过振弦时，弦受到电磁力为

$$F = Bli \tag{4.74}$$

式中　B——磁感应强度，T；

　　　l——振弦的有效长度，m；

　　　i——通过振弦的电流，A。

力 F 的一部分用于克服振动质量 m 的惯性，使之获得一定速度

$$v = \int \frac{Bli_c}{m}\mathrm{d}t \tag{4.75}$$

式中　i_c——克服振弦惯性力所需的电流。

当振弦以速度 v 运动时便切割磁力线，产生感应电势 e，其值为

$$e = Blv = \frac{(Bl)^2}{m}\int i_c\mathrm{d}t \tag{4.76}$$

把式（4.76）与电容器充电公式 $e = \frac{1}{C}\int i_c\mathrm{d}t$ 比较后可看出，在磁场中运动的振弦质量 m 的作用可以等效为一只电容，其等效电容可写为

$$C = \frac{m}{(Bl)^2} \tag{4.77}$$

振弦一方面作为质量 m 的惯性体被加速，从而吸收了一部分电磁力 F，使之达到速度为 v 的运动；另一方面，振弦又作为具有横向刚度的弹簧起作用，因此电磁力又要用于克服弹簧

的反作用力 F_e。

设在时间 $t = t_x$ 时振弦偏离初始平衡位置为 δ，则其弹性反作用力 F_e 为

$$F_e = k\delta \qquad (4.78)$$

式中 k——振弦的横向刚度系数。

由于 $\dfrac{d\delta}{dt} = v$，$e = Blv$，$F_e = Bli_e$，则反电势为

$$e = Bl\frac{d\delta}{dt} = \frac{(Bl)^2}{k} \times \frac{di_e}{dt} \qquad (4.79)$$

与电感反电动势公式 $e = -L\dfrac{di_e}{dt}$ 相比可看出，位于磁场内张紧的弦产生横向振动时，其作用又相当于感性阻抗，其等效电感力

$$L = \frac{(Bl)^2}{k}$$

因此，位于磁场中一根张紧的钢弦的运动，如同一个并联的 LC 电路，其振荡频率可按 LC 回路方法计算，即

$$\omega_0 = \frac{1}{\sqrt{LC}} \qquad (4.80)$$

将等效电容 C 和等效电感 L 代入式(4.80)，得

$$\omega_0 = \sqrt{\frac{k}{m}} \qquad (4.81)$$

而振弦的横向刚度系数 k 和质量 m 可分别按式(4.82)～式(4.83)求得

$$k = \frac{T}{l}\pi^2 \qquad (4.82)$$

$$m = \rho l \qquad (4.83)$$

故

$$\omega_0 = \sqrt{\frac{k}{m}} = \sqrt{\frac{T}{l}\pi^2 \frac{1}{\rho l}} = \frac{\pi}{l}\sqrt{\frac{T}{\rho}} \qquad (4.84)$$

推导得出

$$f_0 = \frac{1}{2l}\sqrt{\frac{T}{\rho}}$$

电流法的缺点是：振弦连续激励容易疲劳，又因钢弦通电，所以必须考虑钢弦与外壳绝缘问题。若绝缘材料与金属热胀系数差别大，则易产生温差。但这种方法可连续测量被测量的变化。

b. 电磁法（或线圈法）。这种方法在振弦中无电流通过，如图 4.42 所示。用两组电磁线圈，一组是用来连续激励振弦的激励线圈，另一组是用来接收信号的感应线圈。测量时一旦电流接通，吸引绕在振弦上的铁片，从而引起振动。与此同时，感应线圈内产生感应电势，经放大后的一部分信号又反馈到激励线圈，使振弦维持连续振动。

电磁法既可以连续测量被测参数变化量，而又不需要绝缘，但由于须使用两组线圈，因此结构尺寸较大。

② 间歇激励法。如果在振弦 1 中装上一小片纯铁，旁边放置电磁铁 2，如图 4.43(a) 所示。当电磁铁的线圈通入

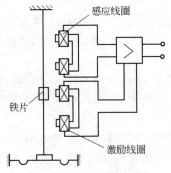

图 4.42 电磁法激励示意

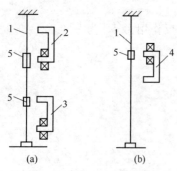

图 4.43　间歇激励原理

1—振弦；2—电磁铁；3—永久磁铁；

4—电磁装置；5—纯铁片

一脉冲电流时，电磁铁通过纯铁片 5 吸引振弦；当电流断开时，电磁铁失去吸引力释放振弦，于是振弦产生振动，振动的频率即为振弦固有频率。

在振弦的旁边还放置一个绕有线圈的永久磁铁 3，当弦振动时，装在弦上的另一纯铁片与永久磁铁 3 的位置周期性的变化，从而使绕在永久磁铁上的线圈感应出交变电势，感应电势的频率即为振弦的固有频率。这样可由输出电势的频率测得振弦的固有振动频率。

要维持振弦持续振动，应不断地激发振弦，即电磁铁每隔一定时间通过一次脉冲电流，使电磁铁定时地吸引振弦，故须在电磁铁线圈中通以一定周期的脉冲电流。这种间歇的激发方法，由于振弦在振动过程中的振幅衰减，因此输出电势的幅值也将周期性地衰减。但是测量电路中主要测量电势的频率，而不是幅值，因此不影响频率的测量。

在实际应用中，往往把电磁铁 2 和绕有感应线圈的永久磁铁 3 合并为一个电磁装置 4，如图 4.43(b) 所示。U 形磁铁上绕有一个电磁线圈，当线圈中通入脉冲电流时，永久磁铁的磁性增强，从而吸引振弦；当脉冲电流消失后，振弦被释放。这样一吸一放，振弦不断振动，其产生的感应电势也从该电磁线圈中输出。

(3) 线性化变换电路

由式(4.73)可知，振弦的输出频率 f_0 与被测力 T 之间是非线性关系，所以即使取特性曲线较直的一段作为工作范围，上述测量方式的非线性误差也会高达 $5\%\sim6\%$。为此必须寻求一种减小非线性误差，提高测量精度的方法。

对式(4.73)两边平方得

$$f^2 = kT \tag{4.85}$$

$$k = \frac{1}{4l^2\rho}$$

当振弦材料和尺寸一定时，k 为常数。

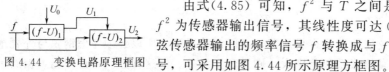

图 4.44　变换电路原理框图

由式(4.85)可知，f^2 与 T 之间是线性关系。实验证明以 f^2 为传感器输出信号，其线性度可达 $0.5\%\sim2.5\%$。为了将振弦传感器输出的频率信号 f 转换成与 f^2 成正比的电压或电流信号，可采用如图 4.44 所示原理方框图。

由图可知

$$U_1 = k_1 f U_0 \tag{4.86}$$

式中　　k_1——$(f\text{-}U)_1$ 单元转换系数；

　　　　U_0——幅值恒定的基准电压。

$$U_2 = k_2 f U_1 \tag{4.87}$$

式中　　k_2——$(f\text{-}U)_2$ 单元转换系数。

将式(4.86)代入式(4.87)得

$$U_2 = k_1 k_2 f^2 U_0 = k_3 f^2 \tag{4.88}$$

式中　　$k_3 = k_1 k_2 U_0$ 为定值。

将式(4.85)代入式(4.88)得

$$U_2 = k_3 k T = k_4 T \tag{4.89}$$

式中 k_4——常数。

由式（4.89）可知，经上述变换后，振弦传感器输出的电压信号 U_2 与被测力 T 呈线性关系。

（4）820 系列振弦式变送器

美国 FOXBORO 公司生产的 820 系列振弦式变送器，包括 821 型压力变送器和 823DP 型差压变送器。变送器的构成包括两部分，上部构件为一涂有环氧树脂的铝壳，内装有两个独立小室，一个装有电子模块，另一个安置接线端子供安装时连线用。这样在安装时就不用打开电子模块室，可使电子模块室保持很好的密封。下部构件为传感器。上部构件可以方便地按 90°转到 4 个方向的任意一个位置，这一特点使安装时能方便地选择指示表的最大视域，并能灵活地决定仪表管线的走向。上部构件设有防止过分转动的止挡装置，防止损伤上下构件间的连接导线。

图 4.45 所示为 823DP 型差压变送器的传感器结构。振弦 1 在一定张力下固定在永久磁铁 3 中，振弦是振荡器的组成部分，振荡器使振弦不停地振动。振弦置于金属管 2 内，一端固定在金属管密封端（传感器高压侧），另一端固定在靠近传感器低压侧的夹紧装置 5 上。初始张力弹簧 6 用于给振弦施加初始张力。

传感器基座法兰 10 与膜片 11（12）之间，液体通道 9 及金属管 2 内都充满硅油。当压力（差压）加入时，高压侧膜片 11 向基座法兰方向移动，硅油则经液体通道流向低压侧，使膜片 12 离开低压侧基座法兰，因此增加了振弦的张力，提高了振弦的谐振频率，即压力（差压）变化，使振弦频率相应的变化。

应注意，振弦的张力只能在一个方向上施加，即在振弦上施加拉力，这点在实际使用中对处理零位正迁移很重要。

传感器具有过量程保护装置。正向过量程时，过载弹簧 8 变形，以防过大的张力加在振弦上；负向过量程时，振弦夹紧装置 5 从垫圈 7 处滑开，以免振弦受压缩力。

820 型变送器的输出信号分为电流输出型和频率输出型。电流输出型的测量电路方块图如图4.46 所示。

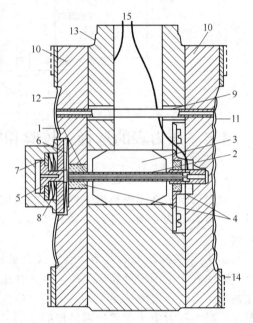

图 4.45 传感器结构

1—振弦；2—金属管；3—永久磁铁；

4—绝缘垫；5—夹紧装置；6—初始张力弹簧；

7—垫圈；8—过载弹簧；9—液体通道；

10—基座法兰；11—高压侧膜片；12—低压侧膜片；

13—本体；14—法兰垫圈；15—引线（至振荡器）

振荡器的输出频率信号送入脉冲整形回路，在脉冲整形回路中处理后输出两个互补的频率信号，分别加至两个 f-U 转换器。每个转换器产生一个正比于输入频率和输入电压乘积的输出电压信号，则第二级转换器输出的电压信号正比于频率的平方，因此正比于振弦上的张力。由于压力（差压）与频率之间的实际关系与理想关系有差异，就需要增加补偿线路以保证输出的线性化，这种补偿线路通常是加在第二级转换器中。

第二级转换器的输出电压经输出放大器转换为 4～20mA 的直流标准信号。

电压调整器用来保持工作电压稳定和给转换器提供稳定的基准电压。所有这些电路，都封装在一个电子模块中。

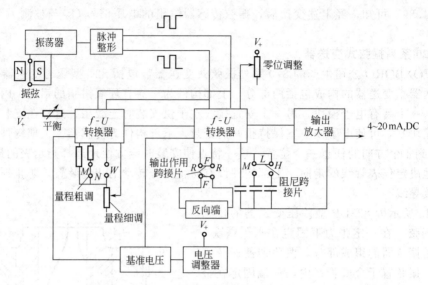

图 4.46　820 型变送器测量电路方块图

4.5　压力表的选择、校验和安装

4.5.1　压力表的选择

压力仪表的选用应根据生产要求和使用环境具体分析。在符合生产过程所提出的技术要求下，本着节约原则，进行种类、型号、量程和精度等级的选择。选择主要考虑如下三个方面。

① 根据被测压力的大小，确定仪表量程。对于弹性式压力表，为了保证弹性元件在弹性变形的安全范围内可靠地工作，在选择压力表量程时，必须考虑到留有充分的余地，一般在被测压力较稳定的情况下，最大压力值应不超过满量程的 3/4，在被测压力波动较大的情况下，最大压力值不应超过满量程的 2/3。为了保证测量精度，被测压力值应以不低于全量程的 1/3 为宜。

② 根据生产允许的最大测量误差确定仪表的精度，选择时在满足生产要求的情况下尽可能选用精度较低，价廉耐用的压力仪表。

目前中国规定的精度等级如下。

标准仪表：0.03,0.1,0.16,0.2,0.25,0.35。

工业仪表：0.5,1.0,1.5,2.5,4.0 等。

③ 选择时要考虑被测介质的特性。如温度高低、黏度大小、腐蚀性、脏污程度、易燃易爆等。还要考虑现场环境条件，如高温、腐蚀、潮湿、振动等。以此确定压力表的种类及型号。

4.5.2　压力表的校验

校验是指将被校压力表和标准压力表通以相同的压力，比较它们的指示数值。所选择的标准表其绝对误差一般应小于被校表绝对误差的 1/3，所以它的误差可以忽略，认为标准表的读数即为真实压力的数值。如果被校表对于标准表的读数误差不大于被校仪表的规定误差，则认为被校仪表合格。

常用的校验仪器是活塞式压力计，其结构原理如图 4.47 所示。它由压力发生部分和测量部分组成。

压力发生部分包括螺旋压力发生器 4，通过手轮 8 旋转丝杠 7，推动工作活塞 6 挤压工作液 5，经工作液传压给测量活塞 2。工作液一般采用洁净的变压器油或蓖麻油等。

测量部分包括测量活塞上端的托盘上放有荷重砝码 1，测量活塞 2 插在活塞柱 3 内，下端承受螺旋压力发生器 4 向左挤压工作液所产生的压力 p 作用。当测量活塞 2 下端面因受压力 p 作用产生向上顶的力与活塞本身及托盘和砝码的重力相等时，测量活塞 2 将被顶起而稳定在活塞柱 3 内的任一平衡位置上。这时力平衡关系为

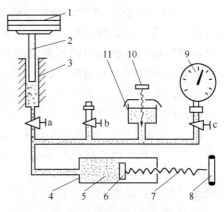

图 4.47　活塞式压力计原理

1—砝码；2—测量活塞；3—活塞柱；4—螺旋压力
发生器；5—工作液；6—工作活塞；7—丝杠；
8—手轮；9—被校压力表；10—进油阀；
11—油杯；a,b,c—切断阀

$$pA=(m+m_0)g$$

$$p=\frac{1}{A}(m+m_0)g \tag{4.90}$$

式中　A——测量活塞 2 的截面积，m^2；

　　　m——砝码的质量，kg；

　　　m_0——活塞的质量，kg；

　　　p——被测压力，Pa。

一般取 $A=1\times10^{-4}m^2$ 或 $1\times10^{-5}m^2$，因此可以准确地由平衡时所加砝码和活塞本身的重量知道被测压力 p 的数值。如果把被校压力表 9 上的指示值 p' 与这一准确的标准压力值 p 相比较，便可知道被校压力表的误差大小。也可以在 b 阀上接上精度为 0.35 级以上的标准压力表，由压力发生器改变工作压力，比较被校表和标准表上的指示值进行校验；当然，这时 a 阀要关掉。

活塞式压力计主要适用于校验标准压力表或 0.25 级以上的精密压力表，也可用于校验各种工业用压力表或各类压力测量仪器。国产活塞式压力计有 YU-6，YU-60，YU-600 三种，它们的测量范围分别为 0.6MPa，6MPa 和 60MPa，前两种传压工作液用变压器油，最后一种用蓖麻油。

用标准表比较法校验压力表时，一般校验零点、满量程和 25%，50%，75% 三点。

4.5.3　压力表的安装

压力测量系统由取压口、压力信号导管、压力表及一些附件组成，各部件安装正确与否对测量精确度都有一定影响。

(1) 取压口的选择

取压口是被测对象上引取压力信号的开口，为了正确地测取静压信号，取压口的位置应按下述原则选取。

① 取压口要选在被测介质直线流动的管段部分，不要选在管道弯曲、分叉及流束形成涡流的地方。

② 当管道中有突出物（如温度计套管）时，取压口应在突出物的上流方向一侧。

③ 取压口处在管道阀门、挡板之前或之后时，其与阀门、挡板的距离应大于 $2D$ 及 $3D$（D 为管道内径）。

④ 流体为液体介质时，取压口应开在管道横截面的下侧部分，以防止介质中气泡进入压力信号导管，引起测量延迟，但也不宜开口在最低部，以防沉渣堵塞取压口；如果是气体介质，取压口应开在管道横截面上侧，以免气体中析出液体进入压力信号导管，产生测量误差，但对水蒸气压力测量时，由于压力信号导管中总是充满凝结水，所以应按液体压力测量办法处理。

（2）压力信号导管安装

① 压力信号导管是连接取压口与压力表的连通管道。为了减小管道阻力而引起的测量迟延，导管总长一般不应超过 60m，内径一般在 6～10mm。

② 应防止压力信号导管内积水（当被测介质为气体时）或积气（被测介质为液体时），以避免产生测量误差，因此对于水平敷设的压力信号导管应有 3% 以上的坡度。

③ 当压力信号管路较长并需要通过露天或热源附近时，还应在管道表面敷设保温层，以防管内介质汽化或结冰。为检修方便，在取压口到压力表之间应装切断阀，并应靠近取压口。

（3）压力表的安装

① 压力表应安装在易观察和检修的地方。

② 安装地点应避免振动和高温影响。

③ 测量蒸汽压力时应加凝液管，以防高温蒸汽直接与测压元件接触；测量腐蚀性介质压力时，应加装充有中性介质的隔离罐等。总之针对具体情况，应采取相应的防护措施。

④ 压力表连接处要加装密封垫，一般低于 80℃ 及 2MPa 压力用石棉纸板或铝片，温度和压力更高时用退火紫铜或铅垫。另外还要考虑介质影响，如测氧气压力不能用带油垫片等。

压力表安装如图 4.48 所示。图 4.48（c）所示情况下压力表指示值比管道实际压力高，故应减去压力表到管道取压口之间的一段液柱压力。

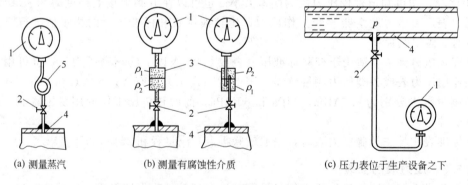

(a) 测量蒸汽   (b) 测量有腐蚀性介质   (c) 压力表位于生产设备之下

图 4.48　压力表安装示意

1—压力表；2—切断阀门；3—隔离罐；4—生产设备；5—凝液管；

$\rho_1 \cdot \rho_2$—隔离液和被测介质的密度

本章小结

本章介绍了压力的概念、压力测量方法、常用的压力检测仪表和压力表的安装使用。

应理解、掌握压力的定义，表压力、绝对压力、负压力（真空度）之间的关系，法定计量单位与非法定计量单位的关系。

压力测量方法主要介绍了液体压力平衡法、弹性变形原理平衡法、电测式转换法。读者应特别掌握压力测量的电测方法，如电容式压力变送器、压阻式压力变送器、电感式压力变送器和振弦式压力变送器的原理、特点及其变换技术和应用。电测压力变送器是目前国际上应用最为广泛的压力变送器。

思考题与习题

4.1 工程技术中流体压力如何分类？压力的法定计量单位是什么？

4.2 常用的压力检测弹性元件有几种？它们各有什么特点？

4.3 应变式压力变送器测压原理是什么？金属应变片和半导体应变片有什么不同点？

4.4 压阻式压力传感器的结构特点是什么？需要采用的温度补偿措施有哪些？

4.5 球-平面型电容式差压变送器结构上有什么特点？

4.6 振弦式压力变送器有什么特点？其振弦的振动固有频率与哪些因素有关？

4.7 为什么说电容式、压阻式、振弦式等压力变送器是新一代变送器？

4.8 简述压力表的选择原则。

4.9 若被测压力变化范围为 $0.5 \sim 1.4\text{MPa}$，要求测量误差不大于压力示值的 $\pm 5\%$，可供选用的压力表规格：量程为 $0 \sim 1.6\text{MPa}, 0 \sim 2.5\text{MPa}, 0 \sim 4\text{MPa}$，精度等级为 $1.0, 1.5, 2.5$ 级三种。试选择合适量程和精度的压力表。（压力表均为满度误差，共 9 个规格仪表）

4.10 某 P-Si 的 (100) 晶面组成的压阻器件膜片上，要求沿 〈001〉 晶向扩散 N-Si 压敏电阻，切向电阻、径向电阻各两个组成全桥电路。试求切向和径向电阻相对变化量计算公式，并设计 4 个压敏电阻在膜片上的位置。膜片泊松比 $\mu = 0.35$。

4.11 已知球-平面电容差压变送器输出电流 $I = \dfrac{C_L - C_H}{C_L + C_H} I_c$，式中 I_c 为恒流源，如图 4.49 所示。测量膜片电极 1 的挠度 y 与差压成正比，即 $y = K_y(p_H - p_L)$，式中 K_y 为比例系数，2 和 3 为球面形固定电极。试证明输出电流 I 与差压 $\Delta p = p_H - p_L$ 成正比。

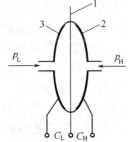

图 4.49 习题 4.11 图

4.12 如图 4.50 所示气隙型电感传感器，衔铁截面积 $S = 4 \times 4\text{mm}^2$，气隙总长度 $l_\delta = 0.8\text{mm}$，衔铁最大位移 $\Delta l_\delta = \pm 0.08\text{mm}$，激励线圈匝数 $N = 2500$ 匝，导线直径 $d = 0.06\text{mm}$，电阻率 $\rho = 1.75 \times 10^{-6} \Omega \cdot \text{cm}$。要求计算：

(1) 线圈电感值。

(2) 电感的最大变化量。

(3) 当线圈外断面积为 $11 \times 11\text{mm}^2$ 时求其直流电阻值及线圈的品质因数。

4.13 试求如图 4.51 所示两根振弦接成差动式压力传感器时的灵敏度，并与单根振弦进行比较。

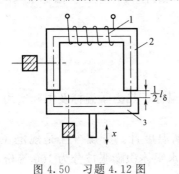

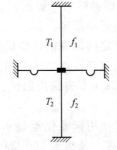

图 4.50 习题 4.12 图   图 4.51 习题 4.13 图

5 温度测量

5.1 概述

5.1.1 温度的概念

自然界中几乎所有的物理化学过程均与温度密切相关。在日常生活、工业生产和科学研究的各个领域中，温度的测量与控制都占有重要地位，它是七个基本物理量之一。

温度是表征物体冷、热程度的物理量，反映了物体内部分子运动平均动能的大小。温度高，表示分子动能大，运动剧烈；温度低，分子动能小，运动缓慢。

温度概念的建立是以热平衡为基础的。如果两个冷热程度不同的物体相互接触，必然会发生热交换现象，热量将由温度高的物体向温度低的物体传递，直到两个物体的温度完全一致，这种热传递过程才能停止。也就是热力学第零定律所描述的：系统温度相等是它们之间热平衡的主要条件。

可见，温度是一个内涵量（即强度量），它不具有叠加性。不能像长度、质量等广延量一样，可以通过单位的叠加和细分以及与被测量进行比较，从而得到被测量的数值。两个温度不能相加，只能进行相等或不相等的描述。对一般测量来说，测量结果即为该单位的倍数或分数。但对于温度而言，长期以来所做的却不是测量，而只做标志，即只是确定温标上的位置而已。这种状况直到 1967 年使用温度单位开尔文（K）以后才有了变化。1967 年第十三届国际计量大会确定，把热力学温度的单位——开尔文定义为：水三相点热力学温度的 1/273.16。这样温度的描述已不再是确定温标上的位置，而是单位 K 的多少倍了。这在计温学上具有划时代的历史意义。

5.1.2 温标

由于测温原理和感温元件的形式很多，即使感受相同的温度，它们所提供的物理量的形式和变化量的大小却不相同。因此，为了给温度以定量的描述，并保证测量结果的精确性和一致性，需要建立一个科学的、严格的、统一的标尺，称为"温标"。作为一个温标，应满足以下基本条件，即温标的三要素。

① 可实现的固定点温度。

② 表示固定点之间温度的内插仪器。

③ 确定相邻固定温度点间的内插公式。

目前使用的温标主要有摄氏温标、华氏温标、热力学温标及国际实用温标。

(1) 经验温标

① 摄氏温标。所用标准仪器是水银玻璃温度计。分度方法是规定在标准大气压力下，水的冰点为 0 摄氏度，沸点为 100 摄氏度，水银体积膨胀被分为 100 等份，对应每份的温度定义为 1 摄氏度，单位为 "℃"。

② 华氏温标。选取氯化铵和冰水混合物的温度为 0 华氏度，水的沸点为 212 华氏度，冰点为 32 华氏度，中间均分为 180 等份，每一等份称为 1 华氏度，单位为 "℉"。

华氏度 t_F 与摄氏度 t_C 的换算关系如下。

因为
$$\frac{t_C}{t_F-32}=\frac{100}{212-32}$$

故
$$t_C=\frac{5}{9}(t_F-32) \tag{5.1}$$

$$t_F=\frac{9}{5}t_C+32 \tag{5.2}$$

华氏温标与摄氏温标通常称为经验温标。经验温标其温度特性依赖于所选用测温物质的性质，并具有一定的局限性和任意性。

(2) 热力学温标

热力学温标是建立在热力学基础上的一种理论温标，在国际单位制中，称为热力学温度。

根据热力学中的卡诺定理，如果在温度为 T_1 的热源与温度为 T_2 的冷源之间实现了卡诺循环，即存在有下列关系

$$\frac{T_1}{T_2}=\frac{Q_1}{Q_2} \tag{5.3}$$

式中　Q_1——热源给予热机的传热量；

　　　Q_2——热机传给冷源的传热量。

如果式(5.3)中再规定一个条件，便可通过卡诺循环中的传热量完全地确定温标。1954年国际计量会议选定水的三相点为 273.16K（水的三相点即水的固、液、气三相共存的温度——0.01℃，见图5.1），并以它的 1/273.16 为 1K，这样热力学温标就完全确定，即

$$T=273.16\frac{Q_1}{Q_2} \tag{5.4}$$

这样的温标单位称为开尔文（开或 K）。目前，国际上已公认热力学温标可以作为统一表述温度的基础，一切温度测量都应以热力学温标为准。

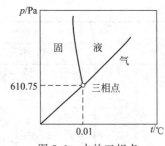

图 5.1　水的三相点

热力学温标与实现它的工质性质无关，因此不会因选用测温物质的不同而引起温标的差异，是理想的温标。不过，理想的可逆过程是无法实现的，所以基于可逆过程的卡诺循环以及热力学温标也无法直接实现。然而，热力学中已从理论上证明，热力学温标与理想气体温标是完全一样的。而根据理想气体方程，当气体体积恒定时，一定质量气体其压强与温度成正比。在选定水的三相点温度的压强 p_3 为参考点后，可得

$$\frac{p}{p_3}=\frac{T}{T_3}=\frac{nR}{V}=恒量$$

$$T=\frac{T_3}{p_3}p=\frac{p}{p_3}273.16 \tag{5.5}$$

式(5.5)即为理想气体的温标方程，它与热力学温标方程式(5.4)有完全相同的形式。气体体积恒定，是将气体盛在固定容器内实现的。利用这种关系进行温度测量的温度计称为定容式气体温度计，它通过压强的变化可以测出温度的变化。从而解决了热力学温标难于实现的问题。

事实上，不少实际气体在一定范围内与理想气体的性质极其接近，在实用上可以将气体温度计制成定容的，这时只要测量出气体的压力，并与基准点压力比较，即可求得气体的温

度。气体温度计主要用于计量标准单位，作为复制热力学温标而用。

（3）国际温标

为了克服气体温度计在实用上的不便，国际上建立了一种能用内插公式表示的与热力学温标很接近，又使用方便的协议温标，这就是国际实用温标（IPTS），可用它来统一各国之间的温度计量。国际实用温标从 1927 年拟定以来已做过多次修订。中国早先推行的是"1968 年国际实用温标"（IPTS-68），从 1991 年开始采用的是 1989 年国际计量大会通过的"1990 年国际温标"（ITS-90），记作 T_{90}，取代了早先推行的 IPTS-68。

国际温标规定仍以开尔文表示热力学温度，以 K 为单位，1K 等于水三相点热力学温度的 1/273.16。热力学温度以符号 T_{90} 表示，摄氏温度符号为 t_{90}，其单位以℃表示，它们之间的关系仍是 $t_{90} = T_{90} - 273.15$。

ITS-90 定义温度的固定点增多，范围也扩大，温标下延到 0.65K；取消了不确定度大的标准铂铑热电偶，代以准确度更高的铂电阻温度计，并定义了温度量程的分段与内插方程。

ITS-90 的温度范围：由 0.65K 向上到普朗克辐射定律使用单色辐射计实际可测得的最高温度，并通过各温区和分温区定义 T_{90} 如下。

① 0.65～5.0K，T_{90} 由 He^3 和 He^4 的蒸气压与温度关系式定义。

② 3.0～24.5561K（氖三相点），T_{90} 由氦气体温度计定义。它使用三个定义固定点及利用规定的内插方法分度。这三个定义固定点是可以实验复现，并具有给定值的。

③ 13.8033K（平衡氢三相点）～961.78℃（银凝固点），T_{90} 由铂电阻温度计定义，它使用一组规定的定义固定点及内插方法定义。

④ 961.78℃以上，T_{90} 借助一个固定点和普朗克辐射定律定义。

T_{90} 的定义固定点见表 5.1。而 ITS-90 与 IPTS-68 定义固定点的比较可见表 5.2。

表 5.1 T_{90} 的定义固定点

序 号	温 度		物 质	状 态
	T_{90}/K	$t_{90}/℃$		
1	3～5	−270.15～−268.15	He	V
2	13.8033	−259.3467	e-H_2	T
3	≈17	≈−256.15	e-H_2（或 He）	V（或 G）
4	≈20.3	≈−252.85	e-H_2（或 He）	V（或 G）
5	24.5561	−248.5939	Ne	T
6	54.3584	−218.7961	O_2	T
7	83.8058	−189.3442	Ar	T
8	234.3156	−38.8344	Hg	T
9	273.16	0.01	H_2O	T
10	302.9146	29.7646	Ga	M
11	429.7485	156.5985	In	F
12	505.078	231.928	Sn	F
13	692.677	419.527	Zn	F
14	933.473	660.323	Al	F
15	1234.93	961.78	Ag	F
16	1337.33	1064.18	Au	F
17	1357.77	1084.62	Cu	F

注：1. 除 He 外，其他物质均为自然同位素成分。e-H_2 为正、仲分子态处于平衡浓度时的氢。

2. 表中状态符号的意义：V——蒸汽压点；T——三相点，在此温度下，固、液和蒸汽相呈平衡；G——气体温度计点；M，F——熔点和凝固点，在 101325Pa 压力下，固液相的平衡温度。

表 5.2 ITS-90 与 IPTS-68 定义固定点的比较

平衡状态	国际实用温标指定值			
	T_{68}/K	$t_{68}/℃$	T_{90}/K	$t_{90}/℃$
平衡氢三相点	13.81	−259.34	13.8033	−259.3467
平衡氢 17K 点	17.042	−256.108	≈17[①]	≈−256.15
平衡氢沸点	20.28	−252.87	≈20.3[②]	≈−252.85
氖三相点	—	—	24.5561	−248.5939
氖沸点	27.102	−246.048		
氧三相点	54.361	−218.789	54.3584	−218.7961
氩三相点	83.798	−189.352	83.8058	−189.3442
氧沸点	90.188	−182.962		
汞三相点	—	—	234.3156	−38.8344
水三相点	273.16	0.01	273.16	0.01
水沸点	373.15	100		
锡凝固点	505.1181	231.9681	505.078	231.928
锌凝固点	692.73	419.58	692.677	419.527
银凝固点	1235.08	961.93	1234.93	961.78
金凝固点	1337.58	1064.43	1337.33	1064.18
铜凝固点	—	—	1357.77	1084.62

① 当压力为 25~76 标准大气压时，$T_{90}=17.0357K$，$T_{68}=17.042K$。

② 当压力为一个标准大气压时，$T_{90}=20.27K$，$T_{60}=20.28K$。

5.1.3 温度标准的传递

建立了国际温标，温度量值便可在世界各国同时准确地得到复现。为了使国内生产和科研工作中使用的各种测温仪表示值准确，需要将国际温标的具体数值通过各级计量部门定期地、逐级地传递到各种测温仪表。这种温度标准定期逐级地校验比较过程称为温度标准的传递，简称温标的传递。

在中国，复现国际温标的任务是由中国计量科学院，各省、市、地区计量局的标准定期逐级进行对比与传递，以保证全国各地温度标准的统一。

温度计量仪器按精度等级可分为下列 3 类。

① 以现代科学技术所能达到的最高精度复现和保存国际温标数值的温度计称为基准温度计。用来进行温度量值传递的基准温度计称为工作基准温度计。

② 以限定的精度等级，用来进行温度量值传递的温度计称为标准温度计。中国的标准温度计一般分为两等，即一等标准和二等标准。

③ 在工农业生产或科研测试工作中使用的各种温度计，称为工业用温度计。

5.1.4 测温方法与测温仪器的分类

温度的测量通常是利用一些材料或元件的性能随温度而变化的特性，通过测量该性能参数，而得到检测温度。用以测量温度特性的材料的热电动势、电阻、热膨胀、磁导率、介电常数、光学特性和弹性等，其中前三者尤为成熟，应用最广泛。

按照所用测温方法的不同，温度测量分为接触式和非接触式两大类。接触式特点是感温元件直接与被测对象相接触，两者之间充分进行热交换，这时感温元件的某一物理参数的量值代表了被测对象的温度值。接触测温的主要优点是直观可靠；缺点是被测温度场的分布易受感温元件影响，接触不良时会带来测量误差，此外高温和腐蚀性介质对感温元件的性能和寿命会产生不利影响等。非接触测温的特点是感温元件不与被测对象相接触，而是通过辐射进行热交换，故可避免接触测温法的缺点，具有较高的测温上限。非接触测温法热惯性小，可达 1ms，故便于测量运动物体的温度和快速变化的温度。

对应于两种测温方法，测温仪器也可分为接触式和非接触式两大类。接触式仪器可分为膨胀式温度计（包括液体和固体膨胀式温度计、压力式温度计）、电阻式温度计（包括金属热电阻温度计和半导体热敏电阻温度计）、热电式温度计（包括热电偶和 P-N 结温度计）等。非接触式温度计又可分为辐射温度计、亮度温度计和比色温度计以及用于中、低温测量的红外热像仪。

按照温度测量范围，可分为超低温、低温、中高温和超高温温度测量。超低温一般是指 0～10K，低温指 10～800K，中温指 500～1600℃，高温指 1600～2500℃ 的温度，2500℃ 以上被认为是超高温。

对于超低温的测量，现有的测量方法只能用于该范围内的个别小段上，如 1K 的温度用磁性温度计测量，微量铝掺杂磷青铜热电阻只适用于 1～4K，高于 4K 的可用热噪声温度计测量。超低温测量的主要困难在于温度计与被测对象热接触的实现和测温仪的刻度方法。低温测量的特殊问题是感温元件对被测温度场的影响，故不宜用热容量大的感温元件测量低温。

在中高温测量中，要注意防止有害介质的化学作用和热辐射对感温元件的影响，为此要用耐火材料制成外套对感温元件加以保护。对保护套的基本要求是结构上高度密封和温度稳定性。测量低于 1300℃ 的温度一般可用陶瓷外套，测量更高温度时用难熔材料（如刚玉、铝、钍或铍氧化物）外套，并充以惰性气体。

在超高温下，物质处于等离子状态，不同粒子的能量对应的温度值不同，而且它们可能相差较大，变化规律也不一样。因此，对于超高温的测量，应根据不同情况利用特殊的亮度法和比色法实现。

5.1.5 温度测量仪表标定方法

（1）标准值法

用适当的方法建立起一系列国际温标定义的固定温度点（恒温）作标准值，将被标定温度计依次置于这些标准温度值之下，记录温度计的相应示值，并根据国际温标规定的内插公式对温度计的分度进行对比记录，从而完成对温度计的标定。被标定后的温度计可作为标准温度计进行温度测量。

（2）标准表法

将被标定温度计与已被标定好的更高一级精度的温度计放置一起，共同置于可调节的恒温槽中，分别将槽温调节到所选择的若干温度点，比较和记录两者的读数，获得一系列对应差值，经多次升温、降温的重复测试，若这些差值稳定，则将记录下的这些差值作为被标定的温度计的修正量，便完成了对被标定温度计的标定。

5.2 热电偶测温

热电偶在温度测量中应用极为广泛，因为它构造简单、使用方便、具有较高的准确度，温度测量范围宽。常用热电偶可测温度范围为 −50～1600℃。若用特殊材料，其测温范围可扩大为 −180～2800℃。

5.2.1 热电效应

热电偶是利用热电效应制成的温度传感器。如图5.2所示，把两种不同的导体或半导体材料A,B连接成闭合回路，将它们的两个接点分别置于温度为T和T_0（设$T>T_0$）的热源中，则在该回路内就会产生热电势，可用$E_{AB}(T,T_0)$表示，这种现象称为热电效应。可以把两种不同导体或半导体的这种组合称为热电偶，A和B称为热电极，温度高的接点称为热端（或工作端），温度低的接点称为冷端（或自由端）。

热电偶回路中所产生的热电势由两种导体的接触电势和单一导体的温差电势所组成。

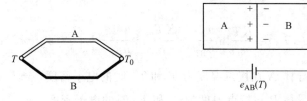

图5.2 热电效应原理　　　　图5.3 接触电势

（1）接触电势

所有金属中均有大量自由电子，而不同的金属材料其自由电子密度不同。当两种不同金属导体接触时，在接触面上因自由电子密度不同而发生电子扩散，电子扩散速率与两导体电子密度有关，并和接触区的温度成正比。设导体A和B的自由电子密度分别为n_A和n_B，且有$n_A>n_B$，则在接触面上由A扩散到B的电子将必然比由B扩散到A的电子数多。因此，导体A失去电子而带正电荷，导体B因获得电子而带负电荷，在A,B接触面上便形成一个从A到B的静电场，如图5.3所示。这个电场阻碍了电子的继续扩散，当到达动态平衡时，在接触区形成一个稳定的电位差，即接触电势，其大小可表示为

$$e_{AB}(T)=\frac{KT}{e}\ln\frac{n_A}{n_B} \tag{5.6}$$

式中　$e_{AB}(T)$——导体A和B的接点在温度T时形成的接触电势，V；

　　　　e——电子电荷，$e=1.6\times10^{-19}$C；

　　　　K——玻耳兹曼常数，$K=1.38\times10^{-23}$J/K。

（2）温差电势

单一导体中，如果两端温度不同，在两端间会产生电势，即单一导体的温差电势。这是由于导体内自由电子在高温端具有较大的动能，因而向低温端扩散，结果高温端因失电子而带正电荷，低温端因得到电子而带负电荷，从而形成一个静电场，如图5.4所示。该电场阻碍电子的继续扩散，当达到动态平衡时，在导体的两端便产生一个相应的电位差，被称为温差电势。温差电势的大小可表示为

$$e_A(T,T_0)=\int_{T_0}^{T}\sigma\mathrm{d}T \tag{5.7}$$

式中　$e_A(T,T_0)$——导体A两端温度为T、T_0时形成的温差电势，V；

　　　　σ——汤姆逊系数，表示单一导体两端温度差为1℃时所产生的温差电势，其值与材料性质及两端温度有关。

（3）热电偶回路热电势

对于由导体A、B组成的热电偶闭合回路，当温度$T>T_0,n_A>n_B$时，回路总的热电势为$E_{AB}(T,T_0)$，如图5.5所示。并可用式(5.8)表示

$$E_{AB}(T,T_0)=[e_{AB}(T)-e_{AB}(T_0)]+[-e_A(T,T_0)+e_B(T,T_0)]$$

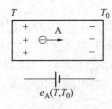

图 5.4　温差电势

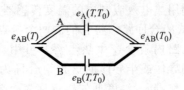

图 5.5　回路总电势

或者

$$E_{AB}(T,T_0)=\frac{KT}{e}\ln\frac{n_{AT}}{n_{BT}}-\frac{KT_0}{e}\ln\frac{n_{AT_0}}{n_{BT_0}}+\int_{T_0}^{T}(\sigma_B-\sigma_A)dT \tag{5.8}$$

式中　n_{AT},n_{AT_0}——导体 A 在接点温度为 T 和 T_0 时的电子密度，m^{-3}；

　　　n_{BT},n_{BT_0}——导体 B 在接点温度为 T 和 T_0 时的电子密度，m^{-3}；

　　　σ_A,σ_B——导体 A 和 B 的汤姆逊系数。

由此可以得出如下结论。

① 如果热电偶两电极材料相同，即 $n_A=n_B$，$\sigma_A=\sigma_B$，虽然两端温度不同，但闭合回路总热电势仍为零，因此热电偶必须用两种不同材料做热电极。

② 如果热电偶两电极材料不同，而热电偶两端的温度相同，即 $T_0=T$，闭合回路中也不产生热电势。

应当指出，在金属导体中自由电子数目很多，以致温度不能显著地改变它的自由电子浓度。所以，在同一金属导体内，温差电势极小，可以忽略。因此，在一个热电偶回路中起决定作用的是接触电势。故回路总的热电势可以近似表示为

$$E_{AB}(T,T_0)=e_{AB}(T)-e_{AB}(T_0)=e_{AB}(T)+e_{BA}(T_0) \tag{5.9}$$

在工程中，常用式（5.9）表征热电偶回路的总电势。可以看出，回路的总电势是随 T 和 T_0 而变化的，即总电势为 T 和 T_0 的函数差，这在实际使用中很不方便。为此，在标定热电偶时，使 T_0 为常数，即

$$e_{AB}(T_0)=f(T_0)=c（常数）$$

式（5.9）可以改写为

$$E_{AB}(T,T_0)=e_{AB}(T)-f(T_0)=f(T)-c \tag{5.10}$$

式（5.10）表示，当热电偶回路的一个端点保持温度不变，则热电势 $E_{AB}(T,T_0)$ 只随另一个端点的温度变化而变化。两个端点温差越大，回路总热电势 $E_{AB}(T,T_0)$ 也就越大，这样回路总热电势就可以看成温度 T 的单值函数，给工程中用热电偶测量温度带来了极大的方便。

5.2.2　热电偶基本定律

（1）均质导体定律

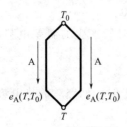

由一种均质导体（或半导体）组成的闭合回路，不论导体（或半导体）的截面和长度如何以及各处的温度如何，均不能产生热电势。

由均质导体 A 组成的闭合回路如图 5.6 所示。在闭合回路中，由于材料相同，即 $n_A=n_B$，两接点接触电势为零，即

图 5.6　均质导体回路

$$e_{AA}(T)=\frac{KT}{e}\ln\frac{n_A}{n_A}=0$$

$$e_{AA}(T_0) = \frac{KT_0}{e} \ln \frac{n_A}{n_A} = 0$$

由于导体 A 两端温度不同，故有温差电势产生，但回路中两支路温差电势大小相等，方向相反，回路中总温差电势为零，即

$$e_A(T, T_0) = \int_{T_0}^{T} \sigma_A dT - \int_{T_0}^{T} \sigma_A dT = 0$$

所以，回路中总热电势 $E_{AA}(T, T_0) = 0$。

均质导体定律在实际应用中要注意以下几点。

① 任何热电偶都必须由两种性质不同的导体构成。

② 如果热电偶由两种均质导体组成，则热电偶的热电势仅与两接点温度有关，而与沿热电极的温度分布无关。

③ 如果热电偶的热电极是非均质导体，则相当于不同性质热电极构成的热电偶。在不均匀温场中测温时将造成测量误差。所以热电极材料的均匀性是衡量热电偶质量的重要指标之一。根据这个原理，可以检查热电极的不均匀性，也可检查两种材料性质是否相同。同名极比较法检定热电偶即是根据该定律进行的。

（2）中间导体定律

从热电效应原理电路图 5.2 可以看出，仅用这个电路是无法测量温度的。要测量温度，必将测量热电势的大小，因此，必须接入测量仪表及连接导线。为此，把热电偶参考端分开，接入连接导线和测量仪表，如图 5.7(a) 所示。

这就相当于在热电偶闭合回路中接入第三种导体 C 如图 5.7(b) 等效电路所示。此时，热电回路中热电势是否受第三种导体接入的影响呢？这个问题将由中间导体定律回答，即热电回路中接入第三种导体材料，只要这第三种导体材料两端的温度相同，热电偶产生的热电势保持不变，不受第三种导体接入的影响。

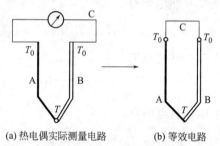

(a) 热电偶实际测量电路　　(b) 等效电路

图 5.7　热电偶测量电路

这就是说，图 5.2 与图 5.7 所示闭合回路，对产生热电势来说是等效的。这个定律证明如下。

图 5.7(b) 所示等效电路中热电偶回路总电势为

$$E_{ABC}(T, T_0) = e_{AB}(T) + e_{BC}(T_0) + e_{CA}(T_0) - \int_{T_0}^{T} \sigma_A dT + \int_{T_0}^{T} \sigma_B dT$$

$$= e_{AB}(T) + e_{BC}(T_0) + e_{CA}(T_0) + \int_{T_0}^{T} (\sigma_B - \sigma_A) dT \qquad (5.11)$$

如果设三个接点温度相等均为 T_0，则有

$$E_{ABC}(T_0, T_0) = e_{AB}(T_0) + e_{BC}(T_0) + e_{CA}(T_0) + \int_{T_0}^{T_0} (\sigma_B - \sigma_A) dT = 0$$

而

$$\int_{T_0}^{T_0} (\sigma_B - \sigma_A) dT = 0$$

所以

$$e_{AB}(T_0) + e_{BC}(T_0) + e_{CA}(T_0) = 0$$

或

$$-e_{AB}(T_0) = e_{BC}(T_0) + e_{CA}(T_0) \qquad (5.12)$$

将式(5.12) 代入式(5.11) 则有

$$E_{ABC}(T,T_0)=e_{AB}(T)-e_{AB}(T_0)+\int_{T_0}^{T}(\sigma_B-\sigma_A)\mathrm{d}T=E_{AB}(T,T_0) \tag{5.13}$$

式(5.13)即为中间导体定律表达式。

(3) 标准电极定律

当接点温度为 T,T_0 时，用导体 A，B 组成热电偶产生的热电势等于 A，C 热电偶和 C，B 热电偶热电势的代数和，即

$$E_{AB}(T,T_0)=E_{AC}(T,T_0)+E_{CB}(T,T_0) \tag{5.14}$$

导体 C 称为标准电极（一般由铂制成）。这一规律称为标准电极定律。三种导体分别构成的热电偶如图 5.8 所示。

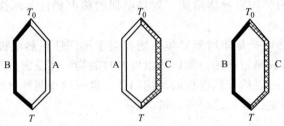

图 5.8　三种导体分别组成的热电偶

对 A，B 热电偶有

$$E_{AB}(T,T_0)=e_{AB}(T)-e_{AB}(T_0)+\int_{T_0}^{T}(\sigma_B-\sigma_A)\mathrm{d}T$$

对 A，C 热电偶有

$$E_{AC}(T,T_0)=e_{AC}(T)-e_{AC}(T_0)+\int_{T_0}^{T}(\sigma_C-\sigma_A)\mathrm{d}T$$

对 B，C 热电偶有

$$E_{BC}(T,T_0)=e_{BC}(T)-e_{BC}(T_0)+\int_{T_0}^{T}(\sigma_C-\sigma_B)\mathrm{d}T$$

所以得到
$$E_{AC}(T,T_0)+E_{CB}(T,T_0)=E_{AC}(T,T_0)-E_{BC}(T,T_0)$$

$$=\frac{KT}{e}\ln\frac{n_{AT}}{n_{CT}}-\frac{KT_0}{e}\ln\frac{n_{AT_0}}{n_{CT_0}}+\int_{T_0}^{T}(\sigma_C-\sigma_A)\mathrm{d}T$$

$$-\frac{KT}{e}\ln\frac{n_{BT}}{n_{CT}}+\frac{KT_0}{e}\ln\frac{n_{BT_0}}{n_{CT_0}}-\int_{T_0}^{T}(\sigma_C-\sigma_B)\mathrm{d}T$$

$$=\frac{KT}{e}\ln\frac{n_{AT}}{n_{BT}}-\frac{KT_0}{e}\ln\frac{n_{AT_0}}{n_{BT_0}}+\int_{T_0}^{T}(\sigma_B-\sigma_A)\mathrm{d}T$$

$$=E_{AB}(T,T_0)$$

(4) 连接导体定律与中间温度定律

在热电偶回路中，若导体 A，B 分别与导线 A′，B′相接，接点温度分别为 T,T_n,T_0 如图 5.9 所示，则回路总电势为

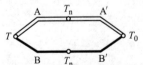

图 5.9　热电偶连接
导线示意

$$E_{ABB'A'}(T,T_n,T_0)=e_{AB}(T)+e_{BB'}(T_n)+e_{B'A'}(T_0)$$
$$+e_{A'A}(T_n)+\int_{T_n}^{T}\sigma_A\mathrm{d}T+\int_{T_0}^{T_n}\sigma_{A'}\mathrm{d}T$$
$$-\int_{T_0}^{T_n}\sigma_{B'}\mathrm{d}T-\int_{T_n}^{T}\sigma_B\mathrm{d}T \tag{5.15}$$

因为
$$e_{BB'}(T_n)+e_{A'A}(T_n)=\frac{KT_n}{e}\Big(\ln\frac{n_{BT_n}}{n_{B'T_n}}+\ln\frac{n_{A'T_n}}{n_{AT_n}}\Big)$$

$$=\frac{KT_n}{e}\Big(\ln\frac{n_{A'T_n}}{n_{B'T_n}}-\ln\frac{n_{AT_n}}{n_{BT_n}}\Big)$$

$$=e_{A'B'}(T_n)-e_{AB}(T_n) \tag{5.16}$$

同时
$$e_{B'A'}(T_0)=-e_{A'B'}(T_0) \tag{5.17}$$

将式(5.16)和式(5.17)代入式(5.15)化简得

$$E_{ABB'A'}(T,T_n,T_0)=E_{AB}(T,T_n)+E_{A'B'}(T_n,T_0) \tag{5.18}$$

式(5.18)为连接导体定律的数学表达式,即回路总热电势等于热电偶电势 $E_{AB}(T, T_n)$ 与连接导线电势 $E_{A'B'}(T_n,T_0)$ 的代数和。连接导体定律是工业上运用补偿导线进行温度测量的理论基础。

当导体 A 与 A′, B 与 B′材料分别相同时,则式(5.18)可改写为

$$E_{AB}(T,T_n,T_0)=E_{AB}(T,T_n)+E_{AB}(T_n,T_0) \tag{5.19}$$

式(5.19)为中间温度定律的数学表达式,即回路总热电势等于热电偶电势 $E_{AB}(T, T_n)$ 与 $E_{AB}(T_n,T_0)$ 的代数和。T_n 称为中间温度。中间温度定律为制定热电势分度表奠定了理论基础,只要求得参考端温度0℃时的热电势与温度关系,即可根据式(5.19)求出参考端温度不等于0℃时的热电势。

5.2.3 常用热电偶的材料、特点和结构

虽然任意两种导体或半导体材料都可以配对制成热电偶,但是作为实用的热电偶测温元件,对材料的要求却是多方面的。

① 两种材料所组成的热电偶应输出较大的热电势,以得到较高的灵敏度,且要求热电势 $E(t)$ 和温度 t 之间尽可能地呈线性函数关系。

② 能应用于较宽的温度范围,物理化学性能和热电特性比较稳定。即要求有较好的耐热性、抗氧化、抗还原和抗腐蚀等性能。

③ 要求热电偶材料有较高的电导率和较低的电阻温度系数。

④ 具有较好的工艺性能,便于成批生产。具有满意的复现性,便于采用统一的分度表。

现将性能优良和用量最大的几种热电偶分述如下。有关它们的技术指标见表5.3。

(1) 铂铑$_{10}$-铂热电偶

这是一种贵金属热电偶。常用金属丝的直径为 0.35～0.5mm。特殊使用条件下可用更细直径。

铂铑$_{10}$-铂热电偶的特点是精度高,物理化学性能稳定,测温上限高,短期使用温度可高达1600℃。适于在氧化或中性气氛介质中使用,但在高温还原介质中容易被侵蚀和污染。另外,它的热电势较小、灵敏度低、价格昂贵。它不仅可用于工业和实验室测温,还可以作为传递国际实用温标的各等级标准热电偶。

铂铑$_{10}$-铂热电偶的分度号为S。其分度表见本章末附表5.1,详细分度表见有关手册。

(2) 镍铬-镍硅热电偶

镍铬-镍硅热电偶是一种贱金属热电偶,金属丝直径范围较大,工业应用一般为0.5～3mm。实验研究使用时,根据需要可以拉延至更细的直径。这种热电偶的特点是价格低廉、灵敏度高、复现性好、高温下抗氧化能力强,是工业中和实验室里大量采用的一种热电偶。但在还原性介质或含硫化物气氛中易被侵蚀。镍铬-镍硅热电偶的分度号为K。其粗略分度表见本章末附表5.2。

表 5.3　常用热电偶简要技术数据

热电偶名称	分度号	极性	识别	化学成分（名义）	20℃时的电阻系数/Ω·mm²·m⁻¹	100℃时的热电势/mV	使用温度/℃ 长期	使用温度/℃ 短期	温度/℃	允许误差/℃	温度/℃	允许误差	等级
铂铑$_{10}$-铂	S	正	稍硬	Pt:90%,Rh:10%	0.25	0.645	1300	1600	0~1100	±1	1100~1600	±[1+(t-1100)×0.003]	I
		负	柔软	Pt:100%	0.13				0~600	±1.5	600~1600	±0.25%t	II
镍铬-镍硅	K	正	不亲磁	Ni:90%,Cr9%~10%,Si:0.4%,余 Mn、Co	0.7	4.095	1100	1300	0~400	±1.6	400~1100	±0.4%t	I
		负	稍亲磁	Ni:97%,Si:2%~3%,Co:0.4%~0.7%	0.23				0~400	±3	400~1300	±0.75%t	II
镍铬-康铜	E	正	色暗	同 K 正极	0.7	6.317	600	800	0~400	±4	400~800	±1%t	II
		负	银白色	Ni:40%,Cu:60%	0.49								
铂铑$_{30}$-铂铑$_6$	B	正	较硬	Pt:70%,Rh:30%	0.25	0.033	1600	1800	600~800	±4	600~1700	±0.25%t	II
		负	较软	Pt:94%,Rh:6%	0.23						800~1700	±0.5%t	III
铜-康铜	T	正	红色	Cu:100%	0.017	4.277	350	400			-40~350	±0.5 或±0.4%t	I
		负	银色	Cu:60%,Ni:40%	0.49						-40~350	±1 或±0.75%t	II
											-200~40	±1 或±1.5%t	III

（3）镍铬-康铜热电偶

镍铬-康铜热电偶也是贱金属热电偶，工业用热电偶丝直径一般为 0.5～3mm。实验室用时可根据测量对象的要求采用更细的直径。

在常用热电偶中以镍铬-康铜的灵敏度最高，价格最便宜。在中国它将取代应用广泛的镍铬-考铜热电偶。但其抗氧化及抗硫化物介质的能力较差，适用于中性或还原性气氛中使用。它的分度号为 E。其分度可查阅相关手册。

（4）铂铑$_{30}$-铂铑$_6$ 热电偶

这是一种贵金属热电偶，热电偶丝直径为 0.3～0.5mm，其显著特点是测温上限短时间内可达 1800℃。测量精度高，适于在氧化或中性气氛中使用。但不宜在还原气氛中使用，灵敏度低、价格昂贵。它的分度号为 B。分度表可查阅相关手册。

（5）铜-康铜热电偶

它是一种贱金属热电偶，常用热电偶丝直径为 0.2～1.6mm。适用于 -200～400℃ 范围内测温。测量精度高，稳定性好，低温时灵敏度高，价格低廉。其分度号为 T。分度表可查阅相关手册。

上述 5 种热电偶正式列为国家正式产品。其中镍铬-康铜热电偶国内应用尚少，因为中国过去常采用镍铬-考铜热电偶。另外，铁-康铜热电偶（分度号 J）和铂铑$_{13}$-铂热电偶（分度号 R）也将会广泛被采用。

随着现代科学技术的发展，大量非标准化热电偶也得到迅速发展以满足某些特殊测温要求。如钨铼$_5$-钨铼$_{20}$ 可以测到 2400～2800℃ 高温，在 2000℃ 时的热电势接近 30mV，精度达 1%。但它高温下易氧化，只能用于真空和惰性气体中。铱铑$_{40}$-铱热电偶是当前唯一能在氧化气氛中测到 2000℃ 高温的热电偶，因此成为宇航火箭技术中的重要测温工具，在 2000℃ 时的热电势为 10.753mV。镍铬-金铁是一种较为理想的低温热电偶，可在 2～273K 范围内使用，热电势率为 13～22μV/℃。此外，利用石墨和难熔化合物作为高温热电偶材料可以解决金属热电偶材料无法解决的问题。这些非金属材料熔点高，在 2000℃ 以上高温条件下性能稳定，目前已被研究过的有碳-石墨、石墨（c 轴）-石墨（a 轴）、石墨（2000℃ 焙烧）-石墨（3000℃ 焙烧）、硼化石墨-石墨、硼化碳-碳、石墨-碳化硅及石墨-碳化钼等。

由于非金属热电偶熔点高、输出热电势大、价格低廉、资源丰富，国内外均在不断研究发展这类材料，以解决如耐火材料生产、钢水温度连续测定，全气冷石墨型反应堆中高温测定问题。

图 5.10 所示为一支典型工业用热电偶结构。它由热电极、绝缘套管、保护套管及引线盒等组成。其绝缘套管大多为氧化铝或工业陶瓷管。保护套管则根据测温条件确定，测量 1000℃ 以下的温度一般用金属套管，测 1000℃ 以上的温度则多用工业陶瓷甚至氧化铝保护套管。科学研究中所使用的热电偶多用细热电极丝自制而成，有时不用保护套管以减少热惯性。

为满足科学实验的需要，如下两种特殊结构的热电偶得到广泛应用。

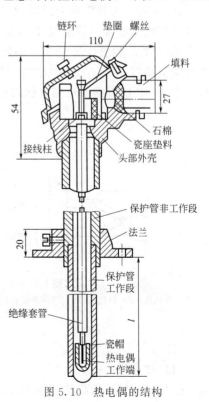

图 5.10 热电偶的结构

(1) 铠装式热电偶

由于某些实验研究的需要，要求热电偶小型化和灵活性，即具有惯性小、性能稳定、结构紧凑、牢固、抗振、可挠等特点。铠装热电偶能较好地满足这些要求，它的结构形式如图 5.11 所示。由热电极、耐高温金属氧化物粉末（如 Al_2O_3）、不锈钢套管三者一起拉细而组成一体，外直径从 $0.25 \sim 12mm$ 不等，其长度可根据需要自由截取。

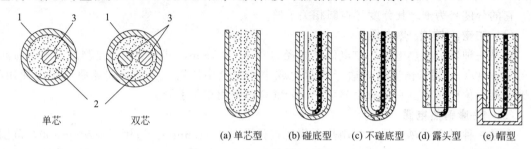

单芯　　　双芯

(a) 单芯型　(b) 碰底型　(c) 不碰底型　(d) 露头型　(e) 帽型

图 5.11　铠装式热电偶断面结构

1—金属套管；2—绝缘材料；3—热电极

(2) 薄膜式热电偶

采用真空蒸镀或化学涂层等制造工艺将两种热电极材料蒸镀到绝缘基板上，形成薄膜状热电偶，其热端接点极薄，约 $0.01 \sim 0.1\mu m$。它适于壁面温度的快速测量。基板由云母或浸渍酚醛塑料片等材料制成。热电极有镍铬-镍硅、铜-康铜等。测温范围一般在 $300℃$ 以下。使用时用胶黏剂将基片黏附在被测物体表面上，反应时间约为数毫秒。中国制成的薄膜式热电偶形状如图 5.12 所示。基板尺寸为 $60mm \times 6mm \times 0.2mm$。

5.2.4　热电偶的参比端（冷端）温度补偿

式(5.10) 为热电偶测温原理的基本方程式，它说明对于一定的热电偶材料 A 和 B，热电势只与两个连接点的温度 T 和 T_0 有关。只有当参比端温度 T_0 稳定不变且已知时，才能得到热电势 E 和温度 T 的单值函数关系。此外，实际使用的热电偶分度表中热电势与温度的对应值是以 $T_0 = 0℃$ 为基础的，但在实际测温中参比端温度 T_0 往往不稳定，也不一定恰好等于 $0℃$，这就需要对热电偶的参比端温度进行处理。

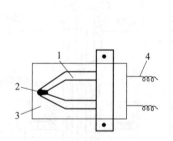

图 5.12　薄膜式热电偶示意

1—热电极；2—热接点；3—绝缘基板；4—引出线

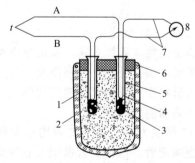

图 5.13　冰点槽

1—冰水混合物；2—保温瓶；3—油类或水银；

4—蒸馏水；5—试管；6—盖；

7—铜导线；8—热电势测量仪表

(1) 冰点法

这是一种精度最高的处理方法，可以使 T_0 稳定地维持在 $0℃$。其实施办法是将纯净的碎冰和纯水的混合物放在保温瓶中，再把玻璃试管插入冰水混合物中，在试管底部注入适量油类或水银，热电偶的参比端就插到试管底部，实现了 $T_0 = 0℃$ 的要求，冰点槽如图 5.13 所示。

（2）热电势修正法

在没有条件实现冰点法时，可以设法把参比端置于已知的恒温条件，得到稳定的 T_0，根据中间温度定律公式（5.19）得

$$E_{AB}(T,0) = E_{AB}(T,T_0) + E_{AB}(T_0,0) \tag{5.20}$$

式中，$E_{AB}(T_0,0)$ 是根据参比端所处的已知稳定温度 T_0 查热电偶分度表得到的热电势。然后根据所测得的热电势 $E_{AB}(T,T_0)$ 和 $E_{AB}(T_0,0)$ 两者之和再去查热电偶分度表，即可得到被测实际温度 T。

（3）冷端补偿器法

很多工业生产过程既没有长期保持 0℃ 的条件，也没有长期维持参比端恒温的条件，热电偶参比端温度 T_0 往往是随时间和所处的环境而变化。这种情况下可以采用冷端补偿器自动补偿 T_0 的变化。图 5.14 所示为热电偶回路接入冷端补偿器的示意。

冷端补偿器是一个不平衡电桥，桥臂 $R_1 = R_2 = R_3 = 1\Omega$，采用锰铜丝无感绕制，其电阻温度系数趋于零。桥臂 R_4 用铜丝无感绕制，其电阻温度系数约为 $4.3 \times 10^{-3}℃^{-1}$，当温度为 0℃ 时，$R_4 = 1\Omega$。R_g 为限流电阻，配用不同型号热电偶时 R_g 作为调整补偿器供电电流之用。桥路供电电压为直流 4V。

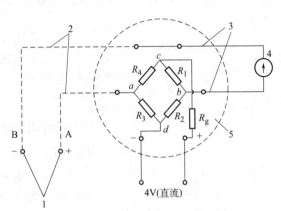

图 5.14　热电偶回路接入冷端补偿器
1—热电偶；2—补偿导线；3—铜导线；
4—指示仪表；5—冷端补偿器

当热电偶参比端和补偿器的温度 $T_0 = 0℃$ 时，补偿器桥路四臂电阻均为 1Ω，电桥处于平衡状态，桥路输出电压 $U_{ba} = 0$，指示仪表测得的总电势为

$$E = E(T,T_0) + U_{ba} = E(T,0)$$

当 T_0 随环境温度增高时，R_4 增大，则 a 点电位降低，使 U_{ba} 增加。同时由于 T_0 增高 $E(T,T_0)$ 将减小。通过合理设计计算桥路的限流电阻 R_g，使 U_{ba} 的增量恰等于 $[E(T,0) - E(T,T_0)]$，那么指示仪表所测得的总电势将不随 T_0 而变。

$$\begin{aligned} E &= E(T,T_0) + U_{ba} \\ &= E(T,T_0) + [E(T,0) - E(T,T_0)] \\ &= E(T,0) \end{aligned} \tag{5.21}$$

式（5.21）说明当热电偶参比端温度 T_0 发生变化时，由于冷端补偿器的接入，使仪表所指示的总电势 E 仍保持为 $E(T,0)$，相当于热电偶参比端自动处于 0℃。由于电桥输出电压 U_{ba} 的温度特性为 $U_{ba} = \Phi(t)$，与热电偶的热电特性 $E = f(T)$ 并不完全一致，这就使有冷端补偿器的热电偶回路的热电势在任一参比温度下都得到完全补偿是困难的，实际上只有在平衡点温度和计算点温度下可以得到完全补偿。平衡点温度，即上面所提及的 $R_1 \sim R_4$ 均相等且为 1Ω 时的温度；计算点温度是指在设计计算电桥时选定的温度点，在这一温度点上，桥路输出电压恰好补偿了该型号热电偶参比端温度偏离平衡点温度而产生的热电势变化

量。除了平衡点和计算点温度外，在其他各参比端温度值时只能得到近似的补偿，因此采用这种处理方法会带来一定的附加误差，不过这个误差是限制在一般工业温度测量所允许的误差范围之内。中国工业用冷端补偿器有两种参数：一种是平衡点温度定为0℃；另一种是定为20℃。它们的计算点均为40℃。特别是选用平衡点为20℃的补偿器时，动圈式温度指示仪指针的初始位置应调整在20℃的刻度线上。

（4）补偿导线法

生产过程用的热电偶一般直径和长度一定，结构固定。而在生产现场又需要把热电偶参比端移到离被测介质较远且温度比较稳定的场合，以免参比端温度受到被测介质的热干扰。于是采用补偿导线代替部分热电偶丝作为热电偶的延长。补偿导线的热电特性在0～100℃范围内应与所取代的热电偶丝的热电特性基本一致，且电阻率低，价格也必须比主热电偶丝便宜，对于贵金属热电偶而言这一点显得更为重要。使用补偿导线的连接方式如图5.15所示。

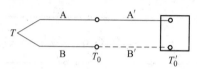

图5.15 热电偶与补偿导线接线

由图5.15可知，由于引入了补偿导线A′和B′之后，参比端温度由T_0变为T_0'，根据连接导体定律，回路总电势为

$$E=E_{AB}(T,T_0)+E_{A'B'}(T_0,T_0')$$

已经规定补偿导线在0～100℃范围内

$$E_{AB}(T_0,T_0')=E_{A'B'}(T_0,T_0')$$

那么

$$E=E_{AB}(T,T_0')$$

这相当于把热电偶的参比端迁移到温度为T_0'处，然后再接入冷端补偿器或其他所需仪器。表5.4给出了几种常用热电偶的补偿导线特性。

表5.4 常用的热电偶补偿导线技术数据

热电偶	配用的补偿导线					
	材料		绝缘层着色标志		$E(100,0)/mV$	20℃电阻率不大于 $/\Omega\cdot mm^2\cdot m^{-1}$
	正极	负极	正极	负极		
铂铑$_{10}$-铂	铜	铜镍	红	绿	0.643±0.023	0.0484
镍铬-镍硅	铜	康铜	红	棕	4.10±0.15	0.634
镍铬-康铜	镍铬	康铜	紫	棕	6.32±0.3	1.19

5.2.5 热电偶测温回路

图5.16所示为一支热电偶配用一个指示仪表的测温连接回路，也是一般最常用的回路。它是由热电偶A,B和补偿导线C,D及冷端补偿器、铜线、测量仪表等组成。在实际使用中，通常是把补偿导线一直延伸到配用仪表接线处的环境温度T_0。而且为了满足不同的测温要求，热电偶测量线路可采用不同的连接方式，热电势的测量也采用不同类型仪表，可根据具体情况分别对待。

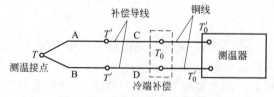

图5.16 典型热电偶测温回路

（1）热电偶反接（差动热电偶）

这种测量线路是测量两处温度差（T_1-T_2）的一种方法，如图5.17(a)所示。它是将两个同型号的热电偶配用相同的补偿导线并反接而成，此时输入到测量仪表的热电势为两个热电偶的热电势之差，即

$$\Delta E = E(T_1, T_0) - E(T_2, T_0)$$
$$= E(T_1, T_2) + E(T_2, T_0) - E(T_2, T_0) = E(T_1, T_2) \tag{5.22}$$

从式(5.22)可以看出 $\Delta E = E(T_1, T_2)$ 即反映出温度 T_1 和 T_2 的差值。

使用这种方法测量温差必须保证如下两点。

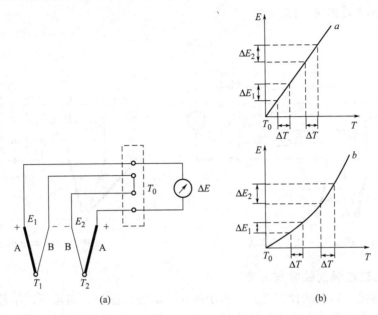

图 5.17　热电偶反接

a. 两支热电偶补偿导线延伸出来的新冷端温度必须相同，否则不会得到两处真实温差。

b. 两支热电偶的热电势 E 与温度 T 的关系必须呈线性，图 5.17(b) 中 a 线所示，如呈非线性关系如图中 b 线所示，则在不同的温度范围内，虽然实际的温差相同，却有不同的输出热电势差。

（2）热电偶并联——平均温度测量

测量平均温度的方法是用几支同型号的热电偶并联接在一起。如图 5.18 所示，要求三支热电偶全部工作在线性段，显示仪表指示为 3 个温度测量点的平均温度。在每支热电偶线路中，分别串接均衡电阻 R_1, R_2 和 R_3 是为了在 T_1, T_2 和 T_3 不相等时，使每一支热电偶线路中流过的电流免受电阻不相等的影响，因此 R_1, R_2 和 R_3 的阻值必须很大，使热电偶的电阻变化可以忽略。使用热电偶并联的方法测多点的平均温度，其优点是仪表的分度仍旧和单独配用一个热电偶时一样，缺点是当有一支热电偶烧断时，不能及时察觉出来。

如图 5.18 所示，可得：$E_1 = E_{AB}(T_1, T_0)$，$E_2 = E_{AB}(T_2, T_0)$，$E_3 = E_{AB}(T_3, T_0)$，回路中总的热电势为

$$E_T = \frac{1}{3}(E_1 + E_2 + E_3) \tag{5.23}$$

（3）热电偶串联（热电堆）

当测量低温或温度变化很小的场合，为能得到较大热电势，或为了取得几点的平均温度，常将几个具有相同热电特性的热电偶串联相接，如图 5.19 所示。此时，输入仪表的电势相当于各支热电偶输出热电势之和。这种线路可以避免并联线路的缺点，当有一支热电偶烧断时，总热电势消失，可以立即知道有热电偶烧断。应用该电路时，每一热电偶引出补偿

导线还必须回接到仪表中的冷端处。图 5.19 中 C,D 为补偿导线，回路总电势为

$$E_T = 2e_{AB}(T) + 2e_{DC}(T_0)$$
$$= 2e_{AB}(T) - 2e_{AB}(T_0) = 2E_{AB}(T, T_0) \qquad (5.24)$$

即回路总电势为各热电偶电势之和。

如果要测平均温度，则

$$E_{平均} = \frac{1}{2} E_T \qquad (5.25)$$

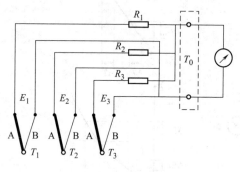

图 5.18　热电偶并联

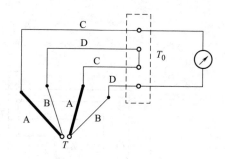

图 5.19　热电偶串联

5.2.6　热电偶的校验与分度

热电偶经过一段时间使用之后，由于氧化、腐蚀、还原、高温下再结晶等因素的影响，使它与原分度值或标准分度表的偏离越来越大，以致产生较大误差，测量精度下降。因此，需要对热电偶定期校验以监视其热电特性的变化，保持其准确性。在科学实验中，有时为了提高测量的准确度，热电偶在初次使用前也需要进行单独分度。从方法上讲校验和分度是一样的，但从概念上讲校验是指对热电偶热电势和温度的已知关系进行校核，检查其误差的大小；而分度则是确定热电势和温度的对应关系。

热电偶的校验或分度是一项重要而细致的工作。根据国际实用温标 IPTS-68 规定，除标准铂铑$_{10}$-铂热电偶必须进行三点（金、银、锌的凝固点温度）分度外，其余各种实用性热电偶均必须在表 5.5 所列的温度点进行比较式校验。

表 5.5　热电偶校验温度点

分度号	热电偶材料	校验温度点/℃
S	铂铑$_{10}$-铂	600，800，1000，1200
K	镍铬-镍硅	400，600，800，1000
E	镍铬-康铜	300，400，500，600

如图 5.20 所示，比较式校验设备由交流稳压电源、调压器、管式电炉、冰点槽、切换开关、直流电位差计和标准热电偶等组成。

管式电炉用电阻丝作加热元件，炉体长度为 600mm，中部应有长度不小于 100mm 的恒温段。电位差计的精度等级不低于 0.03 级。

校验的基本方法是把标准热电偶与被校热电偶的测量端置于管式电炉内的恒温段，参比端置于冰点槽内以保持 0℃。用电位差计测量各热电偶的热电势，然后比较其结果。以确定被校验热电偶的误差范围或确定其热电特性。

校验时应注意如下几点：

① 用调压器调节电炉的加热温度时，应使其稳定在表 5.5 所列各校验温度点 $\pm 10℃$ 范围内，在读取热电势数值过程中炉温变化不得超过 $\pm 0.2℃$；每个校验温度点读数不得少于 4 次。

② 冰点槽内必须是均匀的纯净冰水混合物，保持在 $0℃$；热电偶参比端必须插入冰点槽中部，且相互绝缘。

③ 被校验热电偶若是铂铑-铂材料，校验前要进行退火和清洗处理，然后才允许将测量端裸露与标准铂铑-铂热电偶测量端靠近。被校热电偶为贱金属材料时，则应用封头细套管保护标准热电偶，以免其被污染。

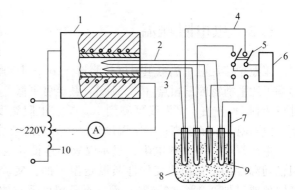

图 5.20 热电偶比较式校验系统
1—管式电炉；2—被校热电偶；3—标准热电偶；4—铜导线；
5—切换开关；6—直流电位差计；7—玻璃温度计；
8—冰点槽；9—试管；10—稳压电源和调压器

④ 同时被校验的热电偶可以有多支，读数顺序是标准热电偶→1 号被校热电偶→2 号被校热电偶→……→N 号被校热电偶；再从 N 号被校热电偶反序读数至标准热电偶。如此正反顺序多次读取数据，然后进行数据整理和误差分析。

5.2.7 热电偶测温系统的误差分析

图 5.16 所示的热电偶测温系统的误差有如下几种。

(1) 热电偶分度误差 Δ_1

由于热电偶材质不均匀使得其热电特性与统一分度表之间存在差值。该项误差不能超过热电偶允许误差的范围，否则应重新校验。如铂铑-铂热电偶在 600℃ 以上使用时，允许误差为 $\pm 0.25\% t$；镍铬-镍硅在 400℃ 以上使用时，允许误差为 $\pm 0.75\% t$。

(2) 补偿导线误差 Δ_2

补偿导线与热电偶热电特性不同而带来的误差。对于铂铑-铂热电偶在 100℃ 补偿范围内其补偿导线允差为 $\pm 0.023mV$（精密级）；对镍铬-镍硅热电偶补偿导线允差为 $\pm 0.105mV$（普通级）。

(3) 冷端补偿器误差 Δ_3

冷端补偿器只能在平衡点和计算点的温度值得到完全补偿，在其他温度时因不能完全得到补偿所造成的误差，即为冷端温度补偿器误差。铂铑-铂热电偶为 $\pm 0.04mV$；镍铬-镍硅热电偶为 $\pm 0.16mV$。

(4) 测量仪表误差 Δ_4

该误差由仪表精度等级所决定。如 XCZ-101 动圈测温仪表为 $\pm 1\%$。

如若采用镍铬-镍硅热电偶按图 5.16 所示组成测温系统。测量仪表 XCZ-101 的量程为 1000℃，若仪表上显示被测温度为 800℃。则上述分析各项误差分别为

$$\Delta_1 = \pm 0.75\% t = \pm 6℃, \quad \Delta_2 = \pm 0.105mV = \pm 2.65℃$$
$$\Delta_3 = \pm 0.16mV = \pm 4.01℃, \quad \Delta_4 = \pm 10℃$$

测温系统的最大误差为

$$\Delta = \pm \sqrt{\Delta_1^2 + \Delta_2^2 + \Delta_3^2 + \Delta_4^2} = \pm \sqrt{6^2 + 2.65^2 + 4.01^2 + 10^2} = \pm 12.6℃$$

5.3 热电阻测温

工业中广泛应用热电阻温度计测量 $-200\sim+500\text{℃}$ 范围的温度。在特殊情况下，测量的低温端可达平衡氢的三相点（13.81K），甚至可更低。如铟电阻温度计可测到 3.4K，碳电阻温度计可测到 1K 左右；高温段可测到 1000℃。电阻温度计主要特点是精度高；在低温（500℃以下）段测温，灵敏度高；电阻温度计输出的电信号便于远传、多点测量或自动控制。

电阻温度计是由热电阻、显示仪表和连接导线所组成。它是利用某些导体或半导体的电阻值随温度的变化而改变的性质测定温度的。实验证明大多数金属导体在温度升高 1℃时，其阻值要增加 0.4％～0.6％，而具有负温度系数的半导体阻值要减小 3％～6％。

5.3.1 热电阻的材料

制作热电阻的材料有如下要求。

① 电阻温度系数要大。电阻温度系数的定义为：温度变化 1℃时电阻值的相对变化量，用 α 来表示，单位为 1/℃。根据定义，α 表示为

$$\alpha = \frac{\dfrac{\mathrm{d}R}{R}}{\mathrm{d}T} = \frac{1}{R} \times \frac{\mathrm{d}R}{\mathrm{d}T} \tag{5.26}$$

电阻温度系数 α 越大，制成的温度计灵敏度越高，测量温度结果越准确。一般材料的电阻温度系数并非常数，在不同温度下具有不同的数值。电阻温度系数还与材料的纯度有关，材料的纯度越高，α 值就越大；杂质含量越多，α 值就越小，且不稳定。

② 要求有较大的电阻率。因为电阻率越大，热电阻体的体积就可以做得小一些，热容量和热惯性也就小些，这样对温度变化的响应较快。

③ 在测温范围内要求物理及化学性质稳定。

④ 复现性好、复制性强、易得到纯净物质。

⑤ 电阻值与温度的关系要近似线性，以便于测温时的分度和读数。

⑥ 价格便宜。

根据上述要求，比较适合作热电阻的材料有：铂、铜、铁、镍和一些半导体材料。由于铁和镍很难制造得纯净，且因它们的电阻与温度的关系曲线不平滑，因此用得很少。目前，用得比较多的是铂和铜。

5.3.2 热电阻的类型

(1) 铂热电阻

铂电阻的特点是精度高、稳定性好、性能可靠。这是因为铂在氧化性气氛中，甚至在高温下的物理、化学性质非常稳定。另外，它易于提纯、复制性好、有良好的工艺性、可以制成极细的铂丝（直径可达 0.02mm 或更细）或极薄的铂箔。与其他热电阻材料相比，具有较高的电阻率。因此，它是一种较为理想的热电阻材料。所以，除作一般工业测温元件外，还可以应用于温度的基准、标准仪器中。根据 ITS-90 国际温标规定，13.81K～961.78℃的标准仪器为铂电阻温度计。但是它的缺点是电阻温度系数小，在还原气氛中，特别是在高温下易被沾污变脆，另外它的价格较贵。

铂的纯度通常用百度电阻比 $W(100)$ 表示，即

$$W(100) = \frac{R_{100}}{R_0} \tag{5.27}$$

式中　R_{100}——100℃时的电阻值，Ω；

　　　R_0——0℃时的电阻值，Ω。

$W(100)$ 越高，则其纯度越高，目前技术水平已提纯到 $W(100)=1.3930$，其相应的铂纯度为 99.9995％。

按 IEC 标准，使用测温范围扩大到 $-200\sim850$℃，电阻纯度采用 $W(100)=1.3850$，初始电阻为 $R_0=100\Omega$ 和 $R_0=10\Omega$。10Ω 的电阻温度计阻丝较粗，主要用于测 600℃ 以上温度。一般工业常用的铂电阻，中国规定其分度号为 Pt100 和 Pt10。其技术指标见表 5.6，其分度见本章末附表 5.3。

表 5.6　工业热电阻分类及特性

项　目	铂 热 电 阻		铜 热 电 阻	
分度号	Pt100	Pt10	Cu100	Cu50
R_0/Ω	100	10	100	50
$\alpha/℃$	0.00385		0.00428	
测温范围/℃	$-200\sim850$		$-50\sim150$	
允差/℃	A 级：$\pm(0.15+0.002\|t\|)$ B 级：$\pm(0.30+0.005\|t\|)$		$\pm(0.30+0.006\|t\|)$	

铂电阻分度表是按下列关系式建立的。

$$-200℃\leqslant t\leqslant0℃：　R_t=R_0[1+At+Bt^2+Ct^3(t-100)] \tag{5.28}$$

$$0℃\leqslant t\leqslant650℃：R_t=R_0(1+At+Bt^2) \tag{5.29}$$

式中，$A=3.90802\times10^{-3}℃^{-1}$；$B=-5.802\times10^{-7}℃^{-2}$；$C=-4.27350\times10^{-12}℃^{-4}$。

（2）铜热电阻

工业上除了铂热电阻被广泛应用外，铜热电阻的使用也很普遍。因为铜热电阻的电阻值与温度近于呈线性关系，电阻温度系数也较大，且价格便宜，所以在一些测量准确度要求不是很高的场合，常采用铜电阻。但在高于 100℃ 的气氛中易被氧化，故多用于测量 $-50\sim150$℃ 的温度范围。

中国统一生产的铜热电阻温度计有 Cu50 和 Cu100 两种。其技术指标见表 5.6，分度表见本章末附表 5.3，Cu50 的分度值乘以 2 即得 Cu100 的分度值。

铜热电阻的分度值是以式（5.30）电阻温度关系为依据的。

$$-50℃\leqslant t\leqslant150℃：R_t=R_0(1+At+Bt^2+Ct^3) \tag{5.30}$$

式中，$A=4.28899\times10^{-3}℃^{-1}$；$B=-2.133\times10^{-7}℃^{-2}$；$C=1.233\times10^{-9}℃^{-3}$。

5.3.3　热电阻的结构类型

工业用金属热电阻的结构有普通型热电阻，铠装热电阻和薄膜热电阻三种类型。

（1）普通型热电阻

图 5.21 所示为工业用热电阻温度计基本结构。其造型与普通型热电偶温度计类似，尤其是接线盒，保护管的外观相像。不同处是保护管内装有热电阻体；接线盒内的接线座，为适应热电阻三线制与四线制的接法需要，接线柱往往不止两个。

电阻体结构如图 5.22 所示。铂电阻体结构有如下三种基本形式。

① 玻璃烧结式［见图 5.22(a)］。把细铂丝（直径 0.03～0.04mm）用双绕法绕在刻有螺纹的玻璃管架上，最外层再套以直径 4～5mm 的薄玻璃管，烧结在一起，起保护作用。

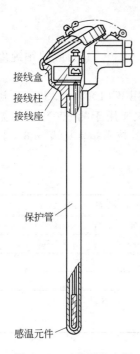

图 5.21 工业用热电阻
温度计基本结构

引出线也烧结在玻璃棒上。这种结构热惯性小。

② 陶瓷管架式［见图 5.22(b)］。其工艺特点同玻璃烧结式一样。采用陶瓷管架，其外护层采用涂釉方法，有利于减小热惯性，缺点是电阻丝热应力较大，影响稳定性、复现性，其次易碎，尤其引线易折断。

③ 云母管架式［见图 5.22(c)］。铂丝绕在侧边有锯齿形的云母片基体上，以避免铂丝滑动短路或电阻不稳定，在绕有铂丝的云母片外覆盖一层绝缘层云母片，其外再用银带缠绕固定。为了改善传热条件，一般在云母管架电阻体装入外保护管时，两边再压上具有弹性的导热支撑片，其断面如图 5.22(c) 所示。

铜电阻体结构［见图 5.22(d)］。通常采用管形塑料作骨架，用漆包铜电阻丝（直径 0.07～1mm）双线无感地绕在管架上，由于铜电阻率较小，所以需要多层绕制。它的热惯性比铂电阻体大很多。铜电阻体上还有锰铜丝补偿绕组，是为了调整铜电阻体的电阻温度系数用的。整个电阻体绕制后经过酚醛树脂漆的浸渍处理，以提高其导热性和机械紧固作用。

（2）铠装热电阻

铠装热电阻的结构和铠装热电偶类似。热电阻体与保护套管封装成一个整体，因此，它具有良好的力学性能，耐振动与冲击，有良好的挠性，便于安装；不受有害介质侵蚀；外径尺寸可以做得很小（国产定型标准外径为 3～8mm），反应速度快。

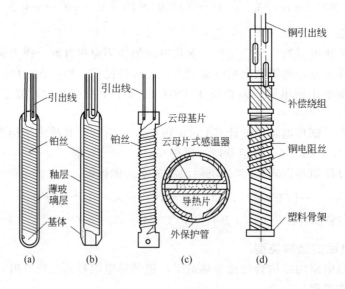

图 5.22 电阻体结构

（3）薄膜热电阻

薄膜热电阻是用真空镀膜法将铂直接蒸镀在陶瓷基体上制成的热电阻。铂膜热电阻有厚膜和薄膜两种。前者铂膜厚度为 $7\mu m$ 左右，后者为 $2\mu m$ 左右。薄膜热电阻减少了热惯性，提高了灵敏度和响应速度。

5.3.4 半导体热电阻

半导体热电阻又称为热敏电阻。常用来制造热敏电阻的材料为锰、镍、铜、钛和镁等的氧化物。将这些材料按一定比例混合，经成形高温烧结而成热敏电阻。

热敏电阻按其温度系数可分为负温度系数 NTC 型、正温度系数 PTC 型和临界温度系数 CTR 型三种类型，其电阻温度特性如图 5.23 所示。NTC 型热敏电阻常用于测量温度；PTC 型和 CTR 型在一定温度范围内阻值随温度而急剧变化，可用于检测特定温度。

金属热电阻是利用金属导体的电阻随温度的升高而增加的特性，当温度升高时，金属导体内的粒子无规则运动加剧，阻碍了自由电子的定向运动，即电子迁移率降低。

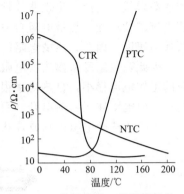

图 5.23　热敏电阻三种类型特性

半导体内虽也有此现象，但因自由电子数目随温度升高而增加得更快，最终电阻反而下降，这种半导体具有负的温度系数，NTC 型热敏电阻是利用这样特性进行测温的。

设 R_T 为温度 T 时热敏电阻的阻值，T 为热力学温度值，则其间有如下关系。

$$R_T = R_0 \exp \left[B \left(\frac{1}{T} - \frac{1}{T_0} \right) \right] \tag{5.31}$$

式中　R_0——温度为 T_0 时的电阻；

　　　B——与热敏电阻材料有关的材料常数。

将式(5.31)两边取对数，整理得

$$B = \frac{\ln R_T - \ln R_{T_0}}{\dfrac{1}{T} - \dfrac{1}{T_0}} \tag{5.32}$$

用实验的方法分别测量 T 和 T_0 时电阻 R_T 和 R_{T_0}，代入式(5.32)可计算出 B 的数值。通常，B 在 1500～5000K 范围内。

热敏电阻的温度系数定义为

$$\alpha = \frac{1}{R} \frac{dR}{dT} \tag{5.33}$$

由式(5.31)微分，并代入式(5.33)，得到温度系数为

$$\alpha = -\frac{B}{T^2} \tag{5.34}$$

由式(5.34)可见，当 B 为正值时，热敏电阻的温度系数是负值，并为温度 T 的函数。在室温附近 $\alpha \approx -(2 \sim 6) \times 10^{-2} ℃^{-1}$。

热敏电阻的伏安特性表征了静态下加在热敏电阻上的端电压和通过电阻的电流在热敏电阻和周围介质热平衡时的相互关系。负温度系数热敏电阻的伏安特性如图 5.24 所示。

图 5.24 表明：当电流很小时（如小于 I_a），元件功耗很小，电流不足以引起热敏电阻发热，元件温度基本与环境温度 T_0 一致。在这种情况下，热敏电阻相当于一个固定电阻，电压与电流之间关系符合欧姆定律，所以 Oa 段为线性工作区域。随着电流增加，热敏电阻耗散功率增大，由工作电流引起热敏电阻自热温升，则其阻值下降，端电压降的增

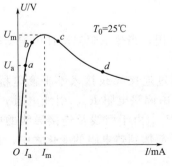

图 5.24　热敏电阻伏安特性

加逐渐缓慢，因此，出现非线性正阻区 ab 段。当电流为 I_m 时，其端电压达到最大值 U_m。若电流继续增加，热敏电阻自身升温剧烈，其阻值迅速减小，并且阻值减小的速度超过电流增加的速度，因此，热敏电阻的端电压随电流的增加而降低，形成 cd 段负阻区域。

因此，负温度系数热敏电阻应用于测温时，应工作在伏安特性曲线 Oa 段，流过热敏电阻的工作电流很小，自热功率很小。当外界环境温度变化时，尽管热敏电阻耗散系数也发生变化，但电阻体无自热温升，而与环境温度接近。

半导体热敏电阻可制成片状、柱状和珠状，如图 5.25 所示。

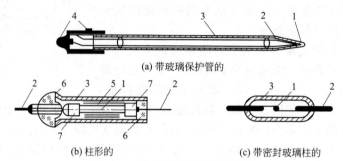

(a) 带玻璃保护管的

(b) 柱形的　　　　　　　　　　　(c) 带密封玻璃柱的

图 5.25　半导体热敏电阻的结构

1—电阻体；2—引出线；3—玻璃保护管；4—引出极；5—锡箔；6—密封材料；7—导体

半导体热敏电阻常用来测量 $-100 \sim 300\,℃$ 的温度，与金属电阻比较，它具有以下优点。

① 电阻温度系数大，为 $-(3 \sim 6)\%$，灵敏度高。

② 电阻率很大，因此，可以制成体积小而阻值大的电阻体，连接导线电阻变化的影响可忽略。

③ 结构简单、体积小，可以用于测点温度。

④ 热惯性小，适于测表面温度及快速变化温度。

其不足之处主要是热敏电阻的电阻温度特性分散性很大、互换性差、非线性严重，因此，使用很不方便；此外，电阻温度的关系不稳定、随时间而变化，因此，测温误差较大。这些缺点限制了热敏电阻的广泛使用，只适用于一些测温要求较低的场合。

5.3.5　热电阻测温电桥

由于一般金属热电阻的阻值在几欧到几十欧范围内。这样，热电阻本体的引线电阻和连接导线的电阻会给温度测量结果带来很大影响。尤其是热电阻引线常处于被测温度环境中，其电阻值与随被测温度而变化，难以估计和修正，这是热电阻温度计在使用中必须予以重视的问题。

为了消除上述导线电阻对温度测量的影响，热电阻温度计的连接电路从二线制发展到三线制和四线制接法。

（1）工业常用线路

工业用电阻温度计常与动圈式仪表或自动平衡电桥配套使用，当热电阻温度计中配套使用动圈仪表时则其测量电桥一般为不平衡电桥。

二线制接法如图 5.26 所示。热电阻 R_t 有两根引线，通过连接导线接入不平衡电桥，即由 R_1, R_2, R_3 及 R_a 组成电桥的 4 个桥臂，其中，电阻 R_a 由调整电阻 R_r、引线电阻 r'、连接导线电阻 r 及热电阻 R_t 组成，即 $R_a = 2(R_r + r + r') + R_t$。由于引线及连接导线的电阻与热电阻处于电桥的一个桥臂中，它们随环境温度的变化全部加到热电阻的变化之中，直接影响热电阻温度计测量温度的准确性。

由于二线制接法简单，实际工作中仍有应用，为了误差不致过大，要求引出线的电阻值有如下特性：对铜电阻而言，不应超过 R_0 的 0.2%；对铂电阻而言，不应超过 R_0 的 0.1%。

三线制接法如图 5.27 所示。热电阻 R_t 有三根引线。此时有两根引线及其连接导线的电阻分别加到电桥相邻两桥臂中，第三根线则接到电源线上，即相当于把电源与电桥的连接点 a 从显示仪表内部桥路上移到热电阻体附近。这样，在测温工作中由于这些电阻的变化而带来的影响就很小了。

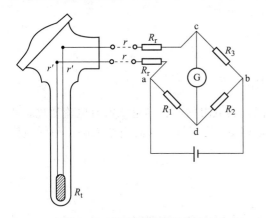

图 5.26 热电阻二线制接法

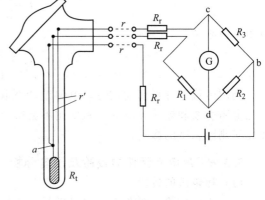

图 5.27 热电阻三线制接法

图 5.28 所示为热电阻 R_t 只有两根引线时的三线制接法。此时连接导线仍为三根，其中两根连接导线的电阻分别加到电桥相邻的两桥臂中，第三根接到电源对角线上，相当于把电源的接点 a 移到热电阻传感器内的接线柱上。这种接法可以减小连接导线 r 电阻变化的影响，而热电阻引线电阻 r′ 的变化影响，依然存在。

工业用电阻温度计还常与自动平衡电桥配套使用，这种仪表依据零位检测原理工作。电源电压波动，对仪表读数无直接影响。利用平衡电桥构成的闭环式仪表，采用三线制接法测量误差小，比配用动圈表的电阻温度计的测温精度高。

（2）实验室精密测温线路

作为精密测温用的热电阻，常采用 4 根引线。这是为了更好地消除引线电阻变化对测温的影响。在实验室测温和计量标准工作中，采用四引线热电阻，配合用的仪表为精密电位差计或精密测温电桥。

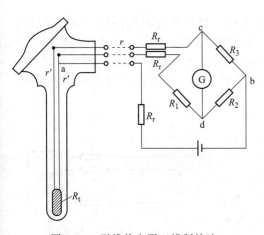

图 5.28 引线热电阻三线制接法

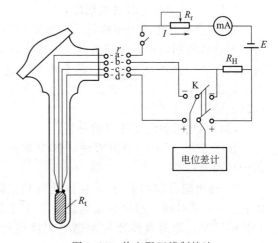

图 5.29 热电阻四线制接法

图 5.29 所示为用电位差计精密测量热电阻值的四线制线路，电源 E 向标准电阻 R_H、热电阻 R_t（经端头 a 和 c）、调节电阻 R_r 和电流表回路供电。调节 R_r 可使回路电流 I 调整到热电阻的规定值（常用 3～4mA），与接线端子 a 和 c 相接的导线和引线是热电阻的电流测量线，与接线端子 b 和 d 相接的导线和引线是热电阻的电位测量线，通过转换开关 K 先后可将标准电阻 R_H 和热电阻 R_t 上的电压降 U_H 和 U_t 测量出来，由

$$I = \frac{U_t}{R_t} = \frac{U_H}{R_H} \tag{5.35}$$

可得热电阻值

$$R_t = \frac{U_t}{U_H} R_H \tag{5.36}$$

利用电位差计平衡读数时，电位差计不取电流，热电阻的电位测量线没有电流通过，所以热电阻引线和连接导线的电阻变化不会影响热电阻 R_t 的测量，因而完全消除了引线电阻变化对测温精度的影响。

5.3.6 热电阻元件的校验及误差分析

(1) 热电阻的校验

热电阻的校验一般在实验室里进行。除了标准铂电阻温度计需要定点（水三相点、水沸点、锌凝固点、银凝固点等）分度外，实验室和工业用的铂或铜电阻温度计校验方法有如下两种。

① 比较法。将标准水银温度计或标准铂电阻温度计一起插入恒温源中，在规定的几个稳定温度下读取标准温度计和被校温度计的示值并进行比较，其偏差不得超过表 5.6 所列出的最大允许误差。校验时所使用的恒温源有冰点槽、恒温水槽、恒温油槽和恒温盐槽，可根据所需校准温度范围选取恒温源。热电阻值的测量可用电桥电路，也可以用直流电位差计测恒电流（小于 6mm）流过热电阻和标准电阻时各自的电压降，然后用式(5.37) 计算出热电阻值 R_t。

$$R_t = \frac{U_t}{U_N} R_N \tag{5.37}$$

式中　　R_N——已知标准电阻值，Ω；

　　　　U_t——测得热电阻的电压降，V；

　　　　U_N——标准电阻的电压降，V。

② 两点法。比较法固然可以用调整恒温源温度的办法对温度计刻度值逐个进行比较校验，但这样所用的恒温源规格多，一般实验室不具备这样的条件。因此，工业用电阻温度计可用两点法校验其 R_0 和 R_{100} 两个参数。这种方法只需具备冰点槽和水沸点槽。分别在这两个恒温槽中测得 R_0 和 R_{100}，然后检查 R_0 值和比值 R_{100}/R_0 是否满足规定的技术指标，以确定温度计是否合格。

(2) 热电阻测温系统误差分析

如图 5.30 所示的测温系统，其误差组成如下（不考虑传热误差）。

① 热电阻分度误差 Δ_1。标准化的热电阻分度表（见附表 5.3）是对同一型号热电阻的电阻温度特性进行统计分析的结果，而对具体使用的热电阻体往往因材料纯度、制造工艺有所差异，形成了热电阻分度误差。分度误差大

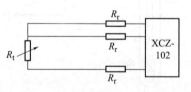

图 5.30　热电阻与 XCZ-102 所组成的测温系统

小不能超过表 5.6 的规定数值。

② 自热误差 Δ_2。这是由于测量过程中有电流流过热电阻回路，使电阻体产生温升而引起温度测量的附加误差。它与电流大小和传热介质有关。中国工业上使用热电阻限制电流一般不超过 6mA，这时将热电阻置于冰点槽中，则热电阻的自热误差不超过 0.1℃。

③ 线路电阻变化带来的误差 Δ_3。当环境温度变化 10℃时，导线电阻为 5Ω，则二线制接线其误差为 2℃，三线制为 0.1℃。

④ 显示仪表的基本误差 Δ_4。（动圈测温仪表）XCZ-102 温度指示仪精度为一级，基本误差是量程范围的 1%。

如若测温系统采用 Pt100 热电阻元件，XCZ-102 量程为 0～500℃，被测温度示值为 300℃时，则各项误差为

$$\Delta_1 = \pm(0.3 + 4.5 \times 10^{-3}t) = \pm 1.7℃$$
$$\Delta_2 = \pm 0.1℃$$
$$\Delta_3 = 2.0℃ \quad 或 \quad 0.1℃$$
$$\Delta_4 = \pm 5℃$$

对二线制接线测温总误差为

$$\Delta = \pm\sqrt{1.7^2 + 0.1^2 + 2.0^2 + 5^2} = \pm 5.7℃$$

对三线制接线测温总误差为

$$\Delta = \pm\sqrt{1.7^2 + 0.1^2 + 0.1^2 + 5^2} = \pm 5.3℃$$

5.4　辐射式测温法

辐射测温方法是利用物体辐射能与其温度有关的原理进行测温的。这种测温方法热交换以辐射方式进行，测温元件与被测物不直接接触，因此，不会干扰或破坏被测对象的温度场。理论上这种测温方法的测温上限不受限制，动态特性好、灵敏度高、可以测量处于运动状态对象的温度，因此它们被广泛应用。

辐射测温过程：一是有一个热辐射源（即被测对象）；二是有辐射能传输通道，可以是大气、光导纤维或真空等；三是有接收和处理辐射信号的仪表（系统）。如用于测定 800℃以上高温和可见光范围的辐射式仪表，有单色辐射光学高温计、全辐射高温计和比色高温计等。接收低温与红外线范围辐射信号的则用红外测温仪、红外热像仪等。

5.4.1　辐射测温的物理基础

(1) 热辐射

根据电磁波动理论，辐射即是由电磁波传递能量的过程。在物体处于绝对零度以上时，由于其内部带电粒子热运动就会向外发射出不同波长的电磁波，把这类电磁波的传播过程称为热辐射。

物体在不同温度范围内其热辐射的电磁波波段也不同。热辐射电磁波在整个无限连续的电磁波谱中所占的谱段如图 5.31 所示。辐射温度探测器所能接收的热辐射波段约为 0.3～40μm，所以辐射温度探测器大部分工作在可见光和红外光的某波段或波长下。

(2) 热辐射源、辐射物理量

辐射源是从它的整个面积发射出辐射能的。在辐射测温中，根据被测目标物面积的大小、离探测器的远近，把它分为点源和面源。一般情况下，把充满辐射探测器瞬时视场的大

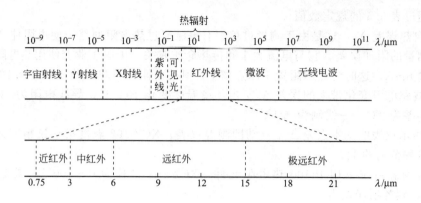

图 5.31　电磁波谱

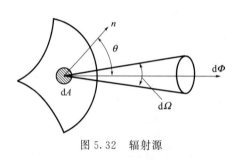

图 5.32　辐射源

面积辐射源称为面源，而将没有充满辐射探测器瞬时视场的辐射源称为点源。辐射测量得到的辐射能采用一些辐射物理量给予量度。

假设在辐射源表面取微元面积 dA，沿着与面积 dA 的法线 n 成 θ 角方向，在微元立体角 $d\Omega$ 内辐射，面积 dA 在与辐射方向垂直的平面上投影等于 $dA\cos\theta$。如图 5.32 所示，则有如下定义。

① 辐射能 Q。同其他电磁辐射一样，可见光和红外光辐射也是一种能量传播形式。以电磁辐射形式发射、传输或接收的能量称为辐射能，通常用字符 Q 表示。度量辐射能的单位为焦［耳］（J）。

② 辐射通量。单位时间内，通过某一面积的辐射能量，称为经过该面积的辐射通量；即辐射源在单位时间内发出的辐射能量称为该辐射源的辐射通量。因此，辐射通量是辐射能量随时间的变化率，即

$$\Phi = \frac{dQ}{dt} \tag{5.38}$$

式中　dQ——在时间 dt 发射出的辐射能量；

　　　Φ——辐射通量，J/s 或 W。

③ 辐射强度与光谱辐射强度。把辐射源看作点源，则定义点源在某一指定方向，单位立体角 $d\Omega$ 内发射的辐射通量为辐射强度 I（W/sr[❶]），即

$$I = \frac{d\Phi}{d\Omega} \tag{5.39}$$

光谱辐射强度又称单色辐射强度（I_λ），其单位是 W/(sr·μm)，它是波长在 λ 附近单位波长间隔内的辐射强度，即

$$I_\lambda = \frac{d\Phi}{d\Omega\,d\lambda} \tag{5.40}$$

④ 辐射亮度与光谱辐射亮度。辐射源在单位投影辐射面积、单位立体角范围内的辐射通量称为辐射亮度，表示为

$$L = \frac{d\Phi}{dA\cos\theta\,d\Omega} \tag{5.41}$$

---

❶　sr 为立体弧度，球面（角）度。

式中 L——辐射源投影辐射面积在给定方向、所有波长的辐射亮度，$W/(cm^2 \cdot sr)$，为辐射源温度 T 的函数；

 $d\Phi$——微元面积 $dA(cm^2)$ 辐射的、处于 $d\Omega(sr)$ 立体角元内的、所有波长范围的辐射通量，W。

辐射源在波长属于 λ 附近的单位波长间隔内的辐射亮度则称为光谱辐射亮度 L_λ，又称为单色辐射亮度，单位是 $W/(cm^2 \cdot sr \cdot \mu m)$，表示为

$$L_\lambda = \frac{d\Phi}{dA\cos\theta d\Omega d\lambda} \tag{5.42}$$

⑤ 辐射出射度和光谱辐射出射度。辐射出射度 M 是辐射表面上每单位面积所发出的辐射通量，它的单位是 W/cm^2，表示为

$$M = \frac{d\Phi}{dA} \tag{5.43}$$

如果辐射源是理想的漫辐射体，即能遵守朗伯定律的辐射，使得辐射亮度 L 成为一个与方向无关的常量，此时 Ω 的定义域可以是整个半球空间（2π 球面度），辐射出射度为定义域的积分，则可得到

$$M = \pi L \tag{5.44}$$

光谱辐射出射度 $M_\lambda[W/(cm^2 \cdot \mu m)]$ 则是在波长 λ 附近单位波长间隔内的辐射出射度，表示为

$$M_\lambda = \frac{dM}{d\lambda} = \frac{d\Phi}{dA d\lambda} \tag{5.45}$$

⑥ 吸收率、反射率和透射率。实际物体连续向外发射辐射能，同时对投射到其上的热辐射能有吸收、反射和透射等性质，如图 5.33 所示。

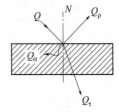

图 5.33 入射能量的分布

假设外界投射到物体表面上总能量为 Q，被吸收的是 Q_α，反射的为 Q_ρ，透过的为 Q_τ，则根据能量守恒定律，得

$$Q = Q_\alpha + Q_\rho + Q_\tau \tag{5.46}$$

式中 Q——投射辐射；

 Q_α——吸收辐射；

 Q_ρ——反射辐射；

 Q_τ——透射辐射。

式(5.46) 两边同除以 Q，得

$$\frac{Q_\alpha}{Q} + \frac{Q_\rho}{Q} + \frac{Q_\tau}{Q} = 1 \tag{5.47}$$

式中 $\dfrac{Q_\alpha}{Q}$——物体的吸收率，表示为 α；

 $\dfrac{Q_\rho}{Q}$——物体的反射率，表示为 ρ；

 $\dfrac{Q_\tau}{Q}$——物体的透过率，表示为 τ。

$$\alpha + \rho + \tau = 1 \tag{5.48}$$

对于不透明的材料 $\tau = 0$，则式(5.48) 可改写为

$$\alpha + \rho = 1 \tag{5.49}$$

对于气体，$\rho = 0$，于是有

$$\alpha + \tau = 1 \tag{5.50}$$

以下讨论一种理想的物体。假如有这样一个物体，它在任何温度下均可全部地吸收投射到其表面的任何波长的辐射能量，那么这种物体被称为黑体。在黑体情况下，$\rho = 0, \tau = 0$，而 $\alpha = 1$。

⑦ 比辐射率与光谱比辐射率。热辐射体温度在 T 时所有波长范围内的辐射出射度 M 与同温度下黑体的辐射出射度 M_b 之比称为该辐射体的比辐射率 ε，又称为黑度或辐射率，即

$$\varepsilon = \frac{M}{M_b} \tag{5.51}$$

光谱比辐射率 ε_λ 又称为单色黑度，或称为单色辐射率。它被定义为物体在某温度时的单色辐射出射度 M_λ 与同温度、同波长时的黑体的单色出射度 $M_{b\lambda}$ 之比，即

$$\varepsilon_\lambda = \frac{M_\lambda}{M_{b\lambda}} \tag{5.52}$$

黑度或单色黑度在辐射测温中是一个非常有用的量。因为研究物体辐射特性一般是以黑体作为理想模型，实际物体的辐射特性低于黑体模型，所以常用黑度来表示某实际物体的辐射能力接近黑体的程度，就是一种相对辐射能力的表示。物体的黑度是由物体表面材料的性质、表面状态和温度决定。当然单色黑度还与波长有关。常用工业材料在 $\lambda = 0.65\mu m$ 下的单色黑度 ε_λ 和各种材料的黑度 ε 可参阅本章附表5.4和附表5.5。

如果某物体的单色黑度不随波长的变化而改变，这种物体被称为灰体。对于黑体，$\varepsilon = \varepsilon_\lambda = 1$，灰体 ε 和 ε_λ 都小于1。如同黑体一样，灰体也是一种理想模型，但在工业高温条件下，多数材料的热辐射主要位于红外线范围内，则允许把其作为灰体处理。若在热辐射中可见光所占份额较大，则再把材料作为灰体处理会导致很大误差。

(3) 黑体的辐射特性

① 普朗克定律与维恩公式。普朗克定律：绝对黑体的辐射能力与温度有关，且随热辐射线的波长而变化。不同温度下黑体辐射能量按波长分布规律由普朗克定律确定，其单色辐射出射度表达式为

$$M_{b\lambda} = \frac{C_1}{\lambda^5} \left[\exp\left(\frac{C_2}{\lambda T}\right) - 1 \right]^{-1} \tag{5.53}$$

式中　$M_{b\lambda}$——黑体的单色辐射出射度，$W/(cm^2 \cdot \mu m)$；

　　　C_1——第一辐射常数，$C_1 = 3.7413 \times 10^4 W \cdot \mu m^4 / cm^2$；

　　　C_2——第二辐射常数，$C_2 = 1.4388 \times 10^4 \mu m \cdot K$；

　　　λ——热辐射线波长，μm；

　　　T——黑体热力学温度，K。

图5.34所示为单色辐射出射度 $M_{b\lambda}$ 在不同温度下与波长的关系。

温度在3000K以下时，普朗克公式可用较简单的维恩公式代替，误差在0.3K以内。维恩公式为

$$M_{b\lambda} = \frac{C_1}{\lambda^5} \exp\left(-\frac{C_2}{\lambda T}\right) \tag{5.54}$$

由图5.34上曲线可知，对应一个固定温度 T 时，黑体的单色辐射出射度随波长不同而变化，且有一个峰值，当温度升高时，此峰值向波长较短的方向移动。如图5.34中虚线所

示。单色辐射出射度峰值处的波长 λ_m 和温度 T 之间关系由维恩位移定律表示为

$$\lambda_m T = 2898 \ (\mu m \cdot K) \qquad (5.55)$$

利用式(5.55)可以很方便地估计出任何物体的温度辐射所处的波长区域。如一般室温（300K）以下的黑体，按此式计算出其辐射波长的峰值为 $9.7\mu m$，所以一般集中在 $8\sim12\mu m$ 之间的红外区波段内。

② 斯蒂芬-玻尔兹曼定律，又称全辐射定律。普朗克公式只给出了黑体单色辐射出射度随温度变化的规律，而关于黑体的辐射出射度与温度的关系，可由斯蒂芬-玻尔兹曼定律确定，即单色辐射出射度在热辐射全部波长范围内积分，其表达式为

$$M_b = \int_0^\infty M_{b\lambda} d\lambda = \int_0^\infty \frac{C_1}{\lambda^{-5}} \left[\exp\left(\frac{C_2}{\lambda T}\right) - 1 \right]^{-1} d\lambda$$

$$= \sigma_0 T^4 \qquad (5.56)$$

式中　σ_0——斯蒂芬-玻尔兹曼常数，$\sigma_0 = 5.67\times10^{-12} \ W/(cm^2 \cdot K^4)$。

式(5.56)又称为黑体的全辐射定律。

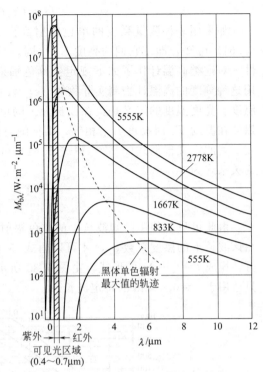

图 5.34　黑体在不同温度下单色辐射出射度 $M_{b\lambda}$ 与波长 λ 的关系曲线

③ 克希霍夫定律。该定律确定了热辐射体的发射与吸收之间的关系，即任何热辐射体，只要它们的温度相同，那么它们的单色辐射亮度 L_λ 与单色吸收率 α_λ 之比值都是相等的，而等于该温度下黑体的单色辐射亮度 $L_{b\lambda}$，即

$$\frac{L_\lambda}{\alpha_\lambda} = L_{b\lambda} \qquad (5.57)$$

因为 $\alpha_\lambda \ll 1$，所以 $L_{b\lambda}$ 是热辐射体能具有的单色辐射亮度的最大值。

如果考虑包含所有波长的全辐射能量的发射与吸收，则克希霍夫定律又可改写为

$$\frac{L}{\alpha} = L_b \qquad (5.58)$$

该定律的另一种叙述为：物体的辐射能力与其吸收率之比是波长和温度的函数，即

$$\frac{L_{1\lambda}}{\alpha_{1\lambda}} = \frac{L_{2\lambda}}{\alpha_{2\lambda}} = \frac{L_{3\lambda}}{\alpha_{3\lambda}} = \cdots = f(\lambda, T) \qquad (5.59)$$

5.4.2　光学辐射式高温计

物体在高温状态下会发光，当温度高于 $700℃$ 会明显地发出可见光，具有一定的亮度。物体在波长 λ 下的亮度 L_λ 和它的辐射出射度 M_λ 成正比。即

$$L_\lambda = CM_\lambda$$

式中　C——比例常数。

根据维恩公式，绝对黑体在波长 λ 的亮度 $L_{b\lambda}$ 与温度 T_s 的关系为

$$L_{b\lambda} = CC_1\lambda^{-5}e^{-C_2/(\lambda T_s)} \qquad (5.60)$$

实际物体在波长 λ 的亮度 L_λ 与温度 T 的关系为

$$L_\lambda = C\varepsilon_\lambda C_1 \lambda^{-5} e^{-C_2/(\lambda T)} \tag{5.61}$$

如果用一种测量亮度的单色辐射高温计测量单色黑度系数 ε_λ 不同的物体温度，由式 (5.61) 可知，即使它们的亮度 L_λ 相同，其实际温度也会因 ε_λ 不同而不同。为了具有通用性，对这类高温计作了如下规定：单色辐射光学高温计的刻度按绝对黑体（$\varepsilon_\lambda=1$）进行。用这种刻度的高温计去测实际物体（$\varepsilon_\lambda \neq 1$）的温度，所得的温度示值称为被测物体的亮度温度。亮度温度的定义是：在波长为 λ 的单色辐射中，若物体在温度 T 时的亮度 L_λ 和绝对黑体在温度 T_s 时亮度 $L_{b\lambda}$ 相等，则把绝对黑体温度 T_s 称为被测物体在波长 λ 时的亮度温度。就此定义根据式 (5.60) 和式 (5.61) 可推导出被测物体实际温度 T 和亮度温度 T_s 之间的关系式为

$$\frac{1}{T_s} - \frac{1}{T} = \frac{\lambda}{C_2} \ln \frac{1}{\varepsilon_\lambda} \tag{5.62}$$

由此可见，使用已知波长 λ 的单色辐射高温计测得物体亮度温度后，必须同时知道物体在该波长下的黑度系数 ε_λ，才可以由式 (5.62) 计算出实际温度 T。用式 (5.62) 计算，也可转换成 $t = t_s + \Delta t$ 的形式，由图 5.35 所示的曲线查得修正值，但需注意图 5.35 的修正值只适用于 $\lambda = 0.65 \mu m$ 的特定波长。

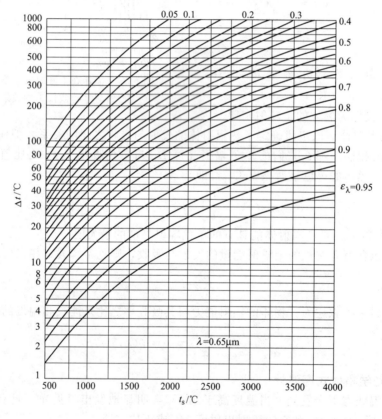

图 5.35 光学高温计修正曲线

从式 (5.62) 可以看出，因为 ε_λ 总是小于 1，所以测得的亮度温度总是低于物体实际温度。

单色辐射光学高温计的一种典型结构是隐丝式光学高温计，其原理如图 5.36 所示。高温计的核心是一个标准温度灯 3，利用被测对象单色辐射亮度与这个可调电流的温度灯的亮

度进行比较。高温计钨丝灯作为亮度比较的标准，其灯丝亮度，加热电流与温度的关系已知，因此，可以用电流来表示亮度进而表示温度。图 5.37 所示为两者亮度对比的三种情况，当两者的亮度相同时，灯丝的轮廓就隐灭于被测物体的影像中，如图 5.37(c) 所示。此时测量电表 6 所示值的电流值就是被测物体亮度温度的读数。

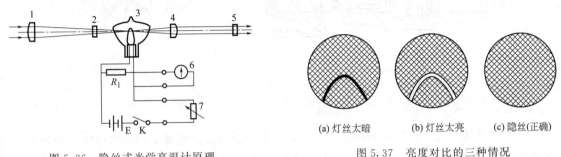

图 5.36　隐丝式光学高温计原理
1—物镜（接受热源）；2—吸收玻璃；3—标准
温度灯；4—目镜；5—红色滤光片；
6—测量电表；7—滑动变阻器

(a) 灯丝太暗　　(b) 灯丝太亮　　(c) 隐丝(正确)

图 5.37　亮度对比的三种情况

光学高温计除由黑度影响测量外，被测对象与高温计之间的介质对辐射的吸收也会给测量结果带来误差，距离远、中间介质厚度大，造成的误差也大。

隐丝式的基准光学高温计在所有的辐射式温度计中的精度最高，在 1000～1400℃约有不超过±1℃的误差，往往用来作为国家基准仪器，复现黄金凝固点温度。工业光学高温计测温范围在 800～1400℃时，其允许误差为±14℃，在 1200～2000℃范围内（此时需加波长为 0.65μm 的红色滤光片）允许误差为±20℃。

隐丝式光学高温计主要用人眼睛来判断亮度平衡状态，所以，测量温度是不连续的，而且只能利用可见光，使测量较低温度（低于 800℃）受到限制，又不能实现自动测量。随着光电检测元件性能的提高和干涉滤片、单色器的发展，能自动平衡亮度并对被测温度做自动连续记录的光电高温计得以发展和应用。作为基准仪器它正逐步取代光学高温计来复现国际温标。

5.4.3　全辐射高温计

全辐射高温计是根据黑体全辐射定律设计的高温计。当测出黑体的全辐射出射度 M_b 后便可知其温度 T。

全辐射高温计由辐射温度探测器和与其配套的显示仪表组成。图 5.38 所示为全辐射高温计原理，它采用透镜式光学系统，物镜把被测物体的辐射能聚集在热电堆 5 上，图 5.39 所示为目前工业上常用的星形热电堆。它应具有热惯性小、灵敏度高、参比端温度恒定等特点，热电堆的每一对热电偶的热端焊在靶心镍箔上，冷端由考铜箔串联起来。为了使仪表在一定范围内具有统一分度值，可以在热电堆前放一补偿光阑，以调节照射到热电堆上的辐射能量。

由于全辐射高温计是按绝对黑体进行刻度的，对于实际物体而言被测出的温度不是真实温度。当温度为 T 的被测物体（灰体）的全辐射能 M 等于温度为 T_p 的黑体的全辐射能 M_b 时，则称温度 T_p 为被测物体的辐射温度。这样物体的真实温度 T 与辐射温度 T_p 的关系为

$$T = T_p \sqrt[4]{\frac{1}{\varepsilon}}$$

（5.63）

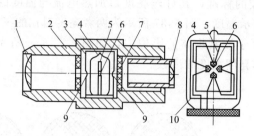

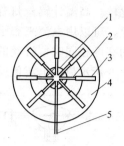

图 5.38　全辐射高温计原理

1—物镜；2—补偿光阑；3—铜壳；4—玻璃泡；5—热电堆；
6—铂黑片；7—吸收玻璃；8—目镜；9—小孔；10—云母片

图 5.39　星形热电堆

1—镍片与测量端；2—热电偶丝；3—金
属箔与参比端；4—云母环；5—引出线

由上式可见，只要已知被测物体的黑度 ε 和全辐射高温计所显示的辐射温度，即可求出被测物体的真实温度。由于 ε 在 $0\sim1$ 之间变化，所以 $\sqrt[4]{1/\varepsilon}\geq1$，即有 $T_{\mathrm{p}}\leq T$，即物体的辐射温度小于物体的真实温度。

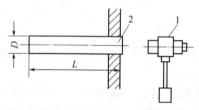

图 5.40　辐射传感器和窥测管的安装

1—辐射传感器；2—窥测管

与光学高温计相同，介质吸收将造成测量误差，因此，要求传感器与被测物体距离不宜太大，以不超过 1m 为宜。为了减小物体黑度对测量造成的误差，在实际测量中常加装黑度系数较高的窥测管，如图 5.40 所示。对不同的仪器要求有足够的 L/D 值，一般不应小于 10，否则会产生被测温度示值偏低的误差。

总之，全辐射高温计不宜进行精确测量，多用于中小型炉窑的温度监视。该温度计的优点是结构简单、使用方便、价格低廉，时间常数约为 $4\sim20\mathrm{s}$。

5.4.4　比色高温计

光学高温计和全辐射高温计是目前广泛应用的非接触测温仪表，它们共同的缺点是受实际物体黑度影响和辐射途径（光路系统）上各种介质的选择性吸收辐射能影响，比色高温计较好地解决了这个问题。比色高温计也是利用物体的单色辐射现象来测温的，不过它是利用同一被测体的两个辐射波长下的单色辐射亮度之比随温度变化的特性作为测温原理的。

根据维恩位移定律，当温度增高时绝对黑体的最大单色辐射出射度向波长减小的方向移动，使两个固定波长 λ_1 和 λ_2 的亮度比随温度而变化。因此，测量亮度比值即可知其相应温度。若绝对黑体的温度 T_{C}，则相应于 λ_1 和 λ_2 的亮度分别为

$$\begin{cases}L_{\mathrm{b}\lambda1}=CC_1\lambda_1^{-5}\exp(-C_2/\lambda_1 T_{\mathrm{C}})\\L_{\mathrm{b}\lambda2}=CC_1\lambda_2^{-5}\exp(-C_2/\lambda_2 T_{\mathrm{C}})\end{cases} \tag{5.64}$$

两式相比，两边取自然对数并化简得

$$T_{\mathrm{C}}=\dfrac{C_2\left(\dfrac{1}{\lambda_2}-\dfrac{1}{\lambda_1}\right)}{\ln\dfrac{L_{\mathrm{b}\lambda1}}{L_{\mathrm{b}\lambda2}}-5\ln\dfrac{\lambda_2}{\lambda_1}} \tag{5.65}$$

如果 λ_1,λ_2 是确定的，那么测得该两波长下的亮度比 $L_{\mathrm{b}\lambda1}/L_{\mathrm{b}\lambda2}$，根据式（5.65）就知道 T_{C}。

若温度为 T 的实际物体在两个波长下的亮度比值与温度为 T_{C} 的黑体在同样两波长下的

亮度比值相等，则把 T_C 称为实际物体的比色温度，根据比色温度定义，再应用维恩公式，就可以推导出物体实际温度 T 与比色温度 T_C 的关系为

$$\frac{1}{T} - \frac{1}{T_C} = \frac{\ln \dfrac{\varepsilon_{\lambda 1}}{\varepsilon_{\lambda 2}}}{C_2 \left(\dfrac{1}{\lambda_1} - \dfrac{1}{\lambda_2} \right)} \tag{5.66}$$

式中　$\varepsilon_{\lambda 1}$——实际物体在 λ_1 时的单色辐射率（单色黑度）；

　　　$\varepsilon_{\lambda 2}$——实际物体在 λ_2 时的单色辐射率（单色黑度）。

从式(5.66) 可以看出：对于黑体 $\varepsilon_{\lambda 1} = \varepsilon_{\lambda 2} = 1$，所以 $T = T_C$；对于灰体 $\varepsilon_{\lambda 1} = \varepsilon_{\lambda 2} \neq 1$，同样 $T = T_C$，有些实际物体在一定光谱范围内近似灰体；对于一般物体 $\varepsilon_{\lambda 1} \neq \varepsilon_{\lambda 2}$，则 $T \neq T_C$，但此时 $\varepsilon_{\lambda 1}/\varepsilon_{\lambda 2}$ 的变化相对要比 ε_λ 和 ε 的单值变化小得多，因此 T_C 与 T 之差要比 T_s 或 T_p 与 T 之差小得多。所以，一般情况下物体的比色温度最接近真实温度，其次是亮度温度，辐射温度偏离真实温度最大。

另外，辐射通道中间介质（如水蒸气、二氧化碳和尘埃等）会对 λ_1 和 λ_2 的单色辐射出射度存在吸收，尽管吸收率不一定相同，但对单色辐射出射度比值的影响比较小。

图 5.41 所示为单通道光电比色高温计的工作原理。这是一种自动光电比色高温计，采用透镜聚集辐射的单通道光路系统。光电检测器交替接受经由调制盘来的波长 λ_1 和 λ_2 的单色辐射，向比值运算器输入信号，经比较运算后输至显示仪表。目镜通过反射镜接受平行平面玻璃反射来的一小部分辐射，以便瞄准目标和调整成像的大小。

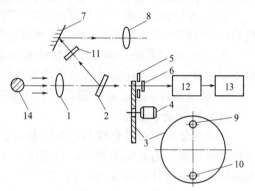

图 5.41　光电比色高温计原理

1—物镜；2—平行平面玻璃；3—调制盘；4—同步电动机；5—光阑；6—光电检测器；7—反射镜；8—目镜；9—λ_1 滤光片；10—λ_2 滤光片；11—分划板；12—比值运算器；13—显示器；14—目标

这种系统由于采用一个光电元件（如硅光电池、锑化铟光电管等），所以光电变化比值较稳定。

这类单通道比色高温计的测温范围为 $900 \sim 1200℃$，仪表基本误差为 $\pm 1\%$，如果采用硫化铅光电池代替硅光电池作为检测器，则测温下限可到 $400℃$。

由于实际物体的单色黑度 ε_λ 要随波长而变化，如纯金属表面的 ε_λ 随波长增加而减小；氧化的金属和非金属的 ε_λ 一般随波长的增加而增加，某些透明材料如玻璃、石英和塑料薄片则在一定波段上呈现吸收带。因此，比色高温计所用的两个波长的选择（选用滤光片）是设计和使用中均要仔细考虑的。

5.5　红外测温仪与红外热像仪

在辐射式测温中，前面所述的光学辐射式测温仪表的测温范围，向高温延伸理论上是不受上限限制的。同样也可向中温（$0 \sim 700℃$）伸展，只是在这个温度段向外辐射的能量已不是可见光而全是红外辐射了，因此，需要用红外探测器来检测。所以红外测温与红外热像技术除具有非接触测温的一般特点外，还为非接触测温用于中低温测量开辟了广阔的途径。

5.5.1 红外测温仪

红外测温仪同样可分为全辐射、单色型和比色型等。图 5.42 所示为这类仪表的典型系统框图，其各部分的工作原理及作用如下。

目标 → 光学接收器 → 辐射调制器 → 红外探测器 → 信号处理 → 显示

图 5.42 红外辐射仪表系统框图

① 光学接收器。它接收目标的部分红外辐射并传输给红外传感器，相当于雷达天线，常用的是物镜。

② 辐射调制器。对来自目标的辐射调制成交变的辐射光，提供目标方位信息，并可滤除大面积背景干扰信息。它又称为调制盘或斩波器，具有多种形式。一般是用微电机带动一个齿轮盘或等距离孔盘旋转，切割入射辐射而使投射到红外传感器上的辐射信号成交变信号。

③ 红外探测器。它是利用红外辐射与物质相互作用所呈现的物理效应探测红外辐射的传感器，多数情况下是利用这种相互作用所呈现的电学效应，因此，探测器输出一般为电信号。

④ 信号处理系统。接收探测器输出的低电平信号进行放大、滤波，并从这些信号中提取所需信息。然后将此信号转换成所要求的形式，最后输出到显示器。

⑤ 显示装置。是红外检测系统的终端设备。常用的显示器有指示仪表和记录仪等。

(1) 红外光学系统

红外光学系统包括物镜和一些辅助光学元件。此系统既收集并接收红外目标的能量，同时因红外探测器的光敏面积小，直接接受红外辐射的立体角很小，所以需要设计光学系统最大限度地提高红外测温仪的探测灵敏度。红外光学系统可以是透射式的，也可以是反射式的。透射式光学系统的部件透镜采用能透过被测温度下热辐射波段的材料制成。如被测温度在 700℃ 以上时主要波段在 $0.76 \sim 3\mu m$ 的近红外区，可用一般光学玻璃和石英等材料制作透镜。$100 \sim 700℃$ 主要波段在 $3 \sim 5\mu m$ 的红外区，多采用氟化镁、氧化镁等热压光学材料制作透镜。测量低于 100℃ 温度的波段主要是 $5 \sim 14\mu m$ 的中、远红外波段，多采用锗、硅、热压硫化锌等材料制作透镜。一般镜片表面要蒸镀红外增透层，一方面滤掉不需要的波段；另一方面增大有用波段的透射率。反射式光学系统多用凹面玻璃反射镜，表面镀金、铝、镍等对红外辐射率很高的材料。

(2) 红外探测器

这是红外测温系统的核心，按探测机理不同，分热探测器和光子探测器两大类。

热探测器是利用辐射热效应，使探测元件接收辐射能后引起温度升高，进而使探测器中某一性能依赖于温度而变化，监测这个性能变化便可探测出辐射能，多数情况下是通过热电变换探测辐射的。当元件接受辐射后，引起非电量物理变化时，也可以通过适当变换为电量后进行测量。

按器件工作温度，热探测器可分为室温探测器和低温探测器。主要室温探测器有热释电探测器、热敏电阻红外探测器、热电堆红外探测器等。其中，以热释电探测器最为突出。因其响应速度快、探测率最高、频率响应最宽等优点，比其他热探测器发展快，在红外辐射测温仪与红外热像仪等方面得到广泛使用。但是，与光子探测器相比，热探测器的探测率比光子探测器的峰值探测率低，响应速度也慢得多。但热探测器具有光谱响应宽而且平坦，响应范围可扩展到整个红外区域，并可在常温下工作，使用方便等优点，应用仍然相当广泛。

光子探测器是利用入射光的光子流与探测器材料中电子相互作用，从而改变电子的能量状态，引起的各种电学现象称为光子效应。根据所产生的不同电学现象，可制成各种不同的光子探测器。对这种探测器基本要求是：响应率高、噪声低和响应速度快。目前，红外光子探测器主要类型有：光电导探测器、光伏探测器、光电磁探测器和红外场效应探测器等，以上器件均为半导体材料。目前，使用最广的红外探测器是本征光电导探测器、PN 结光伏探测器。近红外波段，硫化铅薄膜探测器仍被广泛使用。

近 20 年来，不仅新型红外材料和新型器件发展很快，而且，红外探测阵列也发展很快。随着制造工艺的改进，集成度越来越高，现已研制出成千个单元的阵列探测器。如红外 CCD 及扫描型器件也受到普遍重视，并获得迅速发展。

如上所述，红外测温有如下几种方法。图 5.43 所示为一种红外光电测温计的结构原理简图。它与光电高温计的工作原理类似，为光学反馈式结构。目标 1 和参考源 7 的红外辐射经圆盘调制器 10 调制后输出至红外探测器 3，圆盘调制器由同步电动机 8 所带动。红外探测器 3 的输出电信号经放大器 4 和相敏整流器 5 至控制放大器 6，控制参考源的辐射强度，当参考源和被测物体的辐射强度一致时，参考源的加热电流代表被测温度，由显示器 9 显示被测物体的温度值。

图 5.44 所示为另一种红外全辐射型测温计结构原理简图。它也是由光学系统、调制器、红外探测器、放大器和显示器等部分组成。

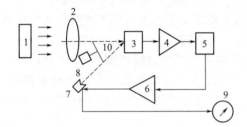

图 5.43　红外光电测温计的结构原理

1—目标；2—光学系统；3—红外探测器；4—放大器；5—相敏整流器；6—控制放大器；7—参考源；8—电动机；9—显示器；10—调制器

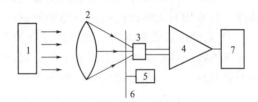

图 5.44　红外全辐射型测温计结构原理

1—目标；2—光学系统；3—红外探测器；4—放大器；5—微电机；6—调制器；7—显示器

5.5.2　红外热像仪

热像仪是按普朗克定律以黑体为参考，利用红外成像原理测量物体表面的温度分布。也就是说，它摄取来自被测物体各部分射向仪器的红外辐射通量的分布，由红外探测器直接测量物体各部分发射出的红外辐射，综合起来得到物体发射红外辐射通量的分布图像，称这种图像为热像图。因为热像本身包含着被测物体的温度信息，所以，也可称之为温度图。随着信息处理技术、探测器技术和微机技术的高度发展，热像仪测温的灵敏度、几何分辨率等性能均有很大提高，而且功能也越来越全面，在智能化设计、图像分析处理、报告生成等方面不断满足更多种热测量问题的需要。

（1）热像仪系统的基本构成

图 5.45 所示为热像仪系统的基本构成框图。它由光学会聚与滤光系统、焦平面成像系统、信号处理系统和视频显示系统等部分组成。目标（被测体）的辐射图形经光学系统会聚与滤光，聚焦于焦平面上，焦平面上安置有红外探测器件，入射红外辐射使探测器产生响应，一般来说，探测器会输出与红外辐射能量成正比的电压信号，该信号经放大、处理后，由视频显示系统实现热像显示和温度测量。

热像仪光学系统的透镜视场角可按被测目标源的大小和距离做不同的选择。而透镜尺寸直接影响热像仪的系统灵敏度。孔径增加，灵敏度也增加；如再把视场也加大，就能获得更

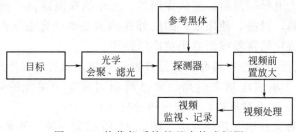

图 5.45　热像仪系统的基本构成框图

多的像素，可给出较高的温度分辨率。对于目标物来说，很重要的是在限定光谱范围内进行红外辐射测量。此时，只能通过滤光片实现，如高温频谱滤片可使热像仪测量温度高达2000℃；太阳光频谱滤片可滤除阳光辐射干扰；CO_2频谱滤片则可用来测量CO_2频谱吸收带内温度等。但是，每个滤片均有其独特的特性，这对由光学通道内透镜、传送镜片等引起散射干扰进行补偿提出了更高的要求，这种散射随光谱范围的变化而变化，同时随滤片不同而不同。所以，每组滤片与透镜都要分别组合预先进行校准，每个温度范围用一条校准曲线。校准数据储存在系统中，系统根据实际测量使用的镜头和滤片自动选择校准数据。

　　热像仪的焦面成像系统是它的重要构成部件。由于在聚焦平面上采用了不同形式的探测器件，现常用有光学机械扫描成像和凝视焦平面成像两类方式。

　　① 光机扫描成像方式。这种扫描成像方式热像仪的基本原理系统如图 5.46 所示，该系统中在物镜成像的聚焦点上安置了单个探测器，它可以直接接收目标的一维红外辐射能量，而不能直接把二维图像转变成视频信号输出。所以，就在光学会聚系统和这个探测器之间加装了一套光学机械扫描装置。这个扫描装置由两个旋转扫描反射镜组成，一个作垂直扫描，另一个作水平扫描，如图 5.47 所示。通过扫描装置的工作，从目标入射到探测器上的红外辐射瞬时视场是在某一瞬间所能观察到的目标小部分，即图 5.47 中阴影线部分，会随着两个方向扫描动作协调移动，完成对图中目标区域 *abcd* 覆盖的整个视场的有序扫描。在探测器快速响应下，任一瞬时视场均能产生一个与接收到的入射红外辐射通量成正比的电压信号，为此，在扫描过程中，探测器输出的是一个由二维的物体辐射图形转换成一维的，并与各瞬时视场出射的红外辐射通量变化相对应的模拟信号序列，同时，此信号也是时间的函数，经放大处理，即作为显示器的视频信号。

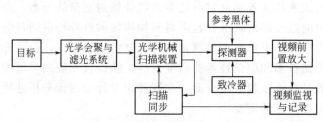

图 5.46　扫描成像热像仪基本原理框图

　　另外，为适应高速扫描要求，这种成像方式中采用的红外探测器必须保证良好的灵敏度和短的帧时，所以探测器应具有高探测率和很小的时间常数。目前，多采用光子探测器，如锑化铟（工作波段 $3\sim5.6\mu m$）、碲镉汞（工作波段 $8\sim14\mu m$）等，为了得到最佳灵敏度，并对光子探测器加以低温制冷。常用的制冷方式有：液氮冷却（冷却温度 77K）、热电冷却（冷却温度 $180\sim200K$）和闭路循环冷却（冷却温度 $77\sim90K$）等三种。

　　② 凝视焦平面成像方式。主要采用了焦平面阵列（Focal Plane Array，简称 FPA）技

术。在物镜成像焦平面上具有上千个单元红外探测器，每个单元探测器尺寸均足够小，一个单元探测器只有一个响应元，即一个像点。这样由许多小的面元构成了多元阵列式焦平面探测器，用它代替了光机扫描装置。它像"眼睛"一样凝视着目标物的整个视场。从而能使系统灵敏度获得极大提高，应用FPA技术的典型系统，在30℃目标温度时的灵敏度可达到0.04℃，而采用光机扫描装置系统的典型值为0.1℃。阵列式焦平面

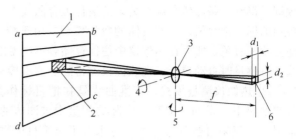

图 5.47　光机扫描装置原理
1—总视场；2—瞬时视场；3—扫描聚光系统；4—垂直扫描；5—水平扫描；6—聚光焦点（探测器位置）

探测器的像素点能达到320×240，这样高的几何分辨率便能获得高清晰度的红外图像。

在FPA技术中所用的单元红外探测器有硅化铂，其工作波段范围为3.6～5.0μm，并有闭路循环制冷系统。目前又发展了非制冷的微量辐射热型（microbolometer）探测器，这是一种热探测器，其工作原理类似于热敏电阻，有金属型和半导体型两种。为了取得高响应度，通常采用半导体型辐射热探测器。随着现代微电子技术的高速发展，可使单元辐射热探测器的尺寸可以做到50μm×50μm的大小，从而使FPA器件真正达到凝视焦平面成像的高性能要求。现在所用的微量辐射热探测器的工作波段为7.5～13μm，成像帧速能达50～60帧/s。

热像仪的彩色图像显示有各种形式，如数个点温的实时显示；自动寻找和显示图像中的最高和最低温度；显示水平或垂直的线温分布；显示矩形或圆形区域内最高、最低和平均温度；还有诸如等温显示、温差显示等。根据不同的热像图，可以清楚了解与分析目标温度情况。

（2）热像仪测温技术

① 测温校准曲线：热像仪检测到的信号直接反映被测物体表面上各点的热分布状况，即红外辐射能量分布状况。这种检测到的红外辐射数值被称为热值。显然，热值是与热像仪所接收到的红外辐射之间呈线性关系。

对热辐射体来说，其辐射能量与它表面温度之间的关系可按斯蒂芬-玻尔兹曼定律确定。

对黑体：
$$M_b = \sigma_0 T^4$$

对一般热辐射体：
$$M = \varepsilon \sigma_0 T^4$$

式中　σ_0——斯蒂芬-玻尔兹曼常数；

ε——热辐射体在全光谱范围内的发射率，又称比辐射率。

可见，反映热辐射体红外辐射能量分布的热值也同样反映了被测体表面温度分布。不过要从热值获得定量的被测物体温度值，还必须经过一定的函数关系进行转换。考虑到热像仪检测红外辐射时的影响因素，这种转换关系通常由校准曲线方式给出。所以，用热像仪进行温度测量的基本方法是利用校准曲线将热像仪输出的热值转换为被测体的温度值。

描述测量热值与温度之间关系的校准曲线可以通过实验方法得到。校准曲线可以精确地用如下数学模型来描述

$$I = \frac{A}{C \exp(B/T) - 1} \tag{5.67}$$

式中　I——对应于温度T的热值；

T——热力学温度，K；

A, B, C——标定常数，取决于实际光圈、滤光镜和扫描器类型。

标定时用热像仪对着不同温度下的高精度基准黑体源进行测量，再用最小二乘法拟合测量

数据，得到一条热值与温度关系的最佳拟合曲线作为校准曲线，同时也可以求出其数学模型中各项的标定常数值，得到具体的数学模型。由于校准曲线实际形状与热像仪光学系统的光圈、滤光片等有关，所以在热像仪中往往存储着不同温度范围、不同滤光片与光圈组合下的校准曲线，供测量时自动选择。把热像仪测得的热值直接利用校准曲线转换成被测目标的温度值。

② 热像仪测量模式。校准曲线是在把目标作为绝对黑体，且没有其他外界干扰因素的理想情况下获得的。但是，实际的测量中被测体的发射率 ε 小于1，而且热像仪接收到的总辐射能不仅来自被测目标物，也来自不属于目标物的辐射能，如周围环境的漫反射，大气层和热像仪本身内部元件发射的辐射能等。为此，在利用校准曲线将目标热值转换成温度时，必须首先对其他辐射能产生的影响进行修正补偿，这样才能保证温度测量的准确。

一个非黑体在长距离发射出辐射能 E，与一个黑体在距离等于零时所发射的辐射能 E_b 之间的关系为

$$E = \varepsilon_0 \tau_0 E_b \tag{5.68}$$

式中　　ε_0——在光谱范围内物体的平均发射率；

　　　　τ_0——在光谱范围内平均大气透射率。

热像仪接收到的辐射能是在光谱响应范围内的所有辐射能。显然，为了正确计算物体的

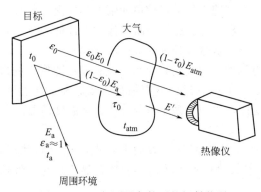

图 5.48　一般测量条件下的辐射状况

辐射能，式（5.68）中的 ε_0 和 τ_0 随光谱的变化必须知道，但实际上这是极困难的。因此，测量时常忽略可能的变化，而将发射率和大气透射率在全部光谱范围内看做常数。正是基于此假设，把热像仪接收到的总辐射能视为包含以下三部分。

① 被测目标经过大气吸收衰减后的辐射能。

② 周围环境反射到被测目标并经过大气衰减的背景辐射能。

③ 大气本身发射出的辐射能。

图 5.48 所示为这种一般测量条件下的辐射状况。如果目标温度为 t_0；反射到目标物的背景周围环境的平均温度为 t_a，且发射率近似为1；大气温度为 t_{atm}，则热像仪通过大气从目标表面所接收到的总红外辐射 E' 可用式（5.69）表示。

$$E' = \tau_0 \varepsilon_0 E_0 + \tau_0 (1 - \varepsilon_0) E_a + (1 - \tau_0) E_{atm} \tag{5.69}$$

式中　　E_0——温度为 t_0 的黑体发射的红外辐射；

　　　　ε_0——目标发射率；

　　　　$1 - \varepsilon_0$——目标反射率（对于不透明的目标），$1 - \varepsilon_0 = \rho$；

　　　　E_a——温度为 t_a 的黑体发射的红外辐射；

　　　　E_{atm}——温度为 t_{atm} 的黑体发射的红外辐射；

　　　　τ_0——热像仪与目标之间的大气修正系数，即作为系统光谱响应修正的大气透射率；

　　　　$1 - \tau_0$——大气发射率。

由于热值与接收的红外辐射呈线性关系，所以可以将式（5.69）所表达的辐射关系直接转换成热值关系

$$I' = \tau_0 \varepsilon_0 I_0 + \tau_0 (1 - \varepsilon_0) I_a + (1 - \tau_0) I_{atm} \tag{5.70}$$

式中　　I'——测量得到的目标总热值（即与通过大气从目标表面接收到的总的红外辐射相对应的热像仪读数）；

I_0——与温度为 t_0 的目标发射的红外辐射相对应的热值；

I_a——温度为 t_a 时由校准曲线标定的热值；

I_{atm}——温度为 t_{atm} 时由校准曲线标定的热值。

式(5.70)是热像仪测量温度的通用公式，它表达了如何将测量热值 I' 与测量过程中三个基本辐射源连同它们有关参数联系起来。各辐射项表达为黑体的热值，它们分别由各辐射源温度及校准曲线确定。所以按式(5.70)可求得与目标温度 t_0 对应的热值 I_0。

$$I_0 = \frac{I'}{\tau_0 \varepsilon_0} - \left(\frac{1}{\varepsilon_0} - 1 \right) I_a - \frac{1}{\varepsilon_0} \left(\frac{1}{\tau_0} - 1 \right) I_{atm} \tag{5.71}$$

进而直接由校准曲线求得被测体温度值 t_0。

在实际测量过程中，目标发射率 ε_0 由使用者自行输入，在一些热像仪中还能对其自动校准。大气透射率 τ_0 的影响可按与目标物的距离、相对湿度及大气温度等数据，由已预置在热像仪中大气模式进行计算，以补偿大气吸收造成的辐射能衰减。为了减小热像仪本身内部发射的辐射对测量结果的影响，在热像仪内部设置了黑体温度参考源、多个温度传感器和微处理器，对由多种因素产生的仪器漂移、偏置进行监测、计算和修正补偿。这是提高仪器精度和保证仪器工作稳定性的必要手段。

热像仪测量物体表面温度的范围，视具体热像仪系统而定。对同一热像仪也和测量时选择的光圈和滤光片有关。如有的热像仪不加滤光片，仅靠改变光圈可以测量 $-40 \sim 800$℃或 $-20 \sim 1000$℃的目标，光圈越小，能测的温度也越高。加入滤光片，可进一步扩大测温范围，把测温上限提高到 1500℃或 2000℃。这类热像仪在 30℃时测温灵敏度为 0.1℃，空间分辨率为 1.3mrad（毫拉德，辐射计量单位）。在经过大气透射率与光学等校准后，温度测量精度为读数范围的 $\pm 2\%$。

利用热像仪不仅可以测量被测体表面的温度分布及确定其温度值，而且还可以用来解决多种其他热测量问题。如在目标温度已知，但其发射率未知的情况下，式(5.71)经过适当变换，可以测量计算目标的发射率。

本章小结

温度是工业生产过程中经常测量的变量。本章重点介绍了温度检测仪表中应用最广泛的热电偶温度传感器、热电阻温度传感器。上述温度检测仪表均属接触式检测仪表，应用中，仪表选用及检测点位置的选择、安装方式的选择、走线布线均十分重要，要予以高度重视，并注意温度测量仪器的标定方法。

红外测温是一种先进的非接触测量方法，因为物体的辐射能量与温度的 4 次方成正比，灵敏度高、准确度较高，可达 0.1℃以内。它响应快，可在毫秒级甚至微秒级；应用范围广，可从零下几十度到零上几千度，适合用于远距离和高速运动、旋转体、带电体以及高温、高压物体的测量。

思考题与习题

5.1　温标的三要素是什么？目前常用的温标有哪几种？它们之间有什么关系？

5.2　热电偶测温原理是什么？热电偶回路产生热电势的必要条件是什么？

5.3　热电偶测温时为什么要进行冷端温度补偿？其冷端温度补偿方法常采用哪几种？

5.4　试述热电阻测温原理。常用热电阻有哪几种？它们的分度号和 R_0 各为多少？

5.5　热敏电阻测温有什么特点？热敏电阻可分为几种类型？

5.6　绘图说明热电阻测温电桥电路的二线制接法和三线制接法有什么不同？并指出三线制接法如何

减小环境温度变化对测温的影响?

5.7　辐射测温方法的特点是什么? 目前常采用的辐射式测温仪有哪几种?

5.8　什么是光学高温计的亮度温度? 它与被测体实际温度有什么关系?

5.9　简述红外测温仪和热像仪的系统组成和特点,并说明其测温范围在什么温区。

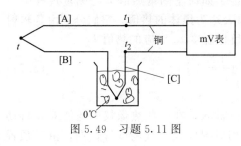

图 5.49　习题 5.11 图

5.10　用分度号为 K 的镍铬-镍硅热电偶测量温度,在无冷端温度补偿的情况下,显示仪表指示值为 500℃,此时冷端温度为 60℃。试问:实际温度是多少? 如果热端温度不变,设法使冷端温度保持在 20℃,此时显示仪表指示值应为多少?

5.11　如图 5.49 所示,热电偶回路,只将电极 [B] 一根丝插入冷筒中作为冷端,t 为待测温度,问 [C] 这段导线应采用哪种导线(是 A,B 还是铜线)? 说明原因。对 t_1 和 t_2 有什么要求? 为什么?

5.12　一支分度号为 Cu100 的热电阻,在 130℃ 时它的电阻 R_t 是多少? 要求精确计算和估算?

5.13　已知某负温度系数热敏电阻,在温度为 298K 时阻值 $R_{T1}=3144\Omega$;当温度为 303K 时阻值 $R_{T2}=2772\Omega$。试求该热敏电阻的材料常数 B 和 298K 时的电阻温度系数 α_t。

5.14　在用热电偶和热电阻测量温度时,若出现如下几种情况,仪表的指示如何变化?

(1) 当热电偶短路、断路或极性接反时,与之配套的仪表指针各指向哪里?

(2) 当热电阻短路或断路时,与之配套的动圈仪表指针各指向哪里?

(3) 若热电偶热端为 500℃,冷端为 25℃,仪表机械零点为 0℃,无冷端温度补偿。问:该仪表的指示将高于还是低于 500℃?

(4) 用热电阻测温时,若不采用三线制接法,而连接热电阻的导线因环境温度升高而电阻增加时,其指示值偏高还是偏低?

5.15　用手动电位差计测得某热电偶的热电势为 E,从相应毫伏-温度对照表中查出其所对应的温度为 110℃ (当冷端为 0℃ 时),此时热电偶冷端所处的温度为 -5℃,试问:若该热电偶毫伏-温度关系是线性的,被测实际温度是多少度? 为什么?

5.16　用套管式温度计测量管道内蒸汽温度。已知套管的壁厚为 1.5mm,长度为 50mm,套管的热导率为 40W/(m·℃),蒸汽与套管间的对流换热系数为 100W/(m²·℃),并忽略辐射换热。当温度计读数为 160℃,蒸汽管道壁温度为 40℃ 时,试求:

(1) 蒸汽的实际温度是多少?

(2) 如果要求测温误差小于 0.5%,温度计插入管道内最小深度应为多少?

附表 5.1　铂铑₁₀-铂热电偶分度表(分度号为 S,冷端温度为 0℃)/mV

温度/℃	0	10	20	30	40	50	60	70	80	90
0	0.000	0.055	0.113	0.173	0.235	0.299	0.465	0.433	0.502	0.573
100	0.646	0.720	0.795	0.872	0.950	1.029	1.110	1.191	1.273	1.357
200	1.441	1.526	1.612	1.698	1.786	1.874	1.962	2.052	2.141	2.232
300	2.323	2.415	2.507	2.599	2.692	2.786	2.880	2.974	3.069	3.164
400	3.259	3.355	3.451	3.548	3.645	3.742	3.840	3.938	4.036	4.134
500	4.233	4.332	4.432	4.532	4.632	4.732	4.833	4.934	5.035	5.137
600	5.239	5.341	5.443	5.546	5.649	5.753	5.857	5.961	6.065	6.170
700	6.275	6.381	6.486	6.593	6.699	6.806	6.913	7.020	7.128	7.236
800	7.345	7.454	7.563	7.673	7.783	7.893	8.003	8.114	8.226	8.337
900	8.449	8.562	8.674	8.787	8.900	9.014	9.128	9.242	9.357	9.472
1000	9.587	9.703	9.819	9.935	10.051	10.168	10.285	10.403	10.520	10.638
1100	10.757	10.875	10.994	11.113	11.232	11.351	11.471	11.590	11.710	11.830

温度/℃	0	10	20	30	40	50	60	70	80	90
1200	11.951	12.071	12.191	12.312	12.433	12.554	12.675	12.796	12.917	13.038
1300	13.159	13.280	13.402	13.523	13.644	13.766	13.887	14.009	14.130	14.251
1400	14.373	14.494	14.615	14.736	14.857	14.978	15.099	15.220	15.341	15.461
1500	15.582	15.702	15.822	15.942	16.062	16.182	16.301	16.420	16.539	16.658
1600	16.777	16.895	17.013	17.131	17.249	17.366	17.483	17.600	17.717	17.832
1700	17.947	18.061	18.174	18.285	18.395	18.503	18.609			

附表 5.2　镍铬-镍硅热电偶分度表（分度号为 K，冷端温度为 0℃）/mV

温度/℃	0	10	20	30	40	50	60	70	80	90
0	0.000	0.397	0.798	1.203	1.612	2.023	2.436	2.851	3.267	3.682
100	4.096	4.509	4.920	5.328	5.735	6.138	6.540	6.941	7.340	7.739
200	8.138	8.539	8.940	9.343	9.747	10.153	10.561	10.971	11.382	11.795
300	12.209	12.624	13.040	13.457	13.874	14.293	14.713	15.133	15.554	15.975
400	16.397	16.820	17.243	17.667	18.091	18.516	18.941	19.366	19.792	20.218
500	20.644	21.071	21.497	21.924	22.350	22.776	23.203	23.629	24.055	24.480
600	24.905	25.330	25.755	26.179	26.602	27.025	27.447	27.869	28.289	28.710
700	29.129	29.548	29.965	30.382	30.798	31.213	31.682	32.041	32.453	32.865
800	33.275	33.685	34.093	34.501	34.908	35.313	35.718	36.121	36.524	36.925
900	37.326	37.725	38.124	38.522	38.918	39.314	39.708	40.101	40.494	40.885
1000	41.276	41.665	42.053	42.440	42.826	43.211	43.595	43.978	44.359	44.740
1100	45.119	45.497	45.873	46.249	46.623	46.995	47.367	47.737	48.105	48.473
1200	48.838	49.202	49.565	49.926	50.286	50.644	51.000	51.355	51.708	52.060
1300	52.410	52.759	53.106	53.451	53.795	54.138	54.479	54.819		

附表 5.3　工业热电阻分度表　　　　单位：Ω

t_{90}/℃	Pt100	Pt10	t_{90}/℃	Pt100	Pt10	t_{90}/℃	Pt100	Pt10
−200	18.52	1.852	160	161.05	16.105	520	287.62	28.762
−180	27.10	2.710	180	168.48	16.848	540	294.21	29.421
−160	35.54	3.554	200	175.86	17.586	560	300.75	30.075
−140	43.88	4.388	220	183.19	18.319	580	307.25	30.725
−120	52.11	5.211	240	190.47	19.047	600	313.71	31.371
−100	60.26	6.026	260	197.71	19.771	620	320.12	32.012
−80	68.33	6.833	280	204.90	20.490	640	326.48	32.648
−60	76.33	7.633	300	212.05	21.205	660	332.79	33.279
−40	84.27	8.427	320	219.15	21.915	680	339.06	33.906
−20	92.16	9.216	340	226.21	22.621	700	345.28	34.528
0	100.00	10.000	360	233.21	23.321	720	351.46	35.146
20	107.79	10.779	380	240.18	24.018	740	357.59	35.759
40	115.54	11.554	400	247.09	24.709	760	363.67	36.367
60	123.24	12.324	420	253.96	25.396	780	369.71	36.971
80	130.90	13.090	440	260.78	26.078	800	375.70	37.570
100	138.51	13.581	460	267.56	26.756	820	381.65	38.165
120	146.07	14.607	480	274.29	27.429	840	387.55	38.775
140	153.58	15.358	500	280.98	28.098	850	390.48	39.048

$t_{90}/℃$	Cu100	Cu50	$t_{90}/℃$	Cu100	Cu50	$t_{90}/℃$	Cu100	Cu50
−40	82.80	41.401	40	117.13	58.565	120	151.37	75.687
−20	94.1	45.706	60	125.68	62.842	140	159.97	79.983
0	100.0	50.000	80	134.24	67.119			
20	108.57	54.285	100	142.80	71.400			

附表 5.4 各种材料在 $\lambda=0.65\mu m$ 下的单色辐射率 ε_{λ}

材 料 名 称	ε_{λ}	材 料 名 称	ε_{λ}	材 料 名 称	ε_{λ}
铂铑$_{10}$	0.27	碳钢(未氧化)	0.44	铜	0.11
康铜	0.35	碳钢(氧化)	0.80	液体铜	0.15
镍铬合金(未氧化)	0.35	铬钢及铬钼钢(氧化)	0.70	铂	0.38
镍铬合金(氧化)	0.78	陶瓷	0.25~0.50	碳(1300~3000K)	0.90~0.81
镍硅合金(未氧化)	0.37	耐火土	0.7~0.8	镍	0.36
镍硅合金(氧化)	0.87	氧化铝	0.30	矿渣(流动的)	0.65
生铁(非氧化)	0.37	金	0.14		
生铁(氧化)	0.70	液体金	0.22		

附表 5.5 各种材料辐射率 ε

材 料 名 称	温度/℃	ε	材 料 名 称	温度/℃	ε
表面磨光的铝	225~575	0.039~0.057	溶解铜	1075~1275	0.13~0.16
在600℃时氧化后的铝	200~600	0.11~0.19	钼线	725~2600	0.096~0.292
表面磨光的铁	425~1020	0.144~0.377	在600℃时氧化后的镍	200~600	0.37~0.48
未加工处理的铸铁	925~1115	0.87~0.95	铬镍	125~1034	0.64~0.76
表面磨光的钢铸件	770~1040	0.52~0.56	磨光的纯铂	225~625	0.054~0.104
研磨后的钢板	940~1100	0.55~0.61	铂带	925~1115	0.12~0.17
在600℃时氧化后的钢	200~600	0.82	磨光的纯银	225~625	0.0198~0.0324
在600℃时氧化后的生铁	200~600	0.64~0.78	铬	100~1000	0.08~0.26
氧化铁	500~1200	0.85~0.95	表面粗糙的上釉硅砖	1100	0.85
磨光的金	225~635	0.018~0.035	上釉的黏土耐火砖	1100	0.75
在600℃时氧化后的黄铜	200~600	0.57~0.87	碳丝	1040~1405	0.526

6 流 量 测 量

6.1 概述

流量的精确测量是一个比较复杂的问题，这是由流量测量的性质决定的。流动的介质可以是液体、气体、颗粒状固体，或是它们的组合形式。液流可以是层流或紊流、稳态的或瞬态的。流体的特性参数多样性决定了对它的测量方法的多样性，本章仅对常用的一些流量测量方法作一介绍。

6.1.1 流量测量中常用的物性参数

（1）流量

流量是流过介质的量与该量流过的导管截面所需时间之比，根据采用的不同定义，流量又可分为体积流量和质量流量。

体积流量

$$q_v = \frac{\Delta V}{\Delta t} = uA \tag{6.1}$$

质量流量

$$q_m = \frac{\Delta m}{\Delta t} = \rho uA \tag{6.2}$$

上两定义之间可用式（6.3）进行转换。

$$q_m = q_v \rho \tag{6.3}$$

式中　q_v——体积流量，m^3/s；

　　　q_m——质量流量，kg/s；

　　　V——流体体积，m^3；

　　　m——流体质量，kg；

　　　t——时间，s；

　　　u——管内平均流速，m/s；

　　　ρ——流体密度，kg/m^3；

　　　A——管道横截面积，m^2。

由于气体具有压缩性，不同压力、温度条件下同样的体积流量也不同，因此常将工况条件下的体积流量 q_v 转换为标准状态下的体积流量 q_{vN}，以使气体流量具有统一的衡量尺度。

$$q_{vN} = \frac{T_N}{p_N} \frac{p}{T} q_v \tag{6.4}$$

式中　T, p——工况条件下实测的温度、压力；

　　　T_N, p_N——标准状态下的温度、压力，$T_N = 293K$，$p_N = 0.101MPa$。

如果流动是不随时间显著变化的，则称之为定常流，式（6.1）和式（6.2）中时间 Δt 可以取任意单位时间。如果流动是非定常流，流量随时间不断变化，则式（6.1）和式（6.2）中的时间 Δt 应足够短，以致在该段时间内可以认为流动是稳定的。所以，流量的概念是瞬时的概念，流量是瞬时流量的简称。

在一段时间内流过管道横截面的流体总量称为累积流量，也可称为总量。在数值上它等于流量对时间的积分，数学表达式可以表示为

$$V = \int_{t_1}^{t_2} q_{\mathrm{v}} \mathrm{d}t \tag{6.5}$$

$$m = \int_{t_1}^{t_2} q_{\mathrm{m}} \mathrm{d}t \tag{6.6}$$

（2）流体的密度

流体的密度是流体的重要参数之一，它表示单位体积内流体的质量，一般用符号 ρ 表示。在一般工业生产中，流体通常可以认为是均质，所以密度可以由式（6.7）定义。

$$\rho = \frac{m}{V} \tag{6.7}$$

式中　ρ——流体密度，$\mathrm{kg/m}^3$；

　　　m——流体的质量，kg；

　　　V——流体的体积，m^3。

在工业测量中，有时常用比体积这一参数，比体积是密度的倒数，一般用 v 表示，单位为 m^3/kg。

各种流体的密度均随流体的状态（温度 T，压力 p）而变化，但在低压和常温下，压力对液体的密度影响很小，所以工程上可以将液体视为不可压缩流体，即可以不考虑压力变化对液体密度的影响。但这只是一种近似计算。对于气体，温度、压力对其密度的影响很大，表示气体密度时，必须严格说明气体所处的温度、压力状态。

气体密度的在线测量非常困难，通常采用测量温度、压力的方法间接测量。对于可以看作理想气体的普通气体，其密度由理想气体状态方程计算：

$$\rho = \frac{T_{\mathrm{N}}}{p_{\mathrm{N}}} \frac{p}{T} \rho_{\mathrm{N}} \tag{6.8}$$

式中　ρ——工况条件下气体密度；

　　　ρ_{N}——标准状态下气体密度，可查相关的工程手册或物理手册；

$T, p, T_{\mathrm{N}}, p_{\mathrm{N}}$ 定义同前。

工程上最常用的实际气体是水蒸气，可分为性质不同的饱和蒸汽和过热蒸汽。饱和蒸汽的压力与温度是一一对应的，既可以通过测量压力的方法得到其密度值，也可以通过测量温度的方法找到对应的密度值。然而过热蒸汽的密度是温度、压力的二元函数，故必须同时测出温度和压力才能求得其密度值。蒸汽的密度与温度、压力的关系不再遵循理想气体状态方程，而是以函数表的形式给出的，可通过水蒸气性质手册查找。

（3）流体的黏度

流体的黏度是表示流体内摩擦力大小的一个参数。所有实际流体在流动时均有阻止其流体质点发生相对滑移的性质，这就是流体的黏性，黏度就是用来度量流体黏性大小的参数。显然，各种流体在流动时所受阻力是不同的，所以各种流体在同状态下也有不同的黏度。

同时，黏度还是流体温度、压力的函数。通常，温度上升，液体黏度下降，而气体黏度则上升。

在一般工程计算中，液体黏度只需考虑温度对它的影响，只在压力很高时才考虑压力的修正。而气体和水蒸气的黏度与温度、压力的关系十分密切。应时刻注意状态参数的修正。

表征流体的黏度常用有动力黏度（η）、运动黏度（ν）和恩氏黏度（E）三种。常采用的是动力黏度和运动黏度。

① 动力黏度。流体的动力黏度可用牛顿内摩擦定律表示，当流体流动时，流层之间发生相对滑移而产生的内摩擦力与流体流层间的速度梯度、流层接触面积及流体本身的动力黏度有关。其数学表达式为

$$\eta = \frac{\tau}{\dfrac{\mathrm{d}u}{\mathrm{d}h}} \tag{6.9}$$

式中　τ——单位面积上的内摩擦力，Pa；

　　　u——流体流动速度，m/s；

　　　h——流体流层间距离，m；

　$\mathrm{d}u/\mathrm{d}h$——流层间速度梯度，1/s；

　　　η——流体的动力黏度，Pa·s。

动力黏度的单位 Pa·s 是国际单位制（SI）的导出单位，它与过去习惯使用的 CGS 单位制中的 P（泊）、cP（厘泊）以及 kgf·s/m^2 等单位的换算关系为

$$1\mathrm{Pa \cdot s} = 10\mathrm{P}$$

$$1\mathrm{mPa \cdot s} = 1\mathrm{cP}$$

② 运动黏度。由于流体的黏度与密度有关，将动力黏度与流体密度的比值作为黏度的另一参数，称为运动黏度，常用 ν 来表示

$$\nu = \frac{\eta}{\rho} \tag{6.10}$$

在 SI 单位制中，ν 的单位为 m^2/s。它与过去习惯使用的 CGS 单位制中的斯托克斯（简称斯 St，也即 cm^2/s），厘斯（cSt）等单位之间的换算关系为

$$1\mathrm{m}^2/\mathrm{s} = 10^4\mathrm{St}$$

（4）牛顿流体及非牛顿流体

由式(6.9)可知，当式中比例系数 η（即动力黏度）为常数时，内摩擦力 τ 与速度梯度 $\mathrm{d}u/\mathrm{d}h$ 间呈线性关系。符合这一规律的流体称为牛顿流体，如水或空气等低分子流体。不同种类的牛顿流体的比例常数 η 值各不相同。当 η 值不是常数或 τ 与 $\mathrm{d}u/\mathrm{d}h$ 之间关系不符合式(6.9)所示规律，即不符合牛顿黏性定律时，该流体即称非牛顿流体。一般高黏滞性流体和高分子溶液都呈现非牛顿流体的性质。典型的非牛顿流体以可塑性流体、膨胀性流体为代表。

（5）流体的压缩性和膨胀性

① 流体的压缩性。当作用在流体上的压力增加时，流体所占有的体积将会缩小，这种特性称为流体的压缩性。其压缩系数的定义为：当温度不变时，其体积随压力的变化而发生的相对变化率，即

$$\beta = -\frac{1}{V}\frac{\Delta V}{\Delta p} \tag{6.11}$$

式中　β——流体的体积压缩系数，1/Pa；

　　　V——流体原体积，m^3；

　　ΔV——流体的体积变化量，m^3；

　　Δp——作用在流体上的压力变化量，Pa。

式中负号表示压力增加时流体的体积缩小。

一般工程应用中，只要压力不是太高，液体的体积压缩系数非常小，可认为是不可压缩流体。

② 流体的膨胀性。当流体的温度升高时，流体所占有的体积会增加，这种特性称为流

体的膨胀性。其膨胀系数定义为：当压力不变时，其体积随温度的变化而发生的相对变化率，即

$$\alpha = -\frac{1}{V}\frac{\Delta V}{\Delta T} \tag{6.12}$$

式中　α——流体的体膨胀系数，1/K；

　　　ΔT——流体的温度变化量，K。

液体的膨胀系数也不大，但对于碳氢化合物，在精确计量中同样应考虑膨胀系数的影响。

(6) 气体的等熵指数

工程实际中，如果流体工质在状态变化的某一过程中不与外界发生热量交换，则该过程就称为绝热过程。在流量测量中，当气体通过差压式流量计的节流装置时，气体所经历的热力过程可以近似地认为是一绝热过程。其状态参数的变化符合绝热过程状态方程。

$$pv^{\kappa} = 常数 \tag{6.13}$$

式中　p——压力，Pa；

　　　v——流体的比体积（密度的倒数），m^3/kg；

　　　κ——等熵指数。

当被测流体服从理想气体定律时，其等熵指数 κ 可用质量定压热容 c_p 和质量定容热容 c_V 之比（比热比）来表示，即

$$\kappa = \frac{c_p}{c_V} \tag{6.14}$$

应该指出，等熵指数与气体种类，以及所处的温度、压力等有关。一般，单原子气体的等熵指数 κ 为 1.67，双原子气体的等熵指数 κ 为 1.40，多原子气体的等熵指数 κ 为 1.29。

6.1.2　管内流动基本知识

(1) 层流与湍流

由于实际流体都具有黏性，当实际流体在管道内流动时，一般有两种流动状态，一为层流流动，一为湍流流动。

层流流动时，管内流体分层流动，各流层之间互不混杂而平行于管道轴线流动，流层间没有流体质点的相互交换。流体通过一段管道的压力降与流量成正比。

湍流流动时，管内流体不再分层流动，流体质点除沿管道轴线方向运动外，还有剧烈的径向运动，流体通过一段管道的压力降与流量的平方成正比。

判断管内流动是层流流动还是湍流流动的判据是一个无量纲数，即雷诺数 Re。它实际上是流体流动时惯性力和黏性力的比值。其表达式为

$$Re = \frac{ul\rho}{\eta} = \frac{ul}{\nu} \tag{6.15}$$

式中　u——流体的平均流速，m/s；

　　　ν——工作状态下流体的运动黏度，m^2/s；

　　　l——流束的特征尺寸，m；

　　　η——流体的动力黏度，Pa·s；

　　　ρ——流体密度，kg/m^3。

从式(6.15)可知，雷诺数的大小取决于流速、特征尺寸和流体黏度三个参数。对于圆形管道，特征尺寸一般取管道直径 D，所以，雷诺数的计算公式为

$$Re = \frac{uD}{\nu} \tag{6.16}$$

一般认为，管道雷诺数 $Re_D \leq 2320$ 为层流状态，而雷诺数大于此值时，流动将开始变成湍流状态。

(2) 速度分布

在管道横截面积上流体速度轴向分量的分布模式称为速度分布。这是由于实际流体都具有黏性而造成的。一般的规律是，越靠近管壁，由于流体与管壁的黏滞作用，流速越小，管壁上的流速为零；越靠近管中心，由于流体与管壁的这种黏滞作用越小，流速越大，管道中心的流速达最大值。

在层流状态下，流速分布是以管道中心线为对称轴的一个抛物面；在湍流状态下，流速分布是以管道中心线为对称轴的指数曲线。其轴向剖视如图 6.1 所示。

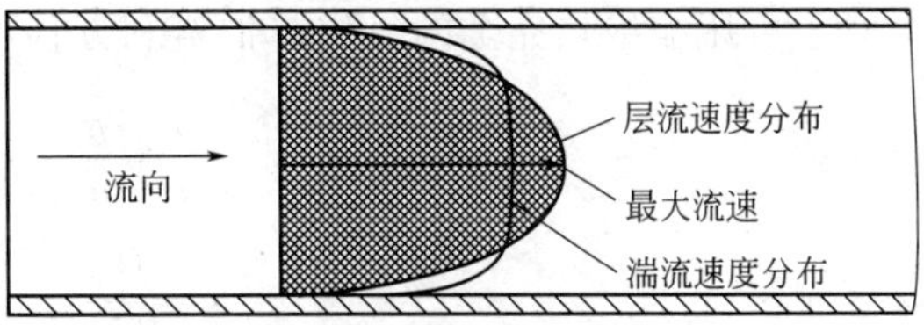

(3) 流动基本方程

① 连续性方程。连续性方程实际上就是质量守恒定律在运动流体中的具体应用，其数学表达式如下。

图 6.1 圆管内流速分布

对于可压缩流体非定常流动，连续性方程为

$$\rho_1 u_1 A_1 = \rho_2 u_2 A_2 = q_m(t) \tag{6.17}$$

式中 ρ_1, ρ_2——管道截面 1,2 上的平均密度，kg/m^3；

u_1, u_2——管道截面 1,2 上的平均流速，m/s；

A_1, A_2——管道截面 1,2 上的截面面积，m^2；

$q_m(t)$——质量流量，kg/s。

对于可压缩流体定常流动，连续性方程为

$$\rho_1 u_1 A_1 = \rho_2 u_2 A_2 = q_m = 常数 \tag{6.18}$$

对于不可压缩流体定常流动，连续性方程为

$$u_1 A_1 = u_2 A_2 = 常数 \tag{6.19}$$

② 伯努利方程。伯努利方程实际上是能量守恒定律在运动流体中的具体应用。可以证明，当无黏性正压流体在有势外力的作用下做定常运动时，其总能量（位置势能、压力能和流体动能之和）沿流线是守恒的。

对于不可压缩流体，伯努利方程可用如下表达式表示，

$$gz + \frac{p}{\rho} + \frac{u^2}{2} = 常数 \tag{6.20}$$

或

$$z + \frac{p}{\rho g} + \frac{u^2}{2g} = z + \frac{p}{\gamma} + \frac{u^2}{2g} = 常数 \tag{6.21}$$

式中 g——重力加速度，m/s^2；

z——垂直位置高度，m；

γ——流体重度，N/m^3。

式(6.20) 左边三项表示单位质量流体的位置势能、压力能和流体动能。整个式子表示单位质量流体的总能量沿流线守恒。当然，其总能量可以不同。而式(6.21) 的形式具有明显的几何意义。左边第一项代表流体质点所在流线的位置高度，称位势头；第二项相当于液柱底面压力为 p 时液柱的高度，称压力头；第三项代表流体质点在真空中以初速度沿直线向上运动所能达到的高度，称为速度头。按式(6.21)，位势头、压力头和速度头之和沿流线不变。

将伯努利方程用于流量测量领域时,位置高度往往变化很小或基本不变,所以,不可压缩流体的伯努利方程可简化为

$$\frac{p}{\rho}+\frac{u^2}{2}=常数$$

(6.22)

或

$$\frac{p}{\gamma}+\frac{u^2}{2g}=常数$$

式(6.22)说明不可压缩流体在流动过程中,流速增加必然导致压力的减小;相反,流速减小也必然导致压力的增加。

对于可压缩绝热完全的气体,伯努利方程可用如下表达式表示。

$$\frac{\kappa}{\kappa-1}\frac{p}{\rho}+\frac{u^2}{2}=常数$$

(6.23)

$$\kappa=\frac{C_p}{C_V}$$

式中　κ——等熵指数;

　　C_p——质量定压热容;

　　C_V——质量定容热容。

与不可压缩流体的情形相比,可压缩流体的总能量中增加了内能,即压力能。这项给出的是单位质量流体的焓$\frac{\kappa}{\kappa-1}\frac{p}{\rho}=C_pT$,式中,$T$为流体的热力学温度。

6.1.3　流量测量仪表的分类

流量测量仪表种类繁多,其测量原理、结构特性、适用范围以及使用方法等各不相同。所以其分类可以按不同原则划分。

按测量原理不同,流量仪表可分为容积式、速度式和差压式三类。

容积式流量计是利用机械测量元件把流体连续不断地分隔成单位体积并进行累加而计量出流体总量的仪表。如腰轮流量计、椭圆齿轮流量计、刮板流量计等。

速度式流量计是以测量管道内或明渠中流体的平均速度求得流量的仪表。如涡轮流量计、涡街流量计、电磁流量计、超声流量计等。

差压式流量计是利用伯努利方程原理测量流量的流量仪表。它以输出差压信号反映流量的大小。如节流式流量计、均速管流量计、楔形流量计、弯管流量计等。浮子流量计作为一种特例也属于差压式流量计。

6.2　容积式流量计

容积式流量计又称为定(正)排量流量计,其工作过程是:流体不断地充满具有一定容积的某"计量空间",然后再连续地将这部分流体送到出口流出,在一次测量中,将这些"计量空间"被流体充满的次数不断累加,乘上"计量空间"的体积,即可得到通过流量计的流体总量。所以,容积式流量计是采用容积累加的方法获得流体总量的流量测量仪表。

容积式流量计具有对上游流动状态变化不敏感,测量准确度高,可用于高黏度液体,并直接得到流体累积量等特点。在各工业部门,尤其在石油化工、贸易和轻工、食品等部门中得到了广泛的应用。

6.2.1 容积式流量计的测量原理与结构

(1) 容积式流量计的测量原理

容积式流量测量是采用固定的小容积反复计量通过流量计的流体体积。所以，容积式流量计内部必须具有构成一个标准体积的空间，通常称其为"计量空间"或"计量室"。这个空间由仪表壳的内壁和流量计转动部分构成。

容积式流量计的工作原理为：流体通过流量计，会在流量计进出口之间产生一定的压力差。流量计的转动部分在这个压力差作用下将产生旋转，并将流体由入口排向出口。在这个过程中，流体一次次地充满流量计的"计量空间"，然后又不断地被送往出口。在给定流量计条件下，该计量空间的体积是确定的，只要测得转子的转动次数，就可以得到通过流量计的流体体积的累积值。

设流量计的"计量空间"体积为 $v(\mathrm{m}^3)$，一定时间内转子转动次数为 N，则在该时间内流过的流体体积为

$$V = Nv \tag{6.24}$$

再设仪表的齿轮比常数为 α，其值由传递转子转动的齿轮组的齿轮比和仪表指针转动一周的刻度值所确定。若仪表的指示值为 I，它与转子转动次数 N 的关系为

$$I = \alpha N \tag{6.25}$$

由式(6.24)和式(6.25)可得一定时间内通过仪表的流体体积与仪表指示值的关系为

$$V = \frac{v}{\alpha} I \tag{6.26}$$

(2) 容积式流量计的结构

为适应生产中对流量测量的各种不同介质和不同工作条件的要求，有各种不同形式的容积式流量计。其中，比较常见的有齿轮型、刮板型和旋转活塞型三种形式。

① 齿轮型容积式流量计。这种流量计的壳体内装有两个转子，直接或间接地相互啮合，在流量计进口与出口之间的压差作用下产生转动。通过齿轮的转动，不断地将充满在齿轮与壳体之间的"计量空间"中流体排出。通过测量齿轮转动次数，可得到通过流量计的流量。

图 6.2 所示为椭圆齿轮型容积流量计（也称奥巴尔容积流量计）的工作示意图。

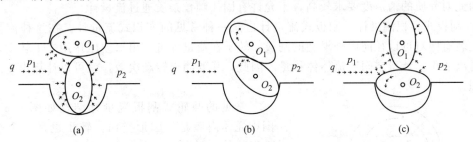

图 6.2　椭圆齿轮型容积流量计的工作示意

由图 6.2 可见，该流量计由两个椭圆齿轮相互啮合进行工作，其工作过程简述如下。图 6.2 中 p_1 表示流量计进口流体压力；p_2 表示出口流体压力，显然压力 $p_1 > p_2$。在图 6.2(a) 中，下面转子虽然受到流体的压差作用，但不产生旋转力矩，而上面齿轮在两侧差压作用之下产生旋转力矩而转动。由于两个齿轮相互啮合，故各自以 O_1 和 O_2 为轴心按箭头方向旋转，同时上面的齿轮将半月形计量空间的流体排向出口。在此状态时，上齿轮为主动轮，下齿轮为从动轮。在图 6.2(b) 位置时，两个齿轮均在流体差压作用下产生旋转力矩，并在该力矩作用沿箭头方向继续旋转，转变到图 6.2(c) 所示位置。这时齿轮位置与图 6.2(a) 相反，下齿轮为主动轮，上齿轮为从动轮。下齿轮在进出口流体差压作用之下旋转，

又一次将它与壳体之间的半月形"计量空间"中流体排出。如此连续不断，椭圆齿轮每转一周，就排出 4 份"计量空间"流体体积。因此，只要读出齿轮的转数，就可以计算出排出液体的量。参考图 6.3，可计算出排出的流体总量 V 为

$$V = 4nv = 2\pi n(R^2 - ab)\delta \tag{6.27}$$

式中　n——齿轮的转动次数；

$\quad\quad a$——椭圆齿轮的长半轴，m；

$\quad\quad b$——椭圆齿轮的短半轴，m；

$\quad\quad \delta$——椭圆齿轮的厚度，m；

$\quad\quad R$——计量室的半径，m；

$\quad\quad v$——计量室的体积，m^3。

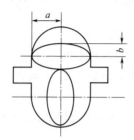 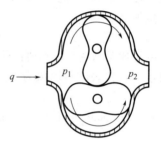

图 6.3　椭圆齿轮几何结构示意　　　图 6.4　腰轮容积式流量计示意

　　另一种齿轮型容积式流量计是腰轮容积流量计，也称罗茨容积流量计，如图 6.4 所示，其工作原理及工作过程与椭圆齿轮型基本相同，同样是依靠进、出口流体压力差产生运动，每旋转一周排出 4 份"计量空间"的流体体积量。所不同的是腰轮上没有齿，它们不是直接相互啮合运动，而是通过安装在壳体外的传动齿轮组进行传动。

　　上述两种容积式流量计，可用于各种液体流量的测量，尤其是用于油流量的准确测量。在高压力、大流量的气体流量测量中也有应用。由于椭圆齿轮容积流量计直接靠测量轮啮合，因此对介质的清洁度要求较高，不允许有固体颗粒杂质通过流量计。

　　② 刮板式容积流量计。刮板式流量计也是一种常见的容积式流量计。在这种流量计的转子上装有两对可以径向内外滑动的刮板，转子在流量计进、出口差压作用之下转动，每转一周排出 4 份"计量空间"流体体积量。因此，只要测出转动次数，就可以计算出排出流体的体积。

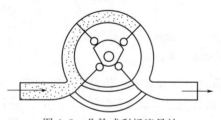

图 6.5　凸轮式刮板流量计

　　常见的凸轮式刮板流量计结构如图 6.5 所示。图中壳体内腔是一圆形空筒，转子也是一个空心圆筒形物体，径向有一定宽度，径向在各为 90° 的位置开 4 个槽，刮板可以在槽内自由滑动，四块刮板由两根连杆连接，相互垂直，在空间交叉。在每一刮板的一端装有一小滚珠，4 个滚珠均在一固定凸轮上滚动使刮板时伸时缩，当相邻两刮板均伸出至壳体内壁时，就形成一"计量空间"的标准体积。刮板在计量区段运动时，只随转子旋转而不滑动，以保证其标准容积恒定。当离开计量区段时，刮板缩入槽内，流体从出口排出。同时，后一刮板又与其相邻的另一刮板形成第二个"计量空间"，同样动作。转子转动一周，排出 4 份"计量空间"体积的流体。

6.2.2 容积式流量计的特性分析

(1) 容积式流量计的误差特性

误差特性，即为流量计的误差值与流量测量值之间的关系。

容积式流量计的测量误差值 E，可由指示值与真值之差与指示值之比表示。设 V 为通过流量计的流体体积真值；I 为流量计指示值，则误差值 E 可表示为

$$E = \frac{I - V}{I} \tag{6.28}$$

将流体体积 V 与指示值 I 之间的关系［见式(6.26)］代入式(6.28)，可得

$$E = 1 - \frac{V}{I} = 1 - \frac{v}{\alpha} \tag{6.29}$$

式(6.29)表示，容积式流量计的误差只与计量室空间的容积 v 和齿轮比常数 α 有关。对于一定的流量计，这两个参数均为常量，所以，式(6.29)所表示的误差也是常量，与通过流量计的流量大小无关。在误差特性曲线上为一条水平线，如图 6.6 中曲线 1 所示。可以把这样的误差特性称为理想的误差特性曲线。

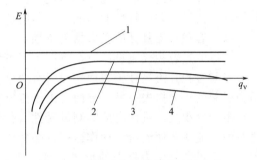

图 6.6　容积式流量计误差特性曲线

然而，在流量标准装置上对容积式流量计进行特性试验时所得的结果并非像图中曲线 1 所示。而是接近曲线 2 和曲线 3 甚至曲线 4 的形式。其特征如下。

① 在小流量时，误差急剧地向负方向倾斜。

② 随着流量的增加，误差曲线逐渐向正向移动，并稳定在某一值上。

③ 当流量很大时，某些流量计的误差曲线又有向负方向倾斜的倾向。

经分析可知，容积式流量计实际误差特性曲线所呈现这种变化趋势的原因是容积式流量计中除了湿式气体流量计外，不可避免地存在漏流现象。漏流又称滑流，或间隙流，这是未经"计量室"计量而通过流量计测量元件与壳体之间的间隙直接从入口流向出口的流体量，在流量计示值上并未反映出来。显然，漏流越大，流量计误差越大。

为了定量分析由于漏流存在对误差特性的影响，可假设通过间隙的漏流量为 Δq。当以流量 q_v 通过流量计的流体总量为 V 时，通过间隙漏过流量计的总漏流量 ΔV 为

$$\Delta V = \frac{V}{q_v} \Delta q \tag{6.30}$$

也就是说，当容积式流量计存在漏流时，通过计量室排出的流体总量为 Nv，通过间隙漏过的流体量为 ΔV。所以，实际通过流量计的流体总量为

$$V = Nv + \Delta V \tag{6.31}$$

将式(6.25)和式(6.30)代入式(6.31)，并整理得

$$V = \frac{Iv}{\alpha \left(1 - \dfrac{\Delta q}{q_v} \right)} \tag{6.32}$$

将上式代入式(6.29)，可得误差表达式为

$$E = 1 - \frac{v}{u\left(1 \quad \dfrac{\Delta q}{q_v}\right)} \tag{6.33}$$

从式(6.33)可以看出，由于漏流 Δq 的存在，误差不再如式(6.29)表示的那样是一个常数，而是一条随流量变化的曲线。

为了方便地分析式(6.33)，先假设 Δq 为常数。当流量 q_v 很小时，小到极限情况就是 $q_v = \Delta q$，即通过流量计的流量都是漏过流量计的，流量计量元件根本还没有动作，此时误差 E 趋向于负无穷大。

随着 q_v 的增大，式(6.33)分母中括号内数值逐渐增加，误差曲线也逐渐向正方向移动。

当流量 q_v 继续增加达到很大时，$\Delta q / q_v$ 已变得很小，误差曲线逐渐趋向于理想的误差曲线，基本为一常数。

曲线3和曲线4的情况是因为还有其他因素的影响，如前面假设 Δq 为常数并不符合实际情况；流量计差压特性的影响；流体物性参数的影响等。

（2）容积式流量计的压力损失特性

流体流过容积式流量计时，将产生不可恢复的压力降称为压力损失，一般用 Δp 表示。

引起容积式流量计压力损失原因有两个方面。一方面是由于流量计测量元件动作的机械阻力引起的压力损失；另一方面是由于流体黏性造成的流动阻力引起的压力损失。

由于容积式流量计内部的测量元件（转子、活塞和刮板等）的动作是在流体压力作用下进行的，流体要使流量计动作运行，必然要消耗一部分能量，这部分能量消耗最终以流量计前后的不可恢复压力损失的形式表现出来。显然，流量越大，压力损失越大；流体黏性越大，压力损失也越大。

与其他流量计相比，容积式流量计的压力损失是比较大的，尤其是在测量高黏度流体时。它跟流量的关系并非线性，一般呈二次曲线的规律变化，如图6.7和图6.8所示，它们分别表示液体椭圆齿轮流量计和气体容积式流量计的压力损失曲线。

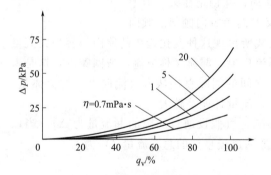

图6.7　液体椭圆齿轮流量计压力损失曲线

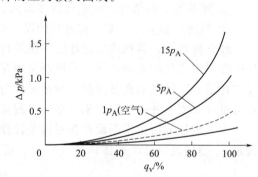

图6.8　气体容积式流量计压力损失曲线
p_A—大气压

从图中可以看出，压力损失随流量的增加而增加；对于液体流量计，它还随黏度的增加而增加；对于气体流量计，压力越高，压力损失也越大。

一般流量计，它产生漏流的间隙很小，且通过流量计的流体黏度又较高时，可以认为通过流量计间隙的漏流是黏性流动，其漏流量为

$$\Delta q = C_1 \frac{\Delta p}{\eta} \tag{6.34}$$

式中　C_1——与流量计结构有关的常数；

Δp ——流量计前后差压（压力损失），Pa；

η ——流体动力黏度，Pa·s。

当流量计的间隙相对较大，通过流量计的流体黏度又较小时，几乎不受流体黏度的影响，此时的漏流量为

$$\Delta q = C_2 \sqrt{\frac{\Delta p}{\rho}} \tag{6.35}$$

式中 C_2 ——与流量计结构有关的常数；

Δp ——流量计前后差压（压力损失），Pa；

ρ ——流体密度，kg/m^3。

从式(6.34) 和式(6.35) 可以看到，随着差压 Δp 的增加，漏流量也增加。所以，前面在分析流量计误差特性时假设的漏流量为常数，并不符合实际情况。随着通过流量计流量的增加，流量计前后的压力损失也增加，漏流也随着增加。有时漏流增加的速度甚至比流量还快，这就是有的容积式流量计在大流量时误差曲线要向负方向倾斜的原因。

(3) 物性参数对流量计特性的影响

由于容积式流量计产生误差的根本原因是存在漏流，对液体介质，主要考虑流体黏度的影响，而对气体介质，主要考虑流体密度的影响。

① 流体黏度的影响。流体黏度对流量计误差有两方面的影响：一是当流体黏度增加时，流量计内流动阻力增加，这必将导致仪表进出口间压力损失的增加，对于一定的漏流间隙，漏流量将增加；二是对于相同的漏流间隙，黏度高的流体不容易泄漏。所以，当流体黏度增加，漏流量应减少。

将式(6.34) 代入误差表达式(6.33)，可得

$$E = 1 - \frac{v}{\alpha \left(1 - \dfrac{C_1 \Delta p}{q_v} \dfrac{1}{\eta} \right)} \tag{6.36}$$

在大流量时，$\Delta p / q_v \ll 1$，将式(6.36) 展开并忽略高次项后可得

$$E = 1 - \frac{v}{\alpha} - \frac{v}{\alpha} \frac{C_1 \Delta p}{q_v \eta}$$

$$= A - B \frac{\Delta p}{\eta} \tag{6.37}$$

从式(6.37) 可知，对于用同一流量计测量不同黏度的流体，在同样流量的条件下，误差将与 $\Delta p / \eta$ 成线性关系。实验证明：误差曲线将随被测流体黏度增加而向正向移动，黏度趋于无穷大时，则趋向于理想的误差曲线。图 6.9 所示为某腰轮流量计的实测误差曲线。

② 流体密度的影响。当被测介质为气体时，主要考虑流体密度对误差的影响。

将式(6.35) 代入误差公式(6.33)，可得

$$E = 1 - \frac{v}{\alpha} - \frac{v}{\alpha} \frac{C_2}{q_v} \sqrt{\frac{\Delta p}{\rho}} \tag{6.38}$$

从式(6.38) 可以看出，在同流量条件下，误差 E 与 $\sqrt{\dfrac{\Delta p}{\rho}}$ 成线性关系。虽然从图 6.8 可知，当压力增加使气体密度增加时，流量计前后压力损失也随之增加，但实验仍然表明，当气体密度增加时，它所引起的差压增加而导致漏流量增加的影响基本可以忽略。因此，误差曲线将随被测流体密度的增加而正向移动。图 6.10 所示为某气体腰轮流量计的实测误差特性曲线，随着工作压力的提高，误差曲线向正向移动。

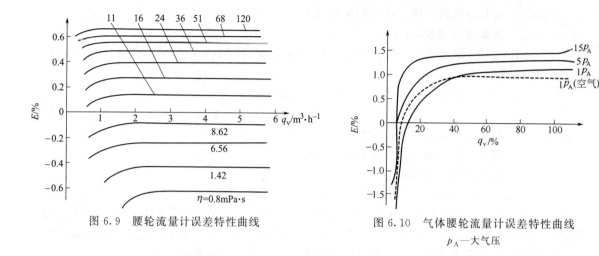

图 6.9　腰轮流量计误差特性曲线

图 6.10　气体腰轮流量计误差特性曲线
p_A—大气压

6.2.3　容积式流量计的特点及使用要求

容积式流量计的特点是精度高、量程宽（可达 10∶1）、可测小流量、受黏度等因素变化影响较小和对前面的直管段长度没有严格要求。但对于大流量的检测来说成本高、质量大、维护不方便。

使用容积式流量计中应注意以下几点。

① 选择容积式流量计，虽然没有雷诺数的限制，但应该注意实际使用时的测量范围，必须是在此仪表的量程范围内，不能简单地按连接管尺寸去确定仪表的规格。

② 为了保证运动部件的顺利转动，器壁与运动部件间应有一定的间隙，流体中如有尘埃颗粒会使仪表卡住，甚至损坏。为此，在流量计前必须要装过滤器（或除尘器）。

③ 由于各种原因，可能使进入流量计的液体中夹杂有少量气体，为此，应该在流量计前设置气体分离器，否则会影响仪表检测精度。

④ 流量计可以水平或垂直安装。安装在水平管道上时，应设有副线。当垂直安装时，仪表应装在副线上，以免铁屑、杂质等落入仪表的测量部分。容积式流量计安装示意如图 6.11 所示。

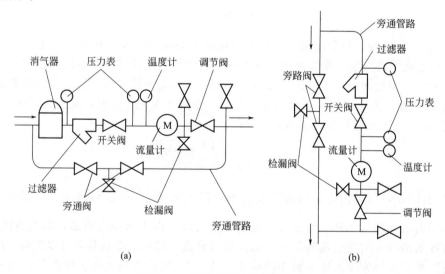

(a)　　　　　　　　　　　　　(b)

图 6.11　容积式流量计安装示意

⑤ 用不锈钢、聚四氟乙烯等耐腐蚀材料制成的椭圆齿轮流量计，可用来测有腐蚀性的介质流量。当被测介质易凝固或易结晶时，仪表应加装蒸汽夹套保温。

6.3 浮子流量计

浮子流量计又称为转子流量计，或面积流量计。浮子流量计在测量过程中，始终保持节流件（浮子）前后的压降不变，而是通过改变流通面积改变流量的仪表，所以称为恒压降流量计。

浮子流量计按其制造材料的不同，可分为玻璃浮子流量计和金属管浮子流量计两大类。玻璃浮子流量计结构简单、浮子位置清晰可见、刻度直观、成本低廉，一般只用于常温、常压下透明介质的流量测量。这种流量计只能就地指示，不能远传流量信号，多用于工业原料的配比计量。金属管浮子流量计由于采用金属锥管，流量计工作时无法直接看到浮子的位置，需要用间接的方法给出浮子位置。因此，按其传输信号的方式不同，金属管浮子流量计又可分为远传型和就地指示型两种。这种流量计多用于高温、高压介质，不透明及腐蚀性介质的流量测量。除了能用于工业原料配比计量外，还能输出标准信号与记录仪和显示器配套使用计量累积流量。

6.3.1 浮子流量计的结构原理与流量方程

（1）结构原理

浮子流量计结构主要由一个向上扩张的锥形管和一个置于锥管中可以上下自由移动的浮子组成，如图6.12所示。流量计的两端用法兰连接或螺纹连接的方式垂直地安装在测量管路上，使流体自下而上地流过流量计，推动浮子。在稳定工况下，浮子悬浮的高度 h 与通过流量计的体积流量之间有一定的比例关系。所以，可以根据浮子的位置直接读出通过流量计的流量值，或通过远传信号方式将流量信号（即浮子的位置信号）远传给二次仪表显示和记录。

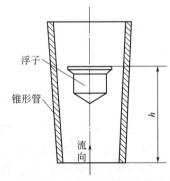

图6.12 浮子流量计基本结构

为了使浮子在锥形管中移动时不致碰到管壁，通常采用如下两种方法。一种方法是在浮子上开几条斜的槽沟，流体流经浮子时，作用在斜槽上的力使浮子绕流束中心旋转以保持浮子工作时居中和稳定。另一种方法是在浮子中心加一导向杆或使用带棱筋的玻璃锥管起导向作用，使浮子只能在锥形管中心线上下运动，保持浮子稳定性。

（2）流量方程

浮子流量计垂直地安装在测量管路中，当流体沿流量计的锥管自下而上地通过而使浮子稳定地悬浮在某一高度时（见图6.13），浮子主要受如下三个力的作用而处于平衡状态。

① 浮子迎面受差压阻力 F_1 流体流经浮子时，由于节流作用，使浮子上下游产生差压 Δp，基于伯努利方程和连续性方程，该差压的大小和流体在浮子与锥形管壁间环形通道中的流速平方成正比，即

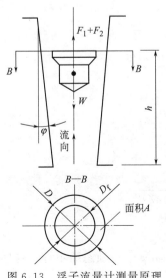

图6.13 浮子流量计测量原理

$$\Delta p = C \frac{1}{2}\rho u^2$$

所以，迎面差压阻力为

$$F_1 - C \frac{1}{2} \rho u^2 A_f$$

② 浮子受到的浮力 F_2

$$F_2 = V_f \gamma$$

③ 浮子自重 W

$$W = V_f \gamma_f$$

式中　A_f——浮子迎流面积，m^2；

　　　γ——流体介质重度，N/m^3；

　　　ρ——流体介质密度，kg/m^3；

　　　u——流体速度，m/s；

　　　C——阻力系数；

　　　V_f——浮子体积，m^3；

　　　γ_f——浮子重度，N/m^3。

　　显然，当浮子在流体中处于平衡时，有

$$W = F_1 + F_2$$

即

$$V_f(\gamma_f - \gamma) = \frac{1}{2} C \rho u^2 A_f$$

所以

$$u = \frac{1}{\sqrt{C}} \sqrt{\frac{2V_f(\gamma_f - \gamma)}{A_f \rho}} \tag{6.39}$$

　　由式(6.39)可看出，不管浮子停留在什么位置，流体流过环形面积的平均流速 u 是一个常数。由 $q_v = Au$ 可知，在 u 为常数情况下，体积流量 q_v 与流通面积 A 成正比。

　　环形流通面积 A 由浮子和锥形管尺寸确定，即

$$A = \frac{\pi}{4}(D^2 - D_f^2)$$

式中　D——浮子所在处锥管内径，m；

　　D_f——浮子的最大直径，m。

　　设锥管的锥角为 φ，零刻度处锥管内径为 D_f，则在浮子高度 h 处

$$D = D_f + 2h \tan\varphi$$

所以

$$A = \frac{\pi}{4}(D + D_f)(D - D_f) = \frac{\pi}{4}(2D_f + 2h\tan\varphi)(2h\tan\varphi)$$
$$= \pi(D_f h \tan\varphi + h^2 \tan^2\varphi)$$

则体积流量为

$$q_v = \alpha\pi(D_f h \tan\varphi + h^2 \tan^2\varphi)\sqrt{\frac{2V_f(\gamma_f - \gamma)}{A_f \rho}} \tag{6.40}$$

可见浮子流量计的体积流量与浮子高度 h 之间存在非线性关系。

　　如果锥管的锥角 φ 很小，使得 $2D_f \gg 2h\tan\varphi$，则可将 $(2h\tan\varphi)^2$ 一项忽略不计。这样，流通面积 A 可以近似地表示为

$$A = \pi D_f h \tan\varphi$$

所以，体积流量为

$$q_v = \alpha\pi D_f h \tan\varphi \sqrt{\frac{2gV_f(\rho_f - \rho)}{\rho A_f}} \tag{6.41}$$

式中　α——$\alpha = \sqrt{1/C}$，为浮子流量计的流量系数。

当进行较大流量测量时，为取得必要的环形面积，φ 角很小，必须相应增加锥管长度 h，因此早期的金属管浮子流量计，口径、长度不一，口径越大，长度越长，比较笨重。目前，对式（6.40）的非线性流量计算已有多种手段。20 世纪 80 年代末曾使用凸轮式机械结构进行非线性运算，现在更多的是依赖于微处理器进行非线性计算，无须将 φ 角做得很小，而锥管做得很长。目前，各口径的金属管浮子流量计已统一制作成 250mm 长度。

对于一定的流量计和一定的流体，式（6.41）中的 D_f，A_f，V_f，ρ_f，φ 和 ρ 等均为常数，所以，只要保持流量系数 α 为常数，则流量 q_v 与浮子高度 h 之间存在对应的近似线性关系。可以将这种对应关系直接刻度在流量计的锥管上，根据浮子的高度直接读出流量值。

显然，对于不同的流体，由于密度不同，所以 q_v 与 h 之间的对应关系也将不同，原来的流量刻度将不再适用。所以，原则上浮子流量计应该用实际流体介质进行标定。通常制造厂用水或空气分别对液体和气体浮子流量计进行标定。如果浮子流量计用来测量非标定介质时，应该对浮子流量计的读数进行修正，即浮子流量计的刻度换算。

6.3.2　浮子流量计的刻度换算

浮子流量计的刻度换算问题，实际上就是要知道浮子处于同一高度 h 时不同的流体介质所反映的流量值是多少的问题。

（1）液体流量的刻度换算

对于液体浮子流量计，制造厂家一般用标准状态（温度 $t_0 = 20℃$，压力 $p_0 = 101325\text{Pa}$）下的水对流量计进行标定刻度，所以该状态也称刻度状态。

设 ρ_0，q_{v0} 和 α_0 分别表示浮子流量计在刻度状态下标定介质的密度、体积流量及流量系数；而 ρ，q_v 和 α 分别表示实际运行状态下被测介质的密度、体积流量和流量系数，则根据流量公式（6.41）可得

$$q_{v0} = \alpha_0\pi D_f h \tan\varphi \sqrt{\frac{2gV_f(\rho_f - \rho_0)}{\rho_0 A_f}} \tag{6.42}$$

$$q_v = \alpha\pi D_f h \tan\varphi \sqrt{\frac{2gV_f(\rho_f - \rho)}{\rho A_f}} \tag{6.43}$$

式（6.42）和式（6.43）表示，在实际运行状态下，被测流体的流量为 q_v，但浮子高度为 h，浮子流量计显示的仍然是 q_{v0}。比较上述两式，可以得出 q_v 和 q_0 之间关系为

$$q_v = q_{v0} \frac{\alpha}{\alpha_0} \sqrt{\frac{\rho_f - \rho}{\rho_f - \rho_0} \times \frac{\rho_0}{\rho}} \tag{6.44}$$

实验表明，流量系数 α 是一个与雷诺数 Re 和流量计结构有关的系数。当被测介质的黏度与标定介质的黏度相差不大时，或在流量系数为常数的范围内，可以不考虑 α 的影响，即可认为 $\alpha = \alpha_0$，所以式（6.44）可以改写为

$$q_v = q_{v0} \sqrt{\frac{\rho_f - \rho}{\rho_f - \rho_0} \times \frac{\rho_0}{\rho}} \tag{6.45}$$

式中，等号右边第一项 q_{v0} 为浮子流量计的读数；第二项为修正项，ρ，ρ_0 和 ρ_f 分别表

示被测介质的密度、标定介质的密度和浮子密度。

当 $\rho > \rho_0$ 时，即实际使用的流体密度大于标定介质的密度时 $q_v < q_{v0}$，也就是说，实际流量小于流量计的读数；反之，如果 $\rho < \rho_0$，则 $q_v > q_{v0}$，即实际流量大于流量计的读数。几种常用液体的密度值见表 6.1，供液体流量刻度换算时查用。

表 6.1 常用液体密度值（20℃）

流体名称	水	水银	硫酸	硝酸	盐酸（质量分数30%）	甲醇	乙醇
$\rho/\mathrm{kg \cdot m^{-3}}$	998.2	13545.7	1834	1512	1149.3	791.3	789.2

流体名称	丙酮	甘油	甲酸	乙酸	丙酸	二氯甲烷	四氯化碳
$\rho/\mathrm{kg \cdot m^{-3}}$	791	1261.3	1220	1049	993	1325.5	1594

若被测介质的黏度变化太大，流量系数随雷诺数的变化也较大时，则应考虑黏度的修正或进行实际标定。

（2）气体流量的刻度换算

由于气体的密度受温度、压力变化的影响比较大，因此，不仅被测气体与标定气体不同时要进行刻度换算，而且在非标定状态下测量标定气体时也要进行刻度换算。为了简化气体流量刻度换算公式，一般可忽略黏度对流量系数的影响。

对于气体来说，由于浮子的密度一般要比流体介质的密度大得多，所以，可以认为 $\rho_f - \rho \approx \rho_f - \rho_0$，根据式(6.45)，测量气体时刻度换算公式可以写为

$$q_v = q_{v0} \sqrt{\frac{\rho_f - \rho}{\rho_f - \rho_0} \times \frac{\rho_0}{\rho}} \approx q_{v0} \sqrt{\frac{\rho_0}{\rho}} \tag{6.46}$$

式中 ρ_0——标定介质在刻度状态下的密度，$\mathrm{kg/m^3}$；

ρ——被测介质在使用状态（p，T）下的密度，$\mathrm{kg/m^3}$。

用浮子流量计测量干燥空气流量时，由于介质没有变化，只要考虑状态的修正。当使用压力不太高时，认为空气的压缩系数为 1，根据 $\rho = \dfrac{p}{RT}$ 可得气体的刻度换算公式为

$$q_v = q_{v0} \sqrt{\frac{\rho_0}{\rho}} = q_{v0} \sqrt{\frac{p_0 T}{p T_0}} \tag{6.47}$$

用浮子流量计测量其他干燥气体时，可直接使用式(6.46)计算，要注意 ρ 为介质在使用状态下的密度。也可以将介质密度和所处状态分开修正，即先在刻度状态下对使用介质密度进行修正，然后进行状态修正。计算公式为

$$q_v = q_{v0} \sqrt{\frac{\rho_0}{\rho_{01}}} \sqrt{\frac{p_0 T}{p T_0}} = \frac{K_\rho}{K_p K_T} q_{v0} \tag{6.48}$$

$$K_\rho = \sqrt{\frac{\rho_0}{\rho_{01}}}, \quad K_p = \sqrt{\frac{p}{p_0}}, \quad K_T = \sqrt{\frac{T_0}{T}}$$

式中 ρ_{01}——使用气体在刻度状态下而不是在使用状态下的密度；

K_ρ——气体的密度修正系数；

K_p——压力修正系数；

K_T——温度修正系数。

K_ρ、K_p 和 K_T 见表 6.2～表 6.4。

表 6.2　常用气体密度修正系数 K_ρ

气体名称	分子式	密度 $\rho/\text{kg} \cdot \text{m}^{-3}$（20℃，102.325kPa）	K_ρ	气体名称	分子式	密度 $\rho/\text{kg} \cdot \text{m}^{-3}$（20℃，102.325kPa）	K_ρ
氢气	H_2	0.084	3.788	硫化氢	H_2S	1.434	0.917
氦气	He	0.166	2.694	氯化氢	HCl	1.527	0.888
甲烷	CH_4	0.668	1.343	氩气	Ar	1.662	0.851
氨气	NH_3	0.719	1.295	二氧化碳	CO_2	1.824	0.813
一氧化碳	CO	1.165	1.017	丙烷	C_3H_8	1.867	0.803
氮气	N_2	1.165	1.017	氯甲烷	CH_3Cl	2.147	0.749
乙烯	C_2H_4	1.174	1.013	丁烷	C_4H_{10}	2.416	0.706
空气		1.205	1.000	二氧化硫	SO_2	2.726	0.665
乙烷	C_2H_6	1.263	0.977	氯气	Cl_2	3.000	0.634
氧气	O_2	1.331	0.951				

表 6.3　浮子流量计气体压力修正系数 K_p

p/MPa	K_p	p/MPa	K_p	p/MPa	K_p	p/MPa	K_p
0.10	0.9934	0.25	1.5708	0.70	2.6284	1.70	4.0961
0.11	1.0419	0.28	1.6623	0.80	2.8099	1.80	4.2148
0.12	1.0883	0.30	1.7207	0.90	2.9803	1.90	4.3303
0.13	1.1327	0.32	1.7771	1.00	3.1415	2.00	4.4428
0.14	1.1755	0.35	1.8586	1.10	3.2949	2.10	4.5525
0.15	1.2167	0.38	1.9366	1.20	3.4414	2.20	4.6596
0.16	1.2566	0.40	1.9869	1.30	3.5819	2.30	4.7644
0.18	1.3328	0.45	2.1074	1.40	3.7171	2.40	4.8868
0.20	1.4049	0.50	2.2214	1.50	3.8476	2.50	4.9672
0.22	1.4735	0.60	2.4334	1.60	3.9738	2.60	5.0656

表 6.4　浮子流量计气体温度修正系数 K_T

$t/℃$	K_T	$t/℃$	K_T	$t/℃$	K_T	$t/℃$	K_T
-25	1.0869	30	0.9834	80	0.9111	160	0.8227
-15	1.0656	35	0.9754	85	0.9047	170	0.8133
-10	1.0555	40	0.9675	90	0.8985	180	0.8043
-5	1.0456	45	0.9599	95	0.8923	190	0.7956
0	1.0360	50	0.9525	100	0.8863	200	0.7871
5	1.0266	55	0.9452	110	0.8747	210	0.7789
10	1.0175	60	0.9380	120	0.8635	220	0.7710
15	1.0086	65	0.9311	130	0.8527	230	0.7633
20	1.0000	70	0.9243	140	0.8423	240	0.7558
25	0.9916	75	0.9176	150	0.8323	250	0.7486

（3）浮子流量计的量程换算

如果浮子的几何形状完全一致，则改变浮子的材料，即改变浮子的密度，可以改变浮子流量计的量程。

设标定时用的浮子材料密度为 ρ_{f0}，改量程后用的浮子材料密度为 ρ_f，则改量程后的流

量为

$$q_v = q_{v0} \sqrt{\frac{\rho_f - \rho_0}{\rho_{f0} - \rho_0}} \tag{6.49}$$

由式(6.49)可知，如果$\rho_f > \rho_{f0}$，即浮子材料密度增加，则浮子流量计量程将扩大；如果$\rho_f < \rho_{f0}$，则浮子流量计的量程将缩小。部分浮子材料的密度见表6.5。

表 6.5 部分浮子材料密度 ρ

材 料 名 称	不锈钢	铁	铅	铜	铝	玻璃	胶木
密度 $\rho/\mathrm{kg \cdot m^{-3}}$	7920	7810	11350	8900	2861	2440	1450

如果浮子的材料、被测介质等都和标定时不同，则应同时修正由介质引起的和由浮子密度不同引起的流量变化。即

$$q_v = q_{v0} \sqrt{\frac{\rho_f - \rho_0}{\rho_{f0} - \rho_0}} \sqrt{\frac{\rho_f - \rho}{\rho_f - \rho_0} \times \frac{\rho_0}{\rho}} \tag{6.50}$$

或

$$q_v = q_{v0} \sqrt{\frac{\rho_{f0} - \rho}{\rho_{f0} - \rho_0} \times \frac{\rho_0}{\rho}} \sqrt{\frac{\rho_f - \rho}{\rho_{f0} - \rho}} \tag{6.51}$$

式(6.50)和式(6.51)虽然有不同的形式，实际意义相同。只不过式(6.50)表示先在标定介质ρ_0下对浮子密度进行修正，即修正到标定介质在使用浮子ρ_f时的刻度值，然后再在ρ_f浮子密度下对介质进行修正。而式(6.51)表示先在标定浮子ρ_{f0}下对介质进行修正，即修正到使用介质ρ在标定浮子ρ_{f0}时刻度值，然后再对浮子密度进行修正。简化后，式(6.50)和式(6.51)可用同一个公式表示为

$$q_v = q_{v0} \sqrt{\frac{\rho_f - \rho}{\rho_{f0} - \rho_0} \times \frac{\rho_0}{\rho}} \tag{6.52}$$

式中　q_{v0}——标定时的刻度读数；

　　　ρ_0——标定介质密度，$\mathrm{kg/m^3}$；

　　　ρ——使用介质密度，$\mathrm{kg/m^3}$；

　　　ρ_{f0}——标定浮子密度，$\mathrm{kg/m^3}$；

　　　ρ_f——使用浮子密度，$\mathrm{kg/m^3}$。

需要指出的是，浮子流量计的量程换算目前并不常用。因为浮子流量计的刻度值与浮子的形状有关，流量与浮子高度之间关系还建立在实际标定的基础上，并不完全由计算确定。所以，用改变浮子密度改变流量计测量范围的方法，定量地描述浮子流量计的刻度关系还不够准确，只能定性地说明一种改变量程的方法和途径。

（4）刻度换算计算实例

　　例6.1 某浮子流量计，浮子材料为钢，密度 $\rho = 7800\mathrm{kg/m^3}$，用20℃的水标定（水的密度为 $\rho = 998\mathrm{kg/m^3}$），流量计测量上限为30m³/h。现用户用来测量硫酸，硫酸密度为 $\rho =$

$1834\text{kg}/\text{m}^3$，求：

① 流量计显示 $20\text{m}^3/\text{h}$ 时，实际通过流量计的硫酸流量为多少？

② 若浮子材料改用铅（铅密度为 $\rho=11350\text{kg}/\text{m}^3$），则测量水及硫酸的最大流量各是多少？

解 ① 测量液体非标定介质，用式(6.45)计算。

$$q_v = q_{v0}\sqrt{\frac{\rho_f-\rho}{\rho_f-\rho_0}\times\frac{\rho_0}{\rho}}$$

$$=20\sqrt{\frac{7800-1834}{7800-998}\times\frac{998}{1834}}\ \text{m}^3/\text{h}=13.817\text{m}^3/\text{h}$$

从计算结果可见，用水标定的浮子流量计来测量硫酸流量时，浮子显示 $20\text{m}^3/\text{h}$ 时通过的实际硫酸流量仅为 $13.817\text{m}^3/\text{h}$。

② 浮子的材料改为铅，求测量水的上限流量应用式(6.49)计算。

$$q_v = q_{v0}\sqrt{\frac{\rho_f-\rho_0}{\rho_{f0}-\rho_0}}$$

$$=30\times\sqrt{\frac{11350-998}{7800-998}}\ \text{m}^3/\text{h}=37.01\text{m}^3/\text{h}$$

从计算结果可见，浮子材料密度增加，流量计量程可以扩展。

求铅浮子测量硫酸的上限流量应用式(6.52)计算。

$$q_v = q_{v0}\sqrt{\frac{\rho_f-\rho}{\rho_{f0}-\rho_0}\times\frac{\rho_0}{\rho}}$$

$$=30\times\sqrt{\frac{11350-1834}{7800-998}\times\frac{998}{1834}}\ \text{m}^3/\text{h}=26.18\text{m}^3/\text{h}$$

例 6.2 某气体浮子流量计，厂家用 $p_0=101325\text{Pa}$，$t_0=20℃$ 的空气标定，现测量 $p=350\text{kPa}$，$t=27℃$ 的空气，求：

① 流量计显示 $4\text{m}^3/\text{h}$ 时的实际空气流量是多少？

② 若用来测该状态下的氢气，则显示 $4\text{m}^3/\text{h}$ 时的实际流量是多少？

解 假设空气和氢气在使用状态下仍符合理想气体状态方程，则

① 用浮子流量计测量不同状态下的空气流量，用式(6.47)计算。

$$q_v = q_{v0}\sqrt{\frac{p_0 T}{p T_0}}$$

$$=4\times\sqrt{\frac{101325\times300}{350\times10^3\times293}}\ \text{m}^3/\text{h}=2.18\text{m}^3/\text{h}$$

② 可以查得空气的气体常数为 $R_A=287.06\text{J}/(\text{kg}\cdot\text{K})$，氢气的气体常数为 $R_H=4124.03\text{J}/(\text{kg}\cdot\text{K})$，用式(6.47)计算可得

$$q_v = q_{v0}\sqrt{\frac{\rho_0}{\rho}}=q_{v0}\sqrt{\frac{p_0 T R}{p T_0 R_0}}$$

$$=4\times\sqrt{\frac{101325\times300\times4124.03}{350000\times293\times287.06}}\,\mathrm{m^3/h}=8.25\mathrm{m^3/h}$$

也可以用式（6.48）计算。

从表 6.2～表 6.4 查得 $K_\rho=3.788$，$K_p=1.8586$，$K_T=0.9883$，所以

$$q_v=\frac{K_\rho}{K_p K_T}q_{v0}=\frac{3.788}{1.8586\times0.9883}\times4\mathrm{m^3/h}=8.25\mathrm{m^3/h}$$

这是氢气在 p，T 状态下显示 $4\mathrm{m^3/h}$ 时的实际氢气流量。

从上述计算实例可以看出，通过浮子流量计的实际流量值与流量计上的读数是有很大差别的，必须根据被测介质的密度或状态进行换算，这在使用中是非常重要的。

6.3.3 金属锥管浮子流量计

金属锥管浮子流量计的锥管用金属制成，与玻璃浮子流量计相比，可用于较高的介质温度和压力状态下的流量测量。金属锥管可以和流量计壳体做成一体结构，也可以做成锥管套入壳体的分离结构，调用不同锥度的锥管即可改变流量计的规格，比较灵活方便。

远传型金属管浮子流量计转换部分将浮子的位移量转换成电流或电压等模拟量信号输出。图 6.14 所示的采用磁阻传感器的流量计是一种既可就地指示也可远传输出的新型金属管浮子流量计。

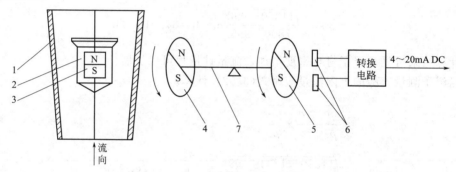

图 6.14　采用磁阻传感器的流量计
1—锥管；2—浮子；3～5—磁钢；6—磁阻传感器；7—传动轴

当流体自下而上流过锥管 1 时，引起浮子 2 产生位移，浮子位移通过磁钢 3，4 的耦合传给传动轴 7，传动轴的转动引起磁钢 5 的转动，这样就将浮子的直线位移转换成了磁钢 5 的角位移。磁钢 5 带动指针转动，将流量直接显示在表盘上。另外磁钢 5 的转动引起了磁场的变化，通过固态磁阻传感器 6 检测磁场方向的变化，从而使传感器输出相应的电压信号，该电压信号输入单片机进行处理后，可输出与流量对应的标准电流信号远传给测控系统。

6.3.4 浮子流量计的安装和使用

① 浮子流量计必须垂直地安装在无振动的管道上，不应有明显的倾斜。流体自下而上地通过浮子流量计，如有倾斜，则倾斜角 θ 一般不应超过 5°。对于 1.5 级以上的浮子流量计，θ 应小于 2°。如果 $\theta=12°$，则会产生约 1% 的附加误差。一般，如果浮子还没有碰到锥管壁时，则由于倾斜角 θ 时的正确流量值可用式（6.53）表示。

$$q_v=q_{v0}\sqrt{\cos\theta}\tag{6.53}$$

式中　q_{v0}——流量计读数；

　　　q_v——浮子流量计倾斜时的正确的流量值。

② 为了方便检修和更换流量计和清洗测量管道，除了安装流量计的现场有足够的空间外，在流量计的上下游应安装必要的阀门。一般情况下，流量计前面用全开阀，后面用流量调节阀，并在流量计的位置设置旁路管道，安装旁通阀，如图 6.15(a) 所示。在可能产生流体倒流的管道上安装流量计时，为避免因流体倒流或水锤现象损坏流量计，应在流量计下游安装单向阀，如图 6.15(b) 所示的阀门 4。

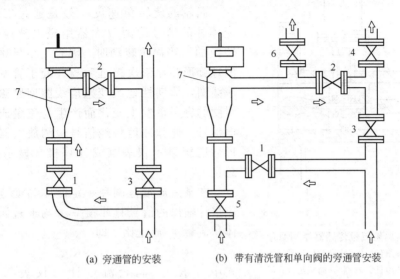

(a) 旁通管的安装　　　　(b) 带有清洗管和单向阀的旁通管安装

图 6.15　浮子流量计的管路安装

1～6—阀门；7—流量计

③ 对于脏污流体，应在流量计上游入口安装过滤器，带有磁性耦合的金属管浮子流量计用于测量含铁磁性杂质流体时，应在流量计前安装磁过滤器。为防止浮子和锥管被污染，必要时可设置如图 6.15(b) 所示的冲洗配管及阀门 5 和阀门 6，便于定时冲洗。尤其是对于小口径仪表，浮子洁净程度对测量值影响很大，使用时应加以注意。

6.4　涡轮流量计

涡轮流量计是一种速度式流量仪表，它利用置于流体中的叶轮旋转角速度与流体流速成比例的关系，通过测量叶轮的转速反映通过管道的体积流量大小，是目前流量仪表中比较成熟的高精度仪表。涡轮流量计由涡轮流量传感器和流量显示仪表组成，可实现瞬时流量和累积流量的计量。传感器输出与流量成正比的脉冲频率信号，该信号通过传输线路可以远距离传送给显示仪表，便于进行流量的显示。此外，传感器输出的脉冲信号可以单独与计算机配套使用，由计算机代替流量显示仪表实现密度、温度或压力补偿，显示质量流量或气体的体积流量。本类仪表适用于轻质成品油、石化产品等液体和空气、天然气等低黏度流体介质，通常用于流体总量的测量。

6.4.1　涡轮流量计的结构及原理

(1) 涡轮流量计的工作原理

涡轮流量传感器的结构如图 6.16 所示。它主要由壳体组件 1、前后导向架组件 2 和 4，叶轮组件 3 和带信号放大器的磁感应转换器 6 组成。当被测流体通过涡轮流量传感器时，流体通过导流器冲击涡轮叶片，由于涡轮叶片与流体流向间有一倾角 θ，流体的冲击力对涡

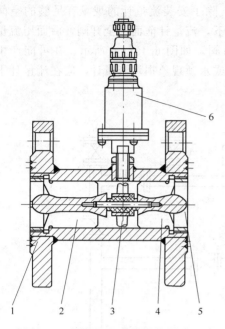

图 6.16 涡轮流量传感器结构原理

1—壳体组件；2—前导向架组件；

3—叶轮组件；4—后导向架组件；

5—压紧圈；6—带放大器的

磁电感应转换器

轮产生转动力矩，使涡轮克服机械摩擦阻力矩和流动阻力矩而转动。实践表明，在一定的流量范围内，对于一定黏度的流体介质，涡轮的旋转角速度与通过涡轮的流量成正比。所以，可以通过测量涡轮的旋转角速度测量流量。

涡轮的旋转角速度一般是通过安装在传感器壳体外的信号检测放大器用磁电感应的原理检测转换的。当涡轮转动时，涡轮上由导磁不锈钢制成的螺旋形叶片依次接近和离开处于管壁外的磁电感应线圈，周期性地改变感应线圈回路磁阻，使通过线圈的磁通量发生变化而产生与流量成正比的脉冲电信号。此脉冲信号经信号检测放大器进行放大整形后送至显示仪表（或计算机）显示流体流量或总量。

在某一流量范围和一定流体黏度范围内，涡轮流量计输出的信号脉冲频率 f 与通过涡轮流量计的体积流量 q_v 成正比。即

$$f = Kq_v \tag{6.54}$$

式中　K——涡轮流量计的仪表系数，$1/L$ 或 $1/m^3$。

在涡轮流量计的使用范围内，仪表系数应为常数，其数值由实验标定得到。

仪表系数 K 的意义是单位体积流量通过涡轮流量传感器时传感器输出的信号脉冲频率 f（或信号脉冲数 N）。所以，当测得传感器输出的信号脉冲频率或某一时间内的脉冲总数 N 后，分别除以仪表系数 K（$1/L$ 或 $1/m^3$），即可得到体积流量 q_v（L/s 或 m^3/s）或流体总量 V（L 或 m^3），即

$$q_v = \frac{f}{K} \text{（L/s 或 } m^3/s） \tag{6.55}$$

$$V = \frac{N}{K} \text{（L 或 } m^3） \tag{6.56}$$

（2）涡轮流量传感器的结构

如前所述，涡轮流量传感器的结构主要由仪表壳体、导流器、叶轮、轴和轴承以及信号检测放大器等组成。

① 仪表壳体。一般采用不导磁的不锈钢（如 1Cr18Ni9Ti）或硬质合金制成，对于大口径传感器也可用碳钢与不锈钢的镶嵌结构。壳体是传感器的主体部件，它起到承受被测流体的压力，固定安装检测部件，连接管道的作用，壳体内装有导流器、叶轮、轴和轴承，壳体外壁安装有信号检测放大器。

② 导流器。导流器通常选用不导磁不锈钢或硬铝材料制成，安装在传感器进出口处，对流体起导向整流以及支承叶轮的作用，避免流体扰动对叶轮的影响。

③ 涡轮。又称叶轮，一般由高导磁性材料制成（如 2Cr13 或 Cr17Ni2 等），是传感器的检测部件。它的作用是把流体动能转换为机械能。叶轮有直板叶片、螺旋叶片和丁字形叶片等，也可用嵌有许多导磁体的多孔护罩环增加有一定数量叶片涡轮旋转的频率。叶轮由支架

中轴承支承，与壳体同轴，其叶片数视口径大小而定。叶轮的几何形状及尺寸要根据流体性质、流量范围和使用要求等设计，叶轮的动态平衡很重要，直接影响仪表的性能和使用寿命。

④ 轴和轴承。通常选用不锈钢（如 2Cr13，4Cr13，Cr17Ni2 或 1Cr18Ni9Ti 等）或硬质合金制作，它们组成一对运动副，支承和保证叶轮自由旋转。它需有足够的刚度、强度和硬度、耐磨性和耐腐性等，可以增加传感器的可靠性和使用寿命。

⑤ 信号检测放大器。国内常用信号检测放大器一般采用变磁阻式，它由永久磁钢、导磁棒、线圈等组成。它的作用是把涡轮的机械转动信号转换成电脉冲信号输出。由于永久磁钢对高导磁材料的叶片有吸引力而产生磁阻力矩，对于小口径传感器在小流量时，磁阻力矩在各种阻力矩中为主要项，为此永久磁钢分为大小两种规格，小口径配小规格以降低磁阻力矩。一般线圈感应得到的电信号较小，需配上前置放大器放大、整形输出幅值较大的电脉冲信号，当线圈输出信号有效值在 10mV 以上的也可直接配用计算机显示控制流量。

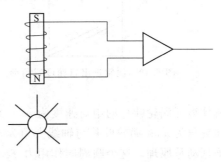

图 6.17　涡轮前置放大器电气原理图

图 6.17 所示为常用的涡轮前置放大器电气原理图。叶轮旋转时，切割磁力线，产生感生电势，耦合到线圈上，放大器将这一微弱的交变的电压信号放大，整形后形成脉冲的频率信号远传输出。

6.4.2　涡轮流量计特性分析

（1）涡轮流量计理论模型

要使涡轮流量计正常工作，其仪表系数 K 必须为常数，即 K 应不随流量 q_v 的变化而变化。但实际上涡轮流量计的工作特性并非如此，K 与 q_v 成一定的函数关系，即 $K = f(q_v)$，称为涡轮流量计的数学模型。为了深入地分析讨论涡轮流量计的工作特性，建立涡轮流量计的数学模型，有必要对作用在涡轮上的各力矩作一分析，以便定性地确定各种因素对流量计工作特性的影响。

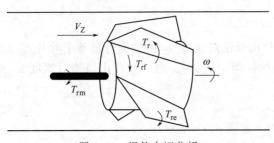

图 6.18　涡轮力矩分析

如图 6.18 所示，作用在涡轮上的力矩有：流体通过涡轮对叶片产生的推动力矩 T_r；涡轮轴与轴承之间摩擦产生的机械摩擦阻力矩 T_{rm}；流体通过涡轮时对涡轮产生的流动阻力矩 T_{rf}；电磁转换器对涡轮产生的电磁阻力矩 T_{re}。

根据牛顿运动定律可以写出涡轮运动方程为

$$J \frac{d\omega}{dt} = T_r - T_{rm} - T_{rf} - T_{re} \quad (6.57)$$

式中　J——涡轮的转动惯量，$kg \cdot m^2/s$；

　　　ω——涡轮的旋转角速度，r/s。

通常情况下，电磁阻力矩 T_{re} 比较小，故可以忽略不计。在正常工作条件下，可认为管道内流体流量不随时间变化，即涡轮以恒定角速度 ω 旋转，这样就有

$$T_{re} = 0, \quad \frac{d\omega}{dt} = 0 \quad (6.58)$$

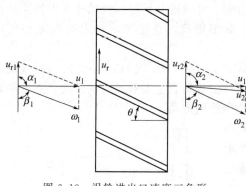

图 6.19　涡轮进出口速度三角形

将式(6.58)代入式(6.57)，可得涡轮在稳定工况下所受的合外力矩应为零，即

$$T_r - T_{rf} - T_{rm} = 0 \qquad (6.59)$$

在这 3 个力矩中，机械摩擦力矩 T_{rm} 对给定的流量可近似认为是常数；流体阻力矩 T_{rf} 与流动状态有关，可在分析时具体给出关系。故在理论模型中可以不给出 T_{rm} 和 T_{rf} 的具体关系式。所以，首先要确定的是主动力矩 T_r 的具体表达式。为此，要对涡轮叶片作受力分析，如图 6.19 所示。

假设，经导流器的轴向来流速度为 u_1；流体离开涡轮叶片的绝对速度为 u_2；来流与圆周方向夹角为 α_1；流体离开涡轮时与圆周方向夹角为 α_2；涡轮叶片与轴线夹角为 θ。因为只有在涡轮圆周方向的力才能产生转动力矩，根据动量原理，这个圆周向作用力 f_r 应等于进入涡轮的单位质量流体量在圆周方向上的动量变化。所以，该周向作用力可表示为

$$f_r = \rho q_v (u_1 \cos\alpha_1 - u_2 \cos\alpha_2) \qquad (6.60)$$

式中　ρ——流体的密度；

　　　q_v——体积流量。

在式(6.60)中，对给定的流量计和稳定的流动工况，ρ、q_v、u_1 和 α_1 均为已知量，而 u_2 和 α_2 为未知量。为了得到 u_2，α_2 的表达式，对涡轮叶片进出口的流体流动做如下速度分析。

① 对于涡轮叶片，进口与出口的圆周运动速度是相同的。若设叶片进出口圆周运动线速度为 u_{r1} 和 u_{r2}，则

$$u_{r1} = u_{r2} = u_r \qquad (6.61)$$

② 当流体离开涡轮叶片时，流体相对速度与圆周运动方向的夹角就等于叶片结构角 θ。若设流体对于进出口涡轮叶片的相对速度为 ω_1 和 ω_2，则 ω_2 与圆周运动方向夹角 β_2 与叶片结构角 θ 之间有以下关系。

$$\beta_2 = 90° - \theta$$

③ 根据不可压缩流体的连续性原理，叶片出口绝对速度 u_2 的轴向分量等于叶片进口绝对速度 u_1 的轴向分量，而来流一般是为轴向的，即 $\alpha_1 = 90°$。也即叶片出口绝对速度 u_2 的轴向分量应等于 u_1，即

$$u_2 \sin\alpha_2 = u_1 \qquad (6.62)$$

由以上分析，可作出叶片进出口的速度三角形，如图 6.19 所示。

从上述速度三角形分析可得，在涡轮圆周方向的速度变化为

$$u_1 \cos\alpha_1 = u_1 \cos 90° = 0 \qquad (6.63)$$

$$u_2 \cos\alpha_2 = u_r - u_1 \cot\beta_2 = u_r - u_1 \tan\theta \qquad (6.64)$$

对轴流式涡轮，可认为流体推动力 f_r 是作用在叶片的平均半径 r 上，所以叶片的圆周运动速度 u_r 也以平均半径计算，即

$$u_{r1} = u_{r2} = u_r = r\omega \qquad (6.65)$$

将式(6.63)、式(6.64)和式(6.65)代入式(6.60)，可得流体推动力表达式为

$$f_r = \rho q_v (u_1 \tan\theta - r\omega) \tag{6.66}$$

由此得推动力的力矩为

$$T_r = f_r r = r\rho q_v (u_1 \tan\theta - r\omega) \tag{6.67}$$

将式(6.67)代入运动方程式(6.59)，并考虑到 $u_1 = q_v/A$，其中 A 是流通截面积，将运动方程整理后可得

$$\frac{\omega}{q_v} = \frac{\tan\theta}{rA} - \frac{T_{rm}}{r^2 \rho q_v^2} - \frac{T_{rf}}{r^2 \rho q_v^2} \tag{6.68}$$

通常，将该方程写成仪表系数 K 的形式，由于

$$K = \frac{f}{q_v}, \quad \omega = \frac{2\pi f}{Z} \tag{6.69}$$

式中 Z——涡轮叶片数；

f——脉冲频率。

将式(6.69)代入式(6.68)整理后得

$$K = \frac{Z}{2\pi}\left(\frac{\tan\theta}{rA} - \frac{T_{rm}}{r^2 \rho q_v^2} - \frac{T_{rf}}{r^2 \rho q_v^2}\right) \tag{6.70}$$

式(6.70)为涡轮流量计的数学模型。虽然这是经过充分简化后得到的结果，但可用于定性地描述涡轮流量计的基本特性。

（2）涡轮流量计的特性分析

通过上述涡轮流量计的数学模型，可以对其工作特性进行较为详细的分析。

① 理想特性曲线。涡轮流量计的理想特性，即假定涡轮处于匀速运动的平衡状态，并且机械摩擦阻力矩 T_{rm}、流体对涡轮的阻力矩 T_{rf} 均可忽略的条件下，仪表系数 K 与流量 q_v 之间关系。即假定 $T_{rm} = 0$；$T_{rf} = 0$ 将其代入数学模型式(6.70)，可得

$$K = \frac{f}{q_v} = \frac{Z}{2\pi}\frac{\tan\theta}{rA} \tag{6.71}$$

由式(6.71)可见，理想特性仅与仪表结构参数有关，与流量变化无关，仪表系数 K 为一常数。在 K-q_v 图上为一平行于横轴的直线。

② 始动流量值 q_{vmin}。对于实际的涡轮流量计，涡轮首先必须克服轴承的静摩擦力矩后才能转动。将涡轮克服静摩擦力矩所需的最小流量值称为 q_{vmin}。当通过流量计的流量小于始动流量值时，涡轮不转，无信号输出。

下面通过流量计数学模型式(6.70)计算始动流量值 q_{vmin}。

在流量相当于始动流量值时，涡轮启动。此时，它的角速度很小，所以可以忽略流体阻力矩的影响，即可认为 $T_{rf} = 0$，其数学模型式可改写为

$$K = \frac{f}{q_v} = \frac{Z}{2\pi}\left(\frac{\tan\theta}{rA} - \frac{T_{rm}}{r^2 \rho q_v^2}\right) \tag{6.72}$$

始动流量，即涡轮刚被推动时的流量，此时可认为其输出脉冲频率为零，由式(6.72)可计算得始动流量值，即

$$f = 0, \quad \frac{\tan\theta}{rA} - \frac{T_{rm}}{r^2 \rho q_v^2} = 0$$

$$q_{vmin} = \sqrt{\frac{T_{rm}A}{r\tan\theta}}\sqrt{\frac{1}{\rho}} \tag{6.73}$$

分析式(6.73)，可以得出如下结论：

a.机械摩擦阻力 T_{rm} 越小，流量计的始动流量值也越小，即在小流量区段量限越宽。所以，要得到好的小流量特性，首先要减小流量计的涡轮与轴承之间的摩擦力。

b.流体介质密度 ρ 越大，始动流量值也就越小。对此，在测量气体流量时必须注意温度对气体密度的影响。随着介质温度的变化，可以引起流量计特性曲线的平移。

③ 实际特性曲线与流量变化的关系。当流量大于始动流量值以后，随着流量的增加，涡轮旋转角速度也将增加，在以后的测量范围内，流体产生的阻力矩 T_{rf} 将成为影响流量计特性的主要因素。相对来说，由轴承间摩擦产生的机械阻力矩比较小。因此，在以下讨论中，将假定机械摩擦阻力矩 $T_{rm}=0$。

由于在不同的流体状态下，流体产生阻力的机理不同，效果也不同，所以对层流和湍流两种流动状态将分别进行讨论。

a.层流流动时的流量计特性：在层流状态时，流体流动阻力与流体黏度 η、涡轮旋转角速度 ω 成正比。而涡轮角速度又与流体流量成正比，所以，流体阻力矩可以写为

$$T_{rf}=C_1 \eta q_v \tag{6.74}$$

式中　C_1——常数。

将式(6.74)代入流量计数学模型式中，可得

$$K=\frac{f}{q_v}=\frac{Z}{2\pi}\left(\frac{\tan\theta}{rA}-\frac{C_1}{r^2\rho}\frac{1}{\dfrac{q_v}{\eta}}\right) \tag{6.75}$$

分析式(6.75)可知，在层流流动状态时，仪表常数 K 将随流量 q_v 的变化而变化，若黏度不变，则随着流量 q_v 的增大而增大。另外，仪表系数与流体黏度 η 变化有关。

b.湍流流动时的流量计特性。在湍流流动状态下，流体流动阻力与流体密度 ρ 和流量 q_v 的平方成正比，此时可不计流体黏度的影响，所以流动阻力矩可以写为

$$T_{rf}=C_2\rho q_v^2 \tag{6.76}$$

式中　C_2——常数。

将式(6.76)代入数学模型中，可得

$$K=\frac{f}{q_v}=\frac{Z}{2\pi}\left(\frac{\tan\theta}{rA}-C_2\frac{1}{r^2}\right) \tag{6.77}$$

分析式(6.77)可知，在湍流流动状态下，仪表系数仅与仪表本身结构参数有关，而与流量 q_v、流体黏度 η 等参数无关，可近似为一常数。只有在这种状态下，仪表系数 K 才真正显示了常数的性质。仪表系数为常数的这个区间，也就是该流量计的流量测量范围。另外，由于层流时流体阻力较湍流时要小一点，所以在层流与湍流的交界点上，特性曲线 K 有一个峰值。该峰值的位置受流体黏度的影响较大。流体黏度越大，该峰值的位置越向大流量方向移动。

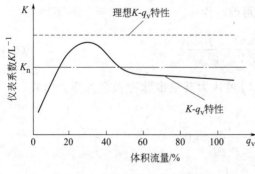

图 6.20　涡轮流量计特性曲线

通过上述分析，可作出涡轮流量计的 K-q_v 特性曲线，如图 6.20 所示。图中虚线所示为涡轮流量计的理想特性，若流量具有这种特性，不论流量如何变化，总可以使其累积流量、瞬时流量的误差为零。图中的实线为一般涡轮流量计特性曲线的大致趋势，在进入流量计测量范围（即进入湍流流动状

态）以后，随流量的变化其仪表系数 K 也会稍有变化，其变化幅度越小，涡轮流量计的测量准确度就越高。

6.4.3 涡轮流量计的特点和安装使用

(1) 涡轮流量计的特点

① 精度高。涡轮流量传感器的测量精度分别为 $\pm 0.5\%$ 和 $\pm 0.2\%$（供精密测量或标准计量用）两种。如果以测量值（R）的相对误差表示，对于液体介质一般为 $\pm 0.25\%R \sim \pm 0.5\%R$，精密型可达 $\pm 0.15\%R$；对于气体介质一般为 $\pm 1\%R \sim \pm 1.5\%R$，特殊专用型可达 $\pm 0.5\%R \sim \pm 1\%R$。在线性流量范围内，即使流量有所变化也不会降低累积精度。

② 测量范围宽。最大和最小线性流量比通常为 $6:1 \sim 10:1$，有的大口径流量计甚至可达 $40:1$，故适用于流量大幅度变化的场合。

③ 重复性好。短期重复性可达 $0.05\% \sim 0.2\%$。

④ 压力损失小。在最大流量下其压力损失为 $0.01 \sim 0.1MPa$，因此，在一定条件下，可用于某些液体的自流测量。

⑤ 耐高压。由于外形简单且采用磁电感应结构，仪表壳体上无须开孔，容易实现耐高压设计，可用于高压液流的测量。

⑥ 数字信号输出。流量传感器的输出是与流量成正比的脉冲频率信号，所以通过传输线路不会降低其精度，容易进行累积显示，便于远距离传送和计算机数据处理，无零点漂移，抗干扰能力强。

⑦ 安装维修方便。结构简单，使用维护方便。因为无滞流部分，所以内部清洗也较简单。如果发生故障，并不影响管道内液体的输送。

⑧ 耐腐蚀。传感器采用抗腐蚀性材料制造，耐腐蚀性能好。

(2) 涡轮流量计的安装使用

① 对被测介质的要求

a. 流体的物性参数对流量特性影响较大，气体流量计易受密度影响，而液体流量计对黏度变化反应敏感，又由于密度和黏度与温度和压力关系密切，而现场温度、压力的波动难以避免，要根据测量要求采取补偿措施，才能保持计量的精度。

b. 仪表受来流流速分布畸变和旋转流等影响较大，传感器上下游所需直管段较长，如安装空间有限制可加装流动调整器以缩短直管段的长度。

c. 对被测介质清洁度要求较高，限制了其使用领域，虽可安装过滤器等以消除脏污介质，但也带来压力损失增大和维护量增加等副作用。

② 安装要求

a. 与传感器相连接的前后管道的内径应与传感器口径一致。管道与传感器连接处，不准有凸出物（如凸出的焊缝和垫片等）伸入管道内，以免改变通道截面积和传感器进口流场分布，并要求管道中心和传感器中心一致。传感器上游直管段长度 L 与管道内径 D 的比值应满足式(6.78)的要求。

$$\frac{L}{D} = 0.35\frac{S}{F} \qquad (6.78)$$

式中　F——管道内壁摩擦系数，流动处于湍流状态时一般可取 0.0175；

　　　S——旋涡速度比，取决于传感器上游局部阻流件的类型。

S 值与上游直管段长度对应关系见表 6.6。

表 6.6　旋涡速度比与直管段长度关系

局部阻流件名称	S	上游直管段长度	局部阻流件名称	S	上游直管段长度
同心渐缩管	0.75	$15D$	空间两个直角弯头	2	$40D$
一个直角弯头	1	$20D$	全开闸阀、截止阀	1	$20D$
同平面内两个直角弯头	1.25	$25D$	半开闸阀、截止阀	2.5	$50D$

　　若上游局部阻流件状况不明确，一般推荐上游直管段长度应不小于 $20D$，下游直管段长度不小于 $5D$。当上游直管段长度不能满足要求时，应在传感器和阻流件之间安装流动调整器。传感器安装在室外时，应有避免阳光直射和防雨淋措施（如安装防护箱等）。

　　b. 连接管道的安装在需要运行不能停流的场合，应安装旁路管道和可靠的截止阀，测量时应保证旁路管道无泄漏。在其他场合，一般希望设置旁路管道，既利于启动时起保护作用，又利于不影响流体正常输送情况下的维修。

　　c. 对不带信号检测放大器的传感器，其传感器和信号检测放大器之间的间距不得超过 5m，传感器输出信号应该采用双芯屏蔽电缆传输至信号检测放大器的输入端。

6.5　旋涡流量计

　　旋涡流量计是利用流体振动原理进行流量测量的。即在特定流动条件下，流体一部分动能产生流体振动，且振动频率与流体的流速（或流量）有一定关系。这种流量计可分为自然振荡的卡门旋涡分离型和流体强迫振荡的旋涡进动型两种。前者称为涡街流量计（Vortex Shedding Flow meter），后者称为旋进旋涡流量计（Swirl Flow meter）。这种流量计输出是与流量成正比的脉冲信号，可以广泛用于液体、气体和蒸汽的流量测量。

6.5.1　涡街流量计测量原理

　　把一个非流线型阻流体（Bluff Body）垂直插入管道中，随着流体绕过阻流体流动，产生附面层分离现象，形成有规则的旋涡列，左右两侧旋涡的旋转方向相反，如图 6.21 所示，这种旋涡称为卡门涡街。研究表明，这些涡列多数是不稳定的，只有形成相互交替内旋的两排涡列，且涡列宽度 h 与同列相邻的两旋涡的间距 l 之比满足 $\dfrac{h}{l}=0.281$（对圆柱形旋涡发生体）时，这样的涡列才是稳定的。产生旋涡分离的阻流体称为旋涡发生体。涡街流量计是根据旋涡脱离旋涡发生体的频率与流量之间的关系测量流量的仪表。

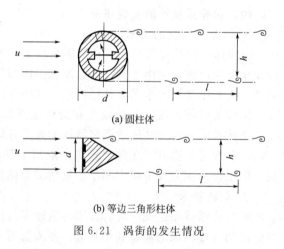

(a) 圆柱体

(b) 等边三角形柱体

图 6.21　涡街的发生情况

　　根据卡门涡街原理，单侧旋涡频率 f 和旋涡发生体两侧流速 u_1 间有如下关系。

$$f=Sr\frac{u_1}{d} \qquad (6.79)$$

式中　d——旋涡发生体的迎流面最大宽度，m；

　　　　Sr——斯特劳哈尔数，无量纲。

　　在以 d 为特征尺寸的雷诺数 Re 的一定范围内，Sr 为常数。

因此，当柱体的形状、尺寸决定后，可根据式（6.79）通过测定 f 来确定旋涡发生体两侧的流体流速 u_1。

根据流体流动连续性原理可得

$$A_1 u_1 = Au \tag{6.80}$$

式中　A_1——旋涡发生体两侧流通面积，m^2；

　　　A——管道流通面积，m^2；

　　　u——管道截面上流体平均速度，m/s。

定义截面比 $m = \dfrac{A_1}{A}$，则由式（6.79）和式（6.80）可得 $u = f\dfrac{dm}{Sr}$，则瞬时体积流量为

$$q_v = A\frac{dm}{Sr}f = \frac{\pi}{4}D^2\frac{dm}{Sr}f \tag{6.81}$$

式中　D——管道内径，m。

对于圆柱体旋涡发生体，可以计算得

$$m = \frac{A_1}{A} = 1 - \frac{2}{\pi}\left(\frac{d}{D}\sqrt{1 - \frac{d^2}{D^2}} + \arcsin\frac{d}{D}\right)$$

当 $\dfrac{d}{D} < 0.3$ 时，$\arcsin\dfrac{d}{D} \approx \dfrac{d}{D}$，$\sqrt{1 - \dfrac{d^2}{D^2}} \approx 1$，则有 $m \approx 1 - 1.25\dfrac{d}{D}$。

式（6.81）即为涡街流量计的流量方程。其仪表系数为

$$K = \frac{f}{q_v} = \frac{1}{\dfrac{\pi D^2}{4Sr}md} \tag{6.82}$$

式中　q_v——通过流量计的体积流量，L/s；

　　　f——流量计输出的信号频率，Hz；

　　　K——涡街流量计仪表系数，L^{-1}。

式（6.81）说明，在斯特劳哈尔数 Sr 为常数的基础上，通过涡街流量计的体积流量与旋涡频率成正比。仪表系数 K 仅与旋涡发生体几何参数有关，而与流体物性和组分无关。

涡街流量计可以测液体流量，也可以测量气体流量。其仪表系数与管道雷诺数之间的关系如图 6.22 所示。将图 6.22 所示曲线称为流量计的特性曲线。不难看出，该特性不受流体压力、温度、黏度、密度和成分的影响，而且水的特性与空气的特性基本一致。也即水标定的涡街流量计用于气体，仪表系数仅相差 0.5% 左右，不会引起明显误差。

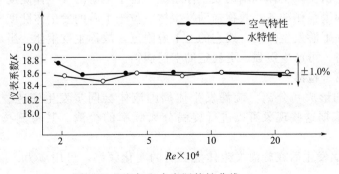

图 6.22　空气和水实际特性曲线

6.5.2 涡街流量计的构造

涡街流量计由传感器和转换器两部分组成。传感器包括：表体、旋涡发生体、检测元件、安装架和法兰等。转换器包括：前置放大器、滤波整形电路、接线端子、支架和防护罩等。近几年来问世的智能式仪表还将 CPU、存储单元、显示单元、通信单元及其他功能的模块也装在转换器内，形成数字式涡街流量计。

(1) 旋涡发生体

旋涡发生体是涡街流量计的关键部件，一般采用 1Cr18Ni12Mo2Ti 不锈钢，仪表的流量特性（仪表系数、线性度、范围度等）和阻力特性均与它的几何参数和排列方式相关。在旋涡发生体选型及设计时，应考虑旋涡在旋涡发生体轴线方向上同步分离的特性，才能保证旋涡的稳定性。为产生强烈和稳定的涡街并在较宽雷诺数范围内有稳定的旋涡分离点，必须保持旋涡发生体的特征宽度（迎流宽度）d 不变，保证 Sr 为常数；另外，形状和结构力求简单，便于加工和几何参数标准化，便于各种检测元件的安装与组合；为保证仪表运行的稳定性和寿命，旋涡发生体的固有频率应远离涡街信号的频带，以避免共振，其材质应满足流体性质的要求，耐腐蚀、耐冷热、耐冲刷。

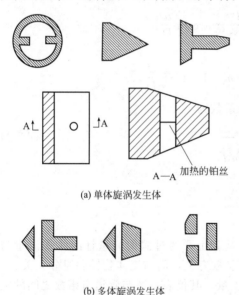

A—A 加热的铂丝

(a) 单体旋涡发生体

(b) 多体旋涡发生体

图 6.23 旋涡发生体基本形状

旋涡发生体几何参数至今还没有成熟的计算方法，大多通过实验确定。按柱形分，它有圆柱、三角柱、梯形柱、T 形柱、矩形柱等；按结构分，它有单体、双体和多体之分。图 6.23 所示为常见的单体和多体旋涡发生体的截面形状，流体流动的方向自左向右。

圆柱形旋涡发生体是形状最简单的旋涡发生体，加工方便、阻力系数小、Sr 比较高。但是随着雷诺数的变化，其旋涡分离点会沿圆柱表面移动，涡街的稳定性和仪表线性度较差。

目前，涡街流量计中用得最多的是梯形柱旋涡发生体。也称为三角柱旋涡发生体或楔形多面体，其迎流面密度恒定，两个短棱边强迫旋涡在此产生同步分离，并对旋涡分离有一定的稳定作用，减小了流体的其他扰动和噪声，使涡街信号既强烈又稳定。

双体或多体旋涡发生体是为了提高涡街强度和稳定性，降低下限雷诺数和阻力系数而被逐步采用的。它由主发生体和辅助发生体组成。位于上游的发生体陡度较小，其作用是分流和起涡，为旋涡增强作准备，故称辅助发生体。位于下游的发生体陡度较大，检测元件或传感器大都安装在下游发生体内，或它的上下游附近，故称主发生体。当形状、尺寸以及两者距离选择合适时，可产生更强、更稳定的卡门涡街。

(2) 旋涡信号检测

伴随旋涡的形成和分离，旋涡发生体周围流体会同步发生流速、压力变化和下游尾流周期振荡。依据这些现象可以进行旋涡分离频率的检测。其检测技术可概括为以下两大类。

① 检测旋涡发生后在旋涡发生体上受力的变化频率，可用应力、应变、电容、电磁等检测技术。

② 检测旋涡发生后在旋涡发生体附近的流体变化频率，可用热敏、超声、光电、光纤

等检测技术。

　　早期的涡街流量计采用热电阻法检测旋涡频率。如图 6.23 所示在旋涡发生体上开一孔。孔中置一铂丝。将其加热到高于流体温度 10℃ 左右。同时将其作为电桥的一个桥臂。旋涡发生体两侧交替产生旋涡，产生旋涡的一侧流速下降，压力上升，而另一侧流速上升压力下降，于是在小孔两侧产生压力差，在该压力差作用下小孔中的流体发生流动，带走热量使铂丝温度下降，进而导致铂丝电阻值下降，电桥失衡，产生电压摆动，将其放大整形后，输出一个脉冲信号。该方法灵敏度高，测量下限低，量程宽，对管道振动不敏感，但是铂丝易断，小孔易堵可导致可靠性不高。

　　目前用得最多的是分体压电式探头，如图 6.24 所示，在旋涡发生体下游安装一检测元件，俗称探头，做成悬臂梁结构形式，比旋涡发生体小得多，在其下端做成舌状扁平体，使其更容易感受到旋涡所产生的横向升力，在探头内部嵌有压电晶体，利用压电对压力的敏感性，检测所受到的交变压力反应旋涡分离频率。

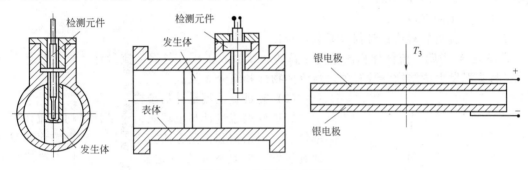

图 6.24　分体压电式探头

　　旋涡所产生的横向升力的强度与流体密度成正比，与流速的平方成正比，因此当检测气体流量或是检测低流速的流体流量时，虽然在旋涡发生体下游有旋涡产生，但其升力强度较弱，致使压电晶体所产生的电信号幅值小，淹没在噪声之中，见图 6.25（a）所示，无法从噪声信号中分辨出流量信号。随着计算机技术的进步，发展了一种数字式涡街流量计，它是将检测到的时域的模拟信号转换成频域的数字信号，以辨识出有效的流动信号，扩大了涡街流量计的流量测量范围，如图 6.25(b) 所示的经过快速傅里叶变换的频域信号，从图中可见，已较好的给出了流量信号的频率。

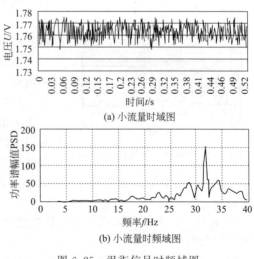

(a) 小流量时域图

(b) 小流量时频域图

图 6.25　涡街信号时频域图

6.5.3　旋进旋涡流量计

　　旋进旋涡流量计与涡街流量计相比的突出优点是具有较短的表前直管段（3D）和较低的下限流量。适用于某些涡街流量计不宜使用的场合。

（1）旋进旋涡流量计的工作原理

　　旋进旋涡流量计是根据旋涡进动现象为机理的流量计。受到周围约束的旋流在通过截面扩大了的管道时，旋流的中心轴会作进动，这就是旋涡进动现象，其原理如图 6.26 所示。

流体流入旋进旋涡流量计后，首先经过一组由固定螺旋形叶片组成的起旋器后被强制旋转，使流体形成旋涡流。旋涡的中心为"涡核"是速度很高的区域，其外围是环流。流体流经收缩段时旋涡流加速，沿流动方向涡核直径逐渐缩小，而强度逐渐加强。此时涡核与流量计的轴线相一致。当进入扩大段后，旋涡急剧减速，压力上升，于是产生了回流。在回流作用下，涡核围绕着流量计的轴线作螺旋状进动。该进动是贴近扩大段的壁面进行的，其进动频率 f 和流体平均速度 u 成正比关系

$$f = ku \tag{6.83}$$

瞬时体积流量 q_v

$$q_v = \frac{\pi}{4} D^2 u = \frac{\pi}{4} D^2 \frac{f}{k} = \frac{f}{K_V} \tag{6.84}$$

式中　D——管道内径，m；

　　　k——比例常数；

　　　K_V——旋进旋涡流量计仪表系数，1/L。

式(6.84)说明，流体体积流量与旋涡进动频率成正比。与涡街流量计一样，仪表系数 K_V 仅与旋涡发生体结构参数有关，与流体物性和组分无关。

（2）旋进旋涡流量计的结构

旋进旋涡流量计与上述涡街流量计虽均属流体振动型仪表，但结构和检测方法完全不同。旋进旋涡流量计的旋涡发生体是固定在变送器入口壳体上的螺旋形叶轮，而涡街流量计是非流线型柱体。另外，旋进旋涡流量计所检测的是贴近变送器扩大段壁面的旋涡进动频率，而不是涡旋分离频率。所以其感测元件一般采取接触式检测，敏感元件贴近壁面安装。

如图 6.26 所示，旋进旋涡流量计由传感器和转换器组成。传感器包括表体、起旋器、消旋器、检测元件等。转换器把检测元件输出的信号放大、滤波、整形、输出方波信号或 4～20mA 标准信号，其电路结构原理和涡街流量计基本相同。近几年来，国内外已开发了带微处理器的智能式旋进旋涡流量计。把 CPU、存储、显示、通信及其他功能模块装在转换器内，还有采用微功耗芯片无须外接电源，形成一体化旋进旋涡流量计。

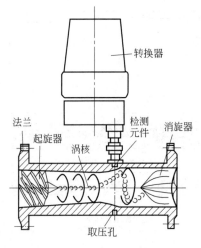

图 6.26　旋进旋涡流量计工作原理

① 表体。一般用不锈钢制造，其内腔形似文丘里管，由入口段、收缩段、喉部、扩张段和出口段组成。

② 起旋器。用不锈钢或能经受流体作用的材料制造，具有特定角度的螺旋叶片。它固定在表体收缩段前部，强迫流体产生强烈的旋涡流，以利信号检测。

③ 检测元件。安装在扩张段喉部。用热敏、压电、应变、电容和光纤等检测元件，均可检测出旋涡进动频率信号。

④ 消旋器。用直叶片制成的辐射状或网络状流动整直器，固定在表体出口段，其作用是消除旋涡流。

转换器安装于表外，用信号线与检测元件相连接，把检测元件测得的信号经信号处理电路转换成方波信号或 4～20mA 标准信号输出。

(3) 旋进旋涡流量计的特性

旋进旋涡流量计的特性可表达为仪表系数 K_V 和体积流量 q_v 的关系。理想的特性曲线是一条平行于 q_v 轴的水平线。根据特性曲线可对仪表性能进行研究，特性曲线如图 6.27 所示。

旋进旋涡流量计的精确度是以仪表的非线性度衡量的，非线性度即指仪表在线性测量范围内（仪表系数 K 变化很小的这段范围），仪表系数最大差值之半和平均仪表系数之比定义的。其表达式为

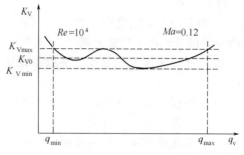

图 6.27 流量计特性曲线

$$\delta\% = \pm\frac{1}{2}\frac{K_{Vmax} - K_{Vmin}}{K_{V0}} \times 100\% \tag{6.85}$$

式中　K_{Vmax}——仪表系数的最大值；

　　　K_{Vmin}——仪表系数的最小值；

　　　K_{V0}——仪表系数的平均值。

仪表的线性范围与被测流体的黏度、流速及检测放大器的截止频率有关，分别以雷诺数 Re、马赫数 Ma 和输出频率 f 表示限值范围。应用旋进旋涡流量计测量气体流量时，若要获得 $\pm1\%$ 的精确度和 $30:1\sim100:1$ 的线性范围度，则应满足 $Re = 10^4 \sim 10^6$，$Ma < 0.12$，$f = 10 \sim 10^3\,Hz$。

旋进旋涡流量计可测量气体和液体的流量，在线性测量范围内，如被测流体的状态参数改变或更换被测流体的种类，对仪表的性能不会带来影响，仍旧可以使用同一特性曲线和同一仪表系数。

近几年来，国内已开发了智能式（或一体化）旋进旋涡流量计，如图 6.28 所示。应用微处理器和现代数字技术，转换器集信号检测、转换、显示、通信于一体，传感器和转换器可自由互换。仪表具有适应跟踪滤波、现场组态、就地显示、信号远传、温度压力校正、自诊断、量程调整和非线性修正等功能。

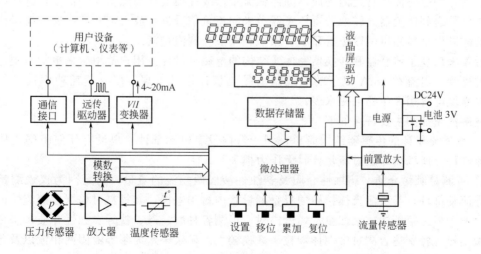

图 6.28 智能一体化旋进旋涡流量计转换电路原理框图

6.5.4 旋涡流量计的应用

(1) 特点

① 旋涡流量计精度高，可达 $0.5\% \sim 1\%$，检测范围宽，可达 $100:1$。输出与流量成正比的频率信号，抗干扰能力强。

② 不受流体压力、温度、密度、黏度及成分变化的影响，更换检测元件时不须重新标定。

③ 压力损失小，管道口径为 $25 \sim 2700\text{mm}$，尤其对大口径流量的检测更为优越。

④ 适用范围较广，可用于液体、气体、蒸汽的流量测量，并且气液通用。

⑤ 结构简单牢固、安装简便、维护量小、故障少。

(2) 使用要求

① 旋涡流量计属于速度式仪表，所以管道内的速度分布规律变化对测量精度影响较大，因此在旋涡检测器前要有 15 倍管道内径的直管段，其后要有 5 倍管道内径的直管段的长度要求，且要求管内表面光滑。

② 管道雷诺数应在 $2 \times 10^4 \sim 7 \times 10^6$ 之间。如果超出这个范围，则斯特劳哈尔系数便不是常数，引起仪表系数 K 的变化，使测量精度降低。

③ 流体流速必须在规定范围内。因为旋涡流量计通过测旋涡的释放频率测量流量，测量气体时流速范围为 $4 \sim 60\text{m/s}$，测量液体时流速范围是 $0.38 \sim 7\text{m/s}$，测量蒸汽时流速应小于 70m/s。

④ 旋涡流量计的传感器应经常吹洗，敏感元件要保持清洁。

6.6 电磁流量计

电磁流量计（Electromagnetic Flowmeters，简称 EMF）是根据法拉第电磁感应定律制成的，用来测量导电液体的体积流量。由于其独特的优点，目前已广泛地被应用于工业过程中各种导电液体的流量测量，如各种酸、碱、盐等腐蚀性介质；各种易燃易爆介质；污水处理及化工、食品、医药等工业中各种浆液流量测量，形成独特的应用领域。

结构上电磁流量计由电磁流量传感器和转换器两部分组成。传感器安装在工业过程管道上，它的作用是将流进管道内的液体的体积流量值线性地变换成感生电势信号，并通过传输线将此信号送到转换器。转换器将传感器送来的流量信号进行放大，并转换成与流量信号成正比的标准电信号输出，以进行显示、累积和调节控制流量值。

近年来出现了传感器和转换器一体式结构的电磁流量计。用户使用起来更加方便。随着技术的进步，电流在 4mA 以下的二线制电磁流量计也已出现。更有消耗功率仅需 2mW，用锂电池供电可用 8 年的电磁水表。

电磁流量计的主要特点如下。

① 电磁流量计的传感器结构简单，测量管内没有可动部件，也没有任何阻碍流体流动的节流部件。所以流体通过流量计时无压力损失。

② 可测量脏污介质、腐蚀性介质及悬浊性液固两相流的流量。这是因为仪表测量管内无阻碍流动部件，与被测流体接触的只是测量管内衬和电极，其材料可根据被测流体的性质选择。如用聚三氟乙烯或聚四氟乙烯做内衬，可测各种酸、碱、盐等腐蚀性介质；采用耐磨橡胶做内衬，特别适合测量带固体颗粒、磨损较大的矿浆、水泥浆等液固两相流以及各种带纤维液体和纸浆等悬浊液体。

③ 电磁流量计是一种体积流量测量仪表，在测量过程中，它不受被测介质的温度、黏

度、密度的影响。因此，电磁流量计只需经水标定后，即可用来测量其他导电性液体的流量。

④ 电磁流量计的输出只与被测介质的平均流速成正比，而与对称分布下的流动状态（层流或湍流）无关。所以电磁流量计的量程范围极宽，其测量范围度可达 100∶1。

⑤ 电磁流量计无机械惯性，反应灵敏，可以测量瞬时脉动流量，也可测量正反两个方向流量。

⑥ 工业用电磁流量计的口径范围较宽，从几个毫米一直到几米，国内已有口径达 3m 的实验流量检验设备。

当然，电磁流量计也存在一定不足。不能用来测量气体、蒸气以及含有大量气体的液体；不能用来测量电导率很低的液体介质，如石油制品或有机溶剂等；普通工业用电磁流量计由于受测量管内衬材料和电气绝缘材料限制，不能用于测量高温介质；如未经特殊处理，也不能用于测量低温介质，以防止测量管外结露破坏绝缘；电磁流量计易受外界电磁干扰的影响。

6.6.1　电磁流量计的测量原理

根据法拉第电磁感应定律，当一导体在磁场中运动切割磁力线时，在导体的两端将产生感应电动势 e，其方向由右手定则确定，其大小与磁场的磁感应强度 B，导体在磁场内的有效长度 L 及导体垂直于磁场的运动速度 u 成正比。如果 B,L 和 u 三者互相垂直，则

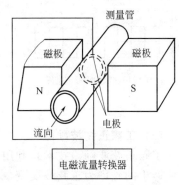

$$e=BLu \tag{6.86}$$

如图 6.29 所示，如果在磁感应强度为 B 的均匀磁场中，垂直于磁场方向放一个内径为 D 的不导磁管道，当导电液体在管道中以流速 u 运动时，导电液体切割磁力线，如果在管道截面垂直于磁场的直径两侧安装一对电极，则可以证明，只要管道内流速分布为与轴对称分布，则两电极间将产生感生电势，即

图 6.29　电磁流量计原理简图

$$e=kBD\bar{u} \tag{6.87}$$

式中　$\bar{u}$——管道截面上的平均流速，m/s；

　　　D——测量管直径，m；

　　　k——常系数，无量纲；

　　　B——磁感应强度，T。

由此可得通过管道的体积流量

$$q_{v}=\frac{\pi D^{2}}{4}\bar{u}=\frac{\pi D}{4k}\frac{e}{B} \tag{6.88}$$

由式(6.88) 可知，当测量管结构一定时，体积流量 q_{v} 与 e/B 成正比，而与流体的状态和物性参数无关，测量比值 e/B 即可得到体积流量值 q_{v}。当磁感应强度 B 为恒定值时，体积流量 q_{v} 与感生电势 e 成正比。

磁场的感应强度 B 是由电磁流量计的励磁系统提供。励磁系统可以给电磁流量传感器提供多种形式的磁场波形。不同的磁场波形，直接决定了电磁传感器工作磁场的特征，也决定了电磁流量计流量信号的处理方法，对电磁流量计的工作性能有很大的影响。

6.6.2 电磁流量计的励磁方式

（1）直流励磁

直流励磁技术是最初的电磁流量计采用的励磁技术，它是利用永磁体或者直流电源给电磁流量传感器励磁绕组供电，以形成恒定的直流磁场，其磁场波形如图 6.30(a) 所示。直流励磁技术具有方法简单可靠、受工频干扰影响很小以及流体中的自感现象可以忽略不计。但是，直流励磁技术的最大问题是直流感应电势在两电极表面上形成固定的正负极性，引起被测流体介质电解而产生正负离子，导致电极表面极化现象，使感生的流量信号电势减弱，电极间电阻增大，影响信号处理。直流励磁在电极间产生不均衡的电化学干扰电势叠加在直流流量信号中，无法消除，并随流体介质特性及流动状态而变化。另外，直流放大器的零点漂移、噪声和稳定性问题难以解决，特别是在小流量测量时，信号放大器的直流稳定度必须在几分之一微伏之内，这就限制了直流励磁技术的应用范围。

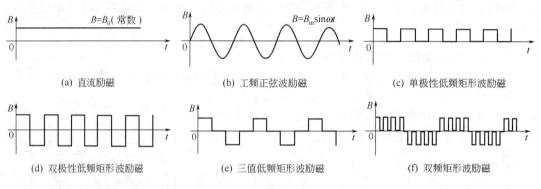

图 6.30　励磁磁场理想波形

（2）工频正弦波励磁

工频正弦波励磁技术是利用 50Hz 正弦波电源给电磁流量传感器励磁绕组供电，其特点是所产生的磁场为正弦波交变磁场，其波形如图 6.30(b) 所示。这种励磁方式能够基本上消除电极表面的极化现象，降低电极电化学电势影响和传感器内阻。另外，采用工频正弦波技术，其传感器输出的流量信号仍然是工频正弦波信号，易于放大处理，能避免直流放大器存在的问题，而且励磁电源简单方便。

在工频正弦波励磁方式中，交流磁场的磁感应强度 $B = B_m \sin\omega t$，在电极上产生的感生电动势为

$$e = kB_m D\bar{u}\sin\omega t \tag{6.89}$$

被测体积流量为

$$q_v = \frac{\pi D^2}{4k}\bar{u} = \frac{\pi D}{4k}\frac{e}{B_m \sin\omega t} \tag{6.90}$$

式中　B_m——交变磁感应强度的最大值，T；

　　　ω——励磁电流角频率，$\omega = 2\pi f$；

　　　f——励磁电源频率，Hz。

值得注意的是，工频正弦波励磁技术的采用会带来一系列电磁干扰和噪声。

首先是电磁感应产生的正交干扰，又称 90°干扰，一般认为正交干扰是由变压器效应造成的。在电磁流量传感器中，由于电极、引线、被测介质和电磁流量转换器的输入电路构成的闭合回路处在交变磁场中，所以，即使被测介质不流动，处于该交变磁场中的闭合回路也会产生感生电势 e_1 和感生电流，显然这是一干扰电势。根据电磁感应原理，该干扰电势与

磁场对时间的变化率的负值成正比。即

$$e_1 = -\frac{\mathrm{d}B}{\mathrm{d}t} = -B_\mathrm{m}\omega\cos\omega t = B_\mathrm{m}\omega\sin(\omega t - 90°) \tag{6.91}$$

这就是正交干扰信号电势，它的特点如下。

① 与流量无关，即使流体静止不动，这样的信号依然存在。

② 在相位上比流量信号滞后 $90°$，故称 $90°$ 干扰。

③ 励磁电流频率越高，正交干扰也越严重，实际应用中，正交干扰信号可以远大于流量信号。

其次是同相干扰，是指同时出现在传感器两个电极上，频率和相位都和流量信号一致的干扰信号。一般认为是静电感应，绝缘电阻分压以及传感器管道上杂散电容所引起。如图 6.31 所示，传感器的励磁线圈对电极 A 和 B 不仅存在着绝缘电阻 R_m 同时还存在着分布电容 C_f。设两电极间的内阻为 R_s，则励磁电压 U 通过绝缘电阻和分布电容与传感器内阻分压，在两电极上同时产生压降。

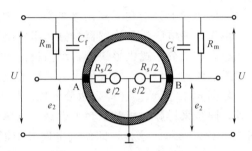

图 6.31 静电感应引起同相干扰

设励磁电压为 $U = U_\mathrm{m}\sin\omega t$，则在 C_f 上产生的容抗为 $R_\mathrm{C} = \dfrac{1}{\omega C_\mathrm{f}}$，$R_\mathrm{C}$ 和 R_m 并联，若 $R_\mathrm{m} \gg R_\mathrm{C}$，则总阻抗 R 约为 R_C。这样，R 和内阻 $R_\mathrm{s}/2$ 对励磁电压 U 进行分压，在电极上将得到由分布电容 C_f 串进的干扰电压 e_2 为

$$e_2 = \frac{R_\mathrm{s}}{\sqrt{R_\mathrm{s}^2 + 4R^2}}U_\mathrm{m}\sin\omega t \tag{6.92}$$

由于同相干扰信号的频率和相位与流量信号完全一致，叠加在流量信号中难以消除，以至电磁流量计零点不稳定。

同时，工频正弦波供电电源存在电源电压和频率的波动，由式（6.90）可知，电压和频率分别影响 B_m 和 ω，从而造成对流量测量信号的影响。

（3）低频矩形波励磁

低频矩形波磁场波形如图 6.30（c）和（d）所示。鉴于采用交流正弦波励磁存在难以完全消除的 $90°$ 干扰电压，而完全采用直流磁场又有极化的弊端，因此，提出采用介于二者之间的励磁方式，即采用低频矩形波励磁方式。矩形波励磁的频率通常是工业频率的 $1/4 \sim 1/10$，在半个周期内是恒定的直流磁场 $\mathrm{d}B/\mathrm{d}t = 0$，不存在交流磁场的 $90°$ 干扰，只在上升沿和下降沿时有 $90°$ 干扰，如果在磁场强度达到稳定时取出流量信号，就可以分离并除去这种干扰。又由于采用低频间断方式建立磁场，在磁场没有建立或反向磁场期间，足以将已有电极的极化电位消除，避免了直流磁场的缺点。

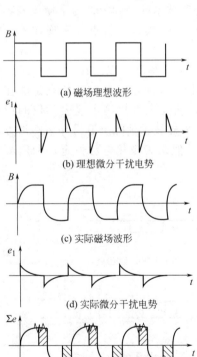

（a）磁场理想波形

（b）理想微分干扰电势

（c）实际磁场波形

（d）实际微分干扰电势

（e）流量信号合成电势

（f）同步采样信号

图 6.32 低频矩形波励磁波形

从图 6-30 中可以看到，在半个周期内，磁场是一恒稳的直流磁场，它具有直流励磁技术受电磁干扰影响小，不产生涡流效应、正交干扰和同相干扰小等特点；从整个时间过程看，矩形波信号又是一个交变信号，具有正弦波励磁技术基本不产生极化现象，便于放大和处理信号，避免直流放大器零点漂移、噪声、稳定性等问题的优点。

在低频矩形波励磁中，由于励磁电流矩形波存在上升沿和下降沿，根据式(6.91)，在上升沿和下降沿处，必然也存在正交干扰（微分干扰）。其沿越陡，微分干扰电势越大，但很快就会消失，形成一很窄的尖峰脉冲；上升沿和下降沿变化越缓慢，则微分干扰越小，但经历时间越长。

如何消除上升沿和下降沿处的微分干扰，是低频矩形波励磁技术要解决的主要问题之一。由于一般电磁流量传感器励磁绕组中电感和电阻的比值 L/R 往往较小，随着励磁电流进入稳态，微分干扰也很快能自动消失。所以，为了排除微分干扰对流量信号的影响，通常在励磁电流进入稳态的恒定阶段（即矩形波的平顶部分）后，再对流量信号电压进行同步采样，如图 6.32 所示。这样，微分干扰信号不能进入同步采样，因此也不影响流量信号输出，另外，同步采样脉冲相对工频来说是一宽脉冲，并选择为工频周期或工频周期的整数倍，如图 6.32(e) 所示。这样，即使流量信号中混有工频干扰信号，因其采样时间为完整的工频周期，其平均值为零，工频干扰电压不起作用。另一方面，由于励磁频率低，涡电流很小，静电耦合分布电容的影响小，所以，由于静电感应而产生的同相干扰也大为减小。

(4) 三值低频矩形波励磁

三值低频矩形波励磁技术是人们在总结低频矩形波励磁技术的基础上，为了使仪表零点更稳定而提出的一种励磁技术，磁场波形如图 6.30(e) 所示。其最大特点是实现在零态时动态校正零点，因而具有更优良的零点稳定性。

三值低频矩形波励磁方式的励磁电流一般采用工频的 1/8 频率，以 $+B$，0，$-B$ 三值进行励磁，分别对三种状态进行采样处理，其波形图如图 6.33 所示。其首要特点是能在零态时动态校正零点，有效地消除了流量信号的零位噪声，从而大大提高了仪表零位的稳定性；其次，它与低频矩形波励磁技术一样，可以采用同步采样技术消除上升沿和下降沿处的 90°干扰；再者，它可以通过一个周期内的 4 次采样值，近似认为极化电势恒定，利用微处理机的数值运算功能得以消除极化电势的影响。

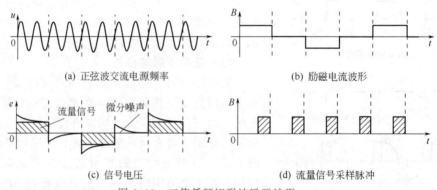

(a) 正弦波交流电源频率   (b) 励磁电流波形

(c) 信号电压   (d) 流量信号采样脉冲

图 6.33 三值低频矩形波励磁波形

所以，采用三值低频矩形波励磁技术的电磁流量计零点稳定，抗工频干扰能力强，测量精度进一步提高，传感器单位流速的流量信号电压可降低到工频励磁方式时的 1/4，从而可进一步降低励磁功耗，实现电磁流量计的小型轻量一体化，在电磁流量计中已得到广泛应用。

（5）双频矩形波励磁技术

三值低频矩形波励磁方式具有优良的零点稳定性，但在测量泥浆、纸浆等含纤维和固体颗粒的流体介质和低电导率流体流量时，出现固体颗粒擦过电极表面而产生低频尖峰噪声和流体流动噪声，这样往往导致励磁频率较低的三值励磁电磁流量计输出摆动不稳。

三值低频矩形波励磁零点稳定，但无法抑制低频噪声；较高频率的矩形波磁场能消除低频噪声，但一般其零点稳定性欠佳。人们在分析各种励磁技术的基础上，提出了双频矩形波励磁技术，其磁场波形如图 6.30（f）所示。高频部分是 75Hz 的矩形波，外包络线是 1/8 工频的低频矩形波。采用这种励磁方式，可用高频波采样消除含纤维和固体颗粒流体介质的低频噪声，同时又保持了低频矩形波励磁零点稳定的优点，取得了很好的应用效果。

6.6.3　电磁流量计的结构

电磁流量计在结构上一般由电磁流量传感器和电磁流量转换器两部分组成。一般情况下传感器和转换器是分体的，传感器安装在生产过程工艺管道上感受流量信号；转换器将传感器送来的流量信号进行放大，并转换成标准电信号，以便进行显示、记录、积算和调节控制。也有的电磁流量计将传感器和转换器装在一起，组成一体型电磁流量计，可就地显示和远传显示及控制。

（1）电磁流量传感器

电磁流量传感器主要由测量管组件、磁路系统、电极和干扰调整机构等部分组成。为了使传感器稳定可靠地工作，准确地感受流量信号，传感器应满足如下要求，可能提供一个足够大的且与流量成正比的电势信号；把干扰信号抑制到最低程度，使信噪比足够大；能适应恶劣环境条件，工作可靠。

① 测量管组件。测量管位于传感器中心，两端带有连接法兰或其他形式的连接装置，被测流体通过测量管。为了让磁力线能顺利地穿过测量管进入被测介质，测量管必须由非导磁材料制成；为了减小电涡流，测量管一般应选用高阻抗材料，在满足强度要求的前提下，管壁应尽量薄；另外，为了防止电极上的流量信号被金属管壁短路，所以在测量管内侧应有完整的绝缘衬里。衬里材料应根据被测介质选择有耐腐蚀、耐磨损、耐高温等性能的材料，如聚四氟乙烯和耐酸橡胶等。

② 磁路系统。磁路系统主要包括励磁绕组和铁芯，用以产生励磁方式所规定波形的磁场。一般工业用电磁流量计的磁场大都用电磁铁产生，磁场电源由转换器提供。产生磁场的励磁绕组和铁芯、磁轭的结构形式根据测量管口径的不同，一般有以下三种常用结构形式。

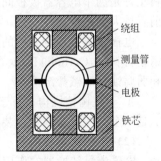

图 6.34　变压器铁芯式

a. 变压器铁芯式。测量管口径小于 10mm 的传感器一般采用这种结构，如图 6.34 所示。这种结构通过测量管的磁通较大，在同样流速下可得到较大的感应电势。当口径较大时，由于两电极间的距离较大，空间间隙也较大，漏磁磁通将明显增加，电干扰较严重，使仪表工作不够稳定。而且大口径管道采用变压器铁芯时，传感器体积和质量将大大增加，制造和维护有一定困难。

b. 集中绕组式。集中绕组式一般用于口径在 10～100mm 的电磁流量传感器。这种方式的励磁绕组被制成两只无骨架的马鞍形线圈，分别安装在测量管的上下两侧，外围加一层用 0.3～0.4mm 厚的硅钢片制成的磁轭。为了保证磁场均匀，在励磁绕组中间加一对极靴，集中绕组式如图 6.35 所示。

c.分段绕组式。当传感器口径大于100mm时，一般采用分段绕组式，如图6.36所示。马鞍形的励磁线圈按余弦分布规律绕制，靠近电极部分的线圈绕得密一些，远离电极部分的线圈绕得稀一些，以得到均匀磁场。线圈外加一层磁轭，但无需极靴。按此分段绕制的鞍形励磁线圈放在测量管上下两侧，使磁感应强度与管道截面平行，以保证测量精度。

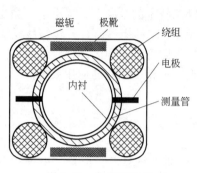

图6.35　集中绕组式

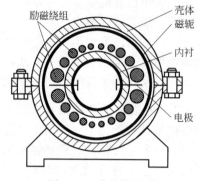

图6.36　分段绕组式

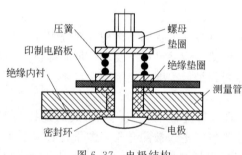

图6.37　电极结构

③ 电极。传感器的电极安装在与磁场垂直的测量管两侧管壁上，它的作用是将被测介质切割磁力线所产生的电势信号引出，电极一般需直接与被测介质接触，其典型结构如图6.37所示。特殊情况下，为避免电极污染，可采用电容检测型电磁流量计，将电极置于测量管衬里外，不与流体介质直接接触，所以有时也称其为无电极电磁流量计。

无电极电磁流量计可用来测量电导率很低的液体、浆液、渣液和泥浆等流量。其电容电极处于测量管衬里背后，不与被测流体接触。每个电极板与其相对的测量管内壁形成一个电容，在该内壁上存在信号电位，流量计衬里材料正好是两个电容器极板间电介质。与流量成正比的测量信号被送到与此两个电容器相连的前置放大器进行放大处理，输出流量值。

电极材料按被测介质的腐蚀性而决定，但必须是非磁性导电材料。比较常用的是耐酸不锈钢材料（1Cr18Ni9Ti）、含钼不锈钢（1Cr18Ni12Mo2Ti），用于一般工业用水、废水污水和弱腐蚀性酸碱盐溶液。

④ 干扰调整机构。对于正弦波励磁的电磁流量计，传感器应有干扰调整机构。它实际上是一个"变压器调零"装置，可以抑制因"变压器效应"而产生的正交干扰。

（2）电磁流量转换器

电磁流量转换器的作用是把电磁流量传感器输出的毫伏级电压信号放大，并转换成与被测介质体积流量成正比的标准电流、电压或频率信号输出，以便与仪表及调节器配合，实现流量的指示、记录、调节和积算。

根据电磁流量传感器的特点，要求转换器具备以下性能。

① 线性放大能力。转换器应具有高稳定性能的线性放大器，可把毫伏级流量信号放大到足够高的电平，并线性地转换成标准电信号输出。

② 能够分辨和抑制各种干扰信号。根据励磁方式不同，转换器应有相应的措施抑制或消除各种干扰信号的影响。

对于正交干扰，除了传感器中的干扰调整机构调零外，转换器中应有分辨和抑制正交干扰的机构，以消除传感器中剩余的正交干扰信号。否则，这些干扰信号同样会被转换器的放大器放大，严重影响仪表的工作。其抑制方法一般是将经过主放大器放大后的正交干扰信号通过相敏检波的方式鉴别分离出来，然后反馈到主放大器的输入端，以抵消输入端进来的正交干扰信号。

对于同相干扰，由于产生原因复杂，抑制方法也较多。在传感器方面，将电极和励磁线圈在几何形状、尺寸以及性能参数上做到结构均匀对称、并分别严格屏蔽，以减少电极及励磁线圈之间的分布电容影响。另外，单独、良好的接地也十分重要，减小接地电阻可以减小由于管道杂散电流产生的同相干扰电势。在转换器方面，通常在转换器的前置放大级采用差分放大电路，以利用差分放大器的高共模抑制比，使进入转换器输入端的同相干扰信号不被放大而被抑制。在转换器的前置放大级中增加恒流源电路，能更好地抑制同相干扰。

③ 应有足够高的输入阻抗。电磁流量转换器必须有足够高的输入阻抗，以克服传感器内阻变化带来的影响，提高测量精度。

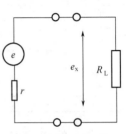

由于电磁流量传感器内阻很高，一般可达几十到几百千欧。因此，转换器必须有足够高的输入阻抗，以提高测量准确度和加长传输信号导线。图 6.38 所示为传感器和转换器的信号传输等效电路，图中 e 为传感器产生的流量电势信号，r 为传感器内阻，R_L 为转换器的输入阻抗，e_x 为转换器接收到的流量电势信号。当传感器与转换器连接在一起时，传感器产生的流量信号为 e，而传送给转换器的信号仅为 e_x，显然 $e_x < e$，有一部分信号电势消耗在传感器内阻 r 上，根据欧姆定律可知

图 6.38　信号传输
等效电路

$$e_x = \frac{R_L}{r + R_L} e \tag{6.93}$$

如果欲保证 0.1% 的传输精度，也就是 $e_x \geq 0.999e$，则 r 与 R_L 之间必须满足

$$\frac{R_L}{r + R_L} \geq 0.999 \tag{6.94}$$

从式(6.94) 可以推得

$$R_L \approx 1000r$$

如果传感器内阻 r 为 200kΩ，则为了保证 0.1% 的传输精度，转换器的输入阻抗必须大于或等于 200MΩ。如果传感器内阻再提高，则转换器输入阻抗也应更高。

传感器内阻与被测介质电导率 σ 以及电极与介质的接触面积有关。对于常用的圆形电极，如果电极直径 d 相对于两电极间的距离 D 很小时，可近似地用式(6.95) 计算传感器内阻。

$$r = \frac{1}{\sigma d} \tag{6.95}$$

假设电极直径为 1cm，则为使传感器内阻不超过 200kΩ，被测介质的电导率的最小值应控制在

$$\sigma_{min} = \frac{1}{rd} = \frac{1}{200 \times 10^3 \times 1} S/cm = 0.5 \times 10^{-5} S/cm$$

部分液体的介质电导率见表 6.7。从表中可以看出，上面计算出的电导率相当于蒸馏水的电导率，一般可以认为这个值是目前通用电磁流量计可测量的介质电导率下限。如果希望测量电导率更低的流体介质而又不影响传输精度，则转换器应有更高的输入阻抗。一般转换

器的最小输入阻抗约可达 200MΩ，目前国内较好的转换器，输入阻抗可达 10000MΩ 以上。

表 6.7　部分液体介质 20℃ 时的电导率

液　体　名　称	电导率/$S \cdot cm^{-1}$	液　体　名　称	电导率/$S \cdot cm^{-1}$
石油	5×10^{-17}	蒸馏水	$10^{-5} \sim 10^{-6}$
橄榄油	2×10^{-15}	自来水	1×10^{-4}
甘油	6×10^{-8}	海水	4×10^{-2}
丙酮	2×10^{-8}	血液	7×10^{-3}
甲醇	7.2×10^{-7}	泥浆	1.2×10^{-2}
液氨	1.3×10^{-7}	乙酸(99.7%)	4×10^{-3}
乙酸(40%)	1×10^{-3}	硝酸(26%)	5×10^{-1}
乙酸(0.3%)	3×10^{-2}	硝酸(6.2%)	3×10^{-1}
硫酸(99.4%)	8.5×10^{-3}	氢氧化钠(50%)	8×10^{-2}
硫酸(97%)	8×10^{-2}	氢氧化钠(10%)	3.1×10^{-1}
硫酸(50%)	5×10^{-1}	氢氧化钠(4%)	1.6×10^{-1}
硫酸(10%)	6×10^{-1}	氢氧化钠(2%)	8.6×10^{-2}
盐酸(40%)	5×10^{-1}	食盐水(25%)	2×10^{-1}
盐酸(10%)	6×10^{-1}	食盐水(3.6%)	4×10^{-2}
氨水(30%)	2×10^{-4}	食盐水(0.26%)	4×10^{-3}
氨水(4%)	1×10^{-3}	食盐水(0.015%)	4×10^{-4}
硝酸(31%)	8×10^{-1}		

转换器的输入阻抗越高，测量就越不容易受传感器内阻变化的影响，可测介质的电导率下限越低，即扩大了电磁流量计的应用范围。特殊结构的电磁流量计，用与液体不接触的电极以电容方式传送流量信号，可测电导率下限达 1×10^{-8} S/cm 的液体。

④ 应能消除电源电压和频率波动的影响。对于交流励磁的电磁流量计，从式(6.89)可以看出，即使管径 D 和平均流速 $\bar{u}$ 保持不变，当电源电压和频率波动时，也会使电势信号波动。所以，在检测流量信号时，如果只检测电势信号 e，就会使仪表工作受电压和频率波动的影响。为此，可采用测量比值 $e/B_m \sin\omega t$，而不是仅测量 e 的方法。这样，从流量的基本测量关系式(6.90)可知，当管道直径 D 固定时，所测得的信号 $e/B_m \sin\omega t$ 恰能反映流量 q_v，消除了电源电压和频率波动的影响。

对于矩形波励磁的电磁流量计，由于 B 已基本不受电源的影响，所以不需要测量 e/B，可直接避开微分干扰采样流量信号。

6.6.4　电磁流量计的安装和使用

要保证电磁流量计的测量精度，正确的安装使用是很重要的。一般要注意以下几点。

① 变送器应安装在室内干燥通风处，避免安装在环境温度过高的地方，不应受强烈振动，尽量避开有强烈磁场的设备，如大电动机和变压器等。避免安装在有腐蚀性气体的场合。安装地点便于检修。这是保证变送器正常运行的环境条件。

② 为了保证变送器测量管内充满被测介质，变送器最好垂直安装，流向自下而上，尤其对于液固两相流，必须垂直安装。若现场只允许水平安装，则必须保证两电极处在同一水平面。

③ 变送器两端应装阀门和旁路管道。

④ 电磁流量变送器的电极所测出的几毫伏交流电势，是以变送器内液体电位为基准的。为了使液体电位稳定并使变送器与流体保持等电位，以保证测量信号稳定，变送器外壳与金属管两端应有良好的接地，转换器外壳也应接地。不能与其他电气设备的接地线共用。

⑤ 为了避免干扰信号，变送器和转换器之间信号必须用屏蔽导线传输，不允许把信号

电缆和电源线平行放在同一电缆钢管内。信号电缆长度一般不得超过 30m。

⑥ 转换器安装地点应避免交、直流强磁场和振动,环境温度为 $-20\sim60℃$,不含有腐蚀性气体,相对湿度不大于 80%。

⑦ 为避免流速分布对测量的影响,流量调节阀应设置在变送器下游。对小口径变送器来说,因为电极中心到流量计进口端的距离已相当好几倍直径 D 的长度,所以对上游直管段可以不做规定。但对大口径流量计,一般上游应有 $5D$ 以上的直管段,下游一般不做直管段要求。

6.7 超声流量计

超声波在流体中传播时,会载带流体流速的信息。因此,通过接收穿过流体的超声波即可检测出流体的流速,从而换算成流量。一般地说,超声流量计是测量体积流量值的。超声流量计由超声波换能器、电子线路及流量显示和积算系统三部分组成。超声波换能器将电能转换为超声波能量,将其发射并穿过被测流体,接收器接收到超声波信号,经电子线路放大并转换为代表流量的电信号,供显示积算仪显示和积算,这样就实现了流量的检测显示。

超声波流量计具有下列主要特点。

① 适用于大管径、大流量及各类明渠、暗渠流量测量。

② 对介质无特别要求。超声流量计不仅可以测液体、气体,甚至对双相介质的流体流量也可以测量;由于超声测量原理制成非接触式的测量仪表,所以不破坏流体的流场,没有压力损失,并且可以测量强腐蚀性、非导电性、放射性的流体流量。

③ 超声流量计的流量测量准确度几乎不受被测流体温度、压力、密度、黏度等参数的影响。

④ 超声流量计的测量范围度宽,一般可达 20:1。

6.7.1 传播速度差法测量原理

传播速度差法的基本原理是利用测量超声波脉冲在顺流和逆流传播过程中的速度之差反映流体的流速。

图 6.39(a) 所示为一斜向配置式超声波转换装置,其中转换器 1 和 2 既可作为发生器 (T_1,T_2),也可作为接收器 (R_1,R_2)。两超声波换能器斜向相隔距离 L 被分开配置在管道两侧,管道中流经流体的流速为 u。当转换器 1 发送超声波而转换器 2 接收时,由于流体流速影响,声速 C 则增加一个数量 $u\cos\alpha$;反之,则减少一个数量 $u\cos\alpha$。超声波测量的目的是求出流体的平均流速 u,进而算出体积流量。图 6.39(b) 所示为将两超声波转换器配置在同一侧,而采用反射器 R 来增大测量距离 L。

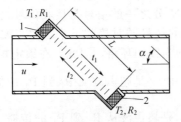
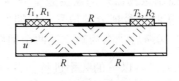

(a) 斜向配置式超声波转换装置,其声波的传播方向垂直于转换器表面

(b) 固定斜向发射式超声波转换装置,采用反射器 R 来增大测量距离 L

图 6.39 超声波流量测量装置原理

设 t_1 为声波从发生器 1 到接收器 2 传播的时间, t_2 为从发生器 2 到接收器 1 传播的时

间，则有

$$t_1 - \frac{L}{C + u\cos\alpha}, \ t_2 = \frac{L}{C - u\cos\alpha} \tag{6.96}$$

两运行时间之差为

$$\Delta t = t_2 - t_1 = 2L\frac{u\cos\alpha}{C^2 - u^2\cos^2\alpha} \tag{6.97}$$

由于 $u\cos\alpha \ll C$，因此上式可简化为

$$u \approx \frac{C^2}{2L\cos\alpha}(t_2 - t_1) \tag{6.98}$$

由式(6.98)可知，测量结果 u 取决于声传播速度 C，即声速的任何变化都会影响测量结果。为了消除声速的影响，可对 t_1 和 t_2 分开进行测量，并将它们相乘，得

$$t_1 t_2 = \frac{L^2}{C^2 - u^2\cos^2\alpha} \tag{6.99}$$

将式(6.99)代入式(6.97)，有

$$\Delta t = t_2 - t_1 = 2L\frac{u\cos\alpha}{L^2}t_1 t_2 \tag{6.100}$$

式(6.100)消除了声速项，并由此式得到平均流速 u 的计算公式为

$$u = \frac{L}{2\cos\alpha}\frac{t_2 - t_1}{t_1 t_2} \tag{6.101}$$

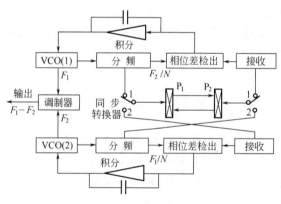

图 6.40　典型锁相环路方式

为精确测量 t_1 和 t_2，要求有振荡频率高的超声波转换器，其产生的脉冲应陡直。两相对配置的转换器同时发送超声波信号，它们一开始工作时为声发生器，其后作为接收器接收各自对方所发送的信号，用这种方法测量流速不受介质温度的影响。

图 6.40 所示为采用锁相环路（PLL）的时间差法测量线路原理框图。测量回路用了两组锁相环路，管壁上使用了一组 1.2MHz 的压电跃变振荡器。测量回路的一个回路沿顺流方向，另一回路沿逆流方向发射超声波，并将两个超声波探测器的收发交替进行转换。测量相位差是指测量 VCO（电压控制振荡器）的振荡频率分频为 N 分之一的信号与接收信号之间的相位差（时间差）。这个接收信号把分频信号和同期发射的信号同时接收下来，超声波在液体中的传播时间比发射时间滞后。因为顺、逆两个回路均为锁相环路，因此，在锁定相位的场合，压控振荡器（VCO）(1) 以 $\frac{N}{t_1}$ 的频率进行振荡（其中 t_1 是超声波从 P_1 到 P_2 的传播时间），压控振荡器（VCO）(2) 以 $\frac{N}{t_2}$ 的频率振荡（其中 t_2 是超声波从 P_2 到 P_1 的传播时间）。因此，频率之差为

$$F_1 - F_2 = N\left(\frac{1}{t_1} - \frac{1}{t_2}\right) \tag{6.102}$$

将式(6.102)应用于式(6.101)即可得到流速。

6.7.2 频差法测量原理

依据频差法原理工作的超声流量计与密度测量部件配合即可测量质量流量，如图 6.41 所示。图中，超声波发射换能器 T_1、接收器 R_1，放大器 1 和电信号发射机 1 构成顺流方向的声循环回路；T_2、R_2、放大器 2 和电信号发射机 2 构成逆流方向的声循环回路。以间歇振荡方式由 10MHz 石英振荡器中发射超声波脉冲，对面的 10MHz 石英振荡器接收该信号，该种测量方式为频差法的二组方式，如果令顺、逆两个回路产生的声循环频率分别为 f_1 和 f_2，则有

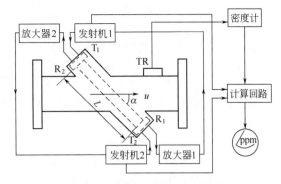

图 6.41 频差法流量计方框图

$$f_1 = \frac{1}{t_1} = \frac{C + u\cos\alpha}{L},$$
$$f_2 = \frac{1}{t_2} = \frac{C - u\cos\alpha}{L} \tag{6.103}$$

求得频差为

$$\Delta f = f_1 - f_2 = \frac{2u\cos\alpha}{L} \tag{6.104}$$

从而可得到流速计算式为

$$u = \frac{L}{2\cos\alpha}(f_1 - f_2) \tag{6.105}$$

从式（6.105）可以看出流速 u 与声速 C 无关。因为

$$f_1 - f_2 = \frac{1}{t_1} - \frac{1}{t_2} = \frac{t_2 - t_1}{t_1 t_2} \tag{6.106}$$

因此，得到的结果与式（6.101）一致。由于频率是通过一系列的超声波信号测量的，因此测量时间较长，这是该法的缺点。另外，较之时差法，频差法更易受流体中杂质反射的超声回波如气泡、固体微粒的干扰影响。

6.7.3 多普勒法测量原理

根据声学的多普勒效应，当声源和观察者之间有相对运动时，观察者所感受到的声频率将不同于声源所发出的频率，这个因相对运动而产生的频率变化与两者之间的相对速度成正比。假设流体中有一粒子（或气泡），其运动速度与周围的流体介质相同，流速为 u 如图 6.42 所示，对超声波发射器而言，该粒子是以 $u\cos\theta$ 的速度离去。如果换能器发射超声波频率为 f_1，则粒子接收到的频率 f_2 为

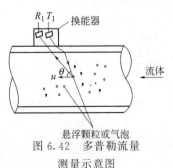

图 6.42 多普勒流量测量示意图

$$f_2 = \frac{C + u\cos\theta}{C}f_1 \tag{6.107}$$

粒子反射给接收器的声波频率为 f_s

$$f_s = \frac{C}{C - u\cos\theta}f_2 \tag{6.108}$$

将 f_2 值代入式（6.108），可得

$$f_s = \frac{C + u\cos\theta}{C - u\cos\theta}f_1 \approx f_1\left(1 + \frac{u\cos\theta}{C}\right)^2 = f_1\left(1 + \frac{2u\cos\theta}{C} + \frac{u^2\cos\theta^2}{C^2}\right) \tag{6.109}$$

由于声速 C 远大于流体流速 u，故式(6.109)中平方项可以略去，由此可得

$$f_s = f_1\left(1 + \frac{2u\cos\theta}{C}\right) \tag{6.110}$$

因此，换能器接收到的超声波频率与发射超声波频率之差 Δf_d 为

$$\Delta f_d = f_s - f_1 = \frac{2u\cos\theta}{C}f_1 \tag{6.111}$$

式中　f_d——多普勒频率，f_d 与流速 u 成正比。

由式(6.111)可得流体速度为

$$u = \frac{C}{2f_1\cos\theta}\Delta f_d \tag{6.112}$$

体积流量 q_v 可写为

$$q_v = uA = \frac{AC}{2f_1\cos\theta}\Delta f_d \tag{6.113}$$

式中　A——被测管道流通截面积。

由以上流量方程可知，当流量计、管道条件及被测介质确定以后，多普勒频率与体积流量成正比，测量频移 Δf_d 即可得到体积流量 q_v。

由于式(6.112)中含有声速 C，当被测介质温度和组分变化时会影响流量测量的准确度。为此，在多普勒超声流量计中一般采用声楔结构避免这一影响。如图6.43所示，声波通过塑料导向板的声速为 C_1；流体中声速为 C；声波由声楔进入流体的入射角为 ϕ_1；在流体中的折射角为 ϕ；超声波速与流体流速的夹角为 θ。根据折射定理可得如下关系。

$$\frac{C_1}{\sin\phi_1} = \frac{C}{\sin\phi} = \frac{C}{\cos\theta} \tag{6.114}$$

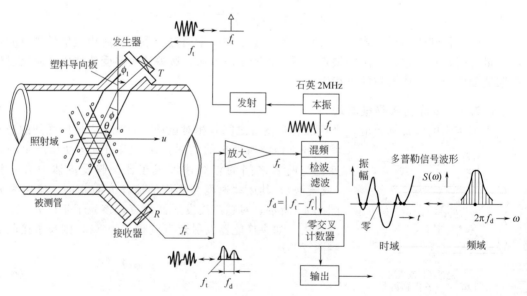

图 6.43　多普勒流量计原理

将式(6.114)代入式(6.112)可得

$$u = \frac{C_1}{2f_1\sin\phi_1}\Delta f_d \tag{6.115}$$

体积流量 q_v 可写为

$$q_v = \frac{AC_1}{2f_1 \sin\phi_1} \Delta f_d \qquad (6.116)$$

由式(6.116)可见，采用声楔结构后，流量与频移关系式中仅含有声楔材料中声速 C_1 而与流体介质中的声速 C 无关。而声速 C_1 随温度变化要比流体中声速 C 随温度变化小一个数量级，而且与流体组分无关。因此，可以大幅度地提高流量测量的准确度。

图 6.43 所示为一种零交叉方式的多普勒流量计的示意。具有频率为 2MHz 的石英振荡器所产生的电信号，经放大后触发超声波发生器 T 发射出 $f_t = 2$MHz 的连续超声波，这个声波被照射区域内的粒子所散射，散射波入射到接收器中，而部分原来的频率 f_t 也被直接收到，进入接收器的接收频率为 f_r，接收信号具有图 6.43 所示的频谱。将这些信号放大，并与本振部分来的信号进行混频、检波及滤波，获得多普勒信号。

6.8 节流式流量计

在管道中设置节流元件，由于流通截面的变化，节流件前后流体的静压力不同，此静压差与流体的流量有关，利用这一物理现象制成的流量计称为节流式流量计。

节流式流量计是目前工业生产中用来测量气体、液体和蒸汽流量的最常用的一种流量仪表。它具有以下两个主要优点。

① 结构简单、安装方便、工作可靠、成本低、又具有一定的准确度，基本能满足工程测量的需要。

② 研究设计和使用历史悠久，有丰富的、可靠的实验数据，设计加工已经标准化。只要按标准设计加工的节流式流量计，不需要进行标定，也能在已知的不确定度范围内测量流量。

节流式流量计由节流装置、压力信号管路、压差计和流量显示器组成，如图 6.44 所示。图中节流装置包括改变流束截面的节流件和取压装置。

图 6.44 节流式流量计

使用标准节流装置时，流体的性质和状态必须满足下列条件。

① 满管流。流体必须充满管道和节流装置，并连续地流经管道。

② 单相流。流体必须是牛顿流体，即在物理上和热力学上是均匀的、单相的，或可以认为是单相的，包括混合气体、溶液和分散性粒子小于 $0.1\mu m$ 的胶体。在气体中有不大于 2% 的均匀分散的固体微粒，或液体中有不大于 5% 的均匀分散的气泡，也可以为是单相流体。

③ 定常流。流体流量不随时间变化或变化非常缓慢。

④ 无相变流。流体流经节流件时不发生相变。

⑤ 无旋流。流体在流经节流件前，流束是平行于管道轴线的无旋流动。

标准节流装置不适用于脉动流和临界流的流量测量。

6.8.1 节流装置的测量原理和流量方程

(1) 测量原理和流动情况

如果在充满流体的管道中固定放置一个流通面积小于管道截面积的节流件,则管内流束在通过该节流件时会造成局部收缩。在收缩处,流速增加,静压力降低,因此,在节流件前后将产生一定的压力差。实践证明,对于一定形状和尺寸的节流件,一定的测压位置和前后直管段,在一定的流体参数情况下,节流件前后的差压 Δp 与流量 q_V 之间有一定的函数关系。因此,可以通过测量节流件前后的差压来测量流量。

最常见的节流件有标准孔板、标准喷嘴、文丘里管和文丘里喷嘴等几种形式,如图 6.45 所示。

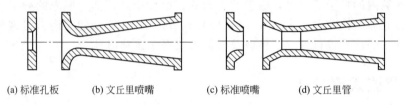

(a) 标准孔板   (b) 文丘里喷嘴   (c) 标准喷嘴   (d) 文丘里管

图 6.45 节流件基本形式

图 6.46 所示为流体在节流元件前后压力和速度变化情况示意。流体通过孔板前已经开始收缩,由于惯性的作用,流束通过孔板后还将继续收缩,直到在孔板后的某一距离处达到最小流束截面,如图 6.46(a) 所示,这时流体的平均流速达到最大值,如图 6.46(c) 所示,然后流束又逐渐扩大到充满整个圆管,流体的速度也恢复到孔板前来流的速度。靠近孔板前后的角落处,由于流体的黏性和局部阻力以及静压差回流等的影响将造成涡流,这时沿管壁流体的静压变化与轴线上不同,图 6.46(b) 中实线表示管壁上的静压沿轴线方向的变化曲线。在孔板前,由于孔板对流体的阻力,造成部分流体局部滞止,使得管道壁面上的静压比上游压力稍有升高。通过孔板后,流体压力突然降低并随着流束缩小、流速的提高而减小,一

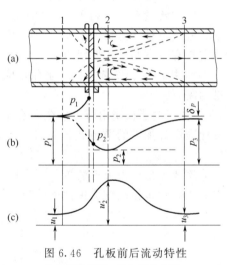

图 6.46 孔板前后流动特性
(a) 流动情况;(b) 压力分布;
(c) 速度分布

直到某一最低值,然后又随流束的扩张而升高,最后恢复到一个稍低于原管中压力的压力值,这就是节流件造成的不可恢复压力损失 δ_p。管道轴线上流体压力沿轴线方向分布图如图 6.46(b) 中虚线所示。

节流装置中造成流体压力损失的原因是孔板前后涡流的形成以及流体的流动摩擦,使得流体具有的总机械能的一部分不可逆地变成了热能,散失在流体内。为了减小这部分损失,人们采用了喷嘴、文丘里管等节流件,以尽量消除节流件前后的涡流区,从而大大减少了流动的压力损失。

(2) 节流装置的流量方程

节流装置的流量方程是在假定所研究的流体是理想流体,流动是一维等熵定常流动的条件下,根据伯努利方程和连续性方程推导出来的。然后对不符合假设条件的影响因素进行修正。

在图 6.46(a) 中取两个截面 1 和截面 2，截面 1 是流束收缩前的截面，截面 2 是流束最小截面。根据不可压缩理想流体的伯努利方程，则

$$\frac{p_1'}{\rho_1}+\frac{u_1^2}{2}=\frac{p_2'}{\rho_2}+\frac{u_2'^2}{2} \tag{6.117}$$

和连续性方程

$$A_1 u_1 = A_2 u_2' \tag{6.118}$$

对于不可压缩流体，其密度 ρ 为常数，即 $\rho_1=\rho_2=\rho$，可以推得

$$u_2'=\frac{1}{\sqrt{1-\mu^2\beta^4}}\sqrt{\frac{2}{\rho}(p_1'-p_2')} \tag{6.119}$$

$$\beta=\frac{d}{D}=\sqrt{\frac{A_0^2}{A_1^2}}$$

式中　p_1',p_2'——截面 1 和截面 2 处的静压力，Pa；

u_1,u_2'——截面 1 和截面 2 处的平均流速，m/s；

ρ_1,ρ_2——截面 1 和截面 2 处的流体密度，kg/m³；

μ——流束收缩系数（$A_2=\mu A_0$），它的大小与节流件的形式及流动状态有关；

A_1,A_2——截面 1 和截面 2 处管道流体流通面积，m²；

A_0——节流孔面积；

β——节流装置的直径比；

d——节流件的开孔直径，m；

D——管道内径，m。

在推导上述公式时，压力 p_1' 和 p_2' 是截面 1 和截面 2 处流体平均压力，而实际测量时，差压 p_1-p_2 是按一定的取压方式在管壁处取得的，与差压 $p_1'-p_2'$ 有一定差异，可以改写为如下关系。

$$\sqrt{p_1'-p_2'}=\sqrt{\psi}\sqrt{p_1-p_2}$$

式中　$\sqrt{\psi}$——取压系数，取压方式不同，其值也不同。

另外，推导上述公式时，假定理想流体，没有摩擦，实际情况是流体有黏性，有流动损失。为此，需要引入系数 ξ 对 u_2' 进行修正，修正后截面 2 处的实际流速 u_2 为

$$u_2=\xi u_2'=\frac{\xi\sqrt{\psi}}{\sqrt{1-\mu^2\beta^4}}\sqrt{\frac{2}{\rho}(p_1-p_2)} \tag{6.120}$$

式中　p_1,p_2——实际取压位置处取出的压力，Pa。

求出流速 u_2 以后，即可写出不可压缩流体的体积流量表达式。

$$q_v=u_2\mu A_0=\frac{\mu\xi\sqrt{\psi}}{\sqrt{1-\mu^2\beta^4}}A_0\sqrt{\frac{2}{\rho}(p_1-p_2)} \tag{6.121}$$

由于式(6.121)中流束收缩系数 μ，修正系数 ξ 及 $\sqrt{\psi}$ 不能单独地测量，所以，通常是将这些系数合并为一个流量系数 α，即令

$$\alpha=\frac{\mu\xi\sqrt{\psi}}{\sqrt{1-\mu^2\beta^4}} \tag{6.122}$$

流量系数是一个与节流件形式、孔径比、取压方式、被测介质性质及流动状态等有关的系数，是节流装置最为重要的系数，可由实验确定。

这样，不可压缩流体的流量方程可以写为体积流量为

$$q_v = \alpha A_0 \sqrt{\frac{2}{\rho}(p_1 - p_2)} \qquad (6.123)$$

质量流量为

$$q_m = \alpha A_0 \sqrt{2\rho(p_1 - p_2)} \qquad (6.124)$$

对于可压缩流体，不再满足 $\rho_1 = \rho_2$，为方便起见，其流量方程仍取不可压缩流体流量方程的形式，方程中 ρ 取节流件前流体密度 ρ_1，流量系数 α 仍取不可压缩流体时的数值，而把流体的可压缩性影响全部集中用一个流束膨胀系数 ε 来考虑。于是可压缩流体的统一流量方程为

$$q_v = \varepsilon \alpha A_0 \sqrt{\frac{2}{\rho}\Delta p} = \varepsilon C E A_0 \sqrt{\frac{2}{\rho}\Delta p} \quad (\mathrm{m^2/s}) \qquad (6.125)$$

$$q_m = \varepsilon \alpha A_0 \sqrt{2\rho\Delta p} = \varepsilon C E A_0 \sqrt{2\rho\Delta p} \quad (\mathrm{kg/s}) \qquad (6.126)$$

式中　C——流出系数；

E——$E = \dfrac{1}{\sqrt{1-\beta^4}}$，为渐近速度系数。

流出系数 C 与流量系数 α 的关系为

$$\alpha = CE = \frac{C}{\sqrt{1-\beta^4}} \qquad (6.127)$$

如果对不可压缩流体取 $\varepsilon = 1$，那么式（6.125）和式（6.126）便是流体流量方程的统一形式。

6.8.2　标准节流装置

标准节流装置由标准节流件、符合标准的取压装置和节流件前后直管段三部分组成。全套标准节流装置的组成如图 6.47 所示。

目前，国际标准已规定的标准节流装置有以下七种：角接取压标准孔板、法兰取压标准孔板、D-$D/2$ 取压标准孔板、角接取压标准喷嘴、D-$D/2$ 取压长径喷嘴、经典文丘里管、文丘里喷嘴。

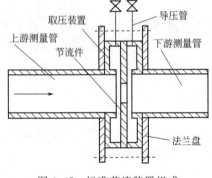

图 6.47　标准节流装置组成

（1）标准节流件

目前，国家标准规定的标准节流件有标准孔板、标准喷嘴、长径喷嘴、文丘里管及文丘里喷嘴。对节流件的形状、结构参数以及使用范围均有严格的规定。

① 标准孔板。标准孔板是一块具有圆形开孔、与管道同心、直角入口边缘非常锐利的薄板。用于不同的管道内径和各种取压方式的标准孔板，其几何形状是相似的。孔板的轴向截面如图 6.48 所示。对图中的 A，B，E，e，F，G（H 和 I）及 d 的要求，标准中均有具体规定。

a. 上下游端面 A，B 的粗糙度。上游端面 A 的粗糙度高度参数 R_a 应小于 $0.0001d$。下游端面 B 应与 A 面严格平行，面粗糙度要求比 A 面稍低。

b. 孔板厚度 E 和节流孔厚度 e。节流孔厚度 e 应满足 $0.005D \leqslant e \leqslant 0.02D$，在任意两点上测得的 e 值之差不得超过 $0.001D$，其表面粗糙度高度参数同 A 面。孔板厚度 E 应在 e 和 $0.05D$ 之间，当 $50 \leqslant D \leqslant 64$ 时，允许 $E = 3.2\mathrm{mm}$。在孔板任意点上测得 E 值之差不得大于 $0.001D$。

c.孔板边缘尖锐度 G, H 和 I。上游入口边缘 G 和下游边缘 H, I 应无划痕和毛刺。尤其是对于影响流出系数较大的上游边缘 G，要求加工精度高，边缘是尖锐的。

d.节流孔的圆度。孔板开孔为正圆，孔径 d 应不小于 12.5mm，其轴线应垂直于上游端面 A。孔径是不少于 4 个单测值的算术平均值，这 4 个单测值应均匀分布，而任意单测值与平均值之差不得超过 $\pm0.05\%d$。

② 标准喷嘴。ISA1932 喷嘴是一个以管道中心线为对称轴的对称体，如图 6.49 所示。

ISA1932 喷嘴的型线由进口端面 A、收缩部分第一圆弧面 C_1、第二圆弧面 C_2、圆筒形喉部 F 和圆筒形出口边缘保护槽 H 五部分组成。圆筒形喉部长 $0.3d$，其直径即节流件开孔直径 d。

ISA1932 喷嘴加工安装要求如下。

a. d 值应是不小于 8 个单测值的算术平均值，其中 4 个是在圆筒形喉部始端测得，另 4 个是在其终端测得，并且是在大致间隔 45°位置上测得的。任一单测值与平均值之差不得超过 $\pm0.05\%d$。d 的加工公差同标准孔板。

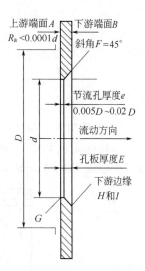

图 6.48 标准孔板

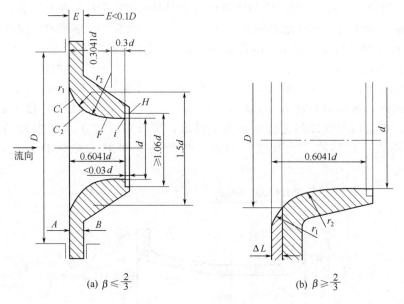

(a) $\beta\leqslant\dfrac{2}{3}$ (b) $\beta\geqslant\dfrac{2}{3}$

图 6.49 标准喷嘴

b.型线 A, C_1, C_2 和 F 之间必须相切，不能有不光滑部分，C_1 和 C_2 的圆弧半径 r_1 和 r_2 的加工公差为

当 $\beta\leqslant0.5$ 时，$r_1=0.2d\pm0.02d$，$r_2=\dfrac{1}{3}d\pm0.03d$

当 $\beta>0.5$ 时，$r_1=0.2d\pm0.006d$，$r_2=\dfrac{1}{3}d\pm0.01d$

c.喷嘴厚度 E 不得超过 $0.1D$。保护槽 H 的直径至少为 $1.06d$，轴向长度最大为 $0.03d$。若能保证出口边缘不受损伤，也可不设保护槽。

d.出口边缘应尖锐，无倒角，无毛刺和可见伤痕。

e.当 $\beta > 2/3$ 时，端面 A 内圆直径 $1.5d$ 已大于 D，这时须将喷嘴上游侧切去一部分，以使 A 的内圆直径等于 D，如图 6.49（b）所示，切去的轴向长度为

$$\Delta L = \left[0.2 - \left(\frac{0.75}{\beta} - \frac{0.25}{\beta^2} - 0.5225 \right)^{\frac{1}{2}} \right] d$$

③ 文丘里管。标准文丘里管分为经典文丘里管和文丘里喷嘴两种形式。

a.经典文丘里管。经典文丘里管由入口圆柱段 A、圆锥收缩段 B、圆柱形喉部 C 以及圆锥扩散段 E 组成，如图 6.50 所示。其内表面是一个对称于管道轴线的旋转面。

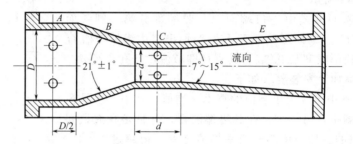

图 6.50　经典文丘里管

经典文丘里管入口段 A 的直径和管道内径 D 相同，该段上开有取压孔，长度一般取 D。直径 D 的单测值与平均值之差应不超过 $\pm 0.4\%d$。圆锥形收缩段 B、圆柱形喉部 C 及扩散段 E 的尺寸和锥角如图所示，喉部直径 d 的单测值与平均值之差不应大于 $\pm 0.1\%d$。扩散段 E 的最小直径不小于喉部直径 d，最大直径可等于或小于管道内径 D。

b.文丘里喷嘴。文丘里喷嘴由收缩段、圆筒形喉部和扩散段组成。入口收缩段与标准喷嘴完全相同，喉部由长度为 $0.3d$ 和长度为 $(0.4 \sim 0.45)d$ 的圆柱段组成，其上开有负压取压孔。扩散段与喉部的连接不必圆滑过渡，扩散角（30°）和扩散段的长度对流出系数的影响不大，只影响压力损失，因此，可像文丘里管一样将其截短，如图 6.51 所示。

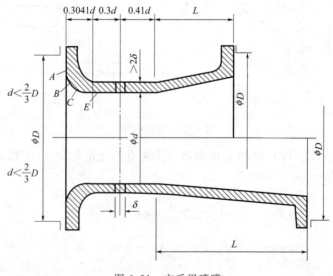

图 6.51　文丘里喷嘴

(2) 取压方式和取压装置

差压式流量计的输出信号即为节流件前后取出的差压信号。不同的取压方式，即取压孔在节流件前后的位置不同，取出的差压值也不同。所以，不同的取压方式，对同一个节流件的流出系数也将不同。

① 取压方式。目前，国际国内采用的取压方式常用的有 $D\text{-}D/2$ 取压法（也称径距取压法）、角接取压法和法兰取压法等，各取压方式的取压位置如图 6.52 所示。

a. $D\text{-}D/2$ 取压法。上游取压管中心位于距节流件前端面 $1D\pm0.1D$ 处，下游取压管中心位于距节流件后端面 $D/2\pm0.01D$（对于 $\beta>0.6$）或 $D/2\pm0.02D$（对于 $\beta\leqslant0.6$）处，如图 6.52 中 Ⅳ-Ⅳ 截面。

b. 角接取压法。角接取压法上下游取压管中心位于节流件前后端面处，如图 6.52 中 Ⅰ-Ⅰ 截面。角接取压法主要优点是易于采用环式取压，使压力均衡，从而提高差压的测量精度；当实际雷诺数大于界限雷诺数时，流出系数只与直径比 β 有关；沿程压力损失变化对差压测量的影响很小。

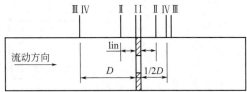

图 6.52　各取压方式的取压位置

角接取压的主要缺点是对取压点的安装要求严格，如果安装不准确，对差压测量精度影响较大。这是因为角接取压的前后取压点位于压力分布曲线的较陡峭部位，取压点位置稍有变化，就对差压测量有较大影响。另外，取压管道的脏污和堵塞不易排除。

c. 法兰取压法。法兰取压法不论管道直径和直径比 β 的大小，上下游取压点中心均位于距离孔板上下游端面 1in（2.54cm）处，如图 6.52 Ⅱ-Ⅱ 中截面所示。这种取压法的流出系数除与 β 和 Re 有关外，还跟管径 D 有关。

② 标准取压装置。标准取压装置是国家标准中规定用来实现取压方式的装置。根据取压方式不同，在测量管道上钻孔实现取压。

a. 角接取压装置。角接取压装置可以采用环室或夹紧环（单独钻孔）取得节流件前后的差压，其结构如图 6.53 所示。

环室取压装置由节流件前后两个环室组成。前后环室的厚度分别为 S 和 S'，它们应满足 S（或 S'）$\leqslant0.5D$，前后环室的开孔直径 D_f 相等，并等于管径 D 以保证不凸入管内。允许 $D_f\geqslant D$，但应 $\leqslant1.04D$，并满足式（6.128）的要求。

$$\frac{D_f-D}{D}\times\frac{S(\text{或 }S')}{D}\times100\leqslant\frac{0.1}{0.1+2.3\beta^4} \tag{6.128}$$

采用环室取压的目的是可以取出节流件前后的均衡压差，提高测量精度。环室通过与节流件之间的环隙和管道内部相通。环隙宽度 a 或单独钻孔取压口直径 b 应满足

$$\beta\leqslant0.65 \text{ 时，}\qquad 0.005D\leqslant a\text{（或 }b\text{）}\leqslant0.03D$$
$$\beta>0.65 \text{ 时，}\qquad 0.01D\leqslant a\text{（或 }b\text{）}\leqslant0.02D$$

对于任意 β 值，环隙宽度 a 应在 $1\sim10\text{mm}$ 之间。环腔的横截面积 $C\times h$ 应大于或等于环隙与管道连通的开孔面积的一半，即 $Ch\geqslant\dfrac{1}{2}\pi Da$。

夹紧环（见图 6.53 下半部分）在单独钻孔时，上下游压力分别从前后两个夹紧环取出。当被测介质为蒸汽时，取压口直径 b 应在 $4\sim10\text{mm}$。

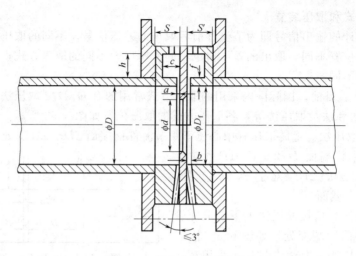

图 6.53　环室或夹紧环结构

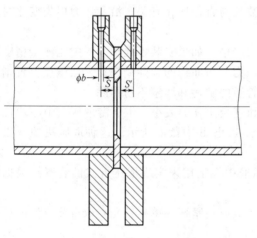

图 6.54　法兰取压装置结构

b.法兰取压装置。法兰取压装置由两个带取压孔的取压法兰组成，如图 6.54 所示。上下游取压孔直径 b 相同，应满足 $b<0.13D$，同时应小于 13mm。取压孔轴线分别与孔板上下游端面之间的距离如下。

对于 $\beta>0.6$，$D\leqslant150\mathrm{mm}$

$$S=S'=(25.4\pm0.5)\ \mathrm{mm}$$

对于 $\beta\leqslant0.6$，或 $\beta>0.6$ 但 $150\mathrm{mm}\leqslant D\leqslant1000\mathrm{mm}$

$$S=S'=(25.4\pm1)\mathrm{mm}$$

（3）标准节流装置的管道条件

差压式流量计的测量准确度，除与节流件本身加工精度和取压装置有关外，还与流体的流动状态有关。因此，对节流装置的管道条件，如管道长度、管道圆度以及内表面粗糙度等提出了严格的要求。

① 管道长度。节流装置除了应具备上游 10 倍管径口，下游 4 倍管径 D 长的平直测量管外，还应包括节流件上游第一个局部阻力件与第二个局部阻力件，节流件下游第一个局部阻力件之间管道长度，如图 6.55 所示。

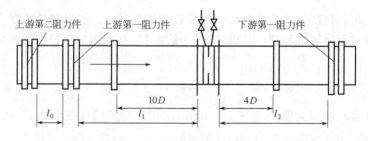

图 6.55　节流装置管段与管件

图 6.55 中，l_0 为节流件上游第一个局部阻力件与第二个局部阻力件之间的直管段。l_1 为节流件上游直管段，l_2 为节流件下游直管段。对这些直管段长度的要求与节流件形式、

局部阻力件的形式和直径比 β 有关，见表 6.8 和表 6.9。直管段 l_0 的长度可按上游第二阻力件的形式和 $\beta=0.7$ 按表 6.8 或表 6.9 查 l_1 数再折半。在表 6.8 和表 6.9 中，不带括号的数据为"零附加不确定度"的值，带括号的数据为"0.5 附加不确定度"的值。如果实际三个直管段长度值中有一个在括号内和括号外的数据之间，则应在流出系数的不确定度上算术相加 $\pm0.5\%$。

表 6.8 孔板、喷嘴和文丘里喷嘴所要求的最小直管段长度（管径 D 的倍数）

直径比 β	节流件上游侧阻流件形式和最小直管段长度							节流件下游最小直管段长度（表中所有阻流件）
	单个 90°弯头或只有一个支管的三通	同平面上两个或两个以上 90°弯头	不同平面两个或两个以上 90°弯头	渐缩管(1.5~3D 长度内由 2D 变D)	渐扩管(1~2D 长度内由 0.5D 变为D)	全开球阀	全开闸阀	
0.20	10(6)	14(7)	34(17)	5	16(8)	18(9)	12(6)	4(2)
0.25	10(6)	14(7)	34(17)	5	16(8)	18(9)	12(6)	4(2)
0.30	10(6)	16(8)	34(17)	5	16(8)	18(9)	12(6)	5(2.5)
0.35	12(6)	16(8)	36(18)	5	16(8)	18(9)	12(6)	5(2.5)
0.40	14(7)	18(9)	36(18)	5	16(8)	20(10)	12(6)	6(3)
0.45	14(7)	18(9)	38(19)	5	17(8)	20(10)	12(6)	6(3)
0.50	14(7)	20(10)	40(20)	6(5)	18(9)	22(11)	12(6)	6(3)
0.55	16(8)	22(11)	44(22)	8(5)	20(10)	24(12)	14(7)	6(3)
0.60	18(9)	26(13)	48(24)	9(5)	22(11)	26(13)	14(7)	7(3.5)
0.65	22(11)	32(16)	54(27)	11(6)	25(13)	28(14)	16(8)	7(3.5)
0.70	28(14)	36(18)	62(31)	14(7)	30(15)	32(16)	20(10)	7(3.5)
0.75	36(18)	42(21)	70(35)	22(11)	38(19)	38(19)	24(12)	8(4)
0.80	46(23)	50(25)	80(40)	30(15)	54(27)	44(22)	30(15)	8(4)

表 6.9 经典文丘里管所要求的最小直管段长度（管径 D 的倍数）

直径比 β	单个 90°弯头（弯曲半径大等于管径）	同平面或异平面上两个或两个以上 90°弯头	渐缩管在 2.3D 长度内由 1.33D 变D	渐缩管在 3.5D 长度内由 3D 变D	渐扩管在 D 长度内由 0.75D 变为D	渐扩管在 2.5D 长度内由 0.67D 变为D	全孔球阀或闸阀全开
0.30	8(3)	8(3)	4	2.5	2.5	4	2.5
0.40	8(3)	8(3)	4	2.5	2.5	4	2.5
0.50	9(3)	10(3)	5.5(2.5)	2.5	2.5	5(4)	3.5(2.5)
0.60	10(3)	10(3)	4	8.5(25)	3.5(25)	6(4)	4.5(2.5)
0.70	14(3)	18(3)	4	10.5(2.5)	5.5(3.5)	7(5)	5.5(3.5)
0.75	16(8)	22(8)	4	11.5(3.5)	6.5(4.5)	7(6)	5.5(3.5)

② 管道圆度。在节流件上游至少 $2D$ 长度范围内，管道应是圆的。管道内径应该实测，不得用管道公称直径，更不能用安装节流件的法兰内径、环室或夹紧环内径来代替。上游测量管内径应该在上游取压口 $0.5D$ 范围内的平均直径，该平均直径应是在垂直轴线的三个截面上测得的平均值，其中两个截面距上游取压口分别为 $0D$ 和 $0.5D$，每个截面上至少等角距测取 4 个单测内径值，任意单测值与平均值的偏差不得大于 $\pm0.3\%$。符合这一要求的管

道即满足圆度要求，其算术平均值 D 可作为节流装置设计计算的依据。

在距节流件下游端面至少 $2D$ 范围内的下游直管段上，管道内径与节流件上游管道平均直径 D 相比，其偏差应在 $\pm 3\%$ 之内。

③ 管道内壁粗糙度。管道内表面至少在节流件上游 $10D$ 和下游 $4D$ 的范围内应清洁，并满足有关粗糙度的规定。

设 K 值是管道等效绝对粗糙度，以长度单位表示，R_a 为偏离被测轮廓平均线的算术平均偏差。$R_a = K/\pi$。则对孔板，标准喷嘴，文丘里喷嘴等节流件，其上游管道内表面相对粗糙度分别应满足表 6.10～表 6.13 的要求。

表 6.10　孔板上游管道的相对粗糙度（上限值 $10^4 R_a/D$）

β＼Re	$\leqslant 10^4$	3×10^4	10^5	3×10^5	10^6	3×10^6	10^7	3×10^7	10^8
$\leqslant 0.02$	15	15	15	15	15	15	15	15	15
0.30	15	15	15	15	15	15	15	14	13
0.40	15	15	10	7.2	5.2	4.1	3.5	3.1	2.7
0.5	11	7.7	4.9	3.3	2.2	1.6	1.3	1.1	0.92
0.60	5.6	4.0	2.5	1.6	1.0	0.7	0.6	0.5	0.4
$\geqslant 0.65$	4.2	3.0	1.9	1.2	0.8	0.6	0.4	0.3	0.3

表 6.11　孔板上游管道的相对粗糙度（下限值 $10^4 R_a/D$）

β＼Re	$\leqslant 3\times 10^6$	10^7	3×10^7	10^8
$\leqslant 0.50$	0.0	0.0	0.0	0.0
0.60	0.0	0.0	0.003	0.004
$\geqslant 0.65$	0.0	0.013	0.016	0.012

表 6.12　标准喷嘴上游管道的相对粗糙度（上限值 $10^4 R_a/D$）

β	$\leqslant 0.35$	0.36	0.38	0.40	0.42	0.44	0.46	0.48	0.50	0.60	0.70	0.77	0.80
$10^4 R_a/D$	8	5.9	4.3	3.4	2.8	2.4	2.1	1.9	1.8	1.4	1.3	1.2	1.2

表 6.13　文丘里喷嘴上游管道的相对粗糙度（上限值 $10^4 R_a/D$）

β	$\leqslant 0.35$	0.36	0.38	0.40	0.42	0.44	0.46	0.48	0.50	0.60	0.70	0.755
$10^4 R_a/D$	8.0	5.9	4.3	3.4	2.8	2.4	2.1	1.9	1.8	1.4	1.3	1.2

其中，孔板的 R_a/D 值与管道雷诺数 Re 有关。孔板对于大口径管道（$D\geqslant 150\text{mm}$），在以下不同情况下，管道内表面粗糙度采用下列规定：

当 $\beta\leqslant 0.6$，并且 $Re\leqslant 5\times 10^7$ 时，$1\mu\text{m}\leqslant R_a\leqslant 6\mu\text{m}$，$D\geqslant 150\text{mm}$；

当 $\beta>0.6$，并且 $Re\leqslant 1.5\times 10^7$ 时，$1.5\mu\text{m}\leqslant R_a\leqslant 6\mu\text{m}$，$D\geqslant 150\text{mm}$；

对于 $D\leqslant 150\text{mm}$，则按表 6.10 和表 6.11 实施。

各管道的等效绝对粗糙度 K 值如表 6.14 所示。

表 6.14 各种管道的等效绝对粗糙度 K 值

材　料	状　态	K/mm
黄铜、钢、铝、塑料、玻璃	光滑、无沉淀的管子	$\leqslant 0.03$
钢	新冷拔无缝钢管	$\leqslant 0.03$
	新热拉无缝钢管	$0.05\sim 0.10$
	新轧制无缝钢管	$0.05\sim 0.10$
	新纵缝焊接管	$0.05\sim 0.10$
	新螺旋焊接管	0.10
	轻微锈蚀钢管	$0.10\sim 0.20$
	锈蚀钢管	$0.20\sim 0.30$
	结皮钢管	$0.50\sim 2$
	严重结皮钢管	$\geqslant 2$
	涂沥青的新钢管	$0.03\sim 0.05$
	一般的涂沥青钢管	$0.10\sim 0.20$
	镀锌钢管	0.13
铸铁	新的铸铁管	0.25
	锈蚀铸铁管	$1.0\sim 1.5$
	结皮铸铁管	$\geqslant 1.5$
	涂沥青新铸铁管	$0.1\sim 0.15$
石棉水泥	新的,有涂层的和无涂层的	$\leqslant 0.03$
	一般的,无涂层的	0.05

6.8.3　标准节流装置系数的确定

在流量测量节流装置中,流出系数 C 和可膨胀性系数 ε 是两个极为重要的参数。当 C 和 ε 确定后,由流量公式(6.125)和式(6.126)可知,流量 q_{v} 或 q_{m} 与差压 Δp 之间的关系才被确定。所以,在节流装置使用、计算和设计中,如何准确地确定 C 和 ε 非常重要。

流出系数 C 与很多因素有关,理论上很难准确计算,只能用实验的方法确定。实验表明, C 与节流件的形式、取压方式、直径比 β 以及雷诺数 Re 等因素有关。对于一定的节流件、一定的取压方式,在满足表 6.15 的适用范围内,标准节流装置的流出系数 C 是关于 β 和 Re 的函数。

表 6.15 标准节流装置适用范围

节　流　装　置		孔径 d/mm	管径 D/mm	直径比 β	管道雷诺数 Re
标准孔板	角接取压	$d\geqslant 12.5$	$50\leqslant D\leqslant 1000$	$0.1\leqslant \beta\leqslant 0.75$	$\beta\leqslant 0.56, Re\geqslant 5000$ $\beta>0.56, Re\geqslant 16000\beta^2$
	$D\text{-}D/2$ 取压				
	法兰取压				$Re\geqslant 5000 \& Re\geqslant 170\beta^2 D$
标准喷嘴	角接取压		$50\leqslant D\leqslant 500$	$0.3\leqslant \beta\leqslant 0.80$	$0.3\leqslant \beta<0.44$ $7\times 10^4\leqslant Re\leqslant 10^7$ $0.44\leqslant \beta\leqslant 0.80$ $2\times 10^4\leqslant Re\leqslant 10^7$
长径喷嘴	$D\text{-}D/2$ 取压		$50\leqslant D\leqslant 630$	$0.2\leqslant \beta\leqslant 0.80$	$10^4\leqslant Re\leqslant 10^7$
文丘里管	粗铸收缩段		$100\leqslant D\leqslant 800$	$0.3\leqslant \beta\leqslant 0.75$	$2\times 10^5\leqslant Re\leqslant 2\times 10^6$
	加工收缩段		$50\leqslant D\leqslant 250$	$0.4\leqslant \beta\leqslant 0.75$	$2\times 10^5\leqslant Re\leqslant 1\times 10^6$
	粗焊收缩段		$200\leqslant D\leqslant 1200$	$0.4\leqslant \beta\leqslant 0.70$	$2\times 10^5\leqslant Re\leqslant 2\times 10^6$
文丘里喷嘴		$d\geqslant 50$	$65\leqslant D\leqslant 500$	$0.316\leqslant \beta\leqslant 0.775$	$1.5\times 10^5\leqslant Re\leqslant 2\times 10^6$

可膨胀性系数 ε 是节流件前后压力比 p_2/p_1 等熵指数 κ 和直径比 β 的函数。由于 ε 与流束收缩系数 μ 有关，所以，对于标准孔板，ε 只能根据经验公式确定。

6.8.4 标准节流装置的计算

(1) 计算命题和计算公式

标准节流装置的计算，根据工程实际需要，大致可以分成如下两类。

① 已知管道内径 D 与节流件孔径 d、取压方式、被测流体参数如温度 t、压力 p、密度 ρ、黏度 η、等熵指数 κ、管道内壁的粗糙度 K/D、材料的线胀系数 λ_D 和 λ_d 等必要条件，要求根据所测得差压 Δp 计算被测介质的流量。

② 已知管道内径 D 及管道布置情况、流量范围、被测流体参数如温度 t、压力 p、密度 ρ、黏度 η、等熵指数 κ、管道内壁的粗糙度 K/D、材料的线胀系数 λ_D 和 λ_d 等必要条件，要求设计一个标准节流装置，即进行如下工作：选择节流件形式和确定节流件开孔直径 d；选择计算差压变送器量程；推荐节流件在管道上的安装位置及计算流量测量总不确定度。

通常，将第一类命题称为校验计算，这类命题中，节流装置已经存在，流体参数已经知道，目的是对测得的流量值进行校验。第二类命题称为设计计算，这类命题中，管道条件和流件参数已经知道，目的是设计一套节流装置，包括节流件孔径 d、差压变送器量程、安装位置以及总流量测量的不确定度。

对这两类命题的计算依据是式(6.125)和式(6.126)所示的流量公式。在质量流量单位用（kg/h），体积流量用（m³/h），直径 D 和 d 用（mm），密度 ρ 用（kg/m³）和差压 Δp 用（Pa）的情况下流量公式可以改写为

$$q_v = 0.004 \frac{C}{\sqrt{1-\beta^4}} \varepsilon d^2 \sqrt{\frac{\Delta p}{\rho}} = 0.004 \frac{C\beta^2}{\sqrt{1-\beta^4}} \varepsilon D^2 \sqrt{\frac{\Delta p}{\rho}} \qquad (6.129)$$

$$q_m = 0.004 \frac{C}{\sqrt{1-\beta^4}} \varepsilon d^2 \sqrt{\Delta p \rho} = 0.004 \frac{C\beta^2}{\sqrt{1-\beta^4}} \varepsilon D^2 \sqrt{\Delta p \rho} \qquad (6.130)$$

实际上，两类命题不能根据以上两式直接计算，而要采用迭代计算方法。首先要根据已知条件重新组合流量方程，将已知值组合在方程的一边，而将未知值组合在方程另一边。在计算过程中，已知值一边的各个量是不变量。首先，把第一个假定值 X_1 代入未知一边，经计算得到方程两边的差值 δ_1，然后进行迭代计算，迭代计算法能将第二个假定值代入，同样得到 δ_2。再把 $X_1, X_2, \delta_1, \delta_2$ 代入线性算法中得 $X_3, \delta_3, \cdots, X_n, \delta_n$ 直到 $|\delta_n|$ 小于某一规定值，或者 X 或 δ 的某相邻值之差等于某个规定精度时，迭代计算完毕。

具有快速收敛的弦截法可按式(6.131)计算。

$$X_n = X_{n-1} - \delta_{n-1} \frac{X_{n-1} - X_{n-2}}{\delta_{n-1} - \delta_{n-2}} \qquad (6.131)$$

(2) 第一类命题计算步骤

① 迭代公式。在式(6.129)中已知管径 D、孔径 d、差压 Δp、密度 ρ 和黏度 η 等参数，直径比 β 和可膨胀性系数 ε 可以通过已知参数求得。未知的是 C 和 q_m，而 C 是雷诺数 Re 的函数，Re 又是流量 q_m 的函数。在黏度的单位用（Pa·s）时，雷诺数的计算公式为

$$Re_D = 0.354 \frac{q_m}{D\eta}$$

将所有已知量放在等式的一边作为不变量，令为 A_1，即

$$A_1 = 0.004 \frac{\varepsilon d^2}{\sqrt{1-\beta^4}} \sqrt{\Delta p \rho}$$

将未知量放在等式的另一边，所以，迭代公式为

$$A_1 = q_m / C$$

设弦截法计算中的变量为

$$X = q_m = CA_1 \tag{6.132}$$

则在假设第一个假设值 C_0 后，就可根据式（6.132）和流出系数 C 的计算公式进行迭代计算。C_0 可根据不同的节流件假设。

对于孔板，可设 $\qquad\qquad C_0 = 0.5961 + 0.0261\beta^2 - 0.216\beta^8$

对于喷嘴，可设 $\qquad\qquad C_0 = 0.9900 + 0.2262\beta^{4.1}$

② 辅助计算。

a. 计算工作状态下的管道内径 D 及节流件孔径 d

$$D = D_{20}[1 + \lambda_D(t-20)]$$

$$d = d_{20}[1 + \lambda_d(t-20)]$$

b. 计算直径比 β

$$\beta = d/D$$

c. 计算可膨胀性系数 ε。标准孔板和喷嘴的可膨胀性系数 ε 可用经验公式（6.133）、式（6.134）计算

$$\varepsilon = 1 - (0.351 + 0.256\beta^4 + 0.93\beta^8)\left[1 - \left(\frac{p_2}{p_1}\right)^{1/\kappa}\right] \tag{6.133}$$

喷嘴的可膨胀性系数可用式（6.134）近似

$$\varepsilon = \sqrt{\frac{\kappa\tau^{2/\kappa}}{\kappa-1} \frac{1-\beta^4}{1-\beta^4\tau^{2/\kappa}} \frac{1-\tau^{\kappa-1/\kappa}}{1-\tau}} \tag{6.134}$$

$$\tau = p_2/p_1$$

上式是根据空气、水蒸气和天然气的试验结果得出，仅适用于表 6.15 给出的使用范围，并应在 $p_2/p_1 \geqslant 0.75$ 时使用。已知等熵指数 κ 的其他气体和蒸汽也可参照使用。

③ 迭代计算。

a. 根据节流件的形式，假设一流出系数 C_0。

b. 将 C_0 代入式（6.132）计算变量 $X_1 = C_0 A_1$。

c. 根据 $X_1(q_{m1})$ 计算雷诺数 Re_D，并根据不同的节流件选择不同的流出系数计算公式计算流出系数 C_1。差值 $\delta_1 = A_1 - \dfrac{X_1}{C_1}$。

d. 将 C_1 代入式（6.132）可得变量 $X_2 = C_1 A_1$，根据 c. 步可得流出系数 C_2 和差值 δ_2。

e. 将 X_1, X_2, δ_1 和 δ_2 代入弦截法计算公式（6.131）得 X_3，根据 c. 步可得流出系数 C_3 和差值 δ_3，…

f. 如果绝对值 $\left|\dfrac{\delta_n}{A_1}\right|$ 小于等于某一预定精度 e 时，迭代计算结束，X_n 就是要求的流量值 q_m。

④ 计算机计算框图。为了配合计算机计算，把计算步骤绘成计算机计算框图，如图 6.56 所示。然后用适当的语言实现自动计算。

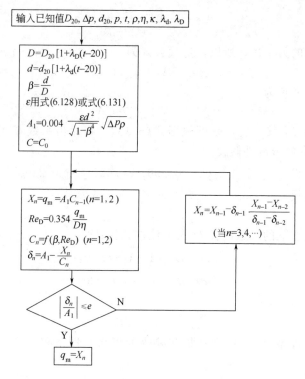

图 6.56 校验计算程序流程图

（3）第二类命题计算步骤

第二类命题的任务是设计一个新的标准节流装置。从计算公式(6.130)中可以看出，对于设计计算，公式中待定量比较多，所以，一般计算更加复杂。主要设计步骤如下。

① 辅助计算。

a. 计算工作状态下管道内径 D。

b. 对应流量范围，计算设计流量 q_m 和最小流量 $q_{m\ min}$ 下的雷诺数 Re_D 和 Re_{Dmin}。

c. 查表得密度 ρ、黏度 η 等参数。

② 确定差压上限 Δp_{max}。Δp 的确定是节流装置设计计算中的关键步骤。它不完全依靠计算确定，而是在考虑一些相互矛盾的因素后选择一个最佳的 Δp_{max}，一般可分以下几种情况选择。

a. 如果用户对压力损失、直管段长度等无特别要求，可根据流量公式由式(6.135a)求得差压上限为

$$\Delta p_{max} = \frac{(1-\beta^4)q_m^2}{(0.004C\beta^2D^2)^2\rho_1} \tag{6.135a}$$

或

$$\Delta p_{max} = \frac{(1-\beta^4)q_v^2\rho_1}{(0.004C\beta^2D^2)^2} \tag{6.135b}$$

式中　β——实际使用的最小雷诺数所对应的 β 值。

根据有关规定，各节流装置适用的最小雷诺数与直径比 β 的关系可近似地用下列拟合公式表示

角接取压孔板　　　　　　　　$\beta=0.41135\lg Re-1.36228$ 　　　　　(6.136a)

D -$D/2$ 取压孔板 $\qquad \beta=0.33840 \lg Re-1.02878$ $\qquad$ (6.136b)

D -$D/2$ 取压长径喷嘴 $\qquad \beta=3.78\times10^{-6}Re-0.00281$ $\qquad$ (6.136c)

对于上述各节流装置,可根据实际使用的最小雷诺数 Re_{Dmin} 代入式(6.135)计算得到对应的 β 值;对于标准喷嘴,法兰取压孔板等节流装置,可根据实际使用的最小雷诺数用查表或插值方式确定 β 值。

若通过上述方法得到 $\beta>0.5$,可取 $\beta=0.5$;若 $\beta<0.5$,可取查表或计算确定的 β 值。然后将该 β 值代入节流装置流出系数 C 的计算公式计算出 C 值,再代入式(6.135)求得差压上限。

b. 如果用户对压力损失有规定,可根据式(6.137)简单确定差压上限。

孔板 $\qquad \Delta p_{\max}=(2\sim2.5)\Delta p$ $\qquad$ (6.137a)

喷嘴 $\qquad \Delta p_{\max}=(3\sim3.5)\Delta p$ $\qquad$ (6.137b)

③ 计算节流件开孔直径。

a. 根据式(6.130)构造迭代公式。对于第二类命题,在式(6.130)中,已知的是管道内径 D、流量 q_{m}(即雷诺数 Re_{D})、密度 ρ 和黏度 η 等参数,通过差压上限的选择计算,差压 Δp 也是已知的。直径比 β、可膨胀性系数 ε、流出系数 C 是未知量。将所有已知量放在等式的一边作为不变量,令为 A_2,即

$$A_2=\frac{q_{\mathrm{m}}}{0.004D^2\sqrt{\Delta p\rho}}$$

将未知量放在等式的另一边,所以,迭代公式为

$$A_2=\frac{C\varepsilon\beta^2}{\sqrt{1-\beta^4}}$$

设弦截法计算中的变量为

$$X=\frac{\beta^2}{\sqrt{1-\beta^4}}=\frac{A_2}{C\varepsilon} \qquad (6.138)$$

在假设第一个 C_0 和 ε_0 后,就可根据式(6.138)和流出系数 C 及可膨胀系数 ε 的计算公式进行迭代计算。迭代初始值可假设为 $\varepsilon_0=1$,C_0 可根据不同的节流件假设。

对于孔板,可设 $C_0=0.5961+0.0261\beta^2-0.216\beta^8$;

对于喷嘴,可设 $C_0=0.9900+0.2262\beta^{4.1}$。

b. 迭代计算步骤。

ⓐ 根据节流件的形式,假设流出系数 C_0 和 ε_0。对于液体,令 $\varepsilon=1$。

ⓑ 将 C_0 和 ε_0 代入式(6.132)计算变量 $X_1=\dfrac{A_2}{C_0\varepsilon_0}$。

ⓒ 根据 X_1 计算雷诺数 β

$$\beta=\left(\frac{X^2}{1+X^2}\right)^{1/4}$$

得到 β 值后,根据不同的节流件选择不同的流出系数计算公式和可膨胀性系数计算公式计算流出系数 C_1 和可膨胀性系数 ε_1。差值 $\delta_1=A_2-X_1C_1\varepsilon_1$。

ⓓ 将 C_1 和 ε_1 代入式(6.132)可得变量 $X_2=\dfrac{A_2}{C_1\varepsilon_1}$,根据ⓒ步可得 β_2、流出系数 C_2、可膨胀性系数 ε_2 和差值 δ_2。

ⓔ 将 X_1,X_2,δ_1 和 δ_2 代入弦截法计算公式(6.131)得 X_3,根据ⓓ步可得 $\beta_3,C_3,\varepsilon_3$ 和

差值 $\delta_3 \cdots$

⑥ 如果绝对值 $\left| \dfrac{\delta_n}{A_2} \right|$ 小于等于某一预定精度 e 时，迭代计算结束，根据 X_n 就可以求得 β_n，从而求得节流件开孔直径 d。

⑦ 求得节流件开孔直径 d 后，应用流量公式验算流量，以验证设计计算的正确性。

④ 计算节流件安装位置和流量测量不确定度。根据节流装置直管段长度要求和实际管路布置系统，可得节流件最佳安装位置。根据节流装置的不确定度估计可计算出所设计节流装置的测量不确定度。

⑤ 计算机计算框图。为了配合计算机计算，可将计算步骤绘成计算机计算框图，如图 6.57 所示。然后用适当的计算机语言实现自动设计计算。

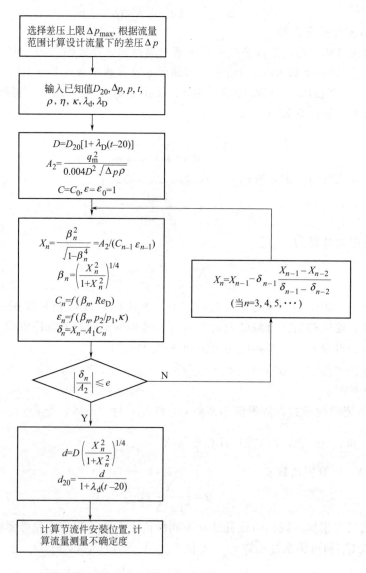

图 6.57　设计计算程序流程图

(4) 计算实例（以角接取压标准节流装置为例）

① 设计任务书。

被测介质：水

流量范围：
$$q_{mmax}=500t/h$$
$$q_m=200t/h$$
$$q_{mmin}=200t/h$$

工作压力：$p=14.6MPa$（绝对）

工作温度：$t=220℃$

允许压力损失：不限

管道内径：$D_{20}=233mm$（实测）

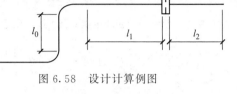

图 6.58　设计计算例图

管道材料：20$^{\#}$ 钢，新的无缝钢管，管道材料热胀系数 $\lambda_D=12.78\times10^{-6}mm/(mm\cdot℃)$。

管路系统布置：如图 6.58 所示。

② 设计步骤。

工作状态下流体流量测量范围
$$q_{mmax}=500t/h=138.89kg/s$$
$$q_m=200t/h=111.11kg/s$$

计算工作状态下管道内径 D
$$
\begin{aligned}
D &= D_{20}[1+\lambda_D(t-20)] \\
&= 233\times[1+12.78\times10^{-6}(220-20)] \\
&= 233.5807
\end{aligned}
$$

求工作状态下流体的密度和黏度
$$\rho_1=850.9082kg/m^3, \mu=0.124mPa\cdot s$$

计算 Re_D
$$Re_D=\frac{4q_m}{\pi\mu D}=\frac{4\times111.11}{\pi\times124\times10^{-6}\times0.23358}=4.88\times10^6$$

管道粗糙度

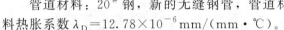

$K=0.075mm, R_a=K/\pi=0.075/\pi=0.0239mm, R_a/D=0.0239/233.58=1.02\times10^{-4}$

管道粗糙度符合要求。

确定差压上限值
$$\Delta p=\left(\frac{4q_m\sqrt{1-\beta^4}}{\pi\beta^2D^2C}\right)^2\frac{1}{2\rho_1}$$

设 $\beta=0.5$，$C=0.6$，代入
$$\Delta p=\left[\frac{4\times111.11\sqrt{1-0.5^4}}{\pi\times0.5^2\times(0.233)^2\times0.6}\right]^2\frac{1}{2\times850.908}=166259.44Pa$$

$$\frac{\Delta p_{max}}{\Delta p}=\left(\frac{q_{mmax}}{q_m}\right)^2=\left(\frac{500}{400}\right)^2=1.5625$$

$$\Delta p_{max}=166259.44\times1.5625=259780.37Pa$$

圆整到系列值，取 $\Delta p_{max}=250kPa$，故
$$\Delta p=160kPa$$

求 A_2
$$A_2=\frac{4q_m}{\pi D^2\sqrt{2\Delta p\rho_1}}=\frac{4\times111.11}{\pi\times(0.23358)^2\sqrt{2\times160\times10^3\times850.908}}=0.15714$$

设 $C_0 = 0.6$，求 β_0

$$\beta_0 = \left[1 + \left(\frac{C_0}{A_2} \right)^2 \right]^{-1/4} = \left[1 + \left(\frac{0.6}{0.15714} \right)^2 \right]^{-1/4} = 0.50334$$

求 β_1 计算 C_1

根据里德-哈利斯、加拉赫（Reader-Harris/Gallagher）公式：

$$C = 0.5961 + 0.0261\beta^2 - 0.216\beta^8 + 0.000521 \left(\frac{10^6 \beta}{Re} \right)^{0.7}$$

$$+ \left[0.0188 + 0.0063 \left(\frac{19000\beta}{Re} \right)^{0.8} \right] \beta^{8.5} \left(\frac{10^6}{Re} \right)^{0.3}$$

$$+ (0.043 + 0.080 e^{-10L_1} - 0.123 e^{-7L_1}) + \left[1 - 0.11 \left(\frac{19000\beta}{Re} \right)^{0.8} \right] \frac{\beta^4}{1 - \beta^4}$$

$$- 0.031 \left[\frac{2L_2'}{1 - \beta} - 0.8 \left(\frac{2L_2'}{1 - \beta} \right)^{1.1} \right] \beta^{1.3}$$

将 $\beta_0 = 0.50334, Re = 4.88 \times 10^6$ 代入上式得

$$C_1 = 0.60238$$

$$\beta_1 = \left[1 + \left(\frac{C_1}{A_2} \right)^2 \right]^{-1/4} = 0.50241$$

求 β_2 计算 C_2

将 $\beta_1 = 0.50241$，$Re = 4.88 \times 10^6$ 代入里德-哈利斯、加拉赫（Reader-Harris/Gallagher）公式得

$$C_2 = 0.60236$$

$$\beta_2 = \left[1 + \left(\frac{C_2}{A_2} \right)^2 \right]^{-1/4} = 0.50241$$

$\beta_2 - \beta_1 \approx 0 < 0.0001$，迭代停止。

求 d 值

$$d = D\beta = 233.58 \times 0.50241 = 117.354 \text{mm}$$

验算流量

$$q_m = \frac{C_1}{\sqrt{1 - \beta^4}} \frac{\pi}{4} d^2 \sqrt{2\Delta p \rho_1}$$

$$= \frac{0.60236}{\sqrt{1 - 0.50241^4}} \frac{\pi}{4} (0.117354)^2 \sqrt{2 \times 160 \times 10^3 \times 850.908} = 111.11 \text{kg/s}$$

$\delta = \frac{q_m - q_m}{q_m} \approx 0 < \pm 0.2\%$，计算合格。

求 d_{20} 值

$$d_{20} = \frac{d}{1 + \lambda_d (t - 20)} = \frac{117.354}{1 + 16.60 \times 10^{-6} (220 - 20)} = 116.966 \text{mm}$$

确定 d_{20} 加工公差

$$\Delta d_{20} = \pm 0.0005 d_{20} = 0.058 \text{mm}$$

求最大压力损失 δp

$$\delta p = \frac{\sqrt{1 - \beta^4 (1 - C^2)} - C\beta^2}{\sqrt{1 - \beta^4 (1 - C^2)} + C\beta^2} \Delta p_{max} = 182.8 \text{kPa}$$

确定最小直管段长度

$$l_1 = 22D = 5200\text{mm}$$
$$l_2 = 6D = 1400\text{mm}$$
$$l_0 = 0$$

计算流量测量不确定度

对于标准孔板，由于 $\beta = 0.5024 < 0.6$ ，$u(C)/C = 0.5\%$

$$u(\varepsilon)/\varepsilon = (4\Delta p/p)\% = [4 \times 16 \times 10^4/(14.6 \times 10^6)]\% = 0.0438\%$$

设

$$u(D)/D = 0.1\%$$
$$u(d)/d = 0.05\%$$
$$u(\Delta p)/\Delta p = 1\%$$

假设温度、压力的测量不确定度为 1%，则 $u(\rho)/\rho = 1\%$。所以，总不确定度为

$$u_{cr}(q_m) = \frac{u_c(q_m)_m}{q_m} = \pm \left[\left(\frac{u(C)}{C}\right)^2 + \left(\frac{u(\varepsilon)}{\varepsilon}\right)^2 + \left(\frac{2\beta^4}{1-\beta^4}\right)^2 \left(\frac{u(D)}{D}\right)^2 + \right.$$
$$\left. \left(\frac{2}{1-\beta^4}\right)^2 \left(\frac{u(d)}{d}\right)^2 + \frac{1}{4}\left(\frac{u(\Delta p)}{\Delta p}\right)^2 + \frac{1}{4}\left(\frac{u(\rho)}{\rho}\right)^2 \right]^{1/2}$$
$$= \pm \{0.5^2 + 0.0438^2 + [2 \times 0.50241^4/(1-0.50241^4)]^2 \times 0.1^2 + $$
$$[2/(1-0.50241^4)]^2 \times 0.05^2 + 1/4 + 1/4\}^{1/2}\% = 0.87379\%$$

6.8.5　节流式流量计的安装与使用

节流式流量计是由节流装置和差压计组成进行流量测量的差压式流量计。要想得到理想的测量准确度，除了标准规定设计加工节流件、取压装置和选用符合要求的测量管外，还应正确安装节流装置、差压计以及节流装置与差压计之间的差压信号管路。

（1）取压口位置的安装

当节流装置安装在水平或倾斜管道上时，取压口的位置根据不同的流体介质采用如下三种安装方式。

① 被测流体为液体时，为了防止气泡进入导压管，取压口应处于向水平线下偏 $45°$ 的位置上，正、负取压口处于与管道对称位置，如图 6.59(a) 所示，正、负取压口在同一水平面上。

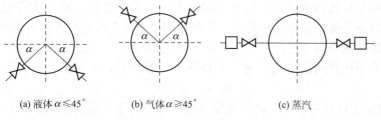

(a) 液体 $\alpha \leqslant 45°$　　(b) 气体 $\alpha \geqslant 45°$　　(c) 蒸汽

图 6.59　取压口位置安装图

② 被测流体为气体时，为了防止液体（冷凝液）进入导气管，取压口应处于向水平线上偏 $45°$ 的位置上，正、负取压口处于与管道对称位置，如图 6.59(b) 所示，正、负取压口在同一水平面上。

③ 被测流体为蒸汽时，为了保证冷凝器中冷凝液面恒定和正、负导压管段上的冷凝液面高度一致，正、负取压口处于与管道对称位置，如图 6.59(c) 所示，正、负取压口在同一水平面上。

上述三种取压口的安装方式均与管道对称安装，也允许将取压口安装在管道同一侧，其

他要求同上。

（2）差压信号管路的安装

差压信号管路的安装指由取压口到差压计的导压管线的安装。如果差压信号管路安装不正确，即使选用了高精度的差压计，也不能得到准确的差压值，有时甚至影响节流装置的正常工作。安装差压信号管路的总原则是应使其所传递的差压信号不因差压信号管路而产生额外误差，而且能保证节流装置的安全工作。为了达到这一目的，在安装差压信号管路时，应充分注意以下几项原则。

① 差压信号管路（导压管）应按最短的距离敷设，其长度最好在 16m 以内，一般不应超过 50m。其内径应大于 6mm。一般信号管路越长，其内径应越大，并且与使用介质的性质有关。表 6.16 所示为差压信号管路的内径与长度的关系。

表 6.16　差压信号管路内径　　　　　　　　　　　　　　　mm

被 测 流 体	导 压 管 线 长 度		
	≤16000	16000～45000	45000～90000
水、水蒸气、干气体	7～9	10	13
湿气体	13	13	13
低、中黏度的油品	13	19	25
脏的液体或气体	25	25	38

② 导压管应垂直或倾斜安装，其倾斜度不得小于 1:12，以便能及时排走气体（测量液体介质时）或凝结水（测量气体介质时）。对于黏性流体，其倾斜度还须增大。当差压信号传送距离大于 30m 时，导压管应分段倾斜，并在各最高点和最低点分别装设集气器（或排气阀）和沉降器（排污阀）。

③ 信号管路应带有阀门等必要的附件，使得能在主设备运行的条件下冲洗信号管路、现场校验差压计以及在信号管路发生故障时能与主设备隔离。

差压计上一般应装有三个阀，其中两只作隔离阀（导压阀）；一只作平衡阀，打开平衡阀可以检查差压计零点；另两只作冲洗阀，用来冲洗信号管路和作现场校验差压计用。

④ 应能防止有害物质（如高温介质，腐蚀性介质等）进入差压计。测量高温蒸汽时，使用冷凝器，测量腐蚀性介质时，应使用隔离器。如果信号管路中介质有凝固或冻结的可能，应沿信号管路设置保温或加热装置。但应特别注意防止两信号管路因加热不均匀或局部汽化而造成的差压测量误差。

根据被测介质的性质和节流装置与差压计的相对位置，差压信号管路可以有多种安装方式。

① 测量液体流量时的信号管路。测量液体流量时，主要应防止被测液体中存在的气体进入并沉积在信号管路内，造成两信号管路中介质密度不等而引起的误差。所以，为了能及时排走信号管路中的气体，取压口处的导压管应向下斜向差压计。如果差压计的位置比节流装置高，则在取压口处也应有向下倾斜的导压管，或设置 U 形水封。信号管路最高点要设置集气器，并装有阀门以定期排出气体，如图 6.60 所示。

② 测量气体流量时的信号管路。测量气体流量时，主要应防止被测气体中存在的凝结水进入并沉积在信号管路中，造成两信号管路中介质密度不等而引起的误差，所以，为了能及时排走信号管路中的气体，取压口处的导压管应向上斜向差压计。如果差压计的位置比节流装置低，则在取压口处也应有向上倾斜的导压管，并在信号管路最低点要设置集水箱，并

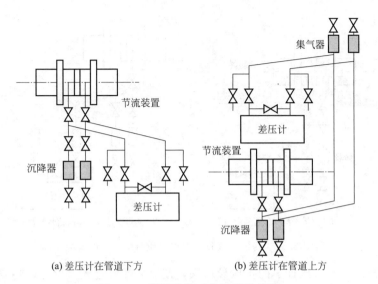

(a) 差压计在管道下方　　　　(b) 差压计在管道上方

图 6.60　测量液体时信号管路安装

装有阀门以定期排水，如图 6.61 所示。

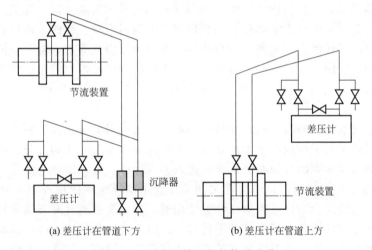

(a) 差压计在管道下方　　　　(b) 差压计在管道上方

图 6.61　测量气体时信号管路安装

　　③ 测量蒸汽流量时的信号管路。测量蒸汽流量时，应防止高温蒸汽直接进入差压计。一般在取压口处设置冷凝器。冷凝器的作用是使被测蒸汽冷凝后再进入导压管，其容积应大于全量程内差压计工作空间的最大容积变化的 3 倍。为了准确地测量差压，应严格保持两信号管路中的凝结液位在同一高度。如图 6.62(a) 所示，自取压口到冷凝器的导压管应保持水平或向取压口倾斜。冷凝器上方两个管口的下缘必须在同一水平高度上，以保持凝结水液面等高，实现差压的准确测量。

　　测量黏性较大的、腐蚀性的或易燃介质的流量时，应安装隔离器，如图 6.62(b) 所示。

(3) 节流式流量计的使用

　　节流式流量计的流量测量准确度，主要取决于节流装置的设计、制造和安装等是否严格符合标准规定的技术要求，但如何正确使用节流装置仍十分重要。

　　① 液体流量测量。在连接差压计前，打开节流装置处的两个导压阀和导压管上的两个冲洗阀，用被测流体冲洗导压管，以免管锈或污物进入差压计。使用时，先打开差压计上的

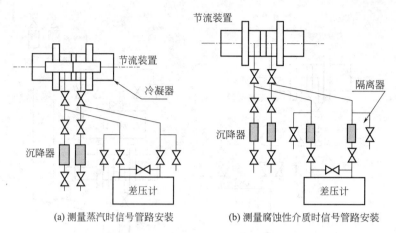

(a) 测量蒸汽时信号管路安装   (b) 测量腐蚀性介质时信号管路安装

图 6.62　测量蒸汽和腐蚀性介质时信号管路安装

平衡阀，然后微微打开差压计上的正压导压阀，使流体慢慢进入差压计，将空气从差压计的排气针阀孔排尽，直到不再有气泡时，关闭排气针阀。接着关闭平衡阀，并骤然打开负压导压阀，仪表即投入正常工作。

必须装配隔离器时，运行前首先应将差压计和隔离器充满隔离液。先关闭节流装置上两个导压阀，然后打开差压计上的导压阀和平衡阀及上端两个排气针阀，再打开隔离器的中间旋塞，从一个隔离器慢慢注入隔离液，直到另一个隔离器溢液为止，旋紧中间旋塞。打开隔离器上的平衡阀，关闭差压计上的平衡阀。然后慢慢打开隔离器上的正压导压阀，待被测介质充满导压管和隔离器后，关闭隔离器上的平衡阀，打开负压导压阀，流量计即投入正常工作。

尤其是测量腐蚀性介质时，操作要特别小心。在未关闭节流装置上的两个导压阀前，不允许先打开差压计上的平衡阀。也不准在打开平衡阀时，将两导压阀打开，以免腐蚀性介质进入差压计。如因某种原因发现腐蚀性介质进入差压计中，应立即停止工作，进行清洗。

② 气体流量测量。使用前，也应在关闭差压计上两导压阀的情况下，对导压管进行吹洗，以免管道中的锈污和杂物进入差压计。使用时，首先缓慢地打开节流装置上的两个导压阀，使被测气体充满导压管。然后打开平衡阀，并微微打开差压计上的正压导压阀，使差压计逐渐充满被测气体，同时将差压计内的液体从排液针阀排掉。最后，关闭差压计上的平衡阀，并打开差压计上的负压导压阀，代表即投入正常工作。

③ 蒸汽流量测量。测量蒸汽流量时，冲洗导压管的过程同上。冲洗后，先关闭节流装置上两个导压阀，将冷凝器和导压管中的冷凝水从冲洗阀放掉。然后打开差压计上的导压阀和平衡阀及排气针阀，向一个冷凝器注入冷凝液，直到另一个冷凝器上有冷凝液溢出为止。当排气针阀不再有气泡后关闭排气针阀。为了避免附加的差压测量误差，必须注意冷凝器与差压计之间的导压管以及差压计内的测量室应充满冷凝水，两冷凝器中的液面必须处于同一水平高度。最后，关闭差压计上的平衡阀，同时打开节流装置上的两导压阀，仪表即投入正常工作。

6.9　质量流量计

前面讨论的各种流量计，无论是容积式、涡轮式、涡街式、电磁式还是超声式流量计，从原理上看均为测量体积流量。很多工业生产过程参数检测和控制中希望流量计能直接测量和显示被测介质的质量流量。目前，质量流量计可以分成如下两大类。

① 直接式质量流量计。是指流量计的输出信号能直接反映流体介质的质量流量，原理上与介质所处的状态参数（温度、压力）和物性参数（黏度、密度）等无关的流量计。

② 间接式质量流量计。这种流量计可分为两类：一类是组合式质量流量计，也可称为推导式质量流量计；另一类是补偿式质量流量计。

组合式质量流量计同时检测流体介质的体积流量 q_v 和密度 ρ；或者用两种不同类型流量计测量流量（如差压式流量计和涡轮式流量计），然后再通过运算器运算得出与介质的质量流量有关的信号输出。

补偿式质量流量计同时检测介质的体积流量和介质温度、压力值，再根据介质密度与温度、压力的关系，由运算单元计算得到该状态下介质的密度值，最后计算得到质量流量值。

间接式质量流量测量方法是较早地在工业应用的一种质量流量测量方法，对于温度和压力变化范围较小的场合，气体性质较接近理想气体范围的场合，或是温度与密度成线性关系的介质，采用间接测量法可得到比较满意的结果。但对于不满足上述条件的介质，由于其温度、压力及密度之间的关系比较复杂，很难实现自动准确的补偿。因此，在工业应用中有必要采用直接式质量流量计，即常用的科里奥利质量流量计。

6.9.1 科里奥利质量流量计的工作原理和结构

科里奥利质量流量计（Coriolis Mass Flowmeter，简称 CMF）是利用流体在振动管中流动时产生与流体质量流量成正比的科里奥利力的原理制成的一种直接式质量流量仪表。

当一个位于一旋转体内的质点作朝向或远离旋转中心的运动时，将产生一惯性力，原理如图 6.63 所示。当质量为 δ_m 的质点以匀速 v 围绕一个固定点 P 并以角速度 ω 旋转的管道内移动时，这个质点将获得两个加速度分量：

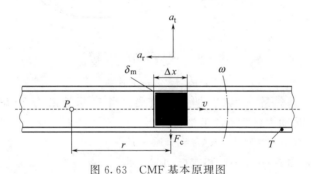

图 6.63 CMF 基本原理图

① 法向加速度 a_r（向心加速度），其量值等于 $\omega^2 r$，方向朝向 P 点；

② 切向加速度 a_t（科里奥利加速度），其量值等于 $2\omega v$，方向与 a_r 垂直。

根据牛顿第二运动定律（力=质量×加速度），产生科里奥利加速度 a_t，必定在 a_t 的方向上施加一个相应的力，其大小等于 $2\omega v \delta_m$，这个力来自向上转动的管道，反向作用于管道上的力就是科里奥利力 $F_C = 2\omega v \delta_m$（简称科氏力）。从图 6.63 中可见，当密度为 ρ 的流体以恒定速度 v 向前流动时，任何一段长度为 Δx 的管道都将受到一个大小为 ΔF_C 的切向科氏力。

$$\Delta F_C = 2\omega v \rho A \Delta x$$

式中　A——管道内截面积。

因质量 δ_{q_m} 为 $\delta \dfrac{\mathrm{d}m}{\mathrm{d}t} = \rho v A$，因此有

$$\Delta F_C = 2\omega\delta_{q_m}\Delta x \tag{6.139}$$

对于特定的旋转管道，其频率特性是一定的，ΔF_C 仅取决于 δ_{q_m}。因此，直接或间接测得在旋转的管道中流动的流体所施加的科氏力即可测得质量流量。这就是 CMF 的基本原理。

对商品化 CMF 设计，通过旋转运动产生惯性力是不切合实际的，而代之以使管道振动产生所需的力。当充满流体的管道以等于或接近其自然频率振动时，维持管道流动所需的驱动力是最小的。在多数 CMF 中，流体管道的两侧被固定，并在两个固定点的中间位置上振动，这就使管道的两个半段以相反的方向振动旋转。当无流量时，检测点相对位移的相位是相同的；当有流动时，科氏力所产生的附加的扭曲振动使得在检测点的相对运动有一个很小的相位差，这一相位差同质量流量成正比。

6.9.2 流量传感器原理

以 U 形测量管为例，如图 6.64 所示，在外力的驱动下，U 形测量管绕 O-O 轴按其自然频率 ω 振动。当流体以匀速流过 U 形管时，根据质点动力学原理，在 U 形管向上运动时，入口一侧产生向上的科氏加速度，相应的科氏力 F_1 向下作用在管壁上，出口一侧产生向下的科氏加速度，相应的科氏力 F_2 向上作用在管壁上。F_1 与 F_2 大小相等，方向相反（$F_1 = F_2 = F_C$）。

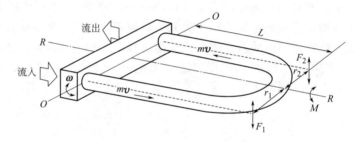

图 6.64　测量管动作原理图

$$\boldsymbol{F}_C = 2m\boldsymbol{\omega}\times\boldsymbol{v} \tag{6.140}$$

此处，$\boldsymbol{F}_C$，$\boldsymbol{\omega}$ 和 $\boldsymbol{v}$ 是矢量，"$\times$" 是矢量相乘。当 U 形管沿 O-O 轴转动时，科氏力绕 R-R 轴产生力矩 M，转动力臂为 r，于是

$$M = F_1 r_1 + F_2 r_2 \tag{6.141}$$

因 $F_1 = F_2$，$r_1 = r_2$，由式(6.140) 和式(6.141) 得

$$M = 2F_C r = 4m v\omega r \tag{6.142}$$

质量流量 q_m 取决于每单位时间内通过给定点的质量 m。$q_m = m/t$，$v = L/t$，经代换得 $q_m = mv/L$，此处 L 是管子的长度，于是式(6.142) 变成

$$M = 4\omega r q L \tag{6.143}$$

力矩 M 引起 U 形管扭曲，扭曲角 θ 为测量管绕轴 R-R 的夹角。由于 M 引起的扭曲受测量管的弹性刚度 K_s 的制约，扭矩

$$T = K_s\theta \tag{6.144}$$

因 $T = M$，质量流量 q_m 同偏转角 θ 之间的关系可通过整理式(6.143)、式(6.144) 得

$$q_m = \frac{K_s\theta}{4\omega rL} \tag{6.145}$$

即

$$q_m = K_1\theta \tag{6.146}$$

式中，$K_1 = K_s/4\omega rL =$ 常数。

扭转角 θ 是时间 t 的函数，U 形管每根支管通过中心点，由两侧的两个位置检测器测取。当没有流量时，右面和左面的支管在向上和向下越过中心线的时差为零；而流量增大时，θ 角增大，上升和下降开关信号之间的时间差 Δt 也增大。设管子通过中心线的速度为 v_t，则

$$\sin\theta = \frac{v_t}{2r}\Delta t \qquad (6.147)$$

当 θ 角很小时，它近似等于 $\sin\theta$，即 $\theta = \sin\theta$，且此时有 $v_t = \dfrac{2\pi L}{T}$，$\omega = \dfrac{2\pi}{T}$。T 为周期，所以 $v_t = \omega L$，于是式（6.147）变为

$$\theta = \frac{\omega L \Delta t}{2r} \qquad (6.148)$$

即

$$\theta = K_2 \Delta t \qquad (6.149)$$

式中，$K_2 = \omega L/2r =$ 常数。综合式（6.145）、式（6.148）得

$$q_m = \frac{K_s L \omega \Delta t}{8r^2 \omega L} = \frac{K_s}{8r^2}\Delta t \qquad (6.150)$$

即

$$q_m = K_3 \Delta t \qquad (6.151)$$

对特定的流量传感器，$K_3 = \dfrac{K_s}{8r^2} =$ 常数。可见，质量流量仅与时间间隔 Δt 和几何常数有关，与 U 形管驱动转速 ω 无关，亦即与测量管的振动频率无关。U 形测量管受力变形和振动扭曲如图 6.65、图 6.66 所示。

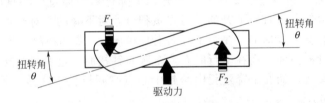

图 6.65　U 形管受力变形图

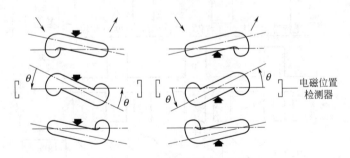

图 6.66　U 形管振动扭曲图

总之，单位时间流经测量管的流体质量越多，则测量管扭转角 θ 越大（$q_m = K_1 \theta$），而 θ 角越大，则左右两管通过中心点的时差 Δt 亦越大（$\theta = K_2 \Delta t$），从而流量 q_m 与时差 Δt 成正比（$q_m = K_3 \Delta t$）。这样，通过传感器的设计，把对科里奥利力的测量转变成对振动管两侧时差的测量，这就是流量传感器的工作原理。

6.9.3　信号检测原理

用于检测偏转角的电磁位置检测器设置在测量管行程的中点。此处管子速度最大，且可得到对称的最大的偏转角，而加速度近似为 0。管子分别向下和向上运动，形成两种时间间

隔，结合起来产生一组信号。

图 6.67 和图 6.68 所示分别为通过逻辑电路处理过的无流量时和有流量时的波形图。从传感器管的端部看过去，有左、右两根支管，流量分别从其中流入和流出，电磁位置检测器检测其矩形频率波。左、右信号交替产生，右面检测器信号采用宽波形（R），而左面的信号采用窄波形，这样就避免了信号的重叠。

由于脉宽的差异，当管子上升过程中通过中心点时，右面的检测器信号总是先于左面的发生。相反，当管子在下降过程中通过中心点时，左面信号总是先于右面的被检测出来。

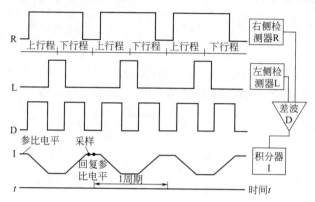

图 6.67　无流量时波形图

差异波形 D 是右边和左边两支管子在上升和下降过程中通过中心点的时差信号。这些脉冲被送至线性积分器，并且对上升的一对作负积分，对下降的一对作正积分。当没有流量通过时，这种差异脉宽（波形 D）在两个方向上是相等的（图 6.67）。当有流量通过时，在上行时有一个反时针的扭曲，而在下行时有一个顺时针扭曲，这引起两支管子在上升过程中跨越中心点时间更接近，而在下降过程中跨越中心点时间拉长。这样，差值脉宽（波形 D）就不再相等（图 6.68）。

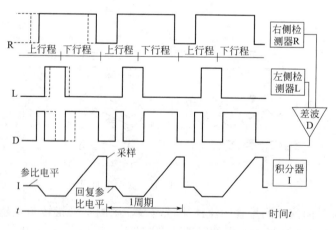

图 6.68　有流量时波形图

由于积分的斜率相等且恒定，在正常方向流动时产生一基本的正的脉冲输出，它被送至一采样和保持电路。积分输出恰在参比电平恢复之前被采样，在同期的其他时段内处于保持状态。这样的信号是同时差 Δt 成线性比例关系，因而同质量流量成正比。

经处理的信号产生一个 $0 \sim 10000\,Hz$ 脉冲输出，被送至频率和（或者）模拟输出电路板。频率板将脉冲信号量化用以显示、控制和积算。模拟板把脉冲信号转换成模拟电压或电流信号输出（0～20mA,4～20mA 或 0～5V,1～5V）。

在图 6.67 和图 6.68 中，R 是来自右位置检测器经过初步处理的信号波形；L 是来自左位置检测器经初步处理后的信号波形；D 是 R 和 L 反相比较后的差波信号波形；I 是线性积分后的波形。

图 6.69 所示为 U 形管式 CMF 转换电路原理图。

驱动板和信号板测量来自左面位置检测器的信号，如图 6.69 所示，以调整驱动放大器，控制振幅，使测量管在其驱动下振动。此输出信号连接到传感器单元内的驱动线圈加强振动，按接近其谐振频率和频率振动。

来自左面和右面的位置检测器的流量信号是由传感器测量管运动而产生的。信号板通过对两个位置检测器的信号作时间积分确定扭转角，从而产生流量信号。这个信号实际上是左、右两边的信号分别对一个负的和正的参比电平比较而产生的。两个信号的时间积分是由信号倍加器和信号分离器确定的。相位则是通过左面的位置检测器检测。总的流量信号经采样、RC 滤波和幅值放大后送至驱动板。流量信号送至驱动板的 V/f 转换器，驱动板同时还利用来自温度传感器的信号对转换标定予以控制，从而补偿了温度对测量管的刚性系数的影响。流体流动方向决定了流量信号的极性。流量信号和补偿信号被送入隔离板。隔离板上有两个光学耦合器，分别接收流量信号和方向信号，相应产生两脉冲信号以符合下一级处理要求。这些耦合器有效地把输出信号同仪表的其他电子部分隔离，防止电流信号由安全区进入到危险区。另外，每个耦合器靠齐纳二极管和熔断丝保护不受倒流脉冲（电涌）的影响。

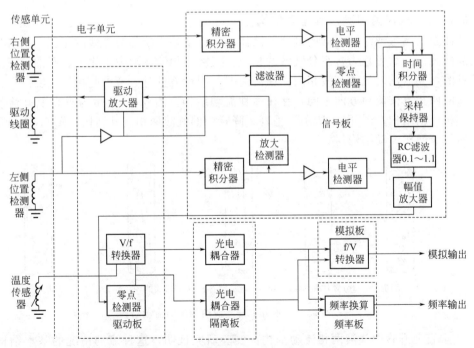

图 6.69 U 形管式 CMF 转换电路原理图

送到频率和（或者）模拟输出板是 0～10000Hz 信号，与质量流量成正比。频率板将信号量化（定标）后同外部设备连接。模拟板把频率信号转换成模拟信号送至外部设备。

6.10 多相流体的流量测量

多相流是在流体流动中是含有两种或两种以上不同相物质同时存在一种运动。因此，两相流动可能是液相和气相的流动，液相和固相的流动或固相和气相的流动。也有气相、液相和固相三相混合物的流动，如气井中喷出的流体以天然气为主，但也包含一定数量的液体和泥沙。

两相流体流量可分为两种：一种为两相混合物流量，即两相流的总流量；另一种为各相的流量，各相流量之和等于两相混合物流量。

要确定各相流量，不仅需测定两相混合物流量，还需测定两相中任一相在混合物中的含量。以气液两相流为例，要确定气相或液相的质量流量就需测定气液混合物的质量流量 q_m 和气相的流量质量含量 β_{Gm}。气相的流量质量含量等于气相质量流量 q_G 与气液混合物质量流量 q_m 之比。因此，$q_G = q_m \beta_{Gm}$，而液相质量流量 $q_L = q_m - q_G$。所以要对气液两相流流量进行测量，一般需要测定两个参数，即气液混合物流量 q_m 和气相的质量流量含量 β_{Gm}。

有些流量计如电磁流量计、超声流量计，其输出信号仅是体积流量，用来测量两相流时，若知道轻相和重相的密度和流量体积比，可计算出混合物平均密度，进而计算混合物和各相质量流量。

实际的工程中，由于测量需要的多样性，有时只需测量两相混合物的质量流量或体积流量，有时只需测量轻相或重相的质量流量或体积流量。如湿蒸汽中的气相，油水混合物中的油。当然有时因测量装置的局限性或经济上的原因，只测量两相流中的部分参数。

6.10.1 气液两相流及其流动结构

液体及其蒸气或组分不同的气体及液体一起流动的现象称为气液两相流。前者称为单组分气液两相流，后者称为多组分气液两相流。气液两相流在动力、化工、石油等工业设备中是常见的，在流动时气相和液相间存在流速差，测量流量时应考虑此相对速度。

气液两相流按流动方向不同，存在多种流动结构。图 6.70 所示为垂直上升流动管中的气液两相流动结构；图 6.71 所示为垂直下降管中的气液两相流动结构；图 6.72 所示为水平管中的气液两相流动结构。

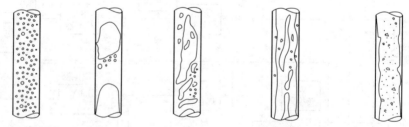

(a) 细泡状流动结构 (b) 弹状流动结构 (c) 块状流动结构 (d) 带纤维的环状流动结构 (e) 环状流动结构

图 6.70 垂直上升气液两相流的流动结构

① 垂直上升管中气液两相流动结构。实验研究证明，这种流动情况的基本结构有下列五种：细泡状流动结构、弹状流动结构、块状流动结构、带纤维的环状流动结构和环状流动结构。

上述 5 种流动结构分别具有以下特点。

a.细泡状流动结构。其特征为在液相中带有散布的细小气泡。直径小于 1mm 的气泡是

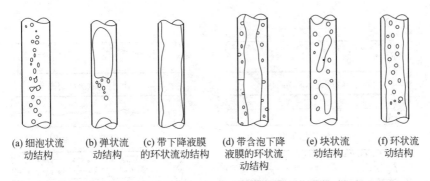

（a）细泡状流动结构　　（b）弹状流动结构　　（c）带下降液膜的环状流动结构　　（d）带含泡下降液膜的环状流动结构　　（e）块状流动结构　　（f）环状流动结构

图 6.71　垂直下降气液两相流的流动结构

球形的，直径大于此值的气泡其外形是多种多样的。

b.弹状流动结构。其特征是由一系列气弹组成，气弹端呈半球状，而尾部是平的，在两气弹之间夹有小气泡，气弹与管壁间液膜往下流动。

c.块状流动结构。块状流动结构是由于气弹破裂而形成的，此时，气体块在液流中以混乱状态流动。

d.带纤维的环状流动结构。这种流动结构中，管壁上液膜较厚且含有小气泡，被中心部分气核从液膜带走的液滴在气核内形成不规则的长纤维形状，这种流型常在高质量流速时出现。

e.环状流动结构。在环状流动结构中，管壁上有一层液膜，管道中心部分为气核，在气核中含有因气流撕裂管壁液膜表面而形成的细小液滴。

② 垂直下降管中的气-液两相流动结构。由图 6.71 可以看出，气液两相垂直下降流动时的细泡状流动结构和垂直上升流动时的细泡状流动结构不同，前者细泡集中在管子核心部分而后者则散布于整个管子截面上。当液相流量不变而使气相流量增大，则细泡将聚集成气弹，形成具有下降弹状流动结构的气液两相流。垂直下降气液两相流也可形成下降流动的环状流动结构。当气相及液相流量小时，管壁上有一层向下流动的液膜，管子中心为向下流动的气核，这种流动结构称为带下降液膜的环状流动结构。如液相流量增大，气泡将进入液膜，形成带含泡下降液膜的环状流动结构。当气液两相流量均增大时会出现向下流动的块状流动结构。当气相流量继续增大，气液两相流具有管壁上下降液膜，管中心部分为带液滴的下降气核的环状流动结构，这种环状流动结构与垂直上升气液两相流的环状结构相近，但流动方向相反。

③ 水平管中的气液两相流动结构。气液两相流体在水平管中流动结构比在垂直管中的更为复杂，其主要特点是所有流动结构均不是轴对称的，这主要是由于重力的影响使较重的液相偏向于沿管道下部流动造成。

试验研究表明，气液两相流在水平管中流动时，基本流动结构：细泡状流动结构、柱塞状流动结构、分层流动结构、波状流动结构、弹状流动结构和环状流动结构，如图 6.72 所示。由图可见，这些流动结构具有下列特点。

a.细泡状流动结构。水平管中的细泡流动结构和垂直管中的不同，由于重力的影响，细泡一般位于管子上部。

b.柱塞状流动结构。当气相流量增加时，小气泡合并成气塞，形成柱塞状流动结构。柱塞倾向于沿管子上部流动。

c.分层流动结构。当气液两相流量均小时会发生分层流动结构。此时气液两相之间存在一平滑分界面，气液两相分开流动。

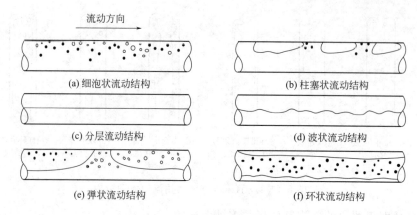

图 6.72　水平气液两相流的流动结构

d. 波状流动结构。当气相流量较大时，气液两相分界面上会出现流动波，形成波状流动结构。

e. 弹状流动结构。当气相流量再增大时，气液两相流的流动结构可以从波状转变为弹状流动结构。此时，气液分界面由于剧烈波动而在某些部位直接和管子上部接触，将位于管子上部的气相分隔为气弹，形成弹状流动结构。在水平流动时，气弹沿着管子上部流动。

f. 环状流动结构。在水平流动时，这种流动结构出现在气相流量较高的工况。水平流动的环状结构和垂直上升时环状流动结构相似，管壁上有液膜，管子中心为带液滴的气核，但水平流动时有重力作用影响，下部管壁的液膜要比上部管壁的厚。

6.10.2　多相流量测量方法

目前，多相流量方法大致上可分为 3 类：①采用传统的单相流仪表和多相流量测试模型组合的测量方法；②双（多）参数组合测量方法；③基于过程层析成像技术的测量方法。

（1）单相流量仪表和多相流量测试模型组合的测量方法

将成熟的单相流量仪表应用于多相流量测试中，这类应用一台单相流量计与两相流量模型组合测量两相流量成功的实例见表 6.17。

表 6.17　单相流量计与两相流量模型组合测量方法

单相流量计	测量两相流量的模型	应　用
差压式流量计	分相流模型 $$q_{\mathrm{m}} = \dfrac{\varepsilon a A_{\mathrm{o}} \sqrt{2g \Delta p_{\mathrm{T}} \rho_{\mathrm{g}}}}{x + 1.26(1-x)\varepsilon \sqrt{\dfrac{\rho_{\mathrm{g}}}{\rho_{\mathrm{l}}}}}$$ 均相流模型 $$q_{\mathrm{m}} = (1.56 - 0.56x)\alpha \varepsilon A_{\mathrm{o}} \sqrt{2g \Delta p_{\mathrm{T}} \rho_{\mathrm{m}}}$$ 式中　q_{m}——两相质量流量，kg/s； 　　　Δp_{T}——孔板前后两相流压降，Pa； 　　　x——气相质量流量含率； 　　　a——孔板流量系数； 　　　ε——气体压缩系数； 　　　A_{o}——孔板节流孔口面积，m^2； 　　　$\rho_{\mathrm{l}}, \rho_{\mathrm{g}}, \rho_{\mathrm{m}}$——流相、气相、混合密度，$\mathrm{kg/m}^3$	①两式理论计算与实验结果的均方根误差 ＜1% ②在温度 100～240℃气相质量流量含率 $x=1.0$ 时，两式误差为 0； $x=0.95$ 时，两式误差为 1.2%

单相流量计	测量两相流量的模型	应 用
涡轮流量计	考虑相间滑移速度的 Aya 模型 $$q_V=[1+\beta(s-1)]\frac{1+\sqrt{C_1Y}}{s+\sqrt{C_1Y}}q_{vt}$$ $$Y=\frac{\rho_l}{\rho_g}\left(\frac{\rho_m-\rho_g}{\rho_l-\rho_m}\right)$$ 式中 q_V——修正后的两相容积流量,m^3/s; q_{vt}——涡轮流量计指示的容积流量,m^3/s; β——分相容积流量含率; s——气液两相速度滑移比; C_1——常数	①当气相质量流量含率 $\alpha_g<5\%$,测量误差在精确度范围内 ②当气相质量流量含率 $\alpha_g>5\%$,测量误差为 20%,需修正
电磁流量计	导电相流速分布非轴对称修正模型 $$I_e=akv_1+b$$ $$a=0.976$$ $$b=0.2541$$ 式中 I_e——电磁流量计输出电流,A; v_1——液相(即导电相)平均流速,m/s; k——仪表常数	流相流速在 $0.5\sim6m/s$ 气相质量流量含率在 $0\sim0.65$ 范围内模型精确度 2%
科里奥利质量流量计	流量误差与含气率关系 $$e\%=-1.21\alpha_g\%$$ 式中 e——科里奥利流量计误差,$\%$; α_g——两相流中含气率	水输送砂粒液-固两相流系统,当固相质量流量含率在 $3\%\sim22\%$,U 形管科里奥利流量计测量误差仅 1% 但含气两相流中,气相质量流量含率 $\alpha_g=15\%$ 时测量误差已达 18%

（2）双（多）参数组合测量

双（多）参数组合测量是应用两种或多种仪表进行双（多）参数组合测量得到两相（多相）流量的测量方法。

双（多）参数组合测量原理：设有两个传感器 S_1 和 S_2，已知它们与质量流量的关系为

$$S_1=f_1(q_m,x)$$
$$S_1=f_2(q_m,x) \tag{6.152}$$

式中 q_m——两相质量流量;

x——分相质量流量含率。

两传感器与 q_m、x 的具体函数关系通过理论推导或实验测试来确定。解式（6.152）即可求得两相质量流量。

应用组分浓度仪表、速度仪表和动量通量仪表两两组合可测得两相质量流量；应用容积流量仪表和温度、压力仪表亦能组合测得气-液分相流量；应用容积流量仪表和密度计、导电率仪表组合也可测出含气煤浆的固相质量流量。

在两相流量测量中，通常分相质量流量含率 x 的测量是相当困难的。采用两种仪表组合应用，即两点关联的双参数组合测量方法，联解两个方程式，可在 x 未知的条件下得到质量流量。

例如基于 γ 射线动压探针组合，并结合归一化条件可求得三相混合物的各相比率，总流量通过相关技术求得，这样便可得到三相混合物中各相的体积流量。如果要测量质量流量，分别乘以各自的密度即可。

测量系统结构原理如图 6.73 所示。

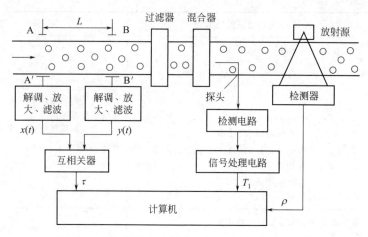

图 6.73　核子测定法测量三相流流量测量原理图

过滤器：用以防止固体颗粒损坏探头。

混合器：由于油、气、水三相流存在各种流型，如泡状流、塞状流、分层流、波状流、弹状流及环状流等，造成测量误差。为消除流型对测量的影响，利用混合器使测气、水多相流混合均匀，这样可认为管道内流体任何一点的流动情况相同。

动压检测法测量混合物中气相百分含量：利用流体因密度及黏度系数不同而产生的动压不同，通过压力传感器探测其动压以区分气体含量。

基本电路如图 6.74 所示。

基于 γ 射线检测器测出混合物的平均衰减系数：γ 射线检测器工作原理，如图 6.75 所示。

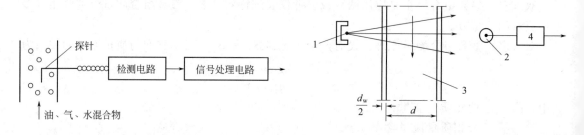

图 6.74　基本电路原理图　　　　　　　图 6.75　γ 射线检测器工作原理图

1—γ 放射源；2—核辐射探测器；3—被测流体；4—电子线路；

d_w—管道壁厚度，mm；d—管道内介质厚度，mm

γ 放射源和核辐射探测器分置于被测流体两侧，射线穿过管道及流体后射入核辐射探测器。基于所测得的射线强度即可求出流体的衰减系数。

强度为 I_0 的 γ 射线通过管道及其中的流体后强度将减弱为 I，I 值为

$$I = I_0 \exp\left(-\sum \mu_i d_i\right) = I_0 \exp\left[-\left(\frac{1}{2} d_w \mu_w + d \mu_m + \frac{1}{2} d_w \mu_w\right)\right] = I_0 \exp\left[-(d_w \mu_w + d \mu_m)\right]$$

(6.153)

式中　d_w，μ_w——分别为管道壁厚度和吸收系数；

d，μ_w——分别为管道内介质的厚度和吸收系数。

设管道中先充满吸收系数为μ_1、厚度为d的已知流体，则γ射线通过管道后的强度I_1为

$$I_1 = I_0 \exp[-(d_w\mu_w + d\mu_1)]$$

当管道中流过油、气、水三相混合物时，γ射线通过管道后的强度I_2为

$$I_2 = I_0 \exp[-(d_w\mu_w + d\mu_m)]$$

式中 μ_m——混合物的平均吸收系数。

由上述两式可得

$$\mu_m = \frac{\ln I_0 - \ln I_2 - d_w\mu_w}{\ln I_0 - \ln I_1 - d_w\mu_w}\mu_1 \tag{6.154}$$

由式(6.154)，d_w、μ_w、μ_1、I_0已知，通过测量的I及I_1，即可确定油、气、水三相混合物的平均吸收系数μ_m。

对于混合均匀的油、气、水三相流混合物，其平均衰减吸收系数μ_m可表示为

$$\mu_m = \alpha\mu_气 + \beta\mu_水 + \gamma\mu_油 \tag{6.155}$$

式中 α，β，γ——气、水、油的百分含量。

基于相关法测三相混合物的总流量

相关速度v_t的测量，系统图如图6.76所示。

设在被测管道上取控制截面A及B，两者相距为L。管内两相流中各相不可能混合十分均匀，由于所取两控制截面之间距离很短，可认为在该距离内流动时，两相流中各相含量的分布不变。如在管子截面A处传感器1测定两相中一相的含量随时间的变化曲线$x(t)$；截面B处传感器2测定同一相的含量随时间的变化曲线$y(t)$，并将$x(t)$和$y(t)$示于图6.77(a)[图6.77(a)中，横坐标为时间，纵坐标为被测一相的含量值]。曲线$x(t)$的峰值与曲线$y(t)$的峰值之间时间延迟τ_L应代表流体由A截面流到B截面所需的时间[见图6.77(b)]。测得流体流过距离L、该段管长的时间延迟τ_L后，即得两相流体的相关速度为

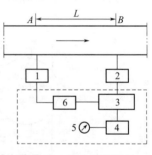

图6.76 相关速度测量
的系统框图

$$v_t = \frac{L}{\tau_L} \tag{6.156}$$

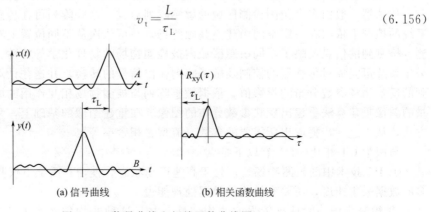

(a) 信号曲线 (b) 相关函数曲线

图6.77 信号曲线和相关函数曲线图

由 A 和 B 测得的某相含量信号曲线输入相关器进行相关计算以确定 τ_{L} 值。图 6.76 中，相关器由单元 6，3，4 和 5 组成。其中，5 为显示器，单元 6 将信号 $x(t)$ 转换为 $x(t-\tau)$，其中 τ 为延迟时间，τ 值根据需要可调节。单元 3 为乘法器，将信号 $x(t-\tau)$ 和 $y(t)$ 相乘；单元 4 为积分器，将上述乘积按一个周期 T 积分并取其平均值作为相关后的信号 $R_{\mathrm{xy}}(\tau)$，即

$$R_{\mathrm{xy}}(\tau) = \lim_{T \to \infty} \frac{1}{T} \int_0^T x(t-\tau)y(t)\mathrm{d}(t) \tag{6.157}$$

相关信号 $R_{\mathrm{xy}}(\tau)$ 和迁移时间 τ 的关系曲线示于图 6.77(b)。由图可见，当迁移时间 τ 等于 τ_{L} 值时，此曲线 $R_{\mathrm{xy}}(\tau)$ 取得最大值。

(3) 基于过程层析成像（PT）技术两相流测量

近年来发展起来的过程层析成像技术是一种非常有潜力的两相流/多相流检测手段，既可以利用该技术可视化以及非侵入特点进行在线监测、观察流型、计算相含率、也可以从它的直接测量信号中提取流型、相含率等相关信号。过程层析成像技术（Process tomography，简记 PT）是医学诊断中的 CT 技术与工业需求相结合的产物。自从 1972 年英国人 G. T. Hounsfield 研制成功第一台 CT 机不久，就有人试将 CT 技术移植到工业现场的多相流参数测量中来。

PT 技术经过多年的发展，已有多种不同原理的 PT 系统问世。该技术依据传感机理的不同可主要分为核 PT（X 射线、γ 射线和中子射线等）、核磁共振、光学、电学（电容、电阻、电磁和电荷感应等）、微波和超声等。应该指出的是，即使是同样的传感器，由于成像对象不同，需采用不同的信息处理方法，但它们的基本结构是类似的，如图 6.78 所示。

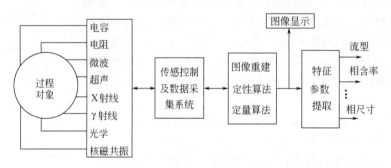

图 6.78　PT 系统结构框图

PT 系统主要分为传感器、传感器控制及数据采集系统、图像重建及处理计算机 3 部分。传感器一般由多个包围检测区域的敏感阵列组成。这些阵列可在传感器控制及数据采集系统的控制下依次在一定空间内建立其敏感场，并可依次从不同位置上对敏感场进行扫描检测。检测到的信息反映了不同敏感区域内被检测物场的物理化学等特性。传感器控制及数据采集系统可完成对传感器的控制及敏感阵列输出信号的转换，并送往计算机。计算机依据得到的反映物场参数分布的投影值，依据敏感阵列与被测物场相互作用的原理，使用定性或定量的图像重建算法重建出反映参数分布的图像。在重建图像的基础上，采用一定的信息处理方法，从中进一步提取出所需要的参数（流型、相含率等）。

与医学 CT 相比，PT 有以下特点。

① PT 技术中的被测物场往往处于高速运动状态，使 PT 系统不仅具有比医学 CT 高得多的数据采集速度，还要有快速的数据处理能力。

② 被测物场一般具有较强的非均匀性，并且这种非均匀性常处于变化中，难以校正，

此外，许多 PT 系统的灵敏场为"软场"，造成图像重建困难。

③ PT 系统中所能获得的投影数据有限，增加了图像重建的难度。

④ PT 技术中的传感器和数据采集系统需要安装在工业现场，这要求它不仅能与过程对象的几何、机械、物理特性相适应，而且还要适应恶劣的现场环境（电磁干扰、振动和电压波动等）。

这里以电容层析成像技术在气液两相流测量中的应用为例加以介绍。电容层析成像技术（Electrical Capacitance Tomography，简记 ECT）是 PT 技术中较早研究的一种技术，它利用多相介质具有不同的介电常数，通过电容传感器测量获得介电常数分布而得到介质的分布图像。一个 12 个电极的典型 ECT 系统如图 6.79 所示。

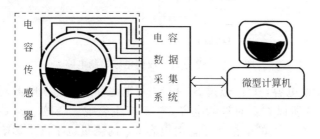

图 6.79　ECT 系统框图

该系统主要由电容传感器、电容数据采集系统和图像重建计算机三部分组成。电容传感器主要由绝缘管道、管道外壁上均匀布置的电极和屏蔽电极三部分组成。传感器将两相流体的分布转化为传感器的输出电容；数据采集系统则将这些电容转化为数字量并传送给计算机；计算机则依据一定的图像重建算法完成图像重建工作。

电容传感器的径向结构如图 6.80 所示。该传感器主要由绝缘管道、检测电极和屏蔽电极三部分构成。绝缘管道一般采用有机玻璃，一方面绝缘，同时也便于观察流体状态。检测电极由金属构成。屏蔽电极主要由屏蔽罩、径向电极和轴向屏蔽电极（该电极在图 6.80 中未示出）组成。

ECT 系统微弱电容的检测困难之处在于实时性要求高、测量动态范围大、抗杂散电容干扰和低漂移。根据上述要求，目前 ECT 中应用的电容检测系统按电容测量原理主要可分为电荷转移法和交流法。

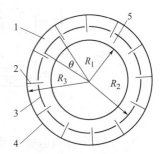

图 6.80　电容传感器的
径向结构
1—填充材料；2—径向电极；
3—检测电极；4—屏蔽罩；
5—绝缘管道

图 6.81 所示为差分式充放电电容检测电路。图中 $S_1 \sim S_4$ 是 CMOS 模拟开关，它们的通断受频率为 f 的时钟信号控制，S_1 和 S_2 同步，S_3 和 S_4 同步。首先是 S_1 和 S_2 闭合，将被测电容 C_X 充电至 $+V_C$，然后断开，而 S_3 和 S_4 跟着闭合，将电容放电。在频率为 f 的时钟信号控制下，周期性地对被测电容进行充放电，在充电的半个周期，开关 S_1 和 S_2 关闭，S_3 和 S_4 断开，有电荷 $Q_1 = V_C C_X$ 经放大器 A_1 充到电容 C_X 上，并且流入放大器 A_1 一个小的平均电流 $I_1 = f Q_1 = f V_C C_X$，放大器 A_1 上的平均输出电压 $V_1 = -I_1 R_f = -f V_C C_X R_f$；开关 S_1 和 S_2 断开，S_3 和 S_4 闭合的半个周期是放电周期，C_X 经过放大器 A_2 进行放电，则 A_2 的平均输出电压 $V_2 = f V_C C_X R_f$，电压 V_1 和 V_2 在放大器 A_3 中合成得到一个输出电压 V_o，即

$$V_o = 2 f V_C C_X R_f \tag{6.158}$$

由式(6.158)可知，在电路中保持 f，V_C，R_f 不变的情况下，输出电压 V_o 是一个正比

于被测电容 C_X 的直流信号。

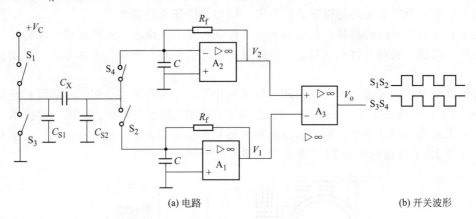

(a) 电路　　　　　　　　　　　　　　　(b) 开关波形

图 6.81　差分式充放电电容检测电路

C_{S1} 和 C_{S2} 为杂散电容，C_{S1} 通过 S_1 和 S_3 与电源和地相连，电源对它进行充放电电流不流经被测电容 C_X，所以 C_{S1} 对被测电容 C_X 不产生影响。杂散电容 C_{S2} 通过两个放大器始终保持虚地，所以 C_{S2} 上的电位为零，对电容 C_X 的测量也不产生影响，因而这个电路有抗杂散电容性能。

图 6.82 是典型的 12 电极 ECT 数据采集系统结构图。

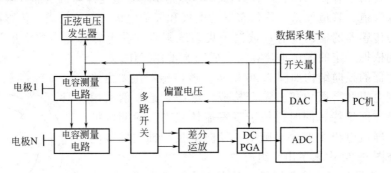

图 6.82　ECT 系统结构框图

图 6.82 中阵列电极将管道中被测介质的相分布转化为不同电极对之间的电容值，通过电容测量电路进行测量并得到与其成比例的直流信号。由于图像重建需要的是一个动态信号，因此需要将空管电容值从所测信号中平衡对消，系统中补偿信号由数据采集卡的一个12 位数模转换器产生。各自独立的并行电容测量电路产生的直流测量信号经多路开关选择后同上述直流补偿信号一并进入差分运放。直流可编程增益放大器满足不同电容变化量的测量要求。数据采集卡采集电压信号送至 PC 机，PC 机将采集到的电压数据转化为一定的投影数据，并由图像重建单位进行图像重建，通过 CRT 进行显示。

图 6.83 是鼓泡塔气液两相流实验装置。鼓泡塔内径 10cm，高为 100cm。其中，空气作为气相，有机液体（石蜡油）作为液相。电容敏感阵列电极（ECT1，ECT2）构成双截面敏感系统，可实现相关流速测量。

电容层析成像系统对管截面上两相介质空间浓度分布的成像过程实际上是对管截面上介电常数分布的重建过程。由于 ECT 传感器灵敏场为软场，且投影数据较少，因而图像重建具有病态性。目前，有许多不同的算法：如线性反投影法（Linear Back Projection，简记LBP）、模型重建法（Model-based Reconstruction，简记 MOR）、神经网络法、迭代线性反

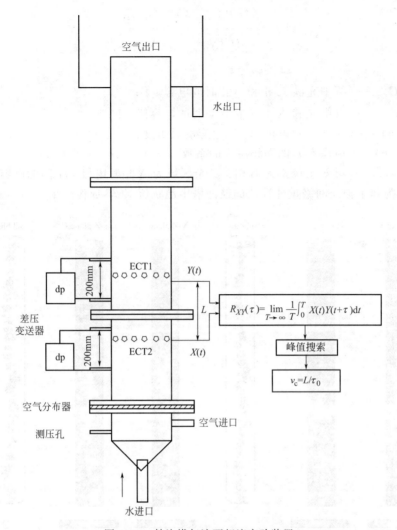

图 6.83　鼓泡塔气液两相流实验装置

投影法等。其中，LBP 虽然是一种精度不高的定性图像重建算法，但该方法具有计算量小、速度快的优点，因而仍然得到了广泛的应用。

LBP 算法基于描述介质分布与电容测量值关系的灵敏场模型。

$$C_{i,j} = \iint\limits_{D} \varepsilon(x,y) S_{i,j}\big[x,y,\varepsilon(x,y)\big] \mathrm{d}x\,\mathrm{d}y \tag{6.159}$$

式中　　　　　$C_{i,j}$——电极 i,j 间的电容，F；

$S_{i,j}\big[x,y,\varepsilon(x,y)\big]$——电极 i,j 间的电容在管截面分布为 $\varepsilon(x,y)$ 时对点 (x,y) 的灵敏度。

设介质分布的变化对灵敏场的影响可忽略，若被成像介质为 A，B，且 $\varepsilon_A < \varepsilon_B$，电极数为 n，则重建图像中第 k 个像素的灰度 $g(k)$ 可表示为

$$g(k) = \frac{\displaystyle\sum_{i=1}^{n-1}\sum_{j=i+1}^{n} \frac{C_{i,j}^m - C_{i,j}^e}{C_{i,j}^f - C_{i,j}^e} S_{i,j}(k)}{\displaystyle\sum_{i=1}^{n-1}\sum_{j=i+1}^{n} S_{i,j}(k)} \tag{6.160}$$

$$S_{i,j}(k) = \frac{\mu(k)\left[C_{i,j}(k) - C_{i,j}^e\right]}{(C_{i,j}^f - C_{i,j}^e)\Delta\varepsilon} \tag{6.161}$$

$$\Delta\varepsilon = \varepsilon_A - \varepsilon_B$$

式中　$C_{i,j}^e$，$C_{i,j}^f$——管中充满 A 相和 B 相时的电容，F；

$C_{i,j}^m$——管中充满 A，B 两相介质时的电容值，F；

$S_{i,j}(k)$——像素 k 对电极 i,j 间电容的灵敏度；

$\mu(k)$——由像素 k 的面积决定的系数。

$C_{i,j}(k)$——第 k 个像素为 B 相，其余区域为 A 相时电极 i,j 间的电容，F。

图 6.84 为基于神经网络重建算法的鼓泡塔中泡状流 ECT 成像结果。

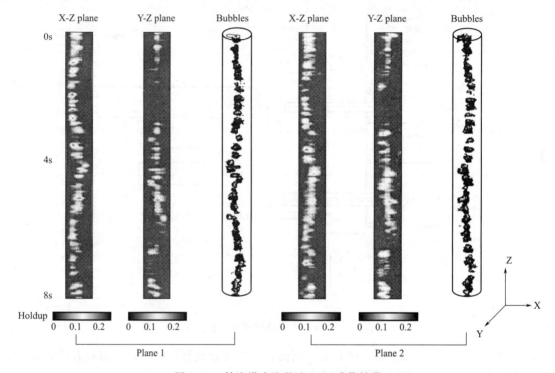

图 6.84　鼓泡塔中泡状流 ECT 成像结果

如图 6.83 所示，管道上沿其轴线方向设置两个相距为 L 的传感器 ECT1 和 ECT2，它们分别测量的随机流动噪声信号 $X(t)$ 和 $Y(t)$，当被测流体在管道中稳定流动时，随机流动噪声信号 $X(t)$，$Y(t)$ 可以分别看作是符合各态历经平稳随机过程$|X(t)|$和$|Y(t)|$的两个样本函数，则这两个随机流动噪声信号 $X(t)$ 和 $Y(t)$ 是相似的。

计算出 $X(t)$ 和 $Y(t)$ 的互相关函数 $R_{XY}(\tau)$ 为

$$R_{XY}(\tau) = \lim_{T\to\infty}\frac{1}{T}\int_0^T X(t)Y(t+\tau)\mathrm{d}t \tag{6.162}$$

式中，T 为观测时间，则根据 $R_{XY}(\tau)$ 的峰值位置所对应的时间 τ_0 便可以估算出气泡的相关流速 v_c 为

$$v_c = L/\tau_0 \tag{6.163}$$

6.11 流量标准装置

为了得到准确的流量值，必须充分了解流量计的原理、结构和现场情况，正确地使用和维护。并且，还必须对流量计定期进行校验，以保证计量的准确度。下面介绍几种用于检定流量仪表的流量标准装置。

6.11.1 液体流量标准装置

液体流量标准装置有称量法、容积法和堰槽法。称量法是测量质量流量，后两种是测量体积流量。这里主要介绍容积法和称量法。按介质的状态又可分为静态法和动态法。

(1) 静态容积法

静态容积法液体流量标准装置由水源、流量稳压装置、试验管道、换向器和标准工作容器等部分组成。其中流量稳压装置有高位水槽法和气液容器稳压法两种。其工作流程如图 6.85 所示。

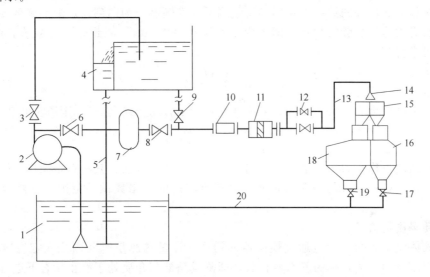

图 6.85　静态容积法液体流量装置工作流程

1—水池；2—水泵；3—闸阀；4—水塔；5—溢流管；6,8,9—阀门；7—稳压容器；10—被检
流量计；11—夹表器（伸缩器）；12—流量调节阀；13—背压管路；14—喷嘴；15—换向器；
16,18—标准容器；17,19—标准容器放水阀；20—回流管

水泵 2 通过吸入头将水池 1 中的流体经闸阀 3 及上水管道送至几十米高的高位水槽 4（水塔），进行稳压。在维持压头不变的条件下，一部分流体经阀门 9 进入实验管道，多余的流体经管道 5 溢流回到水池。进入实验管道的流体经上游直管段及被检流量计 10、下游直管段、夹表器（伸缩器）11、流量调节阀 12 和背压管路 13，由喷嘴 14 流出，并根据检定要求由换向器 15 将流体切入标准容器 16 或 18。在检定过程中，一个容器是作为计量用的标准工作量器，另一个是作为切换流体的通道。标准容器放水阀 17 和 19 分别为两个容器的放水阀，将试验流体经回流管 20 送回水池。

标准容器的缩径部分装有玻璃管显示液位。可根据液位计算出流体的体积。在检定开始之前，换向器将流体切入作为通道用的标准容器（如容器 16），并打开标准容器放水阀 17。调整流量调节阀 12 使之处于欲测之流量稳定流动。将作为标准容器 18 中的流体放净并关闭放水阀 19。开始检定计量时，换向器将流体切入标准容器 18，并同时开始计时，当量器内

的流体到达预计液位时，换向器将流体切入标准容器 16 流通，并同时停止计时。这样，便可由量器内的流体体积 $V(\text{m}^3)$，流入时间 $t(\text{s})$，计算出体积流量。

$$q_{\text{v}} = \frac{V}{t} \quad (\text{m}^3/\text{s}) \tag{6.164}$$

当水温在规定条件（20±5）℃以外时，要对标准量器体积进行修正。即

$$V_T = V_{20}[1 + \beta(T - 20)] \tag{6.165}$$

式中　V_T——在 T℃时的工作量器容积，m^3；

　　　V_{20}——在 20℃时工作量器容积，m^3；

　　　β——工作量器体积膨胀系数，℃$^{-1}$；

　　　T——使用时工作量器中的水温，℃。

静态容积法液体流量标准装置的准确度等级为 0.05，0.10，0.20 和 0.50 四个等级。

流量标准装置水源的水质要清洁，每升水含杂质不能超过 0.02mL。

由流量 q_{v} 与压头 h 的关系 $q_{\text{v}} = \alpha A \sqrt{2gh}$ 可知，泵的供水量和流体的压头高度决定了被检流量的量程，而压头的波动直接影响流量测量的准确度。为达到检定的准确度要求，试验流体的压头必须达到足够的稳定，即要限制其波动范围 Δh 不能超过一定数值。由 q_{v} 与 h 的关系式可求得

$$\Delta h = \frac{\Delta q_{\text{v}}}{q_{\text{v}}} 2h \tag{6.166}$$

如果压头高度为 $h = 36000\text{mm}$，要求变化量为 $\Delta q_{\text{v}}/q_{\text{v}} = 0.02\%$，则压头波动不能超过

$$\Delta h = \frac{0.02 \times 2}{100} \times 36000 = 14.4\text{mm}$$

水塔稳压法也称重力稳压法，是目前应用比较广泛的方法，其特点是操作方便，效果较好。但是，由流量和压头的关系式可知，要想有较高的雷诺数试验范围，需要建造较高的水塔。

（2）动态质量法

上述液体流量标准装置是通过换向器的切换、计量在测量时间内流入定容容积的流体量，以求得流量的方法，称为静态容积法，即测量是被测介质处于静止状态下进行的。如果是用衡器称量流体质量，则称为静态质量法。

常用的动态容积法和动态质量法流量标准装置是流体直接流入容器，计量在测量时间内流入计量器的流体量，以求得流量的方法，即流体在流动过程中进行计量的方法称为动态测量法。图 6.86 所示为动态质量法液体流量标准装置的流程。

试验开始时快速关闭放水阀，称量容器内的液位上升，当达到第一预定量值时，计时开始，当达到第二预定量值时，停止计时，这样便可以由计量时间和在此时间内量器收集到的流体质量求出质量流量。

静态质量法与动态质量法两种装置相比较，静态质量法装置准确度高，可达±0.05%～0.1%，而后者的准确度为±0.2%～0.4%。静态法可以消除流体的剩余动能的影响，并且流体是静止的计量，与管路系统没有任何机械联系。如果用质量法，则可以使用准确度很高的天平和标准秤等。其缺点是换向器往返时间难于调到相等，会产生系统误差。动态法的特点是快速方便，用于低流速时，动态称量系统能获得很高的准确性和重复性。其缺点是流体进入称量容器时，流体的动能会有冲击力。从使用现场看静态测量法是断续的，耗费时间，不易实现自动化，其优点是可将储运与测量结合起来，如铁路的油罐车等。动态测量法的特点是测量过程是连续的，可以定量输送，易于实现测量和输送自动化，效率高。

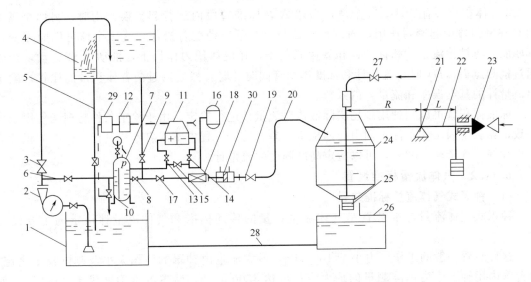

图 6.86 动态质量法液体流量标准装置的流程

1—水池；2—水泵；3,6,8,9,17—截止阀；4—水塔；5—溢流管；7—稳压容器；10—调节阀门；
11—差压变送器；12—电动调节器；13,14—差压计正、负压阀；15—差压变送器平衡阀；16—比对
容器；18—被检流量计；19—流量调节阀；20—背压管路；21—秤支点；22—秤右臂；
23—脉冲信号发生器；24—称量容器；25—放水阀；26—储液槽；
27—气动阀；28—回流管；29—电气转换器；30—伸缩器

(3) 标准体积法

用标准体积管作为流量标准装置的原理，可以视为一个置换器（球或活塞）在标准的管段内运行，把两个固定的检测点之间的液体体积作为标准体积，检测出置换器在两个检测点之间的运行时间便可以计算出流量值。

标准体积管有多种类型，其最基本的有 3 个组成部分：两个检测开关之间的基准管；安装在基准管进出口的检测开关及发讯器；在标准体积管中起置换、发讯、密封和清管作用的置换器。图 6.87 所示为 3 球无阀式单向标准体积管的工作原理。

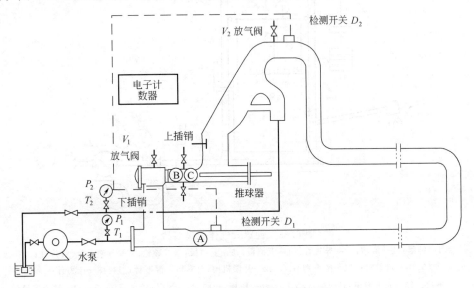

图 6.87 3 球无阀式单向标准体积管

3 球体积管共有 A,B,C3 个球,当球 A 在标准管段内运行起置换作用时,另两个球 B 和 C 在密封段中起密封作用,通过推球器与上、下插销配合操作,这 3 个球可以顺序变化其职能。将被检流量计和标准体积管串联起来,在流体压力作用下,推动 A 球运动,当球通过检测点 D_1,D_2 时,流量计和标准体积管同时计时,然后通过两者体积量的比较,确定出流量计的基本误差和流量计的系数。

标准体积管可以做到用现场实际液体对流量计进行检定,由于检定条件与现场使用条件一致,克服了因工作条件不同引起的检定误差,检定过程中不需启停流量计。标准体积管的复现性好,优于 ±0.02%,可以检定高准确度的流量计。

6.11.2 气体流量标准装置

(1) 钟罩式气体流量标准装置

钟罩式气体流量标准装置是气体流量计量的传递标准和气体流量计检定的主要设备之一。

这种装置一般的工作压力小于 10000Pa,最大流量由钟罩的体积大小及测试技术决定,目前国内用钟罩作为标准测量的最大流量可达 4500m³/h,装置的准确度优于 ±0.5%。如果环境条件控制好,如温度控制在 (20±1)℃,则准确度可达 ±(0.05~0.2)%。

① 装置结构。钟罩式气体流量标准装置结构如图 6.88 所示。钟罩 1 是一个上部有顶盖,下部开口的容器,液槽 2 内盛满水或不易挥发的油。有的钟罩在液槽底部焊接一个圆筒形开口容器,称为"干槽"。由于液封的作用,使钟罩内成为一个密封容器,导气管 3 插入钟罩 1 内,顶端露出液面,其高度以钟罩下降到最低点时不碰到钟罩顶盖为宜。为避免钟罩下降时晃动,钟罩两边和钟罩内下部装有导轮 6 及立柱上的导轨 7,导轮沿着导轨 7 和导气管 3 滚动。钟罩上部系有钢丝绳或柔绳,通过定滑轮 9,10。配重物 11 可调整钟罩内压力,补偿机构 12 用以当钟罩下降时补偿液槽内液体对钟罩产生的浮力,使钟罩内压力保持恒定。温度计 13 和压力计 14 分别测量钟罩内气体温度和压力。标尺 15 上装有下挡板 4 和上挡板 5,两挡板之间为一定的容积,液槽边缘装有光电发讯器 16 与计时器连动,温度计 17 及压

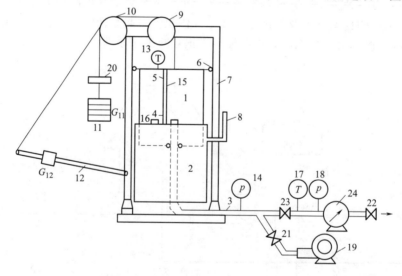

图 6.88 钟罩式气体流量装置

1—钟罩;2—液槽;3—导气管;4—下挡板;5—上挡板;6—导轮;7—导轨;8—液位计;
9,10—定滑轮;11—配重物 G_{11};12—补偿机构;13,17—温度计;14,18—压力计;
15—标尺;16—光电发讯器;19—鼓风机;20—压板;21,23—阀门;22—调节阀;24—被检流量计

力计 18 分别测量被检流量计的温度和压力。鼓风机 19 用以向钟罩内充气,使钟罩上升。压板 20,阀门 21,22 以及液位计 8 用以固定钟罩,向钟罩鼓风和调流用。

② 工作原理。打开阀门 21,关闭阀门 23,开动鼓风机(也可用压板 20),空气通过导气管进入钟罩 1,使钟罩上升,当钟罩上升到最高位置时,即下挡板露出一段距离以后,鼓风机停止送风,关闭阀门 21。停一段时间,待钟罩内气体温度稳定后,开始检定流量计。打开阀门 23 和 22,钟罩式气体流量标准装置本身是一个恒压源并给出标准容积的装置。

该装置利用钟罩本身的重量超过配重物及其他重力并为一个常数,该常数确定了钟罩内的压力。补偿机构 12 用以克服浮力的影响,使该常数不随钟罩浸入水中的深度而改变钟罩内压力,保证了流量的稳定性。打开阀门 23 和调节阀 22,钟罩以一定速下降,钟罩内气体通过导气管经被检定的流量计流入大气。当下挡板 4 遮住光电发讯器时,计时器开始计时,被检流量计同时开始计数,钟罩继续下降。当上挡板 5 遮住光电发讯器时,计时器停止计时,被检流量计同时开始计数。记下 13、14 钟罩内的温度值 t_B 和压力值 p_B,以及 17、18 流量计前的温度值 t_m、压力值 p_m 和大气压力 p_a。两挡板之间的钟罩容积 V_B 事先已标定过。

通过检定中的各个参数,可计算出被检流量计的相对误差,即实际经过被检流量计的体积流量为

$$q_v = \frac{V_m}{t} \tag{6.167}$$

式中　V_m——经过流量计时的体积。

根据理想气体方程

$$p = \rho R T Z \tag{6.168}$$

及

$$V_m = V_B \frac{\rho_B}{\rho_m} \tag{6.169}$$

可得

$$q_v = \frac{V_m}{t} = \frac{V_B \rho_B}{t \rho_m} = \frac{V_B p_B T_m Z_m}{t p_m T_B Z_B} \tag{6.170}$$

式中　V_B——钟罩所给出的容积,m^3;

　　　t——测量时间,s;

　p_B, p_m——钟罩内和流量计前的绝对压力,Pa;

　T_B, T_m——钟罩内和流量计前的热力学温度,K;

　ρ_B, ρ_m——钟罩内和流量计前气体密度,kg/m^3;

　Z_B, Z_m——钟罩内和流量计前气体的压缩系数。

设被检流量计的流量指示值为 q_v',则流量计示值的相对误差为

$$\delta = \frac{q_v' - q_v}{q_v} \times 100\%$$

(2) 临界流喷嘴法气体流量标准装置

钟罩式气体流量标准装置只能用于低压力和低压损的气体流量计的检定。而临界流喷嘴可以测量较高工作压力和较大流量的气体流量,因而可以利用临界流喷嘴建立气体的流量标准装置,实际上是以喷嘴作为标准表的一种标准表法的流量标准装置。国际标准化组织(ISO)已正式颁布了用文丘里喷嘴测量气体流量的国际标准 ISO 9300。

对于中、高压和大流量气体流量计的检定，临界流喷嘴装置具有明显的优势。它具有结构简单、性能稳定、体积小、准确度高和使用方便等优点。准确度可达 0.2％～0.5％。压力比随喷嘴结构形式不同而不同，对于空气，喷嘴的临界压力比为 0.528，文丘里喷嘴的压力比又因扩大管的长度不同而不同，最大可达 0.9。

临界流喷嘴法气体流量标准装置因气源所处位置不同，可分为负压检定系统和正压检定系统。负压检定系统的气源位于装置的排出端，动力机械为真空泵。正压检定系统的气源位于装置的进气端，动力机械为空气压缩机。两种系统的工作原理相同。图 6.89 所示为负压法系统。

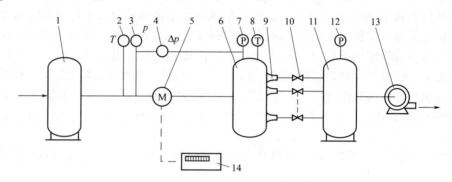

图 6.89　临界流喷嘴法气体流量标准装置（负压法）系统
1—干燥过滤器；2,8—温度计；3,7,12—真空表；4—差压计；
5—被检流量计；6—滞止腔；9—音速喷嘴；10—阀门；
11—真空罐；13—真空泵；14—计时器

如图所示，首先在关闭各喷嘴控制阀的条件下，启动真空泵，将真空罐内的空气抽出，当压力下降到几百帕时，停止真空泵。然后打开所选喷嘴的控制阀，被检流量计运转，在真空罐 11 和滞止腔 6（即喷嘴前后）的压力比不超过临界压力比的条件下，读取并记录被检流量计和滞止腔内的温度和压力等有关数据。

本章小结

迄今为止可用于工业生产中的流量计有 60 多种，其中差压式流量计是目前用得最多的一种流量仪表，其性能稳定、结构牢固、便于规模生产，但同时也存在测量精度值偏低等缺点。电磁流量计则是主要用于测量导电液体体积流量的流量仪表，由于它属于非接触性仪表，而且具有反应速度快、测量范围宽等优点，所以目前它的应用比较广泛。此外还有其他多种流量仪表在实际生产过程中得到了应用，如转子流量计、涡轮流量计、涡街流量计和超声流量计等。

每种流量仪表均有自己的优点和局限性，在实际测量中应明确测量要求，充分了解被测介质的特性和测量条件，如流体的黏度、密度、组分等，外界条件的温度、压力等，在此基础上选择合适的流量仪表；不仅要了解选用仪表的测量原理和性能、参数等，还需要了解它的安装、使用、维护等过程中所需的一些基本技能。

目前有许多流量测量问题，如脉动流的测量，高温高压、真空条件下的测量等，有待进一步研究和探索，使整个流量仪表在现有的基础上更加完善。

此外，本章还介绍了多相流的测试技术，目前该技术发展较快，引起各国科技工作者广泛重视。虽然该技术尚在发展中，但读者应注意学习、跟踪该技术的研究和应用进展。

思考题与习题

6.1　什么是流量和总量？有哪几种表示方法？它们之间的相互关系是什么？

6.2　说明流量测量仪表是如何分类的。

6.3　简述椭圆齿轮流量计如何实现测量的。

6.4　浮子式流量计与差压式流量计测量原理有何异同之处？

6.5　简述涡轮流量计的组成及其测量原理。

6.6　旋涡流量计的检测原理是什么？其涡频的检测方法有哪些？

6.7　简述电磁流量计的工作原理及特点。

6.8　超声流量计特点是什么？其测量流体流速的方法有几种？

6.9　说明差压式流量计的组成环节及其作用。

6.10　采用标准节流装置测流量时，被测流体应满足的测量条件是什么？

6.11　质量流量的测量方法是如何分类的？

6.12　相关法测量气液两相流的原理是什么？测量系统由哪些部分组成？其作用是什么？

6.13　简述电容层析成像技术是如何完成被测介质图像重建的。

6.14　流量校验标准装置是如何分类的？目前常用的液体、气体校验装置有哪些？

6.15　椭圆齿轮流量计的半月形空腔体积为 0.5L，今要求机械计数器齿轮每转一周跳一个字代表 100L，试问：传动系统的减速比为多少？

6.16　检定一台涡轮流量变送器，当流过 $16.05m^3$ 流体时，测得输出 41701 个脉冲，求其仪表流量系数。

6.17　某转子流量计用标准状态下的水进行标定，量程范围为 100～1000L/h，转子材质为不锈钢（密度为 $7.90g/cm^3$），现用来测量密度为 $0.791g/cm^3$ 的甲醇，问：

(1) 体积流量密度校正系数是多少？

(2) 流量计测甲醇的量程范围是多少？

6.18　用差压变送器与标准节流装置配套测量管道介质流量。若差压变送器量程为 $0～10^4Pa$，对应输出信号为 0～10mA,DC，相应流量为 $0～320m^3/h$。求：差压变送器输出信号为 6mA 时，对应的差压值及流量值各是多少？

6.19　用电磁流量计测某导电介质流量，已知测量管直径 $D=240mm$，容积流量 $q_v=450m^3/h$，磁感应强度 $B=0.01T$，求：检测电极上产生的电动势是多少？

6.20　用孔板测气体流量，给定设计参数为 $p=0.8kPa,t=20℃$，而实际工作参数为 $p_1=0.5kPa$，$t_1=40℃$ 现场仪表指示 $3800m^3/h$，求实际流量。

7 物 位 测 量

物位是指存放在容器或工业设备中物质的高度或位置。如液体介质液面的高低称为液位；液体-液体或液体-固体的分界面称为界位；固体粉末或颗粒状物质的堆积高度称为料位。液位、界位及料位的测量统称为物位测量。

物位测量的目的在于正确地测量容器或设备中储藏物质的容量或质量。它不仅是物料消耗量或产量计量的参数，也是保证连续生产和设备安全的重要参数。特别是现代化工业生产过程中生产规模大、反应速度快，常会遇到高温、高压、易燃易爆、强腐蚀性或黏性大等多种情况，对于物位的自动检测和控制更是至关重要。

测量液位、界位或料位的仪表称为物位计。根据测量对象不同，可分为液位计、界位计及料位计。为满足生产过程中各种不同条件和要求的物位测量，物位计的种类很多，测量方法也各不相同。

在进行物位测量之前，必须充分了解物位测量的工艺特点，其特点可分为以下几个方面。

(1) 液面测量的工艺特点

① 液面是一个规则的表面，但当物料流进流出时，会有波浪，或在生产过程中出现沸腾或起泡沫的现象。

② 大型容器中常会出现液体各处温度、密度和黏度等物理量不均匀的现象。

③ 容器中常会有高温高压，液体黏度很大，或含有大量杂质悬浮物等。

(2) 料位测量的工艺特点

① 物料自然堆积时，有堆积倾斜角，导致料面不平。物料进出时，又存在着滞留区，部分物料"挂"在容器出口的边缘，影响着物位最低位置的准确测量。

② 储仓或料斗中，物料内部存在大的孔隙，或粉料之中存在小孔隙，前者影响对物料储量的计算，而后者则在振动、压力或湿度变化时使物位也随之变化。

界位测量中最常见的问题是界面位置不明显，浑浊段的存在影响准确测量。

7.1 浮力式液位测量

7.1.1 测量原理

浮力式液位测量是应用浮力原理测量液位的。它利用漂浮于液面上的浮子升降位移反映液位的变化；或利用浮子浮力随液位浸没高度而变化。前者称为恒浮力法，后者称为变浮力法。

(1) 恒浮力法液位测量

测量原理如图 7.1(a) 所示，将浮子 1 由绳索经滑轮 2 与容器外的平衡重物 3 相连，利用浮子所受重力和浮力之差与平衡重物的重力相平衡，使浮子漂浮在液面上。则平衡关系为

$$W - F = G \tag{7.1}$$

式中　W——浮子所受重力，N；

　　　F——浮子所受浮力，N；

　　　G——平衡重物的重力，N。

一般使浮子浸没一半时，满足上述平衡关系。当液位上升时，浮子被浸没的体积增加，因此浮子所受浮力 F 增加，则 $W-F<G$，使原有平衡关系破坏，则平衡重物会使浮子向上移动。直到重新满足平衡关系为止，浮子停留在新的液位高度上；反之亦然。因而实现了浮子对液位的跟踪。若忽略绳索的重力影响，由式 (7.1) 可见，W 和 G 可认为是常数，因此浮子停留在任何高度的液面上时，F 的值也应为常数，故称此方法为恒浮力法。这种方法实质上是通过浮子把液位的变化转换为机械位移的变化。

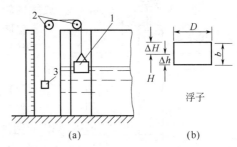

图 7.1　恒浮力法测量液位原理示意
1—浮子；2—滑轮；3—平衡重物

如图 7.1(b) 所示，设浮子为扁圆柱形，其直径为 D、高度为 b、重量为 W，浮子浸没在液体中部分高度为 Δh，液体介质密度为 ρ，液面高度为 H。

现在单独分析浮子因受浮力漂浮在液面上的情况，当它受的浮力 F 与本身的重量 W 相等时，浮子平衡在某个位置上，此时

$$W = \frac{\pi D^2}{4}\Delta h \rho g$$

则
$$\Delta h = \frac{4W}{\pi D^2 \rho g} \tag{7.2}$$

当液面 H 变化时，浮子随之上升，Δh 应不变化才能准确地测量。由式(7.2) 可见，由于温度或成分变化会引起介质密度变化，或由于黏性液体的黏附，腐蚀性液体的浸蚀以致改变浮子的重量或直径，这些都会引起测量误差。

当液位变化一个 ΔH 时，浮子沉浸在液体中的部分变大，浮力增加，原来的平衡关系被破坏，浮子上浮，其浮力变化 ΔF 为

$$\Delta F = \frac{\pi D^2}{4}\Delta H \rho g \tag{7.3}$$

浮子随液位变化而上下浮动的原因是浮力的变化 ΔF，只有在浮力 ΔF 大到能够使浮子动作时，才能反映出液位的变化。

由于仪表各部分具有摩擦，所以只当浮力变化 ΔF 达到一定数值 $\Delta F'$，能克服摩擦时，浮子才开始动作，这便是仪表产生不灵敏区的原因。$\dfrac{\Delta H}{\Delta F'}$ 表示液位计的不灵敏区，$\Delta F'$ 为浮子开始移动时的浮力

$$\frac{\Delta H}{\Delta F'} = \frac{4}{\pi D^2 \rho g} \tag{7.4}$$

由式(7.4) 可知，在设计浮子时，适当地增加浮子的直径 D，可有效地减小仪表的不灵敏区，提高仪表的测量精度。

应根据使用条件和使用要求来设计浮子的形状和结构，图 7.2 所示为三种不同形状的浮子。

扁平形浮子做成大直径空心扁圆盘形，不灵敏区较小，可小到十分之几毫米，测量精度高。因此，它可测量重度较小的介质液位。对高频小变化的波浪，其抗波浪

(a) 扁平形浮子　　(b) 扁圆柱形浮子　　(c) 高圆柱形浮子

图 7.2　三种不同形状的浮子

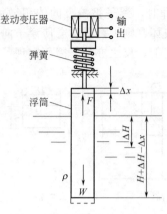

图 7.3 变浮力法液位测量原理

性也高。但对液面的大波动则比较敏感，易随之漂动。

高圆柱形浮子的高度大、直径小，所以抗波浪性也好，但对液面变动不敏感，因此用它制成的液位计精度差，不灵敏区较大。

扁圆柱形浮子的抗波浪性和不灵敏区在上述两者之间，由于其结构简单，易于加工制作，在实际工作中被大量采用。

（2）变浮力法液位测量

其测量原理如图 7.3 所示，将一个截面相同、重量为 W 的圆筒形金属浮筒悬挂在弹簧上，浮筒的重力被弹簧的弹性力所平衡。当浮筒的一部分被液体浸没时，由于受到液体的浮力作用而使浮筒向上移动，当与弹性力达到平衡时，浮筒停止移动，此时满足如下关系。

$$cx = W - AH\rho g \tag{7.5}$$

式中　c——弹簧刚度，N/m；

　　　x——弹簧压缩位移，m；

　　　A——浮筒的截面积，m^2；

　　　H——浮筒被液体浸没的高度，m；

　　　ρ——被测液体密度，kg/m^3；

　　　g——重力加速度，m/s^2。

当液位变化时，由于浮筒所受浮力发生变化，浮筒的位置也要发生变化。如液位升高 ΔH，则浮筒要向上移动 Δx，此时的平衡关系为

$$c(x - \Delta x) = W - A(H + \Delta H - \Delta x)\rho g \tag{7.6}$$

式（7.5）减式（7.6）便得到

$$c\Delta x = A\rho g(\Delta H - \Delta x)$$

$$\Delta x = \frac{A\rho g}{c + A\rho g}\Delta H = K\Delta H \tag{7.7}$$

由式（7.7）可知，浮筒产生的位移 Δx 与液位变化 ΔH 成比例。如图 7.3 所示，在浮筒的连杆上安装一个铁心，通过差动变压器便可以输出相应的电信号，显示出液位的数值。

综上所述，变浮力法测量液位是通过检测元件把液位的变化转换为力的变化，然后再将力的变化转换为机械位移，并通过位移传感器再转换成电信号，以便进行远传和显示。

7.1.2　恒浮力式液位计

（1）浮球式液位计

如图 7.4 所示，浮球 1 是由金属（一般为不锈钢）制成的空心球。它通过连杆 2 与转动轴 3 相连，转动轴 3 的另一端与容器外侧的杠杆 5 相连，并在杠杆上加上平衡重物 4，组成以转动轴 3 为支点的杠杆力矩平衡系统。一般要求浮球的一半浸没于液体之中时，系统满足力矩平衡，可调整平衡重物的位置或质量实现上述要求。当液位升高时，浮球被浸没的体积增加，所受浮力增加，破坏了原有的力矩平衡状态，平衡重物使杠杆 5 做顺时针方向转动，浮球位置抬高，直到浮球的一半浸没在液体中时，重新恢复杠杆的力矩平衡为止，浮球停留在新的平衡位置上。平衡关系式为

$$(W - F)l_1 = Gl_2 \tag{7.8}$$

式中　W——浮球的重力，N；

F——浮球所受的浮力，N；

G——平衡重物的重力，N；

l_1——转动轴到浮球的垂直距离，m；

l_2——转动轴到重物中心的垂直距离，m。

如果在转动轴的外侧安装一个指针，便可以由输出的角位移指示液位的高低。还可以采用其他方式将此位移转换成标准信号进行远传。

浮球式液位计常用于温度、黏度较高而压力不太高的密闭容器的液位测量。它可以直接将浮球安装在容器内部（内浮式）如图7.4(a)所示；对于直径较小的容器，也可以在容器外侧另做一个浮球室（外浮式）与容器相通，如图7.4(b)所示。外浮式便于维修，但不适于黏稠或易结晶、易凝固的液体。内浮式特点则与此相反。浮球液位计采用轴、轴套、密封填料等结构，既要保持密封又要将浮球的位移灵敏地传送出来，因而，它的耐压受到结构的限制而不会很高。它的测量范围受到其运行角的限制（最大为35°）而不能太大，故仅适合于窄范围液位的测量。

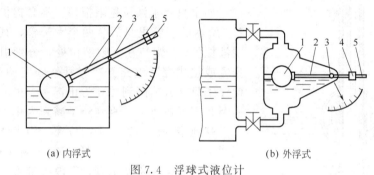

(a) 内浮式　　　　　　　　(b) 外浮式

图7.4　浮球式液位计

1—浮球；2—连杆；3—转动轴；4—平衡重物；5—杠杆

（2）磁浮子式液位计

对于中小容器和设备，常用磁浮子舌簧管液位变送器，如图7.5所示。在容器中自上而下插入下端封闭的不锈钢管1，管内有条形绝缘板2，板上有紧密排列的舌簧管3和电阻4。

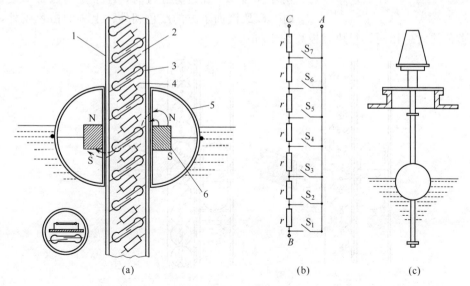

(a)　　　　　　　(b)　　　　　　　(c)

图7.5　磁浮子舌簧管液位计

1—不锈钢管；2—绝缘板；3—舌簧管；4—电阻；5—浮子；6—磁铁

在不锈钢管外套有可上下滑动的佛珠形浮子 5，其内部装有环形永磁铁氧体 6。环形永磁体的两面分别为 N，S 极，磁力线将沿管内的舌簧闭合。因此，处于浮子中央的舌簧管吸合导通，其他呈断开状态，如图 7.5(a) 所示。

各舌簧管及电阻按图 7.5(b) 所示方法接线，随液位的升降，AC 间或 AB 间的阻值相继改变，再用适当的电路将阻值变为标准电流信号，即为液位变送器。也可以在 CB 间接恒定电压，A 端相当于电位器的滑点，可得到与液位对应的电压信号。整个仪表安装方式如图 7.5(c) 所示。

管 1 和浮子壳体 5 都用非磁性的材料制成，除不锈钢外也可用铝、铜和塑料等，但不可用铁。这种液位变送器比较简单，其可靠性主要取决于舌簧管的质量。为了防止个别舌簧管吸合不良引起错误信号，通常设计成同时有两个舌簧管吸合。由于舌簧管尺寸所限，总数和排列密度不能太大，所以液位信号的连续性差。此外，量程不能很大，目前只能做到 6m 以下，太长难以运输和安装。

如果只要求液位越限报警，不必提供液位值，在图 7.6 所示的竖管里只需装两个舌簧管，其中的 2 装在上限液位处，3 则装在下限液位处，分别引出导线，接至报警或位式控制电路。在竖管外固定两个挡环 4 和 5，使浮子只能升或降到挡环为止，浮子里的磁铁把舌簧管通断状态保持下去，直到浮子离开为止。

就地指示用的磁浮子液位计，为了便于观察，常按图 7.7 所示的原理显示。图 7.7(a) 称为磁翻板液位计，自被测容器接出不锈钢管，管内有带磁铁的浮子，管外设置一排轻而薄的翻板，每个翻板有水平轴，可灵活转动。翻板一面涂红色，另一面涂白色，翻板上还附有小磁铁，小磁铁彼此吸引，使翻板总保持红色朝外或白色朝外。当浮子在近旁经过时，浮子上的磁铁迫使翻板转向，以致液面下方的红色朝外，上方的白色朝外，观察起来和彩色柱效果相同，每块翻板高约 10mm。

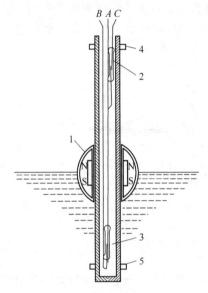

图 7.6 位式磁浮子液位传感器
1—浮子；2,3—舌簧管；4,5—挡环

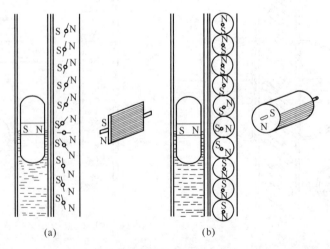

(a)   (b)

图 7.7 磁翻板及磁滚柱液位计

图 7.7(b) 所示为磁滚柱液位计。将上述磁翻板改用有水平轴的小柱代替，一侧涂红色，另一侧涂白色，也附有小磁铁，同样能显示液位。柱体可以是圆柱，也可以是六角柱，直径 10mm。

如果希望兼有上下限报警功能，可在磁翻板或磁滚柱的不锈钢管旁附加舌簧管，但应有自保持作用，磁浮子越限以后要保持报警状态直到液位恢复正常为止。

以上两种磁浮子液位计指示部分都应防止尘沙浸入，所以成排的翻板或滚柱均有密封壳体保护。安装场所附近不可有强磁场。

(3) 浮子钢带式液位计

浮子钢带式液位计的原理如图 7.8 所示。浮子吊在钢带的一端，钢带对浮子施以拉力，钢带可以自由伸缩，当浮子在测量范围内变化时，钢带对浮子的拉力基本不变。为了防止浮子受被测液体流动的影响而偏离垂直位置，可增加一个导向机构。导向机构由悬挂的两根钢丝组成，靠下端的重锤进行定位，浮子沿导向钢丝随液位变化上下移动。如果罐内液体表面流速不大，可以省略导向系统。

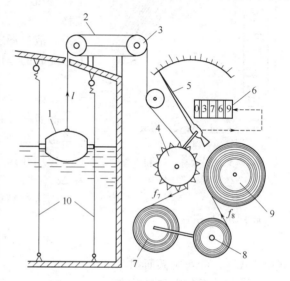

浮子 1 经过钢带 2 和滑轮 3 将浮力的变化传到钉轮 4 上，钉轮周边的钉状齿与钢带上的孔啮合，将钢带的直线运动变为转动，由指针 5 和计数器 6 指示出液位。在钉轮轴上再安装转角传感器，就可以实现液位信号的远传。

为了保证钢带张紧，绕过钉轮的钢带由收带轮 7 收紧，其收紧力由恒力弹簧提供。恒力弹簧在自由状态是卷紧在恒力弹簧轮 9 上的，受力反绕在轴 8 上以后其恢复力 f_8 始终保持常数，因而称为恒力弹簧。

图 7.8　浮子钢带式液位计

1—浮子；2—钢带；3—滑轮；4—钉轮；
5—指针；6—计数器；7—收带轮；8—轴；
9—恒力弹簧轮；10—导向钢丝

由图 7.8 中可见，由于恒力弹簧具有一定厚度，虽然 f_8 恒定，但它对轴 8 形成的力矩并非常数，液位低时力矩大。同样，由于钢带厚度使液位低时收带轮 7 的直径小，于是在 f_8 恒定的情况下，钢带上拉力 f_7 和液位有关。液位低 f_7 大，恰好与液位低时图 7.8 中 l 段钢带重力抵消，使浮子受的提升力几乎不变，从而减小了误差。

当浮子浸没在液体中某一高度时，液体对浮子产生的浮力为 F，若浮子本身的重力为 W，恒力弹簧对浮子的拉力为 T，整个系统平衡时应满足

$$T = W - F \tag{7.9}$$

如果液位升高，则在瞬间会使浮力 F 增加，恒力弹簧会通过钢带将浮子上拉，钢带上的小孔和钉轮上的钉状齿啮合，从而钢带的线位移变为钉轮的角位移。当拉力 T 恒定，钉轮的周长、钉状齿间距及钢带的孔间距均制造很精确时，可以得到较高的测量精度。但这种传动方式，密封比较困难，不适用于有压容器，因此，通常多用于常压储罐的液位测量。

它的测量范围一般为 $0 \sim 20m$，测量精度可达到 $\pm 0.03\%$。若采用远传信号方式，不仅

可以提供远传标准信号，还可以现场提供液位的液晶数字显示。

7.1.3 变浮力式液位计

浮筒式液位计就是应用变浮力原理测量液位的一种典型仪表，其中扭力管式浮筒液位计是常用的一种结构。

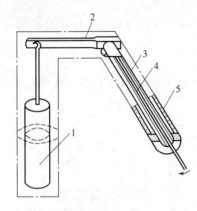

图 7.9 扭力管式浮筒液位计
测量部分示意

1—浮筒；2—杠杆；3—扭力管；
4—芯轴；5—外壳

扭力管式浮筒液位计的测量部分如图 7.9 所示。作为液位检测元件的浮筒 1 垂直地悬挂在杠杆 2 的左端，杠杆 2 右端与扭力管 3 以及装于扭力管内的芯轴 4 垂直紧固连接，并由固定在外壳上的支点所支撑。扭力管的另一端固定在外壳 5 上，芯轴的另一端为自由端，用以输出角位移。

当液位低于浮筒下端时，浮筒的全部重量作用在杠杆上，此时的作用力为

$$F_0 = W \qquad (7.10)$$

式中 W——浮筒的重力，N。

此时经杠杆作用在扭力管上的扭力矩最大，使扭力管产生最大的扭角 $\Delta\theta_{max}$（约为 7°）；当液位浸没整个浮筒时，作用在扭力管上的扭力矩最小，使扭力管产生的扭角为 $\Delta\theta_{min}$（约为 2°）。

当液位高度为 H 时，浮筒的浸没深度为 $H-x$，作用在杠杆上的力为

$$F_x = W - A(H-x)\rho g \qquad (7.11)$$

式中 A——浮筒的截面积，m^2；

$\qquad x$——浮筒上移的距离，m；

$\qquad \rho$——被测液体的密度，kg/m^2。

由式（7.7）可知，浮筒上移的距离与液位高度成正比，即 $x=KH$，所以式（7.11）可以改写为

$$F_x = W - AH(1-K)\rho g \qquad (7.12)$$

因此，浮筒所受浮力的变化量为

$$\Delta F = F_x - F_0 = -A(1-K)\rho g H \qquad (7.13)$$

从式（7.13）可知，液位 H 与 ΔF 成正比关系。随液位 H 升高浮力增加，作用于杠杆的力 F_x 减小，扭力管的扭角 $\Delta\theta$ 也减小。扭角的角位移由芯轴 4 输出，并通过机械传动放大机构带动指针就地指示液位的高度。也可以将此角位移转换为气动或电动的标准信号，以适用于远传和控制的需要。

电动信号的转换是将扭力管输出的角位移转换为 4～20mA 的直流电流输出。转换器电路框图如图 7.10 所示。主要由振荡器、涡流差动变压器、解调器和直流放大器等组成。

振荡器为一个多谐振荡电路，产生 6kHz 正弦电压，作为涡流差动变压器初级线圈的激励电压。涡流差动变压器的工作原理如图 7.11 所示。它是由带有短路环的动臂和差动变压器组成，动臂一端穿过铁芯的空气隙，形成短路环。当图 7.9 中芯轴 4 带动动臂转动时，短路环在空气隙中左、右移动。铁芯的中舌上绕有初级线圈，两个次级线圈分别绕在铁芯左、右臂上。初级线圈在 6kHz 正弦电压激励下产生交流磁通 Φ_0，由于短路环的涡流效应磁力线不能穿过短路环，所以磁通 Φ_0 以短路环为界分成两部分。环路左侧磁通通过左臂形成

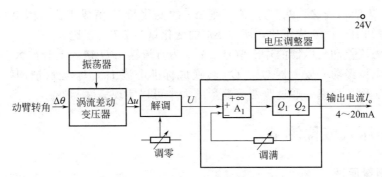

图 7.10 转换器电路框图

Φ_{01}，右侧的磁通通过右臂形成 Φ_{02}。当中舌内磁通分布均匀时，Φ_{01} 和 Φ_{02} 分别与短路环左、右侧的中舌宽度成正比。

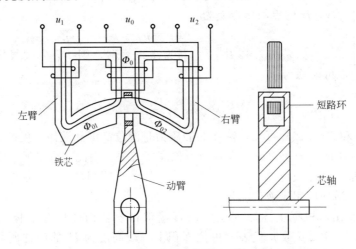

图 7.11 涡流差动变压器原理

设动臂转角变化用 $\Delta\theta$ 表示，则

$$K = \frac{\Delta\theta}{\Delta\theta_{max}} \times 100\% \tag{7.14}$$

式中 K——比例系数，$K = 0 \sim 100\%$。

当动臂的短路环转至中舌最左端时，$K = 0$；当动臂的短路环转至中舌最右端时，$K = 100\%$。由此可得

$$\Phi_{01} = K\Phi_0 \tag{7.15}$$

$$\Phi_{02} = (1-K)\Phi_0 \tag{7.16}$$

由于次级线圈感应的电压与穿过线圈的交流磁通成正比，铁芯左右两臂及两次级线圈完全对称，因此

$$u_1 = Z\Phi_{01} = KZ\Phi_0$$

$$u_2 = Z\Phi_{02} = (1-K)Z\Phi_0$$

$$\Delta u = u_1 - u_2 = (2K-1)Z\Phi_0 \tag{7.17}$$

式中 Z——磁通-电压转换系数。

式(7.17) 表明，当 Z、Φ_0 为定值，则 Δu 的变化与 K 值成正比。因 $\Delta\theta_{max}$ 也为定值，由式(7.14) 可知 K 与 $\Delta\theta$ 成正比，所以 Δu 的变化量与 $\Delta\theta$ 成正比。

解调器将涡流差动变压器的输出信号 Δu 变为直流输出 U 送入差分放大器 A_1 的同相输入端，其输出电压经功率放大器 Q_1，Q_2 转换成标准电流 I_0，I_0 经反馈网络送回到 A_1 的反相输入端，实现负反馈。通过改变反馈量的大小可以实现满度调整。

7.2 静压式液位测量

7.2.1 测量原理

静压式液位的测量方法是通过测得液柱高度产生的静压实现液位测量的。其原理如

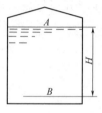

图 7.12 静压法
液位测量原理

图 7.12 所示，设 p_A 为密封容器中 A 点的静压（气相压力），p_B 为 B 点的静压，H 为液位高度，ρ 为液体密度。根据流体静力学原理可知，A，B 两点的压力差为

$$\Delta p = p_B - p_A = H\rho g \tag{7.18}$$

如果图 7.12 中的容器为敞口容器，则 p_A 为大气压，则式(7.18) 可改写为

$$p = p_B = H\rho g \tag{7.19}$$

式中 p_B——B 点的表压力，Pa。

由式(7.18) 和式(7.19) 可知，液体的静压力是液位高度和液体密度的函数，当液体密度为常数时，A，B 两点的压力或压力差与液位高度有关。因此，可以通过测量 p 或 Δp 实现液位高度的测量。这样液位高度的测量就变为液体的静压测量，凡是能测量压力或差压的仪表，只要量程合适均可用于液位测量。

同时还可以看出，根据上述原理还可以直接求得容器内所储存液体的质量。因为式(7.18) 和式(7.19) 中 Δp 或 p 代表了单位面积上一段高度为 H 的液柱所具有的质量。所以，测得 Δp 或 p 再乘以容器的截面积，即可得到容器中全部液体的质量。

7.2.2 压力式液位计

压力式液位计是基于测压仪表所测压力值测量液位的，主要用于敞口容器的液位测量。如图 7.13 所示，针对不同测量对象可以分别采用不同的方法。

(1) 用测压仪表测量

如图 7.13(a) 所示，测压仪表（压力表或压力变送器）通过引压导管与容器底部相通，由测压仪表指示值便可以知道液位高度。若需要信号远传则可以采用传感器或变送器。

必须指出，只有测压仪表的测压基准点与最低液位一致时，式(7.19) 的关系才能成立。如果测压仪表的测压基准点与最低液位不一致，必须要考虑附加液柱的影响，要对其进行修正。

这种方式适合黏度较小、洁净液体的液位测量。当测量黏稠、易结晶或含有颗粒液体的液位时，由于引压管易堵塞，不能从导管引出液位信号，可以采用如图 7.13(b) 所示的法兰式压力变送器测量液位的方式。

(2) 用吹气法测量

对于测量有腐蚀性、高黏度或含有悬浮颗粒液体的液位，也可以采用如图 7.14 所示的吹气法进行测量。在敞口容器中插入一根导管，压缩空气经过滤器、减压阀、节流元件、转子流量计，最后由导管下端敞口处逸出。

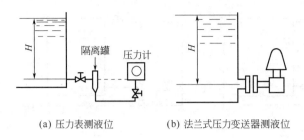

(a) 压力表测液位　　　(b) 法兰式压力变送器测液位

图 7.13　测压仪表测液位

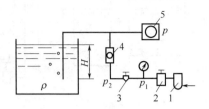

图 7.14　吹气法测量原理

1—过滤器；2—减压阀；3—节流元件；

4—转子流量计；5—测压仪表

压缩空气 p_1 的压力根据被测液位的范围，由减压阀 2 控制在某一数值上；p_2 的压力是通过调整节流元件 3 保证液位上升到最高点时，仍有微量气泡从导管下端敞口处逸出。由于节流元件前的压力 p_1 变化不大，根据流体力学原理，当满足 $p_2 \leqslant 0.528 p_1$ 的条件时，可以达到气源流量恒定不变的要求。

正确选择吹气量是吹气液位计的关键。通常吹气流量约为 20L/h，吹气流量可由转子流量计进行显示。根据液位计长期运行经验表明，吹气量选大一些为好，这有利于吹气管防堵、防止液体反充、克服微小泄漏所造成的影响及提高灵敏度等。但是随着吹气量的增加，气源耗气量也增加，吹气管的压降会成比例增加，增大了造成泄漏的可能性。所以吹气量的选择要兼顾各种因素，并非越大越好。

当液位上升或下降时，液封的压力会升高或降低，致使从导管下端逸出的气量也要随之减少或增加。导管内压力几乎与液封静压相等，因此，由压力表 5 显示的压力值即可反映出液位的高度 H。

7.2.3　差压式液位计

在密封容器中，容器下部的液体压力除与液位高度有关外，还与液面上部介质压力有关。根据式(7.18)可知，在这种情况下，可以用测差压的方法获得液位，如图 7.15 所示。与压力检测法一样，差压检测法的差压指示值除了与液位高度有关外，还受液体密度和差压仪表的安装位置影响。当这些因素影响较大时必须进行修正。对于安装位置引起的指示偏差可以采用"零点迁移"解决。

(1) 零点迁移问题

前面已提到无论是压力检测法还是差压检测法均要求取压口（零液位）与压力（差压）检测仪表的入口在同一水平高度，否则会产生附加静压误差。但是，实际安装时不一定能满足这个要求。如地下储槽，为了读数和维护的方便，压力检测仪表不能安装在零液位处的地下；采用法兰式差压变送器时，由于从膜盒至变送器的毛细管中充以硅油，无论差压变送器安装在什么高度，一般均会产生附加静压。在这种情况下，可通过计算进行校正，更多是对压力（差压）变送器进行零点调整，使它在受附加静压差时输出为"零"，这种方法称为"零点迁移"。零点迁移分为无迁移、负迁移和正迁移三种情况，下面以差压变送器检测液位为例说明。

① 无迁移。如图 7.15(a) 所示，将差压变送器正、负压室分别与容器下部和上部的取压点相连通，并保证正压室与零液位等高；连接负压室与容器上部取压点的引压管中充满与容器液位上方相同的气体，由于气体密度比液体小得多，则取压点与负压室之间的静压差很小，可以忽略。设差压变送器正、负压室所受的压力分别为 p_+ 和 p_-，则有

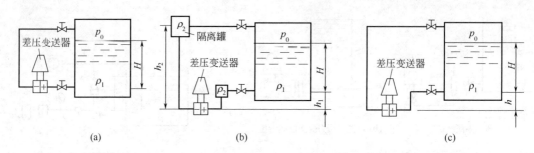

图 7.15　差压变送器测量液位原理

$$p_+ = p_0 + H\rho_1 g, \qquad p_- = p_0$$
$$\Delta p = p_+ - p_- = H\rho_1 g \qquad\qquad (7.20)$$

可见，当 $H=0$ 时，$\Delta p=0$，差压变送器未受任何附加静压；当 $H=H_{max}$ 时 $\Delta p = \Delta p_{max}$。这说明差压变送器无需迁移。

差压变送器的作用是将输入差压转化为统一的标准信号输出。对于Ⅲ型电动单元组合仪表（DDZ-Ⅲ），其输出信号为 $4\sim20mA$ 的电流。如果选取合适的差压变送器量程，使 $H=H_{max}$ 时，最大差压值 Δp_{max} 为差变的满量程，则在无迁移的情况下，差压变送器输出 $I=4mA$，表示输入差压值为零，也即 $H=0$；差压变送器输出 $I=20mA$，表示输入差压达到 Δp_{max}，也即 $H=H_{max}$。因此，差压变送器的输出电流 I 与液位 H 成线性关系。

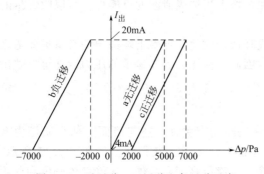

图 7.16　无迁移、正迁移和负迁移示意

设对应某液位变化所要求的差压变送器量程为5000Pa，则此差压变送器的特性曲线如图 7.16 中曲线 a 所示，称为无迁移。

② 负迁移。如图 7.15（b）所示，当容器中液体上方空间的气体是可凝的，如水蒸气，为了保持负压室所受的液柱高度恒定，或者被测介质有腐蚀性，为了引压管的防腐，常常在差压变送器正、负室与取压点之间分别装有隔离罐，并充以隔离液。设隔离液的密度为 ρ_2，这时差变正、负压室所受到的压力分别为

$$p_+ = h_1\rho_2 g + H\rho_1 g + p_0$$
$$p_- = h_2\rho_2 g + p_0$$

所以 $\qquad \Delta p = p_+ - p_- = H\rho_1 g + h_1\rho_2 g - h_2\rho_2 g = H\rho_1 g - B \qquad (7.21)$
式中 $B=(h_2-h_1)\rho_2 g$；h_1，h_2 参见图 7.15（b）。

由式（7.21）可见，当 $H=0$ 时，$\Delta p=-B<0$，差压变送器受到一个附加的差压作用，使其输出 $I<4mA$。为使 $H=0$ 时，差压变送器输出 $I=4mA$，需要设法消去 $-B$ 的作用，这称为零点迁移。由于要迁移的量为负值，因此称负迁移，负迁移量为 B。

对于 DDZ-Ⅲ 型差压变送器，零点迁移只要调节变送器上的迁移机构，使其在 $\Delta p=-B$ 时，对应 $H=0$ 的输出电流 $I=4mA$。当液位 H 在 $0\sim H_{max}$ 变化时，差压的变化量为 $H_{max}\rho_1 g$，该值即为差压变送器的量程。这样当 $H=H_{max}$ 时，$\Delta p=H_{max}\rho_1 g-B$，差压变送器的输出电流 $I=20mA$，从而实现了差变的零点负迁移。

仍设变送器的量程为 5000Pa，而 $B=7000Pa$，则当 $H=0$，$\Delta p=-7000Pa$，调整变送器的迁移机构，使变送器输出为 4mA；$H=H_{max}$，$\Delta p_{max}=5000-7000=-2000Pa$，变送

器输出应为 20mA。变送器的特性曲线如图 7.16 中曲线 b 所示，由于调整的压差 Δp 是作用于负压室小于零的附加静压，故称为负迁移。

③ 正迁移。在实际安装差压变送器时，往往不能保证变送器和零液位在同一水平面上，如图 7.15(c) 所示。设连接负压室与容器上部取压点的引压管中充满气体，并忽略气体产生的静压力，则差压变送器正、负压室受到的压力分别为

$$p_+ = H\rho_1 g + h\rho_1 g + p_0$$
$$p_- = p_0$$

所以

$$\Delta p = p_+ - p_- = H\rho_1 g + h\rho_1 g = H\rho_1 g + C \tag{7.22}$$

由式(7.22)可见，当 $H=0$ 时，$\Delta p = C$，差压变送器受到一个附加正差压作用。使其输出 $I > 4$mA。为使 $H=0$ 时，$I=4$mA，需设法消去 C 的作用。由于 $C>0$，故需正迁移，迁移量为 C。迁移方法与负迁移相似。

根据式(7.22)可知，当液位 H 在 $0 \sim H_{max}$ 变化时，差压的变化量为 $H_{max}\rho_1 g$，与上述两种情况相同，这说明尽管由于差变安装位置等原因需要进行零点迁移，但差压变送器的量程不变，只与液位的变化范围有关。

假设变送器的量程仍为 5000Pa，而 $C=2000$Pa，则当 $H=0$，$\Delta p = 2000$Pa，调整变送器迁移机构，使变送器输出为 4mA；当 $H = H_{max}$ 时，$\Delta p_{max} = 5000 + 2000 = 7000$Pa，变送器输出应为 20mA。变送器的特性曲线如图 7.16 中曲线 c 所示，由于调整的压差 Δp 是大于零作用于正压室的附加静压，则称为正迁移。

总之，正、负迁移的实质是通过调整迁移机构改变差压变送器的零点，使被测液位为零时，变送器的输出为起始值 4mA，因此，称为零点迁移。它仅改变了变送器测量范围的上、下限，而量程大小不会改变。

需要注意的是并非所有的差压变送器均带有迁移功能，实际测量中，由于变送器的安装高度不同，会存在正迁移或负迁移问题。在选用差压式液位计时，应在差压变送器的规格中注明是否带有正、负迁移装置及其迁移量的大小。

例 7.1 如图 7.15(b) 所示，用差压变送器检测液位。已知 $\rho_1 = 1200$kg/m^3，$\rho_2 = 950$kg/m^3，$h_1 = 1.0$m，$h_2 = 5.0$m，液位变化的范围为 $0 \sim 3.0$m。如果当地重力加速度 $g = 9.8$m/s^2，求差压变送器的量程和迁移量。

解 当液位在 $0 \sim 3.0$m 变化时，差压的变化量为

$$H_{max}\rho_1 g = 3.0 \times 1200 \times 9.8 = 35280\text{Pa}$$

根据差压变送器的量程系列，可选差压变送器的量程为 40kPa。

由式(7.21)可知，当 $H=0$ 时，有

$$\Delta p = -(h_2 - h_1)\rho_2 g = -(5.0 - 1.0) \times 950 \times 9.8 = -37240\text{Pa}$$

所以，差压变速器需要进行负迁移，负迁移量为 37.24kPa。迁移后该差压变送器的测量范围为 $-37.24 \sim 2.76$kPa。若选用 DDZ-Ⅲ 型仪表，则当变送器输出 $I=4$mA 时，表示 $H=0$；当 $I=20$mA 时，$H = 40 \times 3.0/35.28 = 3.4$m，即实际可测液位范围为 $0 \sim 3.4$m。

如果要求 $H=3.0$m 时差压变送器输出满刻度（20mA），则可在负迁移后再进行量程调节，使得当 $\Delta p = -37.24 + 35.28 = -1.96$kPa 时，差压变送器的输出达到 20mA。

(2) 特殊液位测量

① 腐蚀性、易结晶或高黏度介质液位测量。当测量具有腐蚀性或含有结晶颗粒，以及黏度大、易凝固等介质的液位时，为解决引压管线腐蚀或堵塞的问题，可以采用法兰式差压变送器，如图 7.17 所示。变送器的法兰直接与容器上的法兰连接，作为敏感元件的测量头 1（金属膜盒）经毛细管 2 与变送器测量室相连通，在膜盒、毛细管和测量室所组成的封闭

系统内充有硅油，作为传压介质，起到变送器与被测介质隔离的作用。变送器工作原理与一般差压变送器完全相同。毛细管的直径较小，一般内径在 $0.7\sim1.8$mm，外面套以金属软管进行保护，具有可挠性，单根毛细管长度一般在 $5\sim11$mm 之间可选择，安装比较方便。法兰式差压变送器有单法兰、双法兰、插入式或平法兰等结构形式，可根据被测介质的不同情况进行选用。

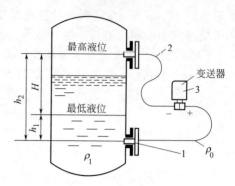

图 7.17　法兰式差压变送器测液位
1—法兰式测量头；2—毛细管；3—变送器

法兰式差压变送器测量液位时，同样存在零点"迁移"问题，迁移量的计算方法与前述相同。如图 7.17 中 $H=0$ 时的迁移量为

$$\Delta p = h_1 \rho_1 g - h_2 \rho_0 g \qquad (7.23)$$

式中　ρ_0——毛细管中硅油密度，kg/m^3。

由于正负压侧的毛细管中的介质相同，变送器的安装位置升高或降低，两侧毛细管中介质产生的静压，作用于变送器正、负压室所产生的压差相同，迁移量不会改变，即与变送器的安装位置无关。

② 锅炉汽包水位测量。差压式液位计是目前电厂锅炉汽包、除氧器等容水设备中用得最普遍的一种水位测量仪表。汽包水位测量时，受汽、水密度变化等许多因素影响，容易引起较大的测量误差，因此，需要采取一些补偿措施。

压差式水位计的关键环节是把水位转换成压差的平衡容器，常用的双室平衡容器工作原理如图 7.18 所示。外边的粗管为正压容室，上部与汽包侧连通，由汽包进入平衡容器的蒸汽不断凝结成水，由于溢流而保持一个恒定水位，形成恒定的水静压力 p_+。粗管里面的细管为负压容室，下部和汽包水侧连通，被测水位高度形成水静压力 p_-。

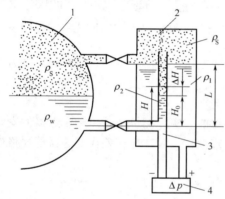

图 7.18　双室平衡容器工作原理
1—汽包；2—宽容器（正压室）；
3—负压管（负压室）；4—差压计

根据流体静力学原理，当汽包水位处于正常水位 H_0 时，差压计检测到平衡容器输出差压 Δp_0 为

$$\Delta p_0 = L \rho_1 g - [H_0 \rho_2 g + (L - H_0) \rho_s g] \qquad (7.24)$$

式中　ρ_s——相应汽包压力下的饱和蒸汽密度，kg/m^3；

　　　ρ_1——宽容器内水的密度，kg/m^3；

　　　ρ_2——负压管内水的密度，kg/m^3。

当汽包水位发生变化而偏离正常水位时，假设汽包水位变化量为 ΔH，即变化后的汽包水位可表示为 $H = H_0 \pm \Delta H$，其中"＋"表示汽包水位增高；"—"表示汽包水位降低。这时平衡容器的输出差压 Δp 为

$$\begin{aligned}
\Delta p &= L \rho_1 g - [H \rho_2 g + (L - H) \rho_s g] \\
&= L \rho_1 g - \{(H_0 \pm \Delta H) \rho_2 g + [L - (H_0 \pm \Delta H)] \rho_s g\} \\
&= L \rho_1 g - [H_0 \rho_2 g + (L - H_0) \rho_s g] - (\rho_2 - \rho_s) g (\pm \Delta H)
\end{aligned}$$

将式(7.24)代入上式,得

$$\Delta p = \Delta p_0 - (\rho_2 - \rho_s)g(\pm \Delta H)$$
$$= \begin{cases} \Delta p_0 - (\rho_2 - \rho_s)g\Delta H, & H = H_0 + \Delta H \\ \Delta p_0 + (\rho_2 - \rho_s)g\Delta H, & H = H_0 - \Delta H \end{cases} \tag{7.25}$$

可见，当汽包水位偏离正常水位时，平衡容器输出的差压随之变化。由于 $\rho_2 > \rho_s$，因此，随着汽包水位的增高，平衡容器的输出差压减小；相反，当汽包水位降低时，平衡容器的输出差压增大。

7.3 电容式液位测量

基于电容法测量液位的仪表一般称为电容式液位计，它主要由液位传感器（液位-电容变送器）和测量、显示部分组成。传感器部分实际上是一个可变电容器，这种电容器多为圆柱形，只是根据被测液体的不同性质，具体结构和原理上有所差异。

7.3.1 导电液体的液位测量

测量导电液体的电容式液位计主要利用传感器两电极的覆盖面积随被测液体液位的变化而变化，从而引起电容量变化的关系进行液位测量，图 7.19 所示为传感器部分的结构原理。从整体上看，不锈钢棒 3、聚四氟乙烯套管 4 及容器 2 内的被测导电液体 1 共同构成一圆柱形电容器，其中不锈钢棒是电容器的一个电极（相当于定片），被测导电液体则是电容器的另一个电极（相当于动片），套在不锈钢棒上的聚四氟乙烯套管为两电极间的绝缘介质。可见，液位升高时，两电极极板覆盖面积增大，可变电容传感器的电容量成比例地增加；反之，电容量减小。因此，通过测量传感器的电容量大小可以获知被测液体液位的高低。

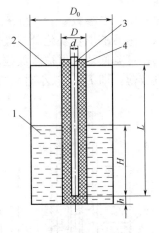

图 7.19 测量导电液体液位
的可变电容传感器
1—被测导电液体；2—容器；
3—不锈钢棒；4—聚四
氟乙烯套管

当被测液位 $H = 0$ 时，即容器内实际液位低于 h（非测量区），传感器与容器之间存在分布电容，这时电容量 C_0 为

$$C_0 = \frac{2\pi \varepsilon_0' L}{\ln \dfrac{D_0}{d}} \tag{7.26}$$

式中 ε_0'——聚四氟乙烯套管和容器内气体的等效介电常数，F/m；

    L——液位测量范围（可变电容器两电极的最大覆盖长度），m；

    D_0——容器内径，m；

    d——不锈钢棒直径，m。

当液位高度为 H 时，传感器电容量 C_H 为

$$C_H = \frac{2\pi \varepsilon H}{\ln \dfrac{D}{d}} + \frac{2\pi \varepsilon_0'(L-H)}{\ln \dfrac{D_0}{d}} \tag{7.27}$$

式中 ε——聚四氟乙烯的介电常数，F/m；

    D——聚四氟乙烯套管外径，m。

因此，当容器内的液位由零增加到 H 时，传感器的电容变化量 ΔC 为

$$\Delta C = \frac{2\pi\varepsilon H}{\ln\dfrac{D}{d}} - \frac{2\pi\varepsilon_0' H}{\ln\dfrac{D_0}{d}}$$

通常，$D_0 \gg D$，而且 $\varepsilon > \varepsilon_0'$，因而上式中第二项的数值要比第一项小得多，可以忽略。

则

$$\Delta C \approx \frac{2\pi\varepsilon H}{\ln\dfrac{D}{d}} \qquad (7.28)$$

在式(7.28)中，当电极确定后，ε、D 和 d 均为定值，故可以将式子改写为

$$\Delta C = KH \qquad (7.29)$$

$$K = \frac{2\pi\varepsilon}{\ln\dfrac{D}{d}}$$

可见，只要参数 ε、D 和 d 的数值稳定，不受压力、温度等因素的影响，即 K 为常数，那么传感器的电容变化量与液位变化量之间有良好的线性关系。因此，测量传感器的电容变化量即可方便地求出被测液位。另外式(7.29)表明，绝缘材料的介电常数 ε 较大，绝缘层厚度较薄，即 D/d 较小时，传感器的灵敏度较高。

以上介绍的液位传感器适用于电导率不小于 10^{-2} S/m 的液体，但被测液体黏度不过大，否则，当液位下降时，被测液体会在电极套管上产生黏附层，该黏附层将继续起着外电极的作用，从而产生虚假电容信号，以致形成虚假液位，使仪表指示液位高于实际液位。另外，这种液位传感器的底部约有 10mm 的非测量区（见图7.19 中的 h）。

7.3.2 非导电液体的液位测量

测量非导电液体的电容式液位计主要利用被测液体液位变化时，可变电容传感器两电极之间充填介质的介电常数发生变化，从而引起电容量变化这一特性进行液位测量。适合测量的对象包括：电导率小于 10^{-9} S/m 的液体，如轻油类、部分有机溶剂和液态气体。传感器部分的结构原理如图7.20 所示。两根同轴装配、相互绝缘的不锈钢管分别作为圆柱形可变电容传感器的内、外电极，外管管壁上布有通孔，以便被测液体自由进出。

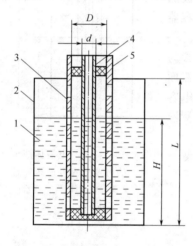

图 7.20　测量非导电液体液位的
可变电容传感器的结构原理
1—被测的非导电液体；2—容器；
3—不锈钢外电极；4—不锈钢
内电极；5—绝缘套

感器的初始电容量 C_0 为

当测量液位 $H=0$ 时，两电极间介质是空气，这时传感器的初始电容量 C_0 为

$$C_0 = \frac{2\pi\varepsilon_0 L}{\ln\dfrac{D}{d}} \qquad (7.30)$$

式中　ε_0——空气的介电常数，F/m；

　　　L——两电极的最大覆盖长度，m；

　　　D——外电极的内径，m；

　　　d——内电极的外径，m。

当被测液体的液位上升为 H 时，传感器的电容量 C_H 为

$$C_H = \frac{2\pi\varepsilon H}{\ln\dfrac{D}{d}} + \frac{2\pi\varepsilon_0 (L-H)}{\ln\dfrac{D}{d}} \tag{7.31}$$

式中 ε——被测液体的介电常数，F/m。

因此，当容器内的液体由零增加到 H 时，传感器的电容变化量 ΔC 为

$$\Delta C = \frac{2\pi(\varepsilon-\varepsilon_0)H}{\ln\dfrac{D}{d}} \tag{7.32}$$

可见，当电极给定后，参数 ε、D 和 d 均为定值，故传感器的电容变化量是液位 H 的单值函数，即测取传感器电容量即可确定被测液位。

以上所述电容式液位传感器的基本工作原理，反映了将液位测量转换为电容测量的过程。在此基础上，液位计的测量电路将完成电容量的测量，并最终显示相应的液位。目前，电容量的测量方法很多，常用有交流电桥法、充放电法和谐振法等。

7.3.3 环形二极管电桥充放电转换电路

环形二极管电桥如图 7.21 所示。二极管 $D_1 \sim D_4$ 依次相接组成闭合环形电桥。频率为 f 的矩形波电压加在电桥的 A 端。C_x 是电容物位传感器，C_0 是用来平衡传感器起始分布电容 C_{x0} 的可变电容器，用以调节零点。电桥对角线 AC 间接微安电流表，与之并联的电容 C_m 作滤波用。

为了便于说明环形二极管电桥的原理，可略去二极管的正向压降，也不考虑起始截止区。对于微安表则认为其内阻很小，而且并联的电容 C_m 很大。当矩形波由低电位 U_1 跃变到高电位 U_2 时，C_x 和 C_0 同时被充电，它们的端电压都升高到 U_2。C_x 的充电途径由 D_1 到 C_x；C_0 的充电途径是先经微安表及与之并联的电容 C_m，再经 D_3 到 C_0。充电过程中，D_2，D_4 截止。矩形波达到平顶后充电结束，4 个二极管全部截止。充电期间由 A 点流向 C 点的电荷量为 $C_0(U_2-U_1)$。当矩形波由 U_2 降到 U_1 时，C_x 和 C_0 同时放电。C_x 的放电途径是经 D_2、微安表和 C_m 返回 A 点，而 C_0 则经 D_4 放电。放电过程中，D_1 和 D_3 均截止。在矩形波底部平坦部分放电结束，4 个二极管又全部截止。放电期间由 C 点流向 A 点的电荷量为 $C_x(U_2-U_1)$。充电和放电的途径分别由实线箭头和虚线箭头如图 7.21 所示。

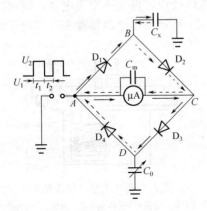

图 7.21 环形二极管电桥

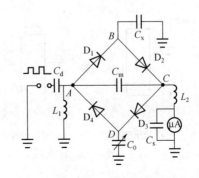

图 7.22 改进的环形二极管电桥电路

在 C_x 和 C_0 被充电以及它们放电的过程中，流过微安表的平均电流 I 为

$$I = fC_x(U_2 - U_1) - fC_0(U_2 - U_1) = f(U_2 - U_1)(C_x - C_0) = f\Delta U\Delta C \tag{7.33}$$

当被测物位 $H=0$ 时，调整 $C_0 = C_x$，使上式 $I=0$。当有物位时，引起 ΔC 变化，I 与 ΔC 成正比，因而 I 与 H 成正比。将电流 I 经适当电路处理变为标准电流信号，便构成了电容式物位变送器。

因为图 7.21 中微安表不接地，不利于和电子放大线路配合，而且引线分布电容会带来误差，所以实用的电桥电路需要改进。改进的环形二极管电桥电路如图 7.22 所示。将微安表经过电感 L_2 接在 C 点与地之间，并把 A 点通过 L_1 与地相连。这样就使直流分量 I 通过微安表，而交流分量仍从 C_m 上通过，电路有了对地输出端，因而便于输出电流的放大。同时在矩形波输入端加入串联电容 C_d，以隔断直流通路。

7.4 超声波物位测量

7.4.1 测量原理

超声波类似于光波，具有反射、透射和折射的性质。当超声波入射到两种不同介质的分界面上时会发生反射、折射和透射现象，这就是应用超声技术测量物位常用的一个物理特性。超声技术应用于物位测量中的另一特性是超声波在介质中传播时的声学特性，如声速、声衰减和声阻抗等。概括起来，基于声波的下述物理特性实现物位检测。

① 声波在某种介质中以一定的速度传播，在气体、液体和固体等不同介质中，因声波被吸收而减弱的程度不同，从而区别其穿过的是固体、液体还是气体。

② 声波遇到两相界面时会发生反射，而反射角与入射角相等。反射声强与介质的特性阻抗有关，特性阻抗为声速和介质密度的乘积。当声波垂直入射时，反射声强 I_R 与入射声强 I_E 间存在如下关系。

$$I_R = \left(\frac{\rho_2 v_2 - \rho_1 v_1}{\rho_2 v_2 + \rho_1 v_1}\right)^2 I_E \tag{7.34}$$

式中　ρ_1, ρ_2——两种不同介质的密度，kg/m^3；

　　　v_1, v_2——声波在不同介质中的传播速度，m/s。

③ 声波在传送中，频率越高，声波扩散越小，方向性越好；而频率越低，则衰减越小，传输越远。可根据上述特点设计物位计。

利用声换能器发射一定频率的声波。声换能器由压电元件组成，利用这种晶体元件的逆压电效应：交变电场（电能）→振动（声波）；正压电效应：振动→交变电场，做成声波发射器和接收器。压电效应示意如图 7.23 所示，图 7.24 所示为压电晶体探头的结构形式。

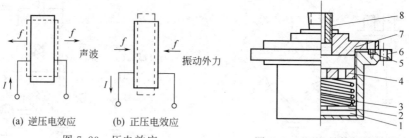

图 7.23　压电效应

(a) 逆压电效应　　(b) 正压电效应

图 7.24　压电晶体探头结构

1—晶片；2—托板；3—弹簧；4—隔板；5—橡胶垫片；
6—外壳；7—顶盖；8—插头

液位测量基本原理如图 7.25 所示，设超声探头至物位的垂直距离为 H，由发射到接收所经历的时间为 t，超声波在介质中传播的速度为 v，则存在如下关系

$$H = \frac{1}{2}vt \qquad (7.35)$$

对于一定的介质 v 是已知的，因此，只要测得时间 t 即可确定距离 H，即得知被测物位高度。

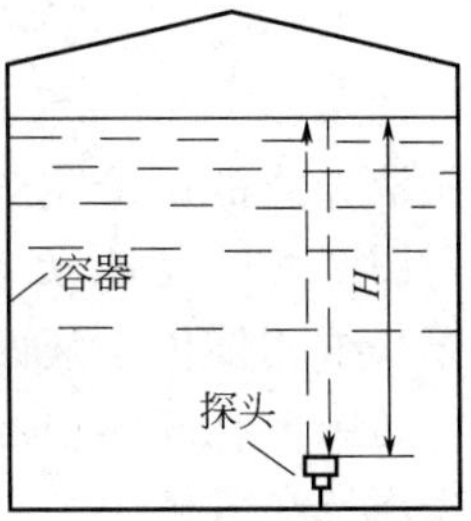

图 7.25　液位测量
基本原理

7.4.2　测量方法

实际应用中可以采用多种方法。根据传声介质的不同，有气介式、液介式和固介式；根据探头的工作方式，又有自发自收的单探头方式和收、发分开的双探头方式。它们相互组合可得到不同的测量方法。

图 7.26 所示为超声波测量液位的几种基本方法。

图 7.26(a) 所示为液介式测量方法，探头固定在液体中最低液位处，探头发出的超声脉冲在液体中由探头传至液面，反射后再从液面返回到同一探头而被接收。液位高度 H 与超声脉冲从发到收所用时间 t 之间关系仍可用式(7.35) 表示。

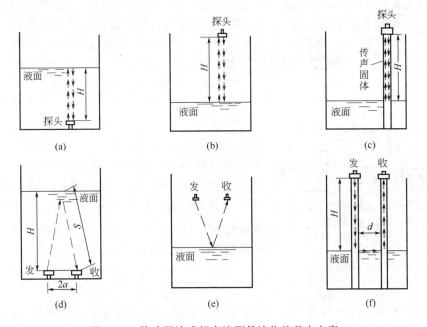

图 7.26　脉冲回波式超声波测量液位的基本方案

图 7.26(b) 所示为气介式测量方式，探头安装在最高液位之上的气体中，式(7.35) 仍可适用，只是 v 代表气体中的声速。

图 7.26(c) 所示为固介式测量方法，将一根传声的固体棒或管插入液体中，上端要高出最高液位，探头安装在传声固体的上端，式(7.35) 仍然适用，但 v 代表固体中的声速。

图 7.26(d)，(e)，(f) 所示为一发一收双探头方式。图 7.26(d) 所示为双探头液介式方法，由图可见，若两探头中心间距为 $2a$，声波从探头到液位的斜向路径为 S，探头至液位的垂直高度为 H，则

$$S = \frac{1}{2}vt$$

而
$$H=\sqrt{S^2-a^2} \qquad (7.36)$$

图 7.26(e) 所示为双探头气介式方法，只要将 v 理解为气体中的声速，则上面关于双探头液介式的讨论完全可以适用。

图 7.26(f) 所示为双探头固介式方法，它需要采用两根传声固体，超声波从发射探头经第一根固体传至液面，再在液体中将声波传给第二根固体，然后沿第二根固体传至接收探头。超声波在固体中经过 $2H$ 距离所需的时间，将比从发到收的时间略短，所缩短的时间就是超声波在液体中经过距离 d 所需的时间，所以

$$H=\frac{1}{2}v\left(t-\frac{d}{v_H}\right) \qquad (7.37)$$

式中　v——固体中的声速，m/s；

　　　v_H——液体中的声速，m/s；

　　　d——两根传声固体之间的距离，m。

当固体和液体中的声速 v、v_H 已知，两根传声固体之间的距离 d 固定时，则可根据测得的 t 值求得 H。

图 7.26(a)，(b)，(c) 属于单探头工作方式，即该探头发射脉冲声波，经传播反射后再接收。由于发射脉冲时需要延续一段时间，故在该时间内的回波和发射波不易区分，这段时间对应的距离称测量盲区（大约在 1m 左右）。探头安装时高出液面的距离应大于盲区距离。图 7.26(e)，(d)，(f) 属于双探头工作方式，由于发射和接收声波由两探头独立完成，可以使盲区大为减小，这在某些安装位置较小的特殊场合是很方便的。

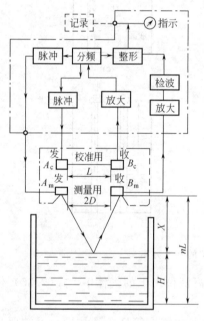

图 7.27　多换能器气介式超声波
液位计原理方框图

7.4.3　气介式超声液位计举例

图 7.27 所示为带声速校正的多换能器气介式超声波液位计原理方框图。间距为 L 的发射器 A_c 及与其相对的接收器 B_c，用以校正声速。测量用发射器 A_m 发射的声波脉冲，被液面反射后到达测量用接收器 B_m，经过的时间为 t'_X。假设 A_m 与 B_m 之间距离为 $2D$，与液面间垂直距离为 X，因此，超声波传播的实际距离为 $2\sqrt{D^2+X^2}$。这样，如果把声波经过 $2X$ 的垂直距离所需时间表示为 t_X，则

$$\frac{t_X}{t'_X}=\frac{X}{\sqrt{D^2+X^2}}$$

因此，超声脉冲往返距离 X 的时间为

$$t_X=\left(1+\frac{D^2}{X^2}\right)^{-\frac{1}{2}}t'_X \qquad (7.38)$$

当 $X\gg D$ 时，可近似表达为

$$t_X\approx\left(1-\frac{1}{2}\frac{D^2}{X^2}\right)t'_X=(1-\varepsilon)t'_X \qquad (7.39)$$

$$\varepsilon=\frac{1}{2}\left(\frac{D}{X}\right)^2$$

如果将测量点到容器底的距离取为 $nL(n=1,2,3,\cdots)$，则从容器底面到液面的距离为

$$H=nL-X=nL\left[1-(1-\varepsilon)\frac{t'_X}{2nt_0}\right] \qquad (7.40)$$

$$t_0 = \frac{L}{v}$$

式中 t_0——校正探头的超声脉冲从发射到接收的时间，s；

v——超声脉冲在气介质中的传播速度，m/s。

因为 nL 和 $2nt_0$ 均为常数，所以测出 t'_X 便可知道液位高度。

7.5 微波法物位测量

电磁波的波长在 1mm 到 1m 波段的称为微波。微波与无线电波比较，其特点是具有良好的定向辐射性，并且具有良好的传输特性，在传输过程中受火焰、灰尘、烟雾及强光的影响极小。介质对微波的吸收与介质的介电常数成比例，水对微波的吸收最大。基于上述特点，便可用微波法对物位进行测量。当前广泛应用于石化领域的雷达式物位计即为一种采用微波技术的物位测量仪表。它没有可动部件、不接触介质、没有测量盲区，可以用于对大型固定顶罐、浮顶罐内腐蚀性液体、高黏度液体、有毒液体的液位进行连续测量。而且测量精度几乎不受被测介质温度、压力、相对介电常数及其易燃易爆等恶劣工况的限制。

7.5.1 测量原理

雷达液位计的基本原理是雷达波由天线发出，抵达液面后反射，被同一天线接收，雷达波往返的时间 t 正比于天线到液面的距离。如图 7.28 所示，其运行时间与物位距离关系为

$$t = 2\frac{d}{C}$$

$$d = C\frac{t}{2}$$

$$H = L - d = L - C\frac{t}{2} \tag{7.41}$$

式中 C——电磁波传播速度，300000km/s；

d——被测介质与天线之间的距离，m；

t——天线发射与接收到反射波的时间差，s；

L——天线距罐底高度，m；

H——液位高度，m。

由式(7.41) 可知，只要测得微波的往返时间 t，即可计算得到液位的高度 H。

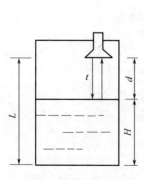

图 7.28 雷达液位计基本测量原理

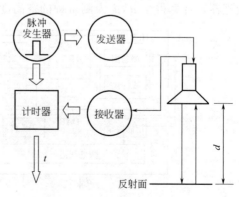

图 7.29 微波脉冲法的原理示意

目前，雷达探测器对时间测量有两种方式，即微波脉冲法及连续波调频法。脉冲测量法大多采用 5～6GHz 辐射频率，发射脉宽约 8ns；连续波调频法一般采用 10GHz 载波辐射频率，锯齿波宽带调频。

(1) 微波脉冲法

微波脉冲法的原理如图 7.29 所示。由发送器将脉冲发生器生成的一串脉冲信号通过天线发出，经液面反射后由接收器接收，再将信号传给计时器，从计时器得到脉冲的往返时间 t。用这种方法最大难点在于必须精确地测量时间 t，这是由于雷达波的传播速度非常快，通过直接测量反射时间难以满足所要求的测量精度，通常采用对雷达波进行合成的方法，即变脉冲雷达波为合成脉冲雷达波，通过测量发射波与反射波的频率差，间接地求得往返时间，计算出雷达波的传播距离，如图 7.30 所示。

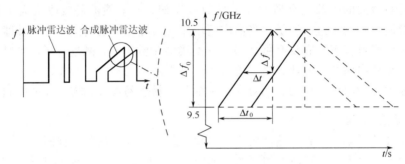

图 7.30　合成脉冲雷达波

液面到天线距离 d 的计算公式如下。

$$d = C\frac{\Delta f}{2S} \tag{7.42}$$

$$S = \frac{\Delta f_0}{\Delta t_0}$$

式中　Δf——测量量，它关系到 d 的精度；

$\quad\quad S$——跳频斜率，s^{-2}。

测量系统框图如图 7.31 所示。它主要包括天线头、数据采集板 DAB、高频信号发生板 HFB 三部分组成。由测量原理可知，振荡器产生合成脉冲雷达波，由扫描控制决定 S 值；线性化使合成脉冲雷达波减少了干扰带来的波动；分配器将一束波分成互相隔离的两束波，B 波发射到基准天线（带有温度补偿），为自校正提供一个参考 Δf_1，然后经过采样 Δf_1，Δf 到微处理器，计算得出 d，d 为测量罐的空高度。其计算过程如下。

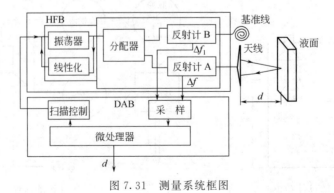

图 7.31　测量系统框图

设基准天线长度为 d_0，液面到天线距离为 d，

反射计 A：
$$d = v\frac{\Delta f}{2S} \tag{7.43}$$

$$v = kC$$

式中 k——由传播介质和实际安装方式决定。

反射计 B：
$$d_0 = c\frac{\Delta f_1}{2S} \tag{7.44}$$

由式(7.43) 和式(7.44) 得

$$d = d_0 k\frac{\Delta f}{\Delta f_1} \tag{7.45}$$

式(7.45) 中，对于一固定测量介质和安装方式的雷达液位计，k 可认为是常数；d_0 为带有温度补偿的基准天线，其长度已知；分配器将雷达波分成两部分，而且这两部分互相隔离，互不影响；Δf_1 的测量是在具有工业防护的密封壳内，受外界影响很小。

（2）连续波调频法

连续波线性调频法雷达液位仪工作原理框图如图 7.32 所示。微波源是 x 波段（10GHz）的压控振荡器，它由锯齿控制电压产生扫描调频振荡信号，其微波信号经定向耦合器耦合部分信号送往混频器作为本地振荡信号。环形器将定向耦合器送来的信号全部传送到天线，由天线向被测液位表面辐射。从液位表面反射的微波信号又被天线接收，天线将接收信号送往环形器，再由环形器将天线接收的信号全部送往混频器。混频器对输

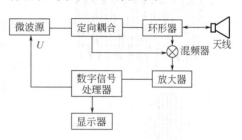

图 7.32 连续波调频雷达液位仪工作原理框图

入信号进行混频，产生差频信号 Δf_d，将差频信号再送往放大器，放大器将回波信号放大到规定的幅度后，送往数字信号处理器，数字信号处理器对输入信号进行采样和傅里叶变换，获得频谱特性。再由计算机进行检测和计算，最后输出液位信号，送往显示器进行液位显示。

图 7.33 所示为线性调频雷达液位仪测量原理波形。微波源产生的天线发射信号频率特性如图 7.33(a) 实线所示。天线接收的微波信号频率特性如虚线所示，接收信号相对发射信号延迟时间为 Δt，它与被测罐内液位空高 d 的关系为

$$d = \frac{v_p \Delta t}{2} \tag{7.46}$$

式中 Δt——接收信号延迟时间，s；

v_p——电磁波在传播路径上的传播（或传输）速度，m/s；

d——天线与液面平面间的距离（空高），m。

经混频器产生的差频信号的频率特性如图 7.33(b) 所示，其差频频率 Δf_d 由式(7.47) 表示。

$$\Delta f_d = \frac{\Delta F d}{T v_p} \tag{7.47}$$

式中 Δf_d——差频频率，Hz；

ΔF——发射信号调频带宽，Hz；

T——三角波调频扫描的半周期值，s。

回波信号的时间特性如图 7.33(c) 所示，回波信号的频谱特性如图 7.33(d) 所示。从

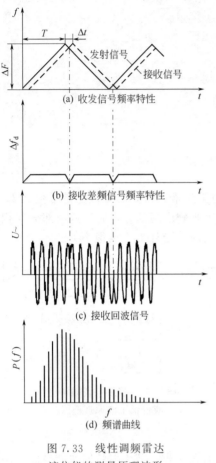

图 7.33　线性调频雷达
液位仪的测量原理波形

(a) 收发信号频率特性

(b) 接收差频信号频率特性

(c) 接收回波信号

(d) 频谱曲线

中检测出差频频率值，由式（7.47）可求出 d 值并计算出液位值，输出液位显示信号。

7.5.2　雷达液位计的应用问题

（1）介质的相对介电常数

由于雷达液位计发射的微波沿直线传播，在液面处产生反射和折射时微波有效的反射信号强度被衰减，当相对介电常数小到一定值时，会使微波有效信号衰减过大，导致雷达液位计无法正常工作。为避免上述情况的发生，被测介质的相对介电常数必须大于产品所要求的最小值，否则需要用导波管。

（2）温度和压力

雷达液位计发射的微波传播速度 C 决定于传播媒介的相对介电常数和磁导率，所以微波的传播速度不受温度变化的影响。但对高温介质进行测量时，需要对雷达液位计的传感器和天线部分采取冷却措施，以便保证传感器在允许的温度范围内正常工作；或使雷达天线的喇叭口与最高液面间留有一定的安全距离，以免高温介质对天线的影响。

由于微波的传播速度仅与相对介电常数和磁导率有关，所以雷达液位计可以在真空或受压状态下正常工作。但是当容器内压力高到一定程度时，压力对雷达测量将带来误差。

（3）导波管（稳态管）

使用导波管，主要为了消除有可能因容器的形状而导致多重回波所产生的干扰影响，或是在测量相对介电常数较小的介质液面时，用来提高反射回波能量，以确保测量准确度。当测量浮顶罐和球罐的液位时，一般要使用导波管，当介质的相对介电常数小于制造厂要求的最小值时，也需要采用导波管。

本章小结

物位测量仪表在参数检测及过程控制方面应用很广泛，需要根据介质条件、工作状况和仪表的特性进行正确的选择。对量程的选择：最高物位或上限报警点为量程的 90% 左右，正常物位为量程的 50%，最低物位为量程的 10%。

本章主要介绍物位测量的各种方法及应用。

① 利用静压法测液位是最主要的方法之一。它测量简单，易于和单元组合仪表等配套使用，构成通用型的液位显示控制系统。在应用此法测液位时，由于变送器的安装位置，或使用隔离器、冷凝器等各种原因，使得液位为零时，压力 p 并不为零，由此使对应的变送器输出不是标准信号 4mA。所以必须注意迁移问题，即无迁移、正迁移和负迁移，应重点掌握。

② 在大型贮罐的液位连续测量及容积计量中，常采用浮子式液位表，它是根据恒浮力原理工作，它的测量范围宽，测量性能稳定。在生产过程中，对某些设备里的液位进行连续

测量控制时，应用浮筒式液位计则非常方便，它是根据浮筒所受浮力的大小与液位成比例的关系工作的，属于变浮力式液位计。

③ 电容式测量仪表主要用于腐蚀性液体、沉淀性流体及一些化工介质的液面连续测量等。它是根据电容变化与液位变化成正比的原理工作。这种仪表易受电磁场干扰的影响，所以用高频信号传输，并选用屏蔽电缆等。由于黏性导电液体的吸附作用，常出现虚假液位，应采取措施消除。

④ 辐射式液位仪表属于非接触式仪表，它对于高温、高压、高黏度、强腐蚀、易爆、有毒介质液面的测量更为合适，但使用场合的安全防护必须符合国家标准。

思考题与习题

7.1　按工作原理不同物位测量仪表有哪些主要类型？举例说明。

7.2　浮力式液位计测量原理是什么？恒浮力式和变浮力式液位计的区别是什么？

7.3　什么是液位测量的零点迁移问题？迁移的实质是什么？正、负迁移有什么不同？

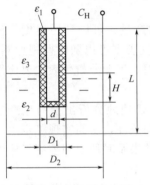

图 7.34　习题 7.8 图

7.4　简述电容式物位计测导电介质及非导电介质物位时，从测量原理上有什么不同？

7.5　超声物位计的测量原理是什么？简述超声探头结构以及影响超声法测物位精度的主要因素。

7.6　微波法测物位有什么特点？其探测器测量时间的方法有哪些？

7.7　简述容栅式阵列电容传感器用于检测多相界面的原理及方法。

7.8　如图 7.34 所示，圆筒形金属容器中心放置一个带绝缘套管的圆柱形电极用来测容器内介质液位，已知绝缘套管相对介电常数为 ε_1、被测介质相对介电常数为 ε_2、液面上方气体相对介电常数为 ε_3，电极各部位尺寸如图所示，并忽略底面电容。求：当被测液体为导电及非导电介质时，分别推导出该电容传感器的特性方程 $C_H = f(H)$ 表达式。

7.9　如图 7.35 所示，利用双室平衡容器对锅炉汽包液位进行测量。已知 $p_1 = 4.52\text{MPa}$，$\rho_汽 = 19.7\text{kg/m}^3$，$\rho_液 = 800.4\text{kg/m}^3$，$\rho_冷 = 915.8\text{kg/m}^3$，$h_1 = 0.8\text{m}$，$h_2 = 1.7\text{m}$。试求差压变送器的量程，并判断零点迁移的方向，计算迁移量。

7.10　现采用法兰式差压变送器测量置于闭口容器中两种密度分别为 $\rho_1 = 0.8\text{g/cm}^3$，$\rho_2 = 1.1\text{g/cm}^3$ 液体界面。如图 7.36 所示，液面计毛细管内充有硅油，其密度 $\rho_0 = 0.95\text{g/cm}^3$。试问：（1）该差压变送器的量程应如何选择？（2）迁移量是多少？变送器安装位置高低对测量结果有什么影响？

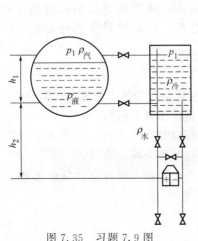

图 7.35　习题 7.9 图

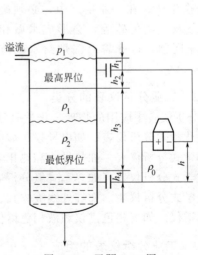

图 7.36　习题 7.10 图

8 成 分 分 析

8.1 概述

8.1.1 工业分析仪表的作用

分析仪表是仪器仪表一个重要组成部分，它用来检定、测量物质的组成和特性，研究物质的结构。分析仪表有实验室用仪表和工业用自动分析仪表两种基本形式。前者用于实验室的定性和定量分析，它一般给出比较准确的结果，通常是人工取样，间断分析。而后者用于工业流程上，完全能自动分析，即自动取样，连续分析，并随时指示或记录出分析的结果。工业分析仪表又称为在线分析仪表或过程分析仪表。

在生产流程中，为了保证原材料、中间产品、成品的质量和产量，可以利用温度、压力、流量等过程参数进行测量和控制，这是间接的。而工业分析仪表则可以随时监视原料、半成品、成品的成分及其含量，达到直接测量和控制的目的。因而，工业分析仪表主要应用于以下几个方面。

① 工艺监督。在生产流程中，合理地选用分析仪表能准确、迅速地分析出参与生产过程的有关物质成分，可以及时地控制和调节，达到最佳生产过程的条件，从而实现稳定生产和提高生产效率。如连续分析进氨合成塔气体的组成，根据分析结果及时调节和控制气体中氢和氮的含量，使两者之间保持最佳比值，从而获得最佳的氨合成率。

② 节约能源。目前，工业分析仪表越来越多地应用在锅炉等燃烧系统，用来监视燃烧过程，降低能耗、节约燃料。如实时分析燃烧后烟气中成分（如二氧化碳和氧的含量）是判断燃烧状况、监视锅炉经济运行的主要手段。

③ 污染监测。对生产中排放物进行分析，使其中的有害成分不超过环保规定的指标值。如化工生产中排放出来的污水、残渣和烟气对大气和水源等会造成污染，所以对排放物及时进行分析和处理十分必要。

④ 安全生产。在工业生产中，必须确保生产安全和防止设备事故。如锅炉给水和蒸汽中含盐量及二氧化硅等，会形成水垢和腐蚀设备，从而造成受热面过热、降低强度而引起不安全问题，这就需对锅炉给水或蒸汽中盐量、二氧化硅等进行分析，确保锅炉安全运行。

8.1.2 工业分析仪表的分类

工业分析仪表中应用的物理、化学原理广泛、复杂，按其工作原理，可分为以下几种。

① 电化学式分析仪表。如电导仪、酸度计和氧化锆氧分析仪。

② 热学式分析仪表。如热导式和热化学式分析仪等。

③ 磁学式分析仪表。如热磁式氧分析器和核磁共振分析仪表等。

④ 光学式分析仪表。如红外线吸收式、分光光度式和光电比色式分析仪等。

⑤ 色谱仪。如气相色谱仪和液相色谱仪。

8.1.3 工业分析仪表的组成

工业分析仪表一般分为以下几部分，如图 8.1 所示。

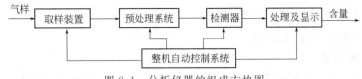

图 8.1　分析仪器的组成方块图

(1) 取样及预处理系统

取样及预处理系统是确保分析仪表正常工作的关键部分。它的任务是从被测对象中取出具有代表性的样品并进行必要的预处理。

取样装置包括取样探头及其他一些与探头有关的部件，如冷却与冷凝收集器、反吹清洗器、抽吸器及取样泵等。这些部件的主要作用是取样，同时对样品做初步预处理。如取样有正压取样和负压取样，对负压取样，应有抽吸器。另外，在取样时，对烟尘量很大的样品往往采用水洗的方法进行机械杂质与腐蚀性气体的过滤，初步过滤掉样品中颗粒较大的杂质。

样品经取样探头后进入预处理系统，这一部分包括：过滤器、干燥器、精密压力调节阀、稳压阀、稳流阀、各种切换系统（如样品与标准样品的切换、多点取样切换）、分流器、流量指示仪与流量调节器、各种启闭阀与回收系统。

这些部件的作用是对样品进行进一步预处理，主要是过滤掉细小的灰尘，对油污、腐蚀性的物质与水分进行化学过滤或吸收，以及除去某些干扰组分。同时还要对样品的压力、流量、温度进行控制，使之能满足分析仪表要求。

(2) 检测器

检测器，又称传感器，是分析仪器的主要部分，它的任务是将被分析物质的成分含量或物理性质转换成为电信号。分析仪器的技术性能主要取决于检测器。

(3) 信息处理系统

信息处理系统的作用是对检测器输出的微弱信号做进一步处理，如对电信号的转换、放大、线性化，最终变换为标准的统一信号（一般为 $4\sim20mA$）和数字信号等处理工作并将处理后信号输出到显示装置。

(4) 显示装置

显示装置的作用是显示分析的结果。一般有模拟显示、数字显示或屏幕图像显示，有的与微机联用配有打印机。

(5) 整机自动控制系统

整机自动控制系统主要任务是控制各部分自动而协调地工作。如每个分析周期进行自动调零、校准、采样分析和显示等循环过程。

8.2　热导式气体分析器

热导式气体分析器是在工业流程中最先使用的自动气体分析器。其特点是结构简单、工作稳定、性能可靠，因此在各工业部门得到了广泛应用。

气体的热导分析法是根据各种气体的热导率不同，从而通过测定混合气体的导热系数来间接地确定被测组分含量的一种分析方法。特别适合于分析两元混合气体，或者两种背景组分之比例保持恒定的三元混合气体。甚至在多组分混合气体中，只要背景组分基本保持不变也可有效地进行分析，如分析空气中的一些有害气体等。由于热导分析法的选择性不高，在分析成分更复杂的气体时，效果较差。但可采用一些辅助措施，如采用化学的方法除去干扰组分，或采用差动测量法分别测量气体在某种化学反应前后的热导率变化等，可以显著地改善仪器的选择性，扩大了仪器应用范围。

8.2.1 热导分析的基本原理

(1) 气体的热导率

由传热学可知，同一物体存在温差，或不同物体相接触存在温度差时，产生热量传递，热量由高温物体向低温物体传导。不同物体均有导热能力，但导热能力有差异，一般而言，固体导热能力最强，液体次之，气体最弱。物体的导热能力即反映其热传导速率大小，通常用热导率 λ 表示，物体传热的关系式可用傅里叶定律描述，即单位时间内传导的热量和温度梯度以及垂直于热流方向的截面积成正比，即

$$dQ = -\lambda \, dA \, \frac{\partial t}{\partial x} \tag{8.1}$$

式中　Q——单位时间内传导的热量，W；

　　　λ——介质热导率，W/m·K；

　　　A——垂直于温度梯度方向的传热面积，m^2；

　　　$\dfrac{\partial t}{\partial x}$——温度梯度，K/m。

式(8.1)中负号表示热量传递方向与温度梯度方向相反，并且可知，热导率 λ 越大，表示物质在单位时间内传递热量越多，即它的导热性能越好。其值大小与物质的组成、结构、密度、温度、压力等有关。

常见气体的相对热导率及其温度系数见表 8.1。气体的相对导热系数是指气体的导热系数与空气热导率的比值。

表 8.1　常见气体的相对热导率及其温度系数 β 值

气体名称	相对热导率 （0℃时）	温度系数 β （0～100℃）	气体名称	相对热导率 （0℃时）	温度系数 β （0～100℃）
氢	7.130	0.00261	二乙醚	0.543	0.00700
氖	1.991	0.00256	氨	0.897	—
氧	1.015	0.00303	氩	0.685	0.00311
空气	1.000	0.00253	氧化亚氮	0.646	—
氮	0.998	0.00264	二氧化碳	0.614	0.00495
一氧化碳	0.964	0.00262	硫化氢	0.538	—
二氧化硫	0.344	—	丙酮	0.406	0.00720
氯	0.322	—	汽油	0.370	0.00980
甲烷	1.318	0.00655	二氯甲烷	0.273	0.00530
乙烷	0.807	0.00583	水蒸气	（100℃时）	（100℃时）
乙烯	0.735	0.00763		0.973	0.00455

对于彼此之间无相互作用的多种组分的混合气体，它的热导率可以近似地认为是各组分热导率的加权平均值。

$$\lambda = \lambda_1 C_1 + \lambda_2 C_2 + \cdots + \lambda_n C_n = \sum_{i=1}^{n} \lambda_i C_i \tag{8.2}$$

式中　λ——混合气体的导热系数，W/m·K；

　　　λ_i——混合气体中第 i 组分的热导率，W/m·K；

C_i——混合气体中第 i 组分的体积百分含量。

式(8.2)说明混合气体的热导率与各组分的体积百分含量和相应的热导率有关,若某一组分的含量发生变化,必然会引起混合气体的热导率变化,热导分析仪即基于这种物理特性进行分析的。

(2) 热导原理分析气体成分的条件

对于多组分的混合气体,设待测组分含量为 C_1,其余组分含量为 $C_2,C_3,\cdots$,这些量均为未知数,仅利用式(8.2)求得待测组分 C_1 的含量是不可能的,必须应保证混合气体的导热系数仅与待测组分含量成单值函数关系,为此,需满足下列条件。

① 混合气体中除待测组分 C_1 外,其余各组分的热导率必须相同或十分接近,如待测组分为 $i=1$,应满足

$$\lambda_2 \approx \lambda_3 \approx \cdots \approx \lambda_n$$
$$\lambda_1 \neq \lambda_2, \lambda_3, \cdots, \lambda_n$$

因为 $C_1+C_2+\cdots+C_n=1$ 则式(8.2)可改写为

$$\lambda=\lambda_1 C_1+\lambda_2(1-C_1)=\lambda_2+(\lambda_1-\lambda_2)C_1 \tag{8.3}$$

② 待测组分的热导率与其余组分的热导率有明显差异,差异越大,越有利于测量。式(8.3)可改写为

$$\frac{\mathrm{d}\lambda}{\mathrm{d}C_1}=\lambda_1-\lambda_2 \tag{8.4}$$

由式(8.4)可知,利用导热原理测气体组分必要条件之一是 $\lambda_1 \neq \lambda_2$。如在合成氨生产过程中要求测量氢、氮混合气体中氢含量时,由于新鲜气中主要是氢和氮混合气,其他气含量很少,可以忽略。这样待测混合气体可认为只由氢和氮两种气体组成。由表 8.1 可知 $\lambda_{H_2} \gg \lambda_{N_2}$,所以新鲜气的热导率主要决定于氢含量,因而用导热原理测合成氨生产过程中的氢含量是可行的,并且灵敏度较高。

若上述两个条件不能满足要求时,应采取相应措施对气体进行预处理,使其满足上述两个条件,再进入分析仪器分析。如在合成氨生产过程中,常需测循环气中氢含量,在循环气中除了含有氢、氮外,还含有一定数量的甲烷、氨、氩等其他气体,循环气的热导率可用式(8.5)表示。

$$\lambda=\lambda_{H_2} C_{H_2}+\lambda_{N_2} C_{N_2}+\lambda_{CH_4} C_{CH_4}+\lambda_{NH_3} C_{NH_3}+\lambda_{Ar} C_{Ar} \tag{8.5}$$

由于循环气中氢、氮含量的减少,而其他组分含量相应增多。显然,即使氢含量不变,但循环气的热导率也因氮、甲烷、氨、氩等气体含量的波动而变化,其中甲烷的热导率较大,其影响也特别严重。由此可见,利用热导原理测量循环气中氢含量时,不满足上述两个条件,应对循环气做预处理,消除有影响气体,以满足测量要求。又如测量烟气中二氧化碳含量,已知烟气中含有二氧化碳、氮、一氧化碳、二氧化硫、氢、氧以及水蒸气等,由表8.1可知,在预处理中应除去水蒸气、二氧化硫和氢,剩下二氧化碳和热导率相近的氮、一氧化碳和氧,而待测组分二氧化碳和其余组分热导率有一定差异满足了上述两个条件。

气体的热导率与温度有关,工程上常将它们之间关系用式(8.6)近似表示。

$$\lambda_t=\lambda_0(1+\beta t) \tag{8.6}$$

式中　λ_t——t℃时的热导率,W/m·K;

　　　λ_0——0℃时的热导率,W/m·K;

　　　β——热导率的温度系数,1/℃;

　　　t——待测气体的温度,℃。

利用热导原理工作的分析仪器,除应尽量满足上述两个条件外,还要求取样气体的温度

变化要小，或者对其采取恒温措施，以提高测量结果的可靠性。

8.2.2 热导式气体分析器的检测器

(1) 检测器的工作原理

从上述分析可知，热导式气体分析器是通过对混合气体的热导率的测量来分析待测气体组分含量。由于热导率值很小，并且直接测量气体的导热系数比较困难，所以热导式气体分析器将导热系数测量转换成为电阻的测量，即利用检测器的转换作用，将混合气体中待测组分含量的变化所引起混合气体总的热导率的变化转换为电阻的变化。检测器通称为热导池。

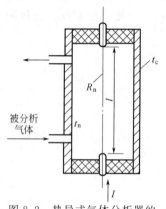

图 8.2 所示为热导式气体分析器的检测器结构示意图。在检测器中有个悬挂铂丝，作为热敏元件，其长度为 l，当通过电流为 I 时，电阻丝产生热量并向四周散热。这样当被分析气体流经热导池气室时，由于气体流量很小，气体带走的热量可忽略不计。热量主要通过气体传向热导池外壁，而外壁温度 t_c 是恒定的（热导池具有恒温装置），电阻丝达到热平衡时，其温度为 t_n。如果混合气体热导率越大，其散热条件越好，电阻丝热平衡时温度 t_n 越低，其电阻值 R_n 越小。反之，混合气体的热导率越小，电阻丝的电阻值 R_n 越大，检测器即实现了将导热系数的变化转换为电阻值的变化。电阻丝用铂丝做成，通称热丝。

图 8.2 热导式气体分析器的
检测器（热导池）结构示意

电阻丝热量向四周散热除因气体的热传导外还存在周围气体的热对流，电阻丝的热辐射以及电阻丝轴向热传导。在热导式气体分析器中，为了突出气体的热传导作用，希望其他散热方式散失的热量尽量少。所以，在设计热导池结构时，气室直径不能太大，一般气室直径约为 $4\sim7\mathrm{mm}$，并且具有气流的稳流装置，可减少气体对流散热及其波动的影响。热导池设计有温度控制，保证 $t_n - t_c$ 温差不大，使热丝的辐射散热量减少。热导池的热丝长度和直径比在 $2000\sim3000$ 倍以上，可以减少热丝的轴向连接体的散热量。

由于热导池和电阻丝为同轴，在忽略边缘效应时，热导池内的热流向四周辐射，等温面为同轴的圆柱面，温度仅沿半径方向变化，则根据式(8.1) 可得

$$\mathrm{d}Q = -\lambda 2\pi r \mathrm{d}l \frac{\mathrm{d}t}{\mathrm{d}r}$$

即

$$\mathrm{d}t = -\frac{\mathrm{d}Q}{\lambda 2\pi \mathrm{d}l}\frac{\mathrm{d}r}{r}$$

式中　$\mathrm{d}Q$——在单位时间内从小段（$\mathrm{d}l$）热丝上所散失的热量，W；

$\dfrac{\mathrm{d}t}{\mathrm{d}r}$——在与热丝轴线垂直方向上的温度梯度，℃/m。

于是，在热丝轴线垂直方向上的温度分布规律

$$t = -\int \frac{\mathrm{d}Q}{2\pi\lambda \mathrm{d}l}\frac{\mathrm{d}r}{r} = -\frac{\mathrm{d}Q}{2\pi\lambda \mathrm{d}l}\ln r + C \tag{8.7}$$

式中　C——积分常数。

设热丝半径为 r_n，取边界条件 $r = r_n$ 时 $t = t_n$ 则

$$C = t_n + \frac{\mathrm{d}Q}{2\pi\lambda \mathrm{d}l}\ln r_n$$

将 C 代入式(8.7) 得

$$t = -\frac{dQ}{2\pi\lambda\,dl}\ln r + \frac{dQ}{2\pi\lambda\,dl}\ln r_n + t_n = t_n - \frac{dQ}{2\pi\lambda\,dl}\ln\frac{r}{r_n} \tag{8.8}$$

当 $r = r_c$ 时，$t = t_c$ 则式（8.8）可改写为

$$t_c = t_n - \frac{dQ}{2\pi\lambda\,dl}\ln\frac{r_c}{r_n}$$

式中　r_c——热导池气室半径，m。

于是得到 dQ 的表达式为

$$dQ = \frac{(t_n - t_c)2\pi\lambda\,dl}{\ln\dfrac{r_c}{r_n}} \tag{8.9}$$

不考虑沿热丝长度方向所传导的热量，认为整个热丝上热量均匀分布，将式（8.9）对 l 积分则求得在单位时间内，从整个电阻丝上所散失的热量为

$$Q = \frac{(t_n - t_c)2\pi\lambda l}{\ln\dfrac{r_c}{r_n}} \tag{8.10}$$

热丝的发热量为

$$Q = I^2 R_n \tag{8.11}$$

热丝的电阻值为

$$R_n = R_0(1 + \alpha t_n) \tag{8.12}$$

式中　λ——气体在平均温度 $\left[\approx\dfrac{1}{2}(t_c + t_n)\right]$ 下的热导率，$W/m \cdot K$；

l——热丝的长度，m；

t_n——热平衡时热丝的温度，℃；

t_c——热导池（检测器）气室壁温度，℃；

r_c——热导池（检测器）气室半径，m；

r_n——热丝半径，m；

R_n，R_0——热丝在 t_n℃和 0℃时的电阻值，Ω；

I——流过热丝的电流，A；

α——热丝的电阻温度系数，1/℃。

达到热平衡时式（8.10）与式（8.11）相等，则

$$I^2 R_n = \frac{\lambda 2\pi l(t_n - t_c)}{\ln\dfrac{r_c}{r_n}}$$

或

$$t_n = t_c + \frac{\ln\dfrac{r_c}{r_n}}{\lambda 2\pi l}I^2 R_n \tag{8.13}$$

将式（8.13）代入式（8.12）得

$$R_n = R_0\left[1 + \alpha\left(t_c + \frac{\ln\dfrac{r_c}{r_n}}{\lambda 2\pi l}I^2 R_n\right)\right] \tag{8.14}$$

由式（8.14）可解出 R_n 值表达式为

$$R_n = R_0(1 + \alpha t_c) + \frac{\ln\dfrac{r_c}{r_n}}{2\pi l}\times\frac{I^2}{\lambda}(R_0^2\alpha + R_0^2\alpha^2 t_n) \tag{8.15}$$

由于 α 值很小，铂丝的电阻温度系数 α 值在 $0\sim100℃$ 间平均值约为 $3.9\times10^{-3}/℃$，所以 α^2 项的值更小，可以忽略不计，式（8.15）可近似写为

$$R_n=R_0(1+\alpha t_c)+K\frac{I^2}{\lambda}R_0^2\alpha \tag{8.16}$$

$$K=\frac{\ln\dfrac{r_c}{r_n}}{2\pi l}$$

式中　K——仪表常数。

式（8.16）表明当仪表常数确定，热导池气室壁温恒定、电流 I 恒定时，则热导池中电阻丝的电阻 R_n 与混合气体热导率 λ 为单值函数关系，完成将热导率变化转换为电阻的变化。

（2）热导池的结构

热导检测器常用的结构形式有扩散式和对流扩散式，如图8.3所示。扩散式靠气体扩散进入气室，反应缓慢，滞后较大，如气室尺寸小，滞后可减小，这种结构受气体流量波动影响较小。对流扩散式是在扩散式结构的基础上加一条支气管，形成分流，以减小滞后，提高了反应速度，并且对气体压力、流量变化不敏感，所以这种结构形式应用最多。

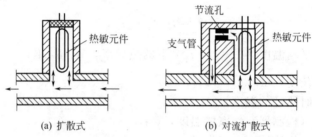

(a) 扩散式　　　　(b) 对流扩散式

图 8.3　热导检测器的结构

8.2.3　热导式气体分析器的测量电路

通过检测器的转换作用，将待测组分含量的变化转换成电阻值变化，而电阻的测量普遍采用电桥法。

（1）单电桥测量电路

图 8.4(a) 所示为简单的测量电路，电桥的四个臂分别由 R_n，R_S 电阻丝和两个固定电阻 R_1，R_2 组成。R_n 为电桥的测量臂，是置于流经被测气体的测量气室内的电阻；R_S 是参比臂，是置于封有相当于仪表测量下限值的标准气样的参比室内的电阻。当测量气室中通入被测组分含量为下限值的混合气体时，桥路处于平衡状态。即 $R_1R_n=R_2R_S$，此时桥路无输出，显示仪表指示值为零。当被测气体含量发生变化时，R_n 值也相应地随之改变，电桥失去平衡，即 $R_1R_n\neq R_2R_S$。于是就有不平衡电压输出，输出电压与 R_n 成正比，这样显示仪表便直接指示出被测组分含量大小。

参比气室是结构形式和尺寸与测量气室完全相同的热导池，气室内封入或连续通入被测组分含量固定的参比气，其电阻值 R_S 也是固定的，并置于工作臂的相邻桥臂上，能够克服或减小桥路电流波动及外界条件变化（如 t_c 变

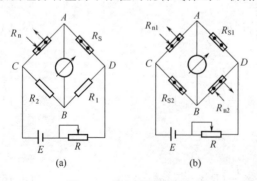

图 8.4　单电桥测量电路

化）对测量的影响。

为了提高电桥输出电压灵敏度，可把图8.4(a)中固定电阻R_1，R_2改换为参比臂和测量臂，如图8.4(b)所示。这样测量臂为R_{n1}和R_{n2}，参比臂为R_{S1}和R_{S2}，这种电桥称为双臂测量电桥，它的电压灵敏度为图8.4(a)所示单臂电桥的两倍。

(2) 双电桥测量电路

由于加工工艺难以保证测量气室和参比气室的对称性，即干扰影响难以对称性出现，为了消除这方面的影响，可以采用双电桥测量电路，如图8.5所示。Ⅰ为测量电桥，Ⅱ为参比电桥。测量电桥中R_1，R_3为气室中通入被测气体，R_2，R_4为气室中充以测量下限气体；参比电桥中R_5，R_7为气室中充以测量上限气体，R_6，R_8为气室中充以测量下限气体。参比电桥输出一固定的不平衡电压U_{AB}加在滑动变阻器R_p的两端，测量电桥输出电压U_{CD}随着被测组分含量而变化。显然若D，E两点之间有电位差U_{DE}，则经放大器放大后，推动可逆电动机转动，并带动滑动变阻器R_p的滑动点E移动，直到$U_{DE}=0$，放大器无输入信号，此时$U_{CD}=U_{AE}$。所以，滑动触点E的每一个位置x对应于测量电桥的输出电压U_{CD}，即相应于一定的气体含量。则$x=L\dfrac{U_{CD}}{U_{AB}}$，$L$为滑动变阻器的长度。

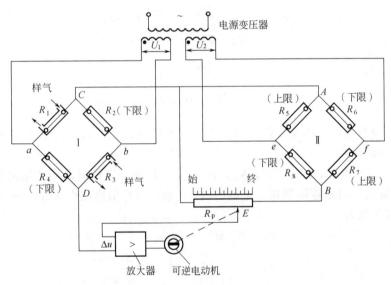

图8.5 双电桥测量线路

由此可见，当环境温度、电源电压等干扰信号同时出现在两个电桥中时，虽然会使两电桥的输出电压发生变化，然而却能保持两者比值不变，仪表指示不受影响，提高了仪表的测量精度。

(3) 热导池（检测器）的影响因素

以图8.6所示测量电桥为例，其中R_1为热丝电阻，R_2，R_3和R_4为固定电阻，在测量下限含量时，$R_1=R_2=R$，$R_3=R_4=nR$，由电桥输出电压U便可求得待测组分的含量。

因为电桥的输出电压取决于检测器的电阻随温度的变化，温度又决定于气体混合物的导热系数的变化，从而测定组分的含量，结果是电桥的输出电压U直接决定于待测组分的浓度C_1。输出电压与组分浓度关系可表示为

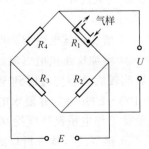

图8.6 测量电桥原理

$$\frac{\partial U}{\partial C_1} = \frac{\partial U}{\partial R_n} \times \frac{\partial R_n}{\partial t} \times \frac{\partial t}{\partial \lambda} \times \frac{\partial \lambda}{\partial C_1} \tag{8.17}$$

电桥输入电阻与其输出 U 表达式为

$$\frac{\partial U}{\partial R_n} = \frac{1}{R_n} \frac{n}{(1+n)^2} E \tag{8.18}$$

由式(8.12)可得电阻与温度关系如下。

$$\frac{\partial R_n}{\partial t} = R_0 \alpha \tag{8.19}$$

由式(8.13)可得温度与导热系数关系如下。

$$\frac{\partial t}{\partial \lambda} = -KI^2 R_n \frac{1}{\lambda^2} \tag{8.20}$$

将式(8.4)及式(8.18)~式(8.20)代入式(8.17)可得

$$\frac{\partial U}{\partial C_1} = -\frac{nE}{(1+n)^2} \alpha R_0 KI^2 \frac{\lambda_1 - \lambda_2}{\lambda^2}$$

如以增量式表示为

$$\Delta U = -\frac{nE}{(1+n)^2} \alpha R_0 KI^2 \frac{\lambda_1 - \lambda_2}{\lambda^2} \Delta C_1 \tag{8.21}$$

式(8.21)为热导式气体分析仪的刻度方程，即热导式分析仪的理论表达式。下面讨论影响仪器灵敏度的因素。

① 由式(8.21)可知，当 n，E，R_0，K，I，α 均为一定值时，而待测组分的 λ_1 和 λ_2 近似为已知的常数，当量程限制在一定范围内，λ 也可以近似地视作常数，则 $\Delta\lambda$ 变化很小，式(8.21)可以简化为

$$\Delta U = K_1 \Delta C_1 \tag{8.22}$$

$$K_1 = -\frac{nE}{(1+n)^2} \alpha R_0 KI^2 \frac{\lambda_1 - \lambda_2}{\lambda^2}$$

式中　　K_1——常数。

电桥输出变化量 ΔU 与组分浓度变化 ΔC_1 成正比。

② 改变检测器结构参数，如增加 r_c，减小 r_n 和 l，可以使仪表常数 K 提高，则仪器的灵敏度也提高了。但是，结构参数应有一个优化值，一般选 r_n 为 $0.01 \sim 0.03$mm，r_c 为 $4 \sim 60$mm。

③ 增加铂丝电阻 R_0 可以提高仪器灵敏度，因 $\Delta R = \alpha R_0 \Delta t$，从而增加铂丝电阻变化量。

④ 增加桥路供电电流或采用双臂电桥也可以提高其灵敏度，由式(8.21)可知，桥路电流影响较大，但应考虑到电流太大会使铂丝温度提高，热辐射的影响增加。一般桥路电流 $I = 100 \sim 200$mA，并要求电流要稳定，否则会引起较大误差。采用双臂工作电桥的灵敏度比单臂工作电桥灵敏度提高 1 倍。

⑤ 热导式气体分析仪的灵敏度与气样组分性质有关，待测组分与其余组分的导热系数差别越大，则仪器灵敏度越高，反之越低。

8.3　氧化锆氧分析器

氧化锆氧分析器又称为氧化锆氧量计。它是利用氧化锆固体电解质制成的检测器检测混合气体中氧气的含量。它具有结构简单、反应速度快（测高、中氧含量时，时间常数 $T<3s$，测 10^{-6} 级氧含量时，$T\leqslant30s$）、灵敏度高（测量下限可达 10^{-11} 大气压氧）、精度高、稳定性好等优点。它适合于各工业部门用于连续分析各种锅炉的燃烧情况，并可以通过自调系统控制锅炉的风量，以保证最佳的空气燃烧比，达到节约能源及减少环境污染的双重效果。

8.3.1　氧化锆固体电解质导电机理

电解质溶液导电是靠离子导电，某些固体也具有离子导电的性质，具有某种离子导电性能的固体物质称为固体电解质。凡能传导氧离子的固体电解质称为氧离子固体电解质。固体电解质是离子晶体结构，依赖离子导电。现以氧化锆（ZrO_2）固体电解质为例说明其导电机理。纯氧化锆基本上是不导电的，但掺杂一些氧化钙或氧化钇等稀土氧化物后，它就具有高温导电性。如在氧化锆中掺杂一些氧化钙（CaO），Ca 置换了 Zr 原子的位置，由于 Ca^{2+} 和 Zr^{4+} 离子价不同，因此，在晶体中形成许多氧空穴。这种情况可以用图 8.7 表示。在高温下（750℃以上），如有外加电场，就会形成氧离子（O^{2-}）占据空穴定向运动而导电。带负电荷的氧离子占据空穴的运动，也就相当于带正电荷的空穴做反向运动。因此，也可以说固体电解质是靠空穴导电，这和 P 型半导体靠空穴导电机理相似。固体电解质的导电性能与温度有关，温度越高，其导电性能越强。

8.3.2　氧浓差电池检测原理

氧化锆对氧的检测是通过氧化锆组成的浓差电池。图 8.8 所示为氧化锆探头的工作原理。在掺有氧化钙的氧化锆固体电解质片的两侧，用烧结的方法制成几微米到几十微米厚的多孔铂层，并焊上铂丝作为引线，构成了两个多孔性铂电极，形成一个浓差电池。

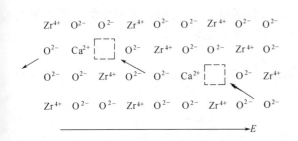

图 8.7　ZrO_2（+CaO）固体电解质与导电机理示意图

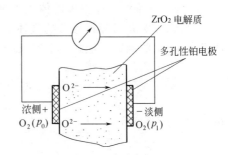

图 8.8　氧化锆氧分析器原理示意图

如电池左侧通入空气（作为参比气），氧分压为 p_0，氧含量一般为 20.8%。右侧通入被测的烟气，氧分压为 p_1（未知），氧含量一般为 3%~6%。在高温下，氧浓差电池表达式为

$$(+)Pt|空气（氧分压\ p_0）\parallel ZrO_2CaO \parallel 待测烟道气（氧分压\ p_1）|Pt(-) \qquad (8.23)$$

浓差电池中高浓度侧氧分子要向低浓度侧扩散。当高浓度侧的氧分子渗入多孔铂电极后，在铂电极催化作用下发生还原反应

$$O_2 + 4e \longrightarrow 2O^{2-} \tag{8.24}$$

因氧分子从铂电极上夺取电子而生成氧离子，使铂电极失去电子，带正电，成为浓差电池的阳极。当氧离子通过氧化锆到达低浓度侧的铂电极，氧离子在铂电极作用下发生氧化反应，氧离子氧化成氧分子，同时释放出电子，即

$$2O^{2-} \longrightarrow O_2 + 4e \tag{8.25}$$

因低浓度侧铂电极得到电子而带负电，成为浓差电池的阴极，从而在两电极间形成静电场。由于静电场的存在，阻碍了氧离子从高浓度侧向低浓度侧扩散，加速了低浓度侧的氧离子向高浓度侧的迁移，最后扩散作用和电场作用达到平衡，氧离子正、反运动速率相等。在固体电解质两侧形成电位差，这种由于浓度不同而产生的电位差称为浓差电势。

浓差电势的大小可用能斯特（Nernst）公式表示

$$E = \frac{RT}{nF} \ln \frac{p_0}{p_1} \tag{8.26}$$

式中　E——浓差电池电动势，V；

　　　R——理想气体常数，8.315J/(mol·K)；

　　　T——气体绝对温度，K；

　　　F——法拉第常数，96500C/mol；

　　　p_0——参比气体（空气）中氧分压；

　　　p_1——待测气体中氧分压；

　　　n——参加反应的电子数，此处 $n=4$。

如待测气体的总压力与参比气室总压力相等，则式(8.26)可改写为

$$E = \frac{RT}{4F} \ln \frac{c_0}{c_1} \tag{8.27}$$

式中　c_0——参比气体中氧的体积含量；

　　　c_1——待测气体中氧的体积含量。

由式(8.27)可知，当参比气体氧含量 c_0 与气体温度 T 一定时，浓差电势仅是待测气体氧含量 c_1 的函数。把式(8.27)的自然对数换为常用对数得

$$E = 2.303 \frac{RT}{4F} \lg \frac{c_0}{c_1} \tag{8.28}$$

再将 R、F 等值代入式(8.28)得

$$E = 0.4961 \times 10^{-4} T \lg \frac{c_0}{c_1} \tag{8.29}$$

一般用空气作参比气体，其氧含量 c_0 为 20.8%，如温度控制在 800℃，则待测气体氧含量为 10% 时，参比气体与待测气体压力相等，这时可计算出浓差电势为

$$E = 0.4961 \times 10^{-4} (273 + 800) \lg \frac{0.208}{0.1} = 0.0169 \text{V}$$

氧化锆的氧浓差电势、氧浓度和温度关系的计算数据见表 8.2。

表 8.2 氧浓差电势与氧浓度和温度的关系

氧的体积百分浓度	氧的浓差电势/mV				氧的体积百分浓度	氧的浓差电势/mV			
	600℃	700℃	800℃	850℃		600℃	700℃	800℃	850℃
1.00	56.89	63.42	69.89	73.20	3.40	33.89	37.77	41.65	43.59
1.10	55.13	61.45	67.76	70.91	3.50	33.34	37.17	40.96	42.87
1.20	53.47	59.60	65.72	68.79	3.60	32.82	36.57	40.33	42.21
1.30	51.97	57.92	63.87	66.85	3.80	31.80	35.44	39.08	40.90
1.40	50.58	56.37	62.16	65.06	4.00	30.83	34.37	37.88	39.66
1.50	49.27	54.92	60.57	63.39	4.50	28.62	31.91	35.11	36.81
1.60	48.06	53.57	59.07	61.82	5.00	26.63	29.69	32.73	34.26
1.70	46.92	52.30	57.67	60.36	5.50	24.85	27.71	30.54	31.96
1.80	45.85	51.10	56.35	58.97	6.00	23.21	25.87	28.52	29.85
1.90	44.83	49.97	55.10	57.67	6.50	21.70	24.19	26.67	27.91
2.00	43.85	48.89	53.88	56.41	7.00	20.31	22.64	24.95	26.11
2.20	42.07	46.89	51.71	54.12	7.50	19.01	21.19	23.36	24.45
2.40	40.44	45.07	49.70	52.01	8.00	17.79	19.84	21.87	22.88
2.60	38.93	43.39	47.85	50.08	8.50	16.65	18.56	20.47	21.42
2.80	37.54	41.84	46.14	48.29	9.00	15.57	17.36	19.13	20.04
3.00	36.23	40.39	44.51	46.62	9.50	14.56	16.23	17.89	17.73
3.20	35.03	39.04	43.05	45.06	10.00	13.55	15.11	16.65	17.45

利用氧化锆探头测氧含量应满足以下条件。

① 氧化锆浓差电势与氧化锆探头的工作温度成正比。所以，氧化锆探头应处于恒定温度下工作或采取温度补偿措施。

② 为了保证测量的灵敏度，探测器工作温度的选择应适中，工作温度选择较低其灵敏度下降，工作温度过低时，氧化锆内阻过高，正确测量其电势较困难。工作温度选择过高时，因烟气中的可燃性物质就会与氧迅速化合而形成燃料电池，使输出增大，对测量造成干扰。

③ 在使用过程中，应保证待测气体压力与参比气体压力相等，只有这样待测气体和参比气体氧分压之比才能代表上述两种气体含量之比。同时，要求参比气体的氧含量远高于被测气体的氧含量，才能保证检测器具有较高的输出灵敏度。

④ 由于氧浓差电池有使两侧氧浓度趋于一致的倾向，因此，必须保证待测气体和参比气体均有一定的流速，但流量不可过大，否则会引起热电偶测温不准和氧化锆温度不匀，造成测量误差。

图 8.9 所示为氧化锆探头的结构示意。它是由氧化锆固体电解质管、内外两侧多孔性铂电极及其引线构成。氧化锆管制成一头封闭的圆管，管径约 10mm 左右，壁厚 1mm，长度 160mm 左右。内外电极一般采用多孔铂，用涂敷和烧结的方法制成，厚度由几微米到几十微米左右，电极引线采用零点几毫米的铂丝。圆管内部通入参比气体（如空气），管外部是待测气体（如烟气）。实际氧化锆探头采用温度控制，还带有必要的辅助设备，如过滤器、参比气体引入管、测温热电偶等。图 8.10 所示为带温控的氧化锆探头原理结构。

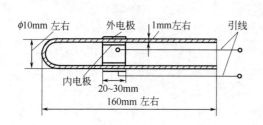

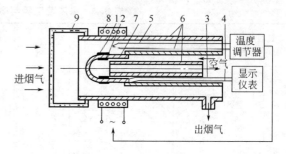

图 8.9 氧化锆探头的结构示意

图 8.10 带温控的氧化锆探头原理结构

1,2—内外铂电极；3,4—铂电极引线；5—热电偶；

6—Al_2O_3；7—氧化锆管；8—加热炉丝；9—过滤陶瓷

图 8.11(a) 所示为温度补偿式氧化锆探头示意图。从探头中获取两个信号，一是氧化锆产生的浓差电势 E；二是由热电偶产生的热电势 E_T。图 8.11(b) 所示为温度补偿原理方框图，以消除温度的影响。

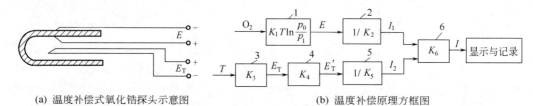

(a) 温度补偿式氧化锆探头示意图   (b) 温度补偿原理方框图

图 8.11 温度补偿式氧化锆分析器

氧化锆探头 1 输出的电势为

$$E = \frac{RT}{4F}\ln\frac{p_0}{p_1}$$

令 $K_1 = \frac{R}{4F}$，上式可改写为

$$E = K_1 T\ln\frac{p_0}{p_1} \tag{8.30}$$

毫伏变送器 2 将氧化锆探头 1 输出电势 E 转换为电流 I_1，电势电流转换系数为 $1/K_2$，则

$$I_1 = \frac{E}{K_2} = \frac{K_1}{K_2}T\ln\frac{p_0}{p_1} \tag{8.31}$$

探头中的热电偶 3 输出毫伏信号 E_T 通过函数发生器 4 转换为与热力学温度 T 成正比的信号 E_T'，它们的转换系数分别为 K_3，K_4，E_T' 为

$$E_T' = K_4 E_T = K_3 K_4 T \tag{8.32}$$

毫伏变送器 5 将电势 E_T' 转换成电流 I_2，转换系数为 $\frac{1}{K_5}$，I_2 为

$$I_2 = \frac{E_T'}{K_5} = \frac{K_3 K_4}{K_5}T \tag{8.33}$$

除法器 6 的输入为 I_1，I_2，输出为电流 I，除法器系数为 K_6，则输出电流 I 为

$$I = K_6\frac{I_1}{I_2} \tag{8.34}$$

将式(8.31) 和式(8.33) 代入式(8.34) 得

$$I = \frac{K_1 K_5 K_6}{K_2 K_3 K_4} \ln \frac{p_0}{p_1} \tag{8.35}$$

由式(8.35) 可知, 采用了上述温度补偿后, 其输出电流 I 与待测气体的工作温度无关, 仅取决于被分析气体中的氧分压 p_1, 即含氧量 c_1。

8.3.3　氧化锆氧分析器的测量电路

氧化锆探头是一个内阻很大的浓差电池, 其内阻随温度增加而减小。因此, 测量其电势时, 测量电路必须有足够高的输入阻抗, 应有线性化电路, 一般还有温度控制电路。图 8.12 所示为具有温度控制电路的测量电路原理系统图。

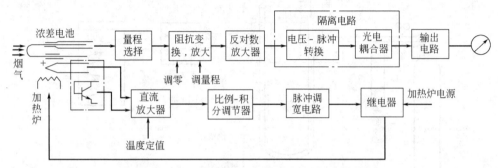

图 8.12　具有温度控制电路的测量电路原理系统图

8.3.4　氧化锆氧分析器的调整

氧化锆氧分析器在安装前需要进行校验, 在使用过程中对分析器也要做定期校验。其方法是用已配好的标准气样作为测量气, 一般取含氧量为 1% 和 8% 两个标准气样, 分别从校验气口通入氧化锆探头, 反复调节量程板上零位电位器和量程电位器, 使二次仪表指示值在相应位置上。

氧化锆在使用一段时间后, 检测器往往会发生老化现象。反映老化程度主要有两个指标: 一是本底电势, 又称残余电势; 二是检测器的内阻。

检查本底电势时, 在校验气口通入空气, 待测气体与参比气体相同, 理论上本底电势应为零, 实际不为零, 一般要求本底电势小于 5mV。

随着使用时间的增长, 检测器内阻会相应增加, 要求氧化锆内阻小于 10kΩ。测量检测器内阻时, 需要在校验气口输入 1% 的含氧标准气样, 先测量检测器的两端开路电势 U_1, 然后在检测器两端并联 100kΩ 电阻, 如图 8.13 所示。这样即可求得氧化锆探头内阻 R。

如果氧化锆探头的本底电势或内阻不符合要求, 说明其探头已老化, 需要更换新探头。

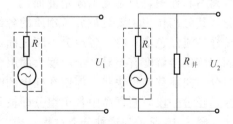

图 8.13　氧化锆探头内阻测量示意

8.4　气相色谱分析仪

气相色谱分析是重要的近代分析手段之一, 它对被分析的多组分混合物采取先分离、后检测的方法进行定性、定量分析, 具有取样量少、效能高、分析速度快、定量结果准确等特点，因此广泛地应用于石油、化工、冶金、环境科学等各个领域。

气相色谱仪流程如图 8.14 所示，载气由高压气瓶供给，经减压阀、流速计提供恒定的载气流量，载气流经汽化室将已进入汽化室的被分析组分样品带入色谱柱进行分离。色谱柱是一根金属或玻璃管，管内装有 60～80 目多孔性颗粒，它具有较大的表面积，作为固定相，在固定相的表面积上涂以固定液，起到分离各组分的作用，构成气-液色谱。待分析气样在载气带动下流进色谱柱，与固定液多次接触、交换，最终将待分析混合气中的各组分按时间顺序分别流经检测器而排入大气，检测器将分离出的组分转换为电信号，由记录仪记录峰形（色谱峰），每个峰形的面积大小即反映相应组分的含量多少。

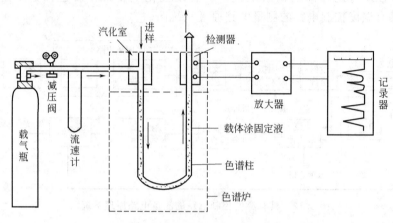

图 8.14 气相色谱仪流程

色谱仪中的色谱柱，是对被分析样品中各组分起到分离作用，色谱柱内充满了不动的微小颗粒，它是多孔性、表面积较大的颗粒，称为固定相。在固定相表面涂了一层液体，称为固定液。按流动相可有气相、液相，固定相可有固相、液相，则色谱分析仪有气-固色谱、气-液色谱、液-固色谱、液-液色谱。

8.4.1 气相色谱分离原理

气-液色谱中的固定相是涂在惰性固体颗粒（称为担体）表面的一层高沸点的有机化合物的液膜，这种高沸点的有机化合物称为固定液。担体对被分析物质的吸附能力相当弱，对分离不起作用，只是支承固定液而已。气-液色谱中只有固定液才能分离混合物中的各个组分。其分离作用主要是被分析物质的各组分在固定液中有不同的溶解能力所造成的。当被分析样品流经色谱柱时，各组分不断被固定液溶解、挥发、再溶解、再挥发……由于各组分在固定液中溶解度有差异，溶解度大的组分较难挥发，停留在柱中的时间长些，而溶解度小的组分，向前移动得快些，停留在柱中的时间短些，不溶解的组分随载气首先馏出色谱柱。这样，经过一段时间样品中各个组分即被分离。

图 8.15 所示为这种分离过程示意。设样品中只有 A 和 B 两种组分，并设组分 B 的溶解度比组分 A 大。t_1 时刻样品刚被载气 D 带入色谱柱，这时它们混合在一起，由于 B 组分容易溶解，它在气相中向前移动的速度比 A 组分慢，在 t_2 时已看出 A 超前，B 滞后，随着时间增长，两者的距离逐渐拉大，t_3 时得以完全分离。两组分在不同时间 t_4 和 t_5 时，先后流出色谱柱，而进入检测器，随后由记录仪记录出相应两组分的色谱峰。

在一定温度、压力下，组分在气液两相间分配达到平衡时的质量浓度比称为分配系数，即

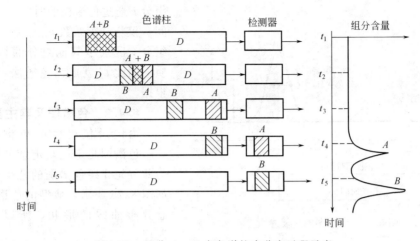

图 8.15　组分 A、B 在色谱柱中分离过程示意

$$k_i = \frac{\rho_{si}}{\rho_{mi}} \tag{8.36}$$

式中　ρ_{si}——组分 i 在固定相中的质量浓度，kg/m^3；

ρ_{mi}——组分 i 在流动相中的质量浓度，kg/m^3。

在各个组分随流动相移动过程中，分配系数较大的组分受到的阻滞力也较大，在固定相中停留的时间较长，移动较慢。这种分配在管中要进行 $1 \times 10^3 \sim 1 \times 10^6$ 次。这样，不同组分的差距越来越大，达到分离的目的。假设在单位长度色谱柱上，固定相体积为 V_s，流动相体积为 V_m，则单位长度内组分 i 的含量为

$$m_i = V_s \rho_{si} + V_m \rho_{mi} \tag{8.37}$$

若流动相的体积流量为 q_v，在 Δt 时间内应有 $q_v \Delta t$ 的流动相流过色谱柱，同时组分 i 在柱中前移了 Δx_i。可以认为，在 Δx_i 长的色谱柱中含有的样品量 $m_i \Delta x_i$ 是由 $q_v \Delta t$ 体积的流动相提供的，两者应近似相等，即

$$m_i \Delta x_i = q_v \Delta t \rho_{mi} \tag{8.38}$$

由式(8.37)和式(8.38)可得组分 i 的移动速度为

$$v_i = \frac{\Delta x_i}{\Delta t} = \frac{q_v}{V_m + V_s \dfrac{\rho_{si}}{\rho_{mi}}} = \frac{q_v}{V_m + V_s k_i} \tag{8.39}$$

式(8.39)说明，由于各组分的分配系数不同，它们的流速也不相等。因此，只要经过足够的时间，即有足够的柱长，各组分将彼此完全分离。在上述假定条件下，载气在色谱柱中移动的线速度等于

$$v_0 = \frac{q_v}{V_m} \tag{8.40}$$

载气通过柱长 L 的时间为

$$t_0 = \frac{L V_m}{q_v} \tag{8.41}$$

而组分 i 通过柱子的时间为

$$t_r = \frac{L(V_m + V_s k_i)}{q_v} = t_0 \left(1 + k_i \frac{V_s}{V_m} \right) \tag{8.42}$$

比较式(8.41)和式(8.42)说明组分 i 比载气多用 $k_i \dfrac{V_s}{V_m}$ 倍时间。当操作条件一定时，

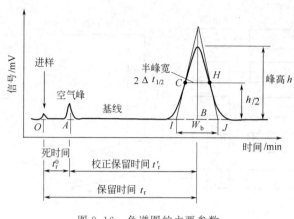

图 8.16　色谱图的主要参数

组分 i 通过色谱柱的时间 t_r（称保留时间）仅与分配系数 k_i 有关，而 k_i 正是组分 i 区别于其他组分的特有物理性质，因此 t_r 就成为色谱法定性分析的根据。

8.4.2　色谱图及其主要参数

由记录仪得到的色谱流出曲线——色谱图是定性与定量分析的依据。为此首先介绍色谱图的几个主要参数。如图 8.16 所示，典型的色谱峰接近正态分布曲线的形状，所以又称为高斯峰。

（1）基线

色谱仪启动后，只有载气通过而没有样气注入时所记录的曲线称为基线。基线一般不取零值，仪器性能稳定时，它应是平行时间轴的直线，如图 8.16 所示。基线漂移是衡量色谱仪优劣的重要指标。

（2）保留时间

以下提到的几个时间参数都是从进样开始计算的，所以必须准确地确定进样时刻。当试样注入时，由于压力突然变化或液体瞬间汽化切断气流，均会使检测器产生一个不大的输出信号，称为进样信号，如色谱图上 O 点。

死时间 t_r^0 指不能被固定相吸附或溶解的惰性组分（如空气、惰气等）从进样到出峰的时间，如图中 OA，此峰又称空气峰。t_r^0 反映色谱柱中空隙体积的大小。

保留时间 t_r 指被分析组分从进样到出峰的时间，如图 8.16 中 OB 段。

校正保留时间 t_r' 指保留时间中扣除死时间后的数值，即 $t_r' = t_r - t_r^0$，如图 8.16 中 AB 段。它代表该组分在固定相中停留的时间。

（3）保留体积

死体积 V_r^0、保留体积 V_r、校正保留体积 V_r' 分别指相应的死时间 t_r^0、保留时间 t_r、校正保留时间 t_r' 内通过色谱柱的载气体积。如载气的体积流量 q_v 恒定不变，则体积保留值等于时间保留值与流量 q_v 之积。

（4）区域宽度与分离度

色谱峰所占区域宽度反映了分离条件的优劣。通常区域宽度有如下两种表示方法。

① 半峰宽 $2\Delta t_{1/2}$，指色谱峰在峰高一半处的宽度，如图 8.16 中的 CH。

② 基线宽 W_b，指通过流出曲线的拐点所做的切线在基线上的截距，如图 8.16 中的 IJ。

从色谱图上可直观看出，只有相邻的色谱峰能明显分开时，才能实现两组分的有效分离。衡量分离效能的指标称为分离度，或分辨率，重叠峰的色谱图如图 8.17 所示。分离度

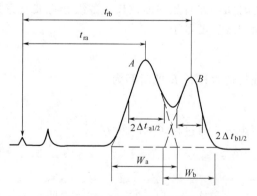

图 8.17　重叠峰的色谱图

的定义为：相邻两色谱峰保留值（保留时间或保留体积）之差与两峰宽度平均值之比，即

$$R = \frac{t_{rb} - t_{ra}}{\dfrac{W_a + W_b}{2}}$$

或

$$R = \frac{t_{rb} - t_{ra}}{\Delta t_{b1/2} - \Delta t_{a1/2}} \tag{8.43}$$

显然，R 值越大分离效果越好；$R < 1$ 时两峰有部分重叠；$R = 1$ 时，两个等面积的高斯峰的分离效率为 98%；$R = 1.5$ 时，其分离效率达到 99.7%，可以认为完全分离。R 若再大，则会加长分析时间。在工业气相色谱分析中一般要求很大的分离度，以便于程序的安排和维持较长的柱寿命，所以 R 的取值可高达 5～10。

8.4.3　色谱定性和定量分析

（1）定性分析

气相色谱的定性分析，就是确定每个色谱峰代表何种组分，这里介绍两个常用的方法。

① 利用保留值定性。这是最简便、最常用的色谱定性分析方法。对于组成大致清楚且又有相应的标准物质的样品，可以采用绝对保留法。在相同色谱条件下测定标准物质的保留值和未知样品中各色谱峰的保留值，如果未知样品中出现了某种标准物质的保留值相同的色谱峰，则可认为未知样品中可能含有这种物质。

由于保留值易受柱温、流速、固定相等多种条件的影响，所以一般不直接用保留值定性，而是使用相对保留值法。这种方法是选择一个已知的标准物质，计算待测组分 i 的相对保留值 a_{is}，即

$$a_{is} = \frac{t'_{ri}}{t'_{rs}} = \frac{V'_{ri}}{V'_{rs}} \tag{8.44}$$

根据相对保留值对未知物质进行定性分析。相对保留值 a_{is} 只与柱温、固定相性质有关，与其他操作条件无关。选择标准物质时，必须是容易得到的纯品，而且它的保留值在各待测组分的保留值之间。因此，保证柱温和固定相性质与色谱手册给出的相应条件相同时，可将所测组分的相对保留值 a_{is} 与手册数据对比做出定性分析判断。

采用此法时，将给定的基准物加入被测样品中，以求出各组分的 a_{is} 值。常用的基准物是苯、正丁烷、对二甲苯和环己烷等。

② 用加入已知物增加峰高的办法定性。如果未知样品中的组分较多，相邻谱峰的距离太近，无法准确测定各色谱峰的保留值时，则可先做出未知样品的色谱图，对其中无法确认的谱峰可以用纯物质进行核对，即在未知样品中加入某种已知物，再得一色谱图，如果加入的物质能增加某组分的峰高，则表示未知组分就可能是这种纯物质。

（2）定量分析

色谱定量分析的任务是确定样品中各个组分的含量。分析的理论依据是在柱负荷允许的范围内，待测组分的含量 W_i 与检测器上产生的响应信号（峰面积或峰高）成正比，即

$$W_i = f_i A_i$$
$$W_i = f_{hi} h_i \tag{8.45}$$

式中　f_i，f_{hi}——组分 i 的定量校正因子。

因此必须准确测定峰面积 A_i 或峰高 h_i，并求出校正因子，才能计算组分在样品中含量。在色谱定量分析中一般采用峰面积法。只有在操作条件严格不变的情况下，半峰宽才不

随组分含量的变化而变化，这时才可以用峰高法定量。对于峰宽较小的窄峰，采用峰面积法时因测量半峰宽的误差较大，这时采用测峰高法往往效果较好。

① 峰面积的测量方法。其一是峰高（h）乘半峰宽（$2\Delta t_{1/2}$）这种方法是以长方形的面积近似代替谱峰面积，即

$$A_i = h_i 2\Delta t_{1/2} \tag{8.46}$$

这种方法测量的峰面积，只有真实面积的 0.94 倍，在测定样品含量使用相对计算的方法时，可以直接使用式(8.46)。但在作绝对测量时，如测灵敏度等，必须乘上系数 1.065，即

$$A_i = 1.065 h_i (2\Delta t_{1/2}) \tag{8.47}$$

这种方法比较简便，但主要用于对称峰。误差的来源主要在于半峰宽的测量，因此，对于很窄或很小的峰，不对称峰，重叠较大的峰，一般不采用此法测量峰面积。

其二是峰高乘平均峰宽法。在峰高 15% 和 85% 处分别测出峰宽（$2\Delta t_{0.15}$ 和 $2\Delta t_{0.85}$），取它们的平均值为平均峰宽，这样，峰面积为

$$A = h \frac{1}{2}(2\Delta t_{0.15} + 2\Delta t_{0.85}) \tag{8.48}$$

此法测量比较麻烦，但结果比较准确。不对称峰（前伸或拖尾）常常采用这种方法测量。

② 校正因子。色谱峰面积反映了组分含量多少，仅用色谱峰形面积直接计算组分含量时，可能会引起较大误差。

实践证明，不同物质在同一种检测器中有不同的响应，即具有相同含量的组分因响应不同，得到不同的峰面积，因此仅以峰面积计算组分含量会有误差，故引入校正因子，通常采用质量校正因子 f_W，其表达式为

$$f_W = \frac{f_{iW}}{f_{sW}} = \frac{A_s W_i}{A_i W_s} \tag{8.49}$$

式中　f_W——组分的相对质量校正因子，文献可查；

　　　f_{iW}——组分 i 质量校正因子，$f_{iW} = W_i/A_i$；

　　　f_{sW}——标准物质量校正因子，$f_{sW} = W_s/A_s$；

　A_i，A_s——组分 i 峰和标准物峰的面积，m^2；

　W_i，W_s——组分 i 质量和标准物质量，kg。

(3) 定量计算方法

目前，最常用的定量计算方法有归一化法、内标法、外标法等，这些方法的定量各有其优缺点，而且它们有一定的应用范围，在选用定量公式时，根据具体情况选择合适的方法。

① 归一化法。归一化法是最常用的一种简便、准确的定量方法。使用这种方法的条件是样品中的所有组分必须全部被分离而流出色谱柱，并且在检测器有输出响应，色谱图包含全部组分，以面积计算组分含量，并引入校正因子，每个组分的含量百分数 $c_i\%$ 为

$$c_i\% = \frac{f_{iW} A_i}{f_{1W} A_1 + f_{2W} A_2 + \cdots + f_{nW} A_n} \times 100\% \tag{8.50}$$

式(8.50) 又称带校正因子的归一化法，如果各组分的校正因子均相等时式(8.50) 可改写为

$$c_i\% = \frac{A_i}{A_1 + A_2 + \cdots + A_n} \times 100\% \tag{8.51}$$

② 内标法。当被测样品中某组分经检测器无响应，或者只要对样品某些组分进行定量分析时，可采用内标法定量计算。其方法是准确称取样品量，并加入一定量的内标物，进样分析，在分析后获得的色谱峰中增加一个内标物的色谱峰形，计算各组分的含量百分数可用

式(8.52)计算

$$c_i\% = \frac{f_{iW}A_i W_s}{f_{sW}A_s W} \times 100\%$$ (8.52)

式中 A_i——组分 i 的峰面积，m^2；

A_s——内标物的峰面积，m^2；

f_{iW}——组分 i 的质量校正因子；

f_{sW}——内标物的质量校正因子；

W——被测样品的质量，kg；

W_s——内标物的质量，kg。

内标法是一种绝对定量法，定量准确、限制条件少，但每次都需要用天平准确称重，不太方便。

③ 外标法。外标法是用已知纯样品加稀释剂配成不同含量的标准样品，在需要的条件下进行色谱分析，可得到一组已知组分含量与峰面（或峰高）的数据，画出该组分的一条标准 $c_i\%$-A_i 曲线，根据需要可以作出若干条不同组分的 $c_i\%$-A_i 曲线，如图 8.18 所示。当被分析样品在与标准曲线相同操作条件下进样分析时可获得相应组分的峰面积 A_i（或峰高 h_i）值，从标准曲线可查得相应组分的含量百分数。

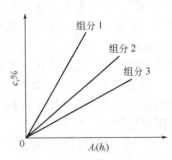

图 8.18 $c_i\%$-A_i 曲线图

8.4.4 气相色谱检测器

气相色谱检测器的作用是检测从色谱柱中随载气流出来的各组分的含量，并转换成为相应的电信号。根据检测原理不同，检测器可分为浓度型检测器和质量型检测器两种。

浓度型检测器测量的是载气中某组分浓度瞬间的变化，即检测器的响应值和组分的浓度成正比，如热导检测器。

质量型检测器测量的是载气中某组分进入检测器的速度变化，即检测器的响应值和单位时间进入检测器某组分的量成正比，如氢火焰离子化检测器。

在工业气相色谱仪中主要用热导检测器和氢火焰离子化检测器。

(1) 热导检测器（TCD）

热导检测器由于灵敏度适宜、通用性强、稳定性好、结构简单，是气相色谱仪上应用最早，也是应用最广的通用性检测器。

热导检测器示意图和测量电路简图如图 8.19 和图 8.20 所示。

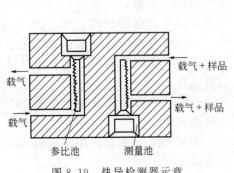

图 8.19 热导检测器示意

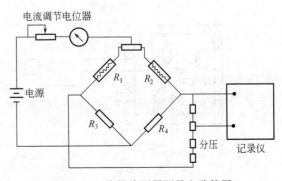

图 8.20 热导检测器测量电路简图

检测器池体分为参比热导池和测量热导池，池内有两个铂丝或钨丝做成的热敏元件电阻 R_1 和 R_2，参比池只有载气通过，测量池中则有载气及样品组分通过。将热导池两个电阻 R_1 和 R_2 与两个固定电阻 R_3 和 R_4（$R_3 = R_4$）组成电桥，当没有样品组分进入热导池时，两室中只有恒定流速的载气通过，两热敏元件散热情况是相同的，此时 $R_1 = R_2$，电桥处于平衡状态，即 $R_1R_4 = R_2R_3$，无信号输出。当分离后的样品组分与载气一起通过测量池时，测量池中气体导热系数发生变化，热敏元件散热情况发生变化，因此，两热敏元件阻值产生差异，即 $R_1 \neq R_2$ 则 $R_1R_4 \neq R_2R_3$，电桥失去平衡，有信号输出，经分压器分压后送记录仪显示和记录。当载气中组分的浓度越大，输出信号也越大，记录仪上出现相应的色谱峰。

热导检测器的灵敏度受以下因素的影响。

① 热导检测器的灵敏度 S 与热敏元件的电阻 R 及其流过热敏元件的电流 I 的关系为 $S \propto I^3 R^2$，故增大电阻 R 或电流 I 均能使灵敏度大幅度提高。因此，应尽量使用电阻率和电阻温度系数大的导体作为热敏元件的材料。另外，使热敏元件上流过的电流尽可能大，但电流的提高是有限度的，太大会使热敏元件进入灼热状态造成噪声，引起基线不稳，不规则抖动，同时热丝也易烧坏。桥路工作电流一般控制在 $100 \sim 200\text{mA}$。

② 进入检测器的气体包含载气和样品组分，根据热导分析条件，应选择与组分气体的导热系数相差大的气体作为载气，这样可以提高检测器的灵敏度。如一般选导热系数大的氢气作载气。

③ 增加热导池的池体温度与热丝的温差，可提高检测器的灵敏度。降低池体温度可增大温差，但温度不能太低，否则被测组分会在检测器内冷凝，使检测器的稳定性和准确性下降，一般池体温度不应低于柱温。

（2）氢火焰离子化检测器（FID）

氢火焰离子化检测器简称氢焰检测器，它对大多数有机化合物具有很高的灵敏度，一般比热导检测器的灵敏度约高 $3 \sim 4$ 个数量级，能检测 ppb 级的痕量物质，故适宜于痕量有机物的分析。对无机物或在火焰中不电离及很少电离的组分没响应或响应信号很小。氢焰检测器结构简单、灵敏度高、稳定性好、响应快，因此它也是通用性较强的检测器。

氢焰检测器一般用不锈钢制成，其结构如图 8.21 所示。有一个火焰喷嘴，色谱柱流出气体（载气和样品气体）和氢气进入氢焰检测器，由喷嘴逸出，进行燃烧，助燃气（空气）在喷嘴附近导入。在氢火焰附近设有收集极和发射极，在此两极间加有 $50 \sim 300\text{V}$ 的极化电压。点火装置可以是独立的，如点火线圈，也可以是利用发射极作点火极，实际应用时，只需将点火极加热至发红将氢气引燃。

在通常条件下，载气及样品组分是不导电的。但是，在氢焰作用之下，大多数有机化合物会被离子化，产生正负离子。这种电离目前一般认为是化学电离，即有机物在火焰中发生自由基反应而被电离。

一般认为被测组分离子化由以下三个过程完成。

① 有机物在火焰作用下裂解成游离基火焰。

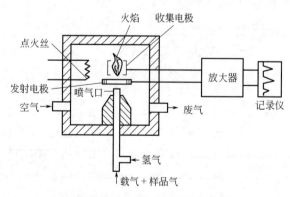

图 8.21 氢火焰电离检测器原理图

$$C_m H_n \xrightarrow{\text{火焰}} CH^0$$

式中　$C_m H_n$——有机化合物；

　　　　CH^0——游离基。

② 游离基与氧反应生成离子与电子

$$2CH^0 + O_2 \longrightarrow 2CHO^+ + e$$

式中　CHO^+——化学电离产生的正离子。

③ 电子的电荷转移反应

$$CHO^+ + H_2O \longrightarrow H_3O^+ + CO$$

$$e + OH \longrightarrow OH^-$$

收集极与发射极间得到的是 H_3O^+ 与 OH^- 离子流，其强度与碳原子的数目成正比。实际获得的离子流很微弱，只能达到 $1.5 \times 10^{-12} C/g$，产生微安级电流经放大器放大后，才能在记录仪上得到色谱峰。产生微电流的大小与单位时间进入离子室的被测组分含量有关，含量越大，产生的微电流也就越大。

影响氢焰检测器的灵敏度有以下三个因素。

① 极化电压。极化电压的作用是产生一个分离并收集离子的电场。因此，要求电场尽快地使离子分开并收集的越完全越好，保证检测器具有一定灵敏度。当极化电压低于 50V 时，检测器的灵敏度是电压的函数，此时收集极不能完全收集所产生的离子，随着极化电压的增大，灵敏度也增大。高于 50V，电离的离子基本被收集极所吸收，极化电压的波动不会影响灵敏度的改变，仪器可稳定工作。当电压高于 300V，会形成二次电离，使检测器工作不稳定。极化电压选取在 50～300V 之间。

② 空气流量。空气是作为氢火焰燃烧的助燃气，并为生成 CHO^+ 提供 O_2，同时它将燃烧产物 H_2O、CO_2 带走。当空气量过小时，因氧含量过低使有机物产生的游离基不能完全反应生成离子，致使灵敏度下降。随着空气流量的增加，灵敏度随之上升并趋于稳定，说明产生的游离基全部氧化。但空气量过大时，将影响燃烧火苗的稳定，噪声增大，稳定性降低，影响灵敏度，通常空气流量约 600～800mL/min 左右。

③ 氢气流量。氢气流量的大小会影响氢火焰的温度与形状，氢气流量较小时，由于氧化反应较弱，灵敏度低，随着氢流量的增加，火焰温度升高，火焰反应区加大，灵敏度也随之升高，但当氢气流量超过某极限值时，过多的氢气就会夺取火焰中氧气进行燃烧，这样又使氧化反应变弱，灵敏度因此下降。因此，氢气与载气的流量比一般选择 （1:1）～（1:1.5） 范围内。

(3) 检测器的主要参数

检测器一般分为积分型和微分型两大类。由于积分型检测器灵敏度低，不能显示保留时间，因而目前较少应用。微分型检测器又可分为浓度型和质量型检测器两种。浓度型检测器包括有热导式检测器。浓度型检测器的输出信号与载气中组分浓度成正比。质量型检测器包括有氢焰和火焰光度等检测器。质量型检测器的输出信号与载气中组分进入检测器的速度成正比，即与单位时间内组分进入检测器的质量成正比。

气相色谱仪对检测器的要求是，不同类型的样品，在不同的浓度范围内和不同的操作条件下均能准确、快速的响应。具体要求是：灵敏度要高，以便把常量和微量组分均能检测出来；检测限低，稳定性好；测量线性范围要宽，定量分析准确。

评价检测器性能主要有以下几个指标。

① 检测器的灵敏度。当一定浓度或一定质量的样品进入检测器后，产生一定的响应信

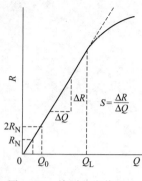

图 8.22　检测响应值 R 与
进样量 Q 关系

号（R）。如果以进气量 Q，单位为 mg/mL 或 g/s，对检测器响应信号作图，可以得到一条通过原点的直线，如图 8.22 所示。图中直线斜率即检测灵敏度，以 S 表示，因此灵敏度定义为检测器输出响应值对进样量的变化率，其表达式为

$$S = \frac{\Delta R}{\Delta Q} \tag{8.53}$$

式中　S——检测器的灵敏度，$\mathrm{mV}/\dfrac{\mathrm{mg}}{\mathrm{mL}}$；

　　　　ΔR——检测器输出响应值的变化量，mV；

　　　　ΔQ——单位进样量，mg/mL。

浓度型检测器的灵敏度 S_i 因被测组分的输出响应与其浓度成正比，则其灵敏度表达式为

$$S_i = \frac{R_i}{c_i} \tag{8.54}$$

式中　S_i——被测样品中第 i 组分的灵敏度，$\mathrm{mV}/\dfrac{\mathrm{mL}}{\mathrm{mL}}$；

　　　　R_i——检测器对第 i 组分的输出响应值，mV；

　　　　c_i——被测样品第 i 组分载气中含量，mL/mL。

质量型检测器的灵敏度 S_{ti} 因被测组分的输出响应值与其单位时间内进入检测器的质量成正比，则灵敏度表达式为

$$S_{ti} = \frac{R_i}{\mathrm{d}W_i/\mathrm{d}t} = \frac{R_i}{c_i F} = \frac{S_i}{F} \tag{8.55}$$

式中　S_{ti}——样品中第 i 组分的灵敏度（质量型检测器），mV·s/kg；

　　　　F——载气流量，kg/s；

　　　　W_i——样品中第 i 组分的质量，kg。

色谱仪对某组分的灵敏度可以通过实验分析测定。从分析得到的色谱图中可以求出检测器对某组分的灵敏度。设注入某组分样品的量为 W_i，得到色谱峰高为 h_i（或峰面积为 A_i），已知在载气流量为 F，单位为 mL/s，样品在载气中浓度为 c_i，单位为 mL/mL。则在 $\mathrm{d}t$ 时间内注入样品量为 $\mathrm{d}W_i$，则

$$W_i = \int c_i F \mathrm{d}t \tag{8.56}$$

如记录峰形的记录仪转换系数为 a，单位为 mV/cm（记录纸单位长度表示的毫伏数），则

$$R_i = a h_i$$

$$S_i = \frac{R_i}{c_i} = \frac{a h_i}{c_i}$$

$$c_i = \frac{a h_i}{S_i} \tag{8.57}$$

记录纸的走纸速度为 v，在 t 时间内移动 x 距离（cm）时，则有

$$t = \frac{x}{v} \tag{8.58}$$

将式（8.57）和式（8.58）代入式（8.56）得

$$W_i = \int \frac{a h_i}{S_i} F \frac{1}{v} \mathrm{d}x = \frac{a F}{S_i v} \int h_i \mathrm{d}x \tag{8.59}$$

因为 $\int h_i \,\mathrm{d}x = A_i$ 即色谱峰的面积，所以

$$W_i = \frac{aFA_i}{S_i v} \tag{8.60}$$

或

$$S_i = \frac{aFA_i}{W_i v} \tag{8.61}$$

对质量型检测器的灵敏度表达式(8.55)可改写为

$$S_{ti} = \frac{S_i}{F} = \frac{aA_i}{W_i v} \tag{8.62}$$

② 噪声和敏感度。在组分微量分析时，需要检测器具有很高的灵敏度，有一定输出响应，但此时检测器的输出响应很小，这样小的信号与仪器的噪声混合在一起，使有用信号与噪声难以鉴别，此时需测试色谱仪的噪声响应值，即当色谱仪稳定工作后，在无样品进入只有载气的情况下，记录输出响应值，取正、负两个方向做无规则波动时其峰值 R_N。检测量是指能使色谱仪检测器产生大于 2 倍噪声响应值（$2R_N$）时所需组分的进样量。浓度型检测器敏感度 M_i 及质量型检测器敏感度 M_{ti} 分别为

$$M_i = \frac{2R_N}{S_i} \tag{8.63}$$

$$M_{ti} = \frac{2R_N}{S_{ti}} \tag{8.64}$$

式中　R_N——噪声响应值；

　　　M_i——浓度型检测器敏感度；

　　　M_{ti}——质量型检测器敏感度。

③ 最小检测量。由于敏感度不能直观地反映出色谱仪对微量组分的分析能力，所以实际上通常应用最小检测量概念，其含义是能使被测组分产生 2 倍噪声电平（$2R_N$）响应值时，所要引入色谱仪的组分 i 的最小量 $W_{i\min}$。

若色谱峰的面积 $A_i = 2\Delta t_{\frac{1}{2}} h_i$，将其代入式(8.60)得

$$W_i = \frac{2\Delta t_{\frac{1}{2}} h_i aF}{S_i v} \tag{8.65}$$

在极限情况下，峰高 h_i 等于 2 倍噪声（$2R_N$）。

浓度型检测器最小检测量为

$$W_{i\min} = \frac{aF2\Delta t_{\frac{1}{2}}}{S_i v} 2R_N = \frac{2\Delta t_{\frac{1}{2}} aFM_i}{v} \tag{8.66}$$

质量型检测器最小检测量为

$$W_{t\min} = \frac{a2\Delta t_{\frac{1}{2}}}{S_{ti} v} 2R_N = \frac{2\Delta t_{\frac{1}{2}} aM_{ti}}{v} \tag{8.67}$$

由式(8.67)可知，最小检测量除了与敏感度成正比外，还与色谱峰的峰宽成正比，即峰宽越窄，色谱仪检测器微量分析能力越强。

8.4.5　工业气相色谱仪

气相色谱仪按使用场合可以分为实验室气相色谱仪和工业气相色谱仪两种。

实验室色谱仪主要用在工厂的中心实验室和研究单位的实验室，进行离线分析。一般来说是人工取样，间断分析，但功能较全，有多种检测器，可完成对多种样品的定性和定量

分析。

工业气相色谱仪和实验室用气相色谱仪相比主要是增加了取样系统，采用柱切换技术，而且程序控制和信息处理完全是自动化的。图 8.23 所示为其基本组成结构，包括取样系统、载气流量控制、进样装置、色谱柱、检测器、温度控制和程序控制系统、信息处理和显示记录装置等。

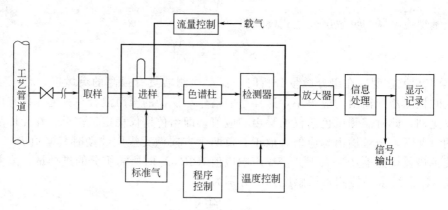

图 8.23　工业气相色谱仪的基本组成

为了及时直接反映组分含量而避免烦琐的计算，工业色谱仪通常用色谱峰的高度经过折算表示组分的百分浓度，并可将折算值百分浓度刻在标尺上。为了清晰起见，一般将峰宽压缩到"零"，即在出峰时记录纸不走，这样峰形就成为只有峰高的直线了，通常称为带谱图，如图 8.24 所示。这样对于重叠的峰形会变成一组相互分离、相互平行的直线组了。

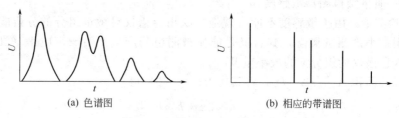

(a) 色谱图　　　　　　　　(b) 相应的带谱图

图 8.24　色谱图与相应的带谱图

工业气相色谱仪是在线分析仪，对分析的绝对精度要求并不高，但对仪表的稳定性和可靠性有很高要求。这与实验室色谱仪的多用途、多性能、高精度等是不同的。另外，工业色谱仪分析对象是已知的，气路流程和分离条件是固定的，所以有可能进行多流路多组分的全分析。如一台工业色谱仪可进行 6 个甚至更多流路分析，分析仪装有多点自动切换装置。

8.5　工业电导仪

工业电导仪是以测量溶液浓度的电化学性质为基础，通过测量溶液的电导而间接得知溶液的浓度。它既可用来分析一般的电解质溶液，如酸、碱、盐等溶液的浓度，又可用来分析气体的浓度。

分析酸、碱溶液的浓度时，常称为浓度计。用以测量水及蒸气中含盐的浓度时，常称为盐量计。分析气体浓度时，要使气体溶于溶液中，或者为某电导液吸收，再通过测量溶液或电导液的电导，可间接得知被分析气体的浓度。

8.5.1 工业电导仪的测量原理

(1) 溶液的电导与电导率

电解质溶液中存在着正负离子。当电解质溶液中插入一对电极，并通以电流时，发现电解质溶液同样可以导电。如图 8.25 所示，其导电机理是溶液中离子在外电场作用下，分别向两个电极移动，完成电荷的传递。所以电解质溶液又称为液体导体。电解质溶液与金属导体一样遵守欧姆定律，溶液的电阻也可用式（8.68）表示

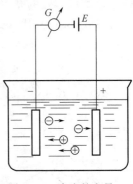

$$R = \rho \frac{l}{A} \tag{8.68}$$

图 8.25　溶液的电导

式中　R——溶液的电阻，Ω；

l——导体的长度，即电极间的距离，m；

ρ——溶液的电阻率，$\Omega \cdot m$；

A——导体的横截面积，即电极的面积，m^2。

显然，电解质溶液导电能力的强弱由离子数决定，即主要取决于溶液的浓度，表现为其电阻值不同。不过，在液体中常常引用电导和电导率这一概念，而很少用电阻和电阻率。这是因为对于金属导体，其电阻温度系数是正的，而液体的电阻温度系数是负的，为了运算上的方便和一致起见，液体的导电特性用电导和电导率表示。溶液的电导为

$$G = \frac{1}{R} = \frac{1}{\rho} \times \frac{A}{l} = \kappa \frac{A}{l} \tag{8.69}$$

$$\kappa = \frac{1}{\rho} \tag{8.70}$$

式中　G——溶液的电导，S 或 Ω^{-1}；

κ——电导率，它是电阻率的倒数，$S \cdot cm^{-1}$ 或 $\Omega^{-1} \cdot cm^{-1}$。

电导率表示两个相距 1cm、截面积 $1cm^2$ 的平行电极间电解质溶液的电导，它仅仅表明 $1cm^3$ 电解质溶液的导电能力。

若用电导率表示，则

$$\kappa = G \frac{l}{A} \tag{8.71}$$

(2) 电导率与溶液浓度的关系

电导率的大小既取决于溶液的性质，又取决于溶液的浓度。即对同一种溶液，浓度不同时，其导电性能也不同。为了比较电解质的导电能力，引入摩尔电导率的概念。摩尔电导率 Λ_m 是指将含 1mol 电解质溶液置于相距为 1cm 的电导池的两个平行电极之间所具有的电导率，则 Λ_m（$S \cdot cm^2 \cdot mol^{-1}$）为

$$\Lambda_m = \kappa V_m \tag{8.72}$$

式中　V_m——含 1mol 溶质的溶液的体积，cm^3；

Λ_m——含有 1mol 电解质溶液的导电能力，$S \cdot cm^2 \cdot mol^{-1}$。

浓度不同，所含 1mol 电解质的体积也不同。若电解质浓度为 c_m（mol/L），则

$$\Lambda_m = \kappa \frac{1000}{c_m}$$

或

$$\kappa = \frac{\Lambda_m c_m}{1000} \tag{8.73}$$

这是电解质溶液的摩尔电导率与浓度的关系。

将式(8.73)代入式(8.69),得

$$G=\frac{\Lambda_m c_m}{1000}\times\frac{A}{l}=\frac{K}{1000}\Lambda_m c_m \tag{8.74}$$

式中,$K=\dfrac{A}{l}$,K 称为电极常数,它与电极几何尺寸和距离有关,对于一定的电极来说它是一个常数,而 $\theta=\dfrac{l}{A}$,通常称为电导池常数,单位 cm^{-1}。

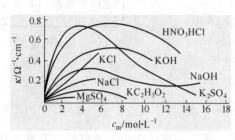

图 8.26 20℃时,几种电解质溶液的电导率与浓度的关系曲线(浓度范围较大)

由式(8.74)可知,当电解质溶液的摩尔电导率为常数时,两电极间电导 G(或电阻 R)仅与溶液浓度 c_m 有关,所以若测得两极间的电导(或电阻)其对应的溶液浓度随之而知。

但必须指出,只有很稀释的溶液时,摩尔电导率才可能认为是常数;浓度稍高时,摩尔电导率与浓度关系出现非线性和双值关系,这时条件不再成立。

浓度在较大范围内,几种电解质的浓度 c_m 与电导率 κ 关系曲线如图 8.26 所示。由该图不难看出,用电导法测量浓度,其范围是受到限制的,只能测量低浓度和高浓度,中间一段浓度与电导率间不是单值函数关系,所以不能用电导法进行测量。

(3) 溶液电导的测量方法

由式(8.74)可知,只要测出溶液的电导率便可以得知溶液的浓度。在实际测量中,一般是通过测量两个电极之间的电阻求取溶液的电导率,最后确定溶液的浓度。溶液电阻要比金属电阻测量复杂得多,溶液电阻测量只能采用交流电源供电的方法,因为直流电会使溶液发生电解,使电极发生极化作用,给测量带来误差。但是采用交流电源,结果会使溶液呈现为电容影响。另外,相对金属来说,溶液的电阻更容易受温度的影响。目前常用的测量方法有以下两种。

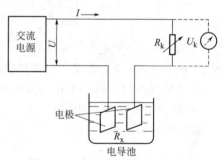

图 8.27 分压法测量原理线路图

① 分压测量法。分压法测量原理线路如图 8.27 所示。在两个电极极板之间的溶液电阻 R_x 和外接固定电阻 R_k 串联,在交流电源 U 的作用之下,组成一个分压电路。在电阻 R_k 上的分压为

$$U_k=\frac{UR_k}{R_x+R_k} \tag{8.75}$$

因为 U 为定值,而溶液浓度的变化引起电阻 R_x 的变化,进而使 U_k 变化,所以只要测得电阻 R_k 上的分压 U_k,即可得知溶液的浓度。

分压测量线路比较简单,便于调整。从式(8.75)看出,U_k 与 R_x 之间为非线性关系,所以测量仪表刻度是非线性的。它适合低浓度、高电阻电解质溶液的测量。在分压测量法中,电源电压 U 应保持恒定。

② 电桥测量法。应用平衡电桥或不平衡电桥均可测量溶液电阻 R_x。图 8.28 所示为平

衡法测量原理线路图，调整 a 触点的位置可使电桥平衡，电桥平衡时有

$$R_x = \frac{R_3}{R_2} R_1 \tag{8.76}$$

通过平衡时触点 a 的位置可知 R_x 的大小，进而确定溶液浓度大小。平衡电桥法适用于高浓度、低电阻溶液的测量，对电源稳定性要求不高，测量比较准确。

图 8.29 所示为不平衡法测量线路原理，当 R_x 处于浓度起始点所对应的电阻时，电桥处于平衡状态，指示仪表指零。当浓度变化而引起 R_x 变化时，电桥失去平衡，不平衡信号通过桥式整流后送入指示仪表显示测量结果，不平衡电桥法对电源稳定性要求较高。

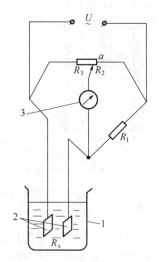

图 8.28　平衡电桥法测量原理线路图
1—电导池；2—电极片；3—检流计

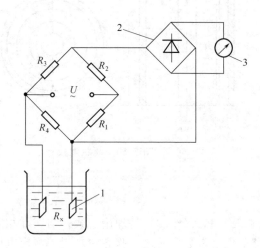

图 8.29　不平衡电桥法测量原理线路图
1—电导池；2—桥式整流器；3—指示仪表

8.5.2　电导检测器

(1) 电导检测器

电导检测器是用来测量溶液电导的装置。电导检测器又称电导池，它是指包括电极在内的充满被测溶液的容器整体而言。

常见的电导检测器的结构有筒状电极和环状电极两种。图 8.30(a) 所示为筒状电极，其中 r_1 为内电极的外半径，r_2 为外电极的内半径，l 为电极长度。一般内外电极都用不锈钢制成。电极间充满导电溶液，当电极接上电源后，即有电流通过。由恒定电流场理论可知，如忽略边缘效应，电流线呈辐射状，等位面是一些同轴圆柱面，如图 8.30(b) 所示。这样，在任意半径 r 处，厚度为 dr 的圆筒溶液的电阻为

$$dR = \frac{1}{\kappa} \times \frac{dr}{2\pi r l}$$

两极间的溶液电阻为

$$R = \int_{r_1}^{r_2} dR = \frac{1}{\kappa} \int_{r_1}^{r_2} \frac{dr}{2\pi r l} = \frac{1}{\kappa} \frac{1}{2\pi l} \ln r \Big|_{r_1}^{r_2}$$

则

$$R = \frac{1}{\kappa} \times \frac{1}{2\pi l} \ln \frac{r_2}{r_1} \tag{8.77}$$

由式(8.74) 和式(8.77) 可知，筒状电极的电极常数为

$$K = \frac{1}{2\pi l} \ln \frac{r_2}{r_1} \tag{8.78}$$

图 8.31 所示为环状电极，其中两个环状电极套在内管上，环的半径为 r_1，环的宽度为 h，两环间距离为 l，外套管内半径为 r_2。内管一般为玻璃管，环状电极一般用铂制成，上面镀上铂黑。外套可用不锈钢制成。对于环状电极，当 r_1 和 r_2 都比 l 小很多而且环的宽度 h 又不大时，它的电极常数可近似地表示为

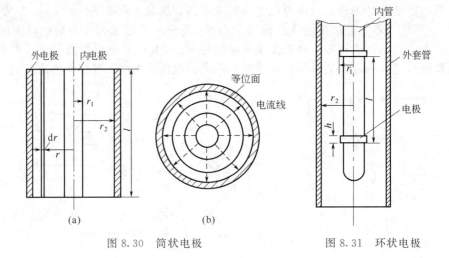

图 8.30 筒状电极   图 8.31 环状电极

$$K = \frac{l}{A} = \frac{l}{\pi(r_2^2 - r_1^2)} \tag{8.79}$$

式（8.78）和式（8.79）是理论公式，与实际相差比较大，因此只能作为估算用。实际电导检测器的电极常数可通过实验方法求得。测定电极常数的具体方法是：在两电极构成的电导池中充满电导率为 κ 的已知标准溶液，通常用 KCl 作为标准溶液，用精度较高的交流电桥或电导仪测出两电极间标准溶液的电阻 R 或电导 G，然后由式（8.68）或式（8.69）求出电极常数 K。另一种测定电极常数的方法是对比测量法，将一支已知电极常数 K' 的标准电极与待测电极常数 K 的电极插入同一溶液中，用交流电桥分别测量其电阻 R' 和 R，由于电极是插入同一溶液，两者的电导率相同，因此可得待测电极的电极常数为

$$K = \frac{R}{R'}K' \tag{8.80}$$

对于一个具体的电导检测器，求出电极常数后，由式（8.74）可得溶液浓度与电导的关系。

（2）影响电导检测器测量溶液电导的因素

① 电极的极化。电导检测器如用直流供电，溶液会发生电解作用。在电解过程中，由于电极表面形成双电层或电极附近电解液的浓度发生变化而引起的。前者称为化学极化，后者称为浓差极化。

化学极化是由于电解产生物在电极与溶液之间造成一个电势与外加电压相反的 "原电池"，这样会使电极间的电流减小，等效的溶液电阻增加，产生了测量误差。另一种情况，是由于电解时电极反应生成的气体附着在电极表面而形成一层气泡，使电极和溶液隔绝，同样使溶液等效电阻增大，也会产生测量误差。

浓差极化是由于在电解过程中，电解生成物在电极上析出，造成电极附近的离子浓度降低，且电流密度加大，浓度极化越严重。这样使电极处浓差极化层的电阻不同于本体溶液的电阻，因而造成测量误差。

为了避免极化现象产生，电导检测器不采用直流供电，且供电频率尽量高些。这样由于两极电位交替改变，可大大减弱电解作用。另外，为了减弱电解作用，应尽量加大电极表面

积以减小电流密度。为此，电导检测器上用的铂电极一般镀上一层铂黑，因为铂黑在铂电极表面形成一个粗糙的铂层，可以大大增加电极的有效表面积。

② 电导池电容的影响。在考虑溶液的浓度和电导关系时，通常把电导池作为一个纯电阻元件。而电导池采用交流电源时，电极间会出现一系列电容，因此实际上应将其看做是一个等效阻抗，这就产生了误差。

电导池的电容可等效地看成由两部分组成：一部分是由于电极反应在电极与溶液接触界面上形成的双电层电容，它们与溶液电阻 R_x 串联；另一部分是两电极与被测电解质溶液形成的电容，它与 R_x 并联。电容的影响与被测溶液的电导率高低有关，当被测溶液的电导率不太低时，双层电容的影响是主要的。图 8.32 所示为考虑双层电容时的电导检测器的等效电路。这样，电导检测器的实际阻抗可表示为

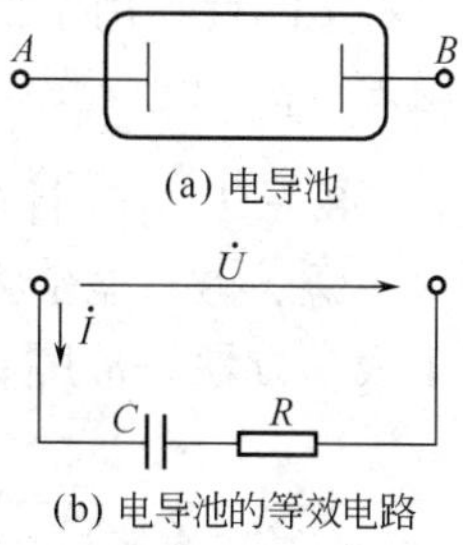

(a) 电导池

(b) 电导池的等效电路

$$Z = R - j\frac{1}{\omega C} \tag{8.81}$$

图 8.32 电导检测器的等效电路

式中 R——电导检测器的等效电阻，Ω；

C——电导检测器的串联等效电容，F；

ω——电源的角频率，s^{-1}。

其电流与电压之间的相位差为

$$\alpha = \tan^{-1}\frac{\dfrac{1}{\omega C}}{R} = \tan^{-1}\frac{1}{\omega RC} \tag{8.82}$$

从式(8.81)可看出，为了减小电容的影响，应提高电源频率。对于测量低浓度范围的溶液，由于溶液电阻比较大，所以频率不必太高，一般用工业频率（50Hz）就可以得到满意的结果。对于浓度高，电阻小的溶液，则必须采用高频，目前一般采用 $1\sim 4kHz$。

③ 温度的影响。电解质溶液和金属不同，它具有负的电阻温度系数，即电导率随温度增加而增加，在低温时（0.05N 以下），电导率与温度的关系可近似地用式(8.83)表示。

$$\kappa = \kappa_0\big[1 + \beta(t - t_0)\big] \tag{8.83}$$

式中 κ——温度 $t\,℃$ 时的电导率，S/m；

κ_0——温度 $t_0\,℃$ 时的电导率，S/m；

β——电导率的温度系数，1/℃。

电导率的温度系数在室温的情况下，酸性溶液约为 0.016 （1/℃），盐类溶液约为 0.024 （1/℃），碱性溶液约为 0.019 （1/℃）。同时温度升高时 β 值减小。显然待测溶液的温度变化时，对电导率的影响很大，因此电导检测器应采取温度补偿措施。其补偿措施主要有以下两种。

a. 电阻补偿法。是在测量线路中用电阻做温度补偿元件，如图 8.33 所示。其中，R_t 为温度补偿电阻，具有正的电阻温度系数，即随溶液温度升高而阻值增大，而溶液温度升高，溶液电导率变大，即溶液电阻 R_x 减小。由于溶液的温度系数很大，为了更好地达到温度补偿目的，采用锰铜电阻 R_1 与溶液电阻 R_x 并联，其作用是降低并联电阻的温度系数。根据待测溶液的温度系数，适当选择 R_1 和 R_t 的数值，可达到较好的温度补偿效果。

b. 参比电导池补偿法。它与热导式气体分析器补偿方法相似。参比电导池中按测量要求封入一定浓度的标准溶液，其电导率是不随被测溶液浓度变化而改变的，将参比电导池和测量电导池作为电桥的相邻两桥臂，并处于相同温度下，同样可以达到温度补偿的效果。

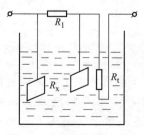

图 8.33 电阻补偿原理图

8.6　工业酸度计

许多工业生产中会涉及水溶液酸碱度的测定。酸碱度对氧化、还原、结晶、吸附和沉淀等过程都有重要的影响，应该加以测量和控制。酸度计就是测量溶液酸碱度的仪表，酸度计又称 pH 计。用于工业生产过程中的工业酸度计可自动、连续地检测工艺过程中水溶液的酸碱度（pH 值），还可以与调节仪表配合组成调节系统，实现对 pH 值的自动控制。

8.6.1　pH 计的测量原理

酸、碱、盐水溶液的酸碱度统一用氢离子浓度表示。由于氢离子浓度的绝对值很小，为了表示方便，常用 pH 值来表示氢离子浓度，即

$$pH = -lg[H^+] \qquad\qquad (8.84)$$

pH 值与氢离子浓度 $[H^+]$、溶液酸碱度的关系见表 8.3。

表 8.3　pH 值与 $[H^+]$ 的关系

$[H^+]$	10^{-1}	10^{-2}	10^{-3}	10^{-4}	10^{-5}	10^{-6}	10^{-7}	10^{-8}	10^{-9}	10^{-10}	10^{-11}	10^{-12}	10^{-13}	10^{-14}
pH 值	1	2	3	4	5	6	7	8	9	10	11	12	13	14
酸碱性		←酸性增加					中性			碱性增加→				

工业上用电位法原理所构成的 pH 值测定仪来测定溶液的 pH 值，它是由电极组成的发送部分和电子部件组成的检测部分所组成。pH 计组成示意如图 8.34 所示。

发送部分是由参比电极和工作电极组成。当被测溶液流经发送部分时，电极和被测溶液就形成了一个化学原电池，参比电极和工作电极间产生电势，其电势大小与被测溶液的 pH 值成对应关系，由此可测出溶液的 pH 值。

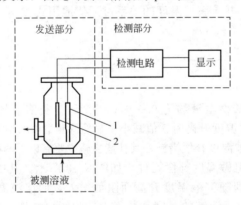

图 8.34　pH 计组成示意
1—参比电极；2—工作电极

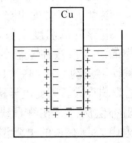

图 8.35　铜离子进入水中后所形成的双电层

8.6.2　电极电位与原电池

（1）电极电位

某些金属例如铜棒插入水中后，铜棒表面的铜原子会形成铜离子而进入水中，铜棒呈负电性，离子进入水中后，使紧粘在铜棒表面的一层水带正电性，产生双电层现象，如图 8.35 所示。双电层所产生的电场将阻止铜离子继续进入水层，进入水中的铜离子达到一定浓度后形成动态平衡。电极由于带电而具有的电位与水层所具有的电位之间形成的电位

差，称电极电位。在电极上产生的离子反应如下。

$$M \Longleftrightarrow M^{n+} + ne$$

式中　M——金属离子；

　　　n——原子价；

　　　e——电子。

图 8.35 中有以下的反应

$$Cu \Longleftrightarrow Cu^{2+} + 2e^-$$

不同的金属插入不同的溶液中所产生的电极电位是不同的，电极电位的大小可以用能斯特方程式表示，它的表达式为

$$E = E_0 + \frac{RT}{nF} \ln \frac{[Ox]}{[Red]} \tag{8.85}$$

式中　E——电极电位，V；

　　　E_0——电极的标准电位，V；

　　　R——气体常数，8.315J/mol·K；

　　　T——溶液的绝对温度，K；

　　　F——法拉第常数，96500C/mol；

　　　n——电极反应中得失电子数目；

　　　$[Ox]$——氧化态浓度；

　　$[Red]$——还原态浓度。

根据式（8.85）可以定出图 8.35 中铜电极的电极电位为

$$E_{Cu} = E_0 + \frac{RT}{2F} \ln[Cu^{2+}]$$

金属电极也可以用下述通式表示。

$$E = E_0 + \frac{RT}{nF} \ln[M^{n+}] \tag{8.86}$$

式中　$[M^{n+}]$——溶液中该离子的浓度（或活度）。

式（8.85）表明电极电位与电极材料和溶液性质有关。标准电极电位 E_0 取决于电极材料，而离子浓度与电子得失的数目既取决于电极材料又决定于溶液的性质。

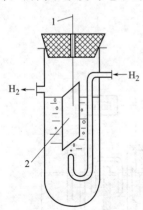

图 8.36　氢电极
1—引线；2—铂片

除了金属能产生电极电位外，气体和非金属也能在水溶液中产生电极电位，如作为基准用的氢电极就是非金属电极，氢电极结构如图 8.36 所示。它是将铂片的表面处理成多孔的铂黑，然后浸入含有氢离子的溶液中，在铂片的表面连续不断地吹入一个大气压的氢气，这时铂黑表面吸附了一层氢气，这层氢气与溶液之间构成了双电层，因铂片与氢气所产生的电位差很小，铂片在这里只起导电的作用，氢气与溶液之间产生的电位差同样符合能斯特公式，它的电极方程为

$$\frac{1}{2}H_2 \Longleftrightarrow H^+ + e$$

电极电位 E 为

$$E = E_0 + \frac{RT}{F} \ln[H^+] \tag{8.87}$$

式（8.87）中标准电位 E_0 是指温度为 25℃时电极插入具有同名离

子的溶液中（如 Cu 插入 $CuSO_4$ 溶液，Ag 插入 $AgNO_3$ 溶液），而溶液离子浓度为 1mol/L 时，电极所具有的电位称电极的标准电位，以 E_0 表示，其大小与电极材料有关。对于氢电极的标准电极电位有特殊的规定，当溶液的 $[H^+]=1$，压力为 $1.01 \times 10^5 Pa$（1 大气压）时，氢电极所具有的电位称氢电极的标准电位，规定为"零"，其他电极的标准电位都是以氢电极标准电位为基准的相对值。

（2）原电池

电极电位的绝对值是很难测定的，通常所说的电极电位均指两个电极之间的相对电位差值，即电动势的数值。这样的两个电极与溶液就构成了化学"原电池"。

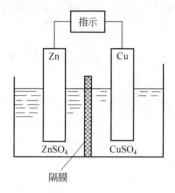

如图 8.37 所示，把两种不同的金属，例如铜与锌分别插入具有同名离子的 $CuSO_4$ 和 $ZnSO_4$ 溶液中，两种溶液间用特殊的隔膜隔开，隔膜只让溶液的离子通过，而不让溶液的分子通过，这样铜电极、锌电极与它们的各自溶液就构成了一个化学原电池，两个电极间产生电位差，其大小与溶液的浓度有关。Zn 比 Cu 易于氧化，所以在隔膜一边的 Zn^{2+} 浓度大于另一边的 Cu^{2+} 浓度，Zn^{2+} 渗过隔膜而扩散到另一边 $CuSO_4$ 溶液中去，活泼的 Zn^{2+} 将 $CuSO_4$ 中的 Cu^{2+} 置换出来形成 $ZnSO_4$，被置换出来的 Cu^{2+} 夺取铜棒上的电子而析出成

图 8.37 Zn-Cu 组成的原电池

铜原子沉淀在铜棒上，对锌棒来说形成正电位，两极之间产生了电位差，它的大小与溶液的浓度有关，这时如果用导线将二电极连接起来，会产生电流。电极反应为

$$Zn + Cu^{2+} \Longrightarrow Zn^{2+} + Cu$$

电极表达式为

$$\underset{E_1}{Zn \mid ZnSO_4} \mid\mid \underset{E_2}{CuSO_4 \mid Cu} \qquad (8.88)$$

式（8.88）中单线表示电极与溶液间形成的界面，并在界面下注以由界面产生的电极电位 E_1 和 E_2，双线表示两种溶液之间的隔膜，它与溶液间所产生的电位差极微而忽略不计，上述原电池所产生的电动势 E 应为

$$E = E_1 - E_2 = E_{0Zn} + \frac{RT}{2F} \ln[Zn^{2+}] - \{E_{0Cu} + \frac{RT}{2F} \ln[Cu^{2+}]\}$$

$$= (E_{0Zn} - E_{0Cu}) + \frac{RT}{2F} \{\ln[Zn^{2+}] - \ln[Cu^{2+}]\} \qquad (8.89)$$

在电极选定情况下，Zn 的标准电位 E_{0Zn} 和 Cu 的标准电位 E_{0Cu} 是一个固定值。从式（8.89）可知原电池的电动势是离子浓度的函数。

（3）pH 值的测量方法

根据上述原理，将两个氢电极插入两种溶液组成一个原电池，如图 8.38 所示，其中一种溶液的氢离子浓度 $[H^+]=1$，另一种为含有被测氢离子浓度 $[H^+]_x$ 的溶液，这两种溶液通过盐桥连接起来，这种盐桥能起隔膜的作用，它只允许离子传递，又将溶液隔开，盐桥不与溶液反应，盐桥与溶液的界面也不产生电位差。常

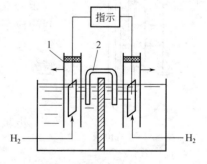

图 8.38 氢-氢电极组成的原电池
1—氢电极；2—盐桥

用的盐桥是饱和的氯化钾溶液，使饱和的氯化钾溶液用极微的流量流入到两溶液中去，这条细流可看作为一条液体导线，使两溶液的离子形成一条通路，两溶液之间却不能流动。

电极表达式为

$$\text{Pt,H}_2(1.01\times10^5\text{Pa})\underset{E_1}{|[\text{H}^+]_x|}\ \underset{E_2}{|[\text{H}^+]_1|}\text{H}_2(1.01\times10^5\text{Pa}),\text{Pt}\qquad(8.90)$$

式中，$[\text{H}^+]_1=1$ 的氢电极为标准氢电极，原电池所产生的电动势 E 为

$$E=E_1-E_2=\left\{E_{0[\text{H}^+]_x}+\frac{RT}{F}\ln[\text{H}^+]_x\right\}-\left\{E_{0[\text{H}^+]_1}+\frac{RT}{F}\ln[\text{H}^+]_1\right\}$$

式中 $E_{0[\text{H}^+]_x}$——被测溶液中氢电极的标准电位；

$E_{0[\text{H}^+]_1}$——标准氢电极的标准电位，其溶液 $[\text{H}^+]_1=1\text{mol/L}$。

上式可简化为

$$E=\frac{RT}{F}\ln[\text{H}^+]_x=2.303\frac{RT}{F}\lg[\text{H}^+]_x=-\frac{2.303RT}{F}\text{pH}_x\qquad(8.91)$$

式(8.91) 又可简化为

$$E=-\xi\text{pH}_x\qquad(8.92)$$

$$\xi=\frac{2.303RT}{F}$$

式中 ξ——转换系数。

当 $T=25℃$时，$\xi=0.0591$，则

$$E=-0.0591\text{pH}_x\qquad(8.93)$$

式(8.93) 表示，由两个氢电极和一种被测溶液、一种标准溶液组成的原电池，其原电池产生的电动势与被测溶液的氢离子浓度成正比。换言之，这种原电池可将被测溶液的 pH 值转换成电信号。通过测量原电池的电动势测量溶液的 pH 值，即为 pH 值的测量原理。

8.6.3　参比电极与指示电极

从 8.6.2 节可知，被测溶液与电极所构成的原电池中，一个电极是基准电极，其电极电位恒定不变，以作为另一个电极的参照物，称它为参比电极。原电池中的另一个电极，其电极电位是被测溶液 pH 值的函数，指示出被测溶液中氢离子浓度的变化情况，所以称为指示电极或工作电极。

用氢电极作参比和指示电极的原电池，其测量 pH 值可以达到很高的精度，但氢电极必须有一个稳定的氢气源，另外在含有氧化剂及强还原剂的溶液中电极很容易中毒，所以被测溶液的除氧要求高，更要严禁空气进入，使用条件严格，使氢电极不能在工业及实验室中得到广泛应用，而常将它作为标准电极使用。工业上常采用甘汞电极和银-氯化银电极作为参比电极。指示电极常用玻璃电极、氢醌电极与锑电极等。

（1）参比电极

① 甘汞电极。工业及实验室最常用的参比电极是甘汞电极，它的电极电位要求恒定不变，甘汞电极结构如图 8.39 所示。它分为内管和外管两部分，内管上部装有少量汞，并在里面插入导电的引线，汞的下面是糊状的甘汞（氯化亚汞），以上是电极的主体部分。即将金属电极汞放到具有同离子的氯化亚汞中，而产生电极电位 E_0。为了使甘汞电极能与被测溶液进行电的联系，中间必须有盐桥作为媒介，在甘汞电极中采用饱和的氯化钾作为盐

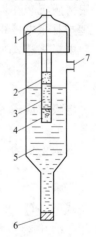

图 8.39　甘汞
电极结构

1—引出线；2—汞；
3—甘汞（糊状）；
4—棉花；5—饱和
KCl 溶液；6—多孔
陶瓷；7—注入口

桥，内管的甘汞电极插在装有饱和的氯化钾溶液的外管中形成一个整体，为了防止 Hg 与 Hg_2Cl_2 的下落，在其下部用棉花托住。当甘汞电极插入被测溶液时，电极内部的氯化钾溶液通过下端的多孔陶瓷塞渗透到溶液中，让甘汞电极通过氯化钾溶液与被测物质进行联系。

甘汞电极的表达式为

$$Hg \mid Hg_2Cl_2(固体), KCl \qquad\qquad (8.94)$$
$$E$$

反应式为

$$2Hg + 2Cl^- \rightleftharpoons Hg_2Cl_2 + 2e$$

电极电位应为

$$E = E_0 - \frac{RT}{F}\ln[Cl^-] \qquad\qquad (8.95)$$

式(8.95)表明甘汞电极的电位与氯离子浓度有关，所以 KCl 的浓度不同，甘汞电极会有不同的电位，当 KCl 的浓度一定时，电极具有恒定电位，常用的 KCl 有 3 种浓度，即 0.1mol/L、1mol/L 与饱和溶液，因为饱和溶液并不需要特别配制，应用最普遍，它们所具有的电位见表 8.4。

表 8.4　KCl 浓度与 E 的值

KCl 浓度	E_t/V	$E(25℃)/V$
$0.1mol \cdot dm^{-3}$	$0.3335 - 7 \times 10^{-5}(t/℃ - 25)$	0.3335
$1mol \cdot dm^{-3}$	$0.2799 - 2.4 \times 10^{-4}(t/℃ - 25)$	0.2799
饱和	$0.2410 - 7.6 \times 10^{-4}(t/℃ - 25)$	0.2410

由于 KCl 溶液在不断地渗漏，必须定时或连续地按规定给予灌入，电极上留有专门的灌入口。甘汞电极优点是结构简单，电位比较稳定，缺点是易受温度变化的影响。

② 银-氯化银电极。在铂丝上镀一层银，然后放入稀盐酸中通电，银的表面被氧化成氯化银薄膜沉积在银电极上，将电极插入饱和的 KCl 或 HCl 溶液中形成了银-氯化银电极，其原理与甘汞电极相似。

电极表达式为

$$Ag \mid AgCl(固), KCl \qquad\qquad (8.96)$$

或

$$Ag \mid AgCl(固), HCl$$

电极反应式为

$$Ag + Cl^- \rightleftharpoons AgCl + e$$

电极电位为

$$E = E_0 + \frac{RT}{F}\ln\frac{1}{[Cl^-]} = E_0 - \frac{RT}{F}\ln[Cl^-] \qquad\qquad (8.97)$$

式(8.97)表明 Ag-AgCl 电极的电极电位与其充的标准溶液的浓度有关，常用的饱和 KCl 溶液在 25℃ 时可得 Ag-AgCl 电极电位为 0.197V。

银-氯化银电极除结构简单外，工作温度比甘汞电极高，可使用至 250℃。

(2) 指示电极

指示电极电位随被测溶液的氢离子浓度变化而变化，可与参比电极组成原电池将 pH 值转换为毫伏信号。现将常用的指示电极介绍如下。

① 玻璃电极。玻璃电极是工业上用得最广泛的指示电极，其实际结构如图 8.40 所示。它由银-氯化银组成的内电极和敏感玻璃泡制成的玻璃外电极，两支电极共同组成总体的玻璃指示电极，其内充有氢离子浓度为 $[H^+]_0$ 的缓冲溶液，与内电极相连。

如果把玻璃电极插入含有氢离子的溶液中，其电极电位会随溶液中［H^+］浓度不同而改变，因此，可以用玻璃电极测量溶液中的氢离子浓度。玻璃电极检测氢离子浓度主要靠玻璃膜实现，当玻璃膜两侧浸入含有氢离子的溶液里，玻璃表层吸水而使玻璃膨胀，在其表面形成水化凝胶层，简称水化层，其厚度约 $0.1\mu m$。这时溶液里的氢离子 H^+ 和玻璃膜中的碱金属离子 M^+（如 Na^+）在水化层表面发生离子交换，并相互扩散。离子交换达到平衡后，膜相和液相两相中原来的电荷分布发生变化，玻璃膜两侧出现电位差，即玻璃膜的电极电位，玻璃膜分别与缓冲溶液和外溶液建立两个电极电位，分别用 E_1 和 E_2 表示，并符合能斯特方程，即

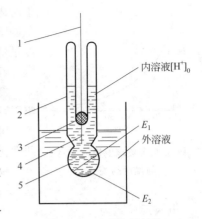

图 8.40 玻璃电极结构
1—引出线；2—支持玻璃；3—锡封；
4—Ag-AgCl 电极；5—敏感玻璃

$$E_1 = E_{01} + \frac{RT}{F}\ln[H^+]_0$$

$$E_2 = E_{02} + \frac{RT}{F}\ln[H^+]_x$$

玻璃膜总的电极电位称为膜电位，用 E_M 表示。

$$E_M = E_2 - E_1$$
$$= \left\{ E_{02} + \frac{RT}{F}\ln[H^+]_x \right\} - \left\{ E_{01} + \frac{RT}{F}\ln[H^+]_0 \right\}$$

对同一玻璃膜，有 $E_{01} = E_{02}$ 所以

$$E_M = \frac{RT}{F}\ln[H^+]_x - \frac{RT}{F}\ln[H^+]_0 = 2.303\frac{RT}{F}\{\lg[H^+]_x - \lg[H^+]_0\}$$

$$= -2.303\frac{RT}{F}(pH_x - pH_0) \tag{8.98}$$

由式（8.98）可知，当缓冲液固定时，pH_0 是常量，这时膜电位仅与被测溶液的氢离子浓度有关，被测溶液的氢离子浓度越高，膜电位 E_M 越大。只要测出玻璃膜电位的大小就可以知道被测溶液中的氢离子浓度（即 pH 值）。

当被测溶液与缓冲溶液氢离子浓度相同时，玻璃膜的电极电位应为零，而实际上 $E_M \neq 0$，约有 $1 \sim 30mV$，这个不为零的玻璃膜电位称为不对称电位，用 E_a 表示。不对称电位产生的原因有多方面因素，与玻璃的组成、玻璃膜厚度、制造时热处理状况不同等有关；另外，玻璃膜内外水化层实际上并不完全相同。将玻璃电极在蒸馏水或酸性溶液中长期浸泡后，不对称电位可以大为下降，而且使用一段时间后会稳定在某个数值上。所以玻璃电极在使用前，应在蒸馏水或酸性溶液中浸泡数小时，使不对称电位下降并趋于稳定，玻璃电极在使用时，不对称电位可由仪器的电路加以补偿。

由上述可知，当一支玻璃电极插入被测溶液中，除了膜电位 E_M 和不对称电位 E_a 外，还要考虑内参比电极（银-氯化银）的电极电位 E_b，所以玻璃电极的电极电位 E 应表示为

$$E = E_b + E_M + E_a \tag{8.99}$$

玻璃电极是工业上应用最为广泛的工作电极，它具有稳定性好，可在较强的酸碱溶液中稳定工作，并在相当宽的范围（pH=2～9）内有良好的线性关系。此外，玻璃电极还有一个显著特点就是内阻高，通常在 $10 \sim 150M\Omega$ 范围内，这样高的内阻给信号传输带来困难，必须设计输入阻抗很高的放大器以取出信号。而且电极内阻与温度有密切关系，在 20℃ 以

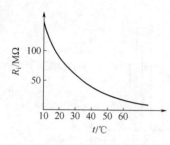

图 8.41 玻璃电极的电阻
与温度的关系

下时内阻极高，并随温度降低迅速上升，而在 20℃ 以上时电阻急剧下降逐步趋于平稳，如图 8.41 所示。故玻璃电极不宜在温度过低的场合测量。但温度过高，玻璃在溶液中溶解增加，故也不宜用于高温下测量，一般适合测量温度为 (20～95)℃。

② 锑电极。锑电极是工业中常用的金属电极，结构简单、牢固，适合于在环境恶劣条件下工作。它是在金属锑棒的表面覆盖一层金属氧化物 Sb_2O_3，当电极插入水溶液时，因为 Sb_2O_3 为两性化合物，在水中的 Sb_2O_3 形成 $Sb(OH)_3$。

锑电极的电极表达式为

$$Sb,Sb_2O_3|[H^+]$$

电极反应式为

$$Sb+3H_2O \Longleftrightarrow Sb(OH)_3+3H^++3e$$

电极电位为

$$E=E_0+\frac{RT}{3F}\ln\frac{[Sb(OH)_3][H^+]^3}{[H_2O]^3}$$

$$=E_0+\frac{RT}{3F}\ln\frac{[Sb(OH)_3]}{[H_2O]^3}+\frac{RT}{F}\ln[H^+] \tag{8.100}$$

因为 $Sb(OH)_3$ 为固态，所以

$$E=E_0+\frac{RT}{3F}\ln\frac{1}{[H_2O]^3}+\frac{RT}{F}\ln[H^+]$$

$$=E_0'+\frac{RT}{F}\ln[H^+] \tag{8.101}$$

式中

$$E_0'=E_0+\frac{RT}{3F}\ln\frac{1}{[H_2O]^3}$$

式(8.101) 表明锑电极电位与溶液中氢离子浓度成对数关系。锑电极的结构虽然简单，但由于在强氧化物质中三价锑很容易被氧化成五价锑，而使电极电位改变，稳定性较差。一般用在 pH＝2～12 之间精度要求不高的场合，如目前用于污水处理中测定 pH 值。

(3) pH 检测器的电动势

将玻璃电极和甘汞电极同时插入被测溶液中，构成了一个简单的 pH 检测器，它实质上是一个原电池。

玻璃电极的电极表达式为

$$Ag|AgCl(固体)，缓冲溶液|固体薄膜|待测溶液 [H^+]_x$$
$$E_b \qquad\qquad E_1 \qquad\quad E_2 \tag{8.102}$$

电极电位为

$$E=E_b+(E_1-E_2)=E_b+\{E_{01}+\frac{RT}{F}\ln[H^+]_0\}-\{E_{02}+\frac{RT}{F}\ln[H^+]_x\}$$

对同一玻璃电极，有 $E_{02}=E_{01}$，所以

$$E=E_b+\frac{RT}{F}\ln[H^+]_0-\frac{RT}{F}\ln[H^+]_x=E_b+2.303\frac{RT}{F}\{lg[H^+]_0-lg[H^+]_x\}$$

$$=E_b+2.303\frac{RT}{F}(pH_x-pH_0) \tag{8.103}$$

式(8.103) 表明，玻璃电极所产生的电极电位 E，它既是被测溶液 pH_x 值的函数，又

是内溶液 pH_0 值的函数，所以只要改变内溶液的 pH_0 值便可改变玻璃电极的电位，这时根据被测溶液的 pH_x 值变化范围选择 pH_0 值，以达到合适的量程范围来提高测量精度。工业用玻璃电极常有 pH_0 值为 2 与 pH_0 值为 7 两种。

玻璃电极的使用范围常在 pH＝2～7，在这段范围内其输出值与 pH 值能保持良好的线性关系，如图 8.42 所示。在 pH 值小于 1 和大于 10 时会产生显著的偏离。

从能斯特（Nernst）方程式可以看出，电极电位与温度有关。转换系数 ξ 与 T 成正比，所以当温度不同时，可以得到一簇 pH-E 的直线，直线的斜率即为 ξ。但该曲线簇的曲线有一个共同的交点，称该点为等电位点，如图 8.43 所示。显然在等电位时 pH 值具有恒定的电位，不受温度影响，并且对不同的溶液，等电位点具有相同的 pH 值，均为 2.5pH。

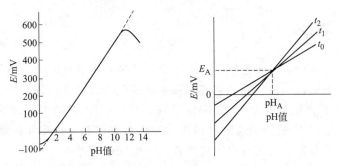

图 8.42　电动势与 pH 值的关系　　图 8.43　电动势随温度变化曲线

$(t_2 > t_1 > t_0)$

本章小结

成分分析主要针对生产过程中影响生产质量的各种物料的组分含量进行分析测试。

本章介绍了工业生产中常见成分量的测量方法和典型自动成分分析仪表的结构、转换原理、安装、调试及维护。重点应掌握各种成分量的测量方法和典型仪表的结构与转换原理。

自动成分分析检测系统由取样装置、预处理系统、检测器、信号处理系统、显示器以及整机控制系统构成。其中检测器是成分分析仪表的核心。

思考题与习题

8.1　热导式气体分析仪的测量条件有哪些？举例说明若被测气样不满足测量条件时应如何处理。

8.2　热导式气体分析器中热导池的工作原理是什么？参比气室在测量中起什么作用？

8.3　简述氧浓差电池测量氧含量的原理。

8.4　氧化锆氧分析仪的探头有几种？其测量条件是什么？

8.5　简述气相色谱仪中色谱柱的分离原理。

8.6　气相色谱仪的检测器分为几种？各有什么特点？

8.7　电导率与被测溶液浓度存在什么关系？常用的溶液电导测量方法有几种？

8.8　简述影响电导池测量精度的因素及其相应的克服方法。

8.9　pH 值与原电池电动势的关系是什么？

8.10　pH 计常用的参比电极和工作电极有哪些？写出玻璃电极和甘汞电极组成原电池的表达式及电动势与 pH 值的关系式。

9 动力机械量测量

位置、转速、转矩及电压电流是表征各种动力机械性能的重要技术参数。运动控制系统中测量反馈装置的作用是将物理参数转换为电信号，为控制器提供相应的反馈量。其中，主要的测量反馈参数为位置、速度（转速）、转矩及电压电流量等参数。本章主要从应用角度介绍上述运动控制参数测量的常用传感器。

9.1 位置测量

运动控制系统中常用的位置传感器有电位器、旋转和直线光电编码器、旋转变压器等。
图 9.1 为直流电动机的位置随动系统。基本组成包括以下几部分。

① 误差检测器：由电位器 RP1 和 RP2 组成，其中电位器 RP1 的转轴与手轮相连，作为转角给定，电位器 RP2 的转轴通过机械机构与负载部件相连，作为转角反馈，两个电位器均由同一个直流电源供电，这样可将位置直接转换成电量输出。

② 直流放大器：由电压放大器和功率放大器组成，又可根据具体情况在其中加入校正系统，这样输出的电压可以驱动电动机。

③ 执行机构：直流电动机作为带动负载运动的执行机构，在负载和电动机之间还需通过减速器匹配。

从图 9.1 可以看出，当两个电位器 RP1 和 RP2 的转轴位置一样时，给定角 θ_r 与反馈角 θ_c 相等，转角差 $\Delta\theta=0$，电位器输出电压 $U^*=U$，直流放大器的输出电压 $U_a=0$，电动机转速为 0，系统处于静止状态。当转动手轮，使给定角 θ_r 增大，$\Delta\theta>0$，电位器输出电压 $U>0$，$U_a>0$ 电动机带着负载转动，使 θ_c 也增大。只要 $\theta_c<\theta_r$ 电机就一直带动负载朝着缩小偏差的方向运动，

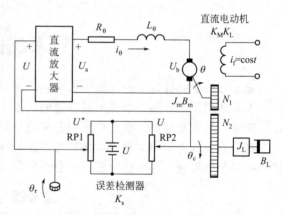

图 9.1 直流电动机位置随动系统

只有当 $\Delta\theta=0$ 时，系统才会停止运动而处在新的稳定状态。如果给定角 θ_r 减小，则系统运动方向将与上述情况相反。显而易见，该系统完全能够实现被控制量 θ_c 准确跟踪给定量 θ_r 的要求。

9.1.1 旋转变压器

旋转变压器是用于伺服系统作为角度位置的产生和检测元件。在不同的自动控制系统中，旋转变压器有多种类型和用途，在位置随动系统中主要用作角度传感器，即转角位移检测装置。

（1）旋转变压器的结构

旋转变压器实际上是一种特制的两相旋转电动机，有定子和转子两部分，在定子和转子上各有两套在空间上完全正交的单相绕组。旋转变压器的结构和隐极式自整角机很相似。旋

转变压器的定子和转子铁芯冲片均由高导磁率的电工钢片组成，上面冲有均匀分布的槽，槽数一般为4的倍数。转子电信号的输入或输出是通过集电环和电刷实现的。

（2）旋转变压器的工作原理

旋转变压器工作时，转子旋转使定子和转子绕组间的相对位置发生变化，其输出电压与转子的转角呈一定的函数关系。

旋转变压器也可以构成角差测量装置，另外还可以作为角度-相位变换器，此时输出电信号的幅值不变，但其相位随着转子角位移变化作相应的线性变化。角度-相位变换器又称移相器，当旋转变压器用作移相器时，又可称为感应移相器。

图9.2(a) 所示为用做移相器的旋转变压器原理，两个定子绕组 S_1 和 S_2 分别施以两个幅值相等、时间上相位差90°的同频交流电压 u_1 和 u_2 为励磁电压，即 $u_1(t)=U_m\sin\omega t$，$u_2(t)=U_m\cos\omega t$。为了保证测量精度，两个定子绕组参数对称，并要求两相励磁电流严格平衡，即大小相等、相位相差90°。这样在气隙中产生圆形旋转磁场，在转子绕组中产生感应电压。当转子位置不同时，感应电压的相位也不同，转子绕组 R_2 可以不用而转子绕组 R_1 中产生的感应电压为

$$u_{br}(t)=m[u_1(t)\cos\theta+u_2(t)\sin\theta]=mU_m\sin(\omega t+\theta) \tag{9.1}$$

式中　m——转子绕组与定子绕组的有效匝数比，忽略阻抗压降；

　　　θ——转子 R_1 绕组与定子 S_1 绕组之间的夹角。

这种感应移相器要求相位上严格相差90°的两相励磁电压，因此较少应用。另一种用做移相器的旋转变压器原理如图9.2(b) 所示，称为单相励磁感应移相器。工作时，只在定子一相绕组 S_1 加单相交流电压，另一相定子绕组 S_2 短接。转子绕组 R_1 和 R_2 分别接电阻和电容，并且互相并联，输出电压 u_{br} 的幅值大小与转角 θ 无关，只是时间相位随转角作正比变化。

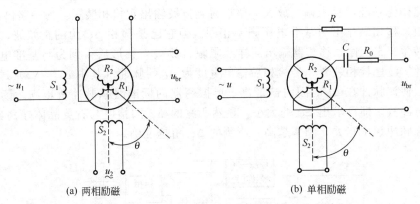

(a) 两相励磁　　　　　　　　　(b) 单相励磁

图9.2　用作角度-相位变换器的旋转变压器

由式(9.1) 可以看出，旋转变压器输出电压 u_{br} 的幅值与转角 θ 无关，不随 θ 变化，但相位与转角相等，从而将转角变换为相位。用这个输出电压作为输出反馈信号，可以构成相位控制随动系统。

当旋转变压器用做给定轴和执行轴角差的检测装置时，与自整角机一样，也采用两个旋转变压器，按图9.3所示方法接线。一个旋转变压器与给定轴相连，称为旋转变压器发送器BRT，另一个与执行轴相连，称为旋转变压器接收器BRR。

工作时，在发送器转子的任一绕组（如 R_{2t}）上施加交流励磁电压 u_f，另一个绕组短接（也可以接到一定的电阻上起补偿作用）。发送器的定子绕组 S_{1t}，S_{2t} 分别和接收器的定子

绕组 S_{1r}，S_{2r} 对应相接，励磁电流产生的交变励磁磁通 Φ_f 沿 S_{1t} 和 S_{2t} 方向的磁通分量 Φ_{f1} 和 Φ_{f2} 在绕组中感应电动势，产生电流，流过 S_{1r} 和 S_{2r}。这两个电流又在接收器中产生相应的磁通 Φ_{r1} 和 Φ_{r2}，其合成磁通为 Φ_r。接收器转子绕组 R_{2r} 作为输出绕组，输出电压为 u_{br}；绕组 R_{1r} 短接或接电阻。

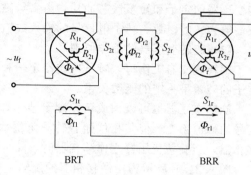

图 9.3　由旋转变压器构成的角差检测装置

磁通 Φ_r 在绕组 R_{2r} 中感应出一个电动势 e_{br}，大小与两个旋转变压器转子的相互位置有关。如果两个旋转变压器转子位置一致，则磁通 Φ_r 与接收器转子绕组 R_{2r} 轴线平行，在 R_{2r} 中感应的电动势最大，输出电压 u_{br} 也将最大。当发送器转子与接收器转子位置不一致，存在角差 $\Delta\theta$，则绕组 R_{2r} 与合成磁通 Φ_r 方向也存在角差 $\Delta\theta$，此时输出电压 u_{br} 与 $\cos\Delta\theta$ 成正比，输出电压 u_{br} 是调幅波，频率和相位不变，电压的幅值为

$$U_{br}=kU_f\cos\Delta\theta \tag{9.2}$$

式中　k——旋转变压器接收器与发送器间的变比。

式（9.2）表示的输出电压幅值与角差 $\Delta\theta$ 的关系在实用上不方便，所以安装时预先把接收器转子转动 $90°$，这样输出电压的幅值可以改写为

$$U_{br}=kU_f\cos(\Delta\theta-90°)=kU_f\sin\Delta\theta \tag{9.3}$$

式（9.3）中 U_{br} 既可以反映角差的极性，又能反映角差的大小。

移相器可应用于精密的测角装置中如图 9-4 所示。机械转角 θ 从移相器转轴输入。交流电压的一路作为基准，经限幅、放大、整形得到方波输出到检相装置。另一路供给移相器定子励磁绕组。移相器输出与基准电压频率相同。但它已是移相 $\Delta\varphi$ 角的正弦波，$\Delta\varphi$ 角与移相器转子转角 θ 成正比。移相器输出同样经限幅、放大、整形后得到为与基准电压相移 $\Delta\varphi$ 的方波，此方波送检相装置，经检相后输出宽度为 Δt 的脉冲（其中 $\Delta t\propto\Delta\varphi$）送到控制门，经控制门，使该脉冲在 Δt 时间内被来自石英振荡器的标准时基脉冲所填满。读出 Δt 时间内的标准脉冲数，即可求出 $\Delta\varphi$ 的大小。显然所测的 $\Delta\varphi$ 的精度与石英晶体振荡器所提供的标准时基准脉冲频率有关，频率越高，所测的 $\Delta\varphi$ 角越准确。

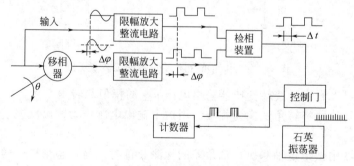

图 9.4　移相器在测角装置中的应用

9.1.2　感应同步器

感应同步器也是一种电磁感应式位置传感器，按其运动方式可以分为旋转式和直线式两

种，可以用来分别检测角位移和直线位移，是一种高精度的位置检测元件。

（1）感应同步器的结构和类型

感应同步器具有两种结构形式，与运动方式和用途有关，一种是旋转式感应同步器，可以用来检测角位移，又称圆形感应同步器；另一种是直线式感应同步器，用来检测直线位移。结构上，两者均包括固定和运动两部分，旋转式分别称为定子和转子，直线式则分为定尺和滑尺，定、动两部分均为片状，有时统称为定片和动片。

旋转式感应同步器和旋转变压器一样，具有定子和转子，定子和转子上均有导电绕组，转子绕组为连续式的称为连续绕组；定子上是两相正交绕组，制成分段式，称为分段绕组，两相交叉分布，相差 90° 电角度。其典型应用是转台的角度数字显示和精确定位，如立式车床。

直线式感应同步器是直线条形，一般安装在具有平移运动的车床上，用来测量刀架的位移并构成全闭环系统。直线式感应同步器由两个感应耦合元件组成，一次侧称为滑尺，安装在机床工作台或其他运动部件上；二次侧称为定尺，安装在机床的床身或其他固定部件上，它们之间只有很小的空气隙（0.25mm±0.05mm），可做相对移动。定尺应与导轨母线相平行，保证在滑尺移动时，定尺与滑尺之间保持有均匀的气隙。定尺上用印刷电路的方法刻着一套单相连续式绕组，滑尺上则有两套绕组，一套称为正弦绕组，另一套称为余弦绕组。当其中一个绕组与定尺绕组对正时，另一个就相差 1/4 节距，即相差 90° 电角度，因此，滑尺上的两个绕组在平面上是正交的，如图 9.5 所示。

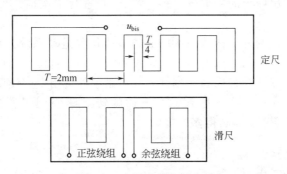

图 9.5　直线式感应同步器

（2）感应同步器的工作原理

旋转式感应同步器和直线式感应同步器的工作原理是相同的，将旋转式感应同步器的绕组展开成直线排列和图 9.5 所示的相似。按照工作状态，感应同步器可分为鉴相型和鉴幅型。

当感应同步器工作于鉴相状态时，与用做角度-相位变换的旋转变压器工作原理基本相同，对滑尺上的两个分段励磁绕组提供幅值相等、频率相同，但相位上相差 90° 的两相交流励磁电压，采用类似于旋转变压器的分析方法，可导出定尺上连续绕组的感应电压为

$$u_{bis}(t) = mU_{fm}\sin\left(\omega t + \frac{2\pi x}{T}\right) \tag{9.4}$$

式中　x——机械位移，m；

　　　T——绕组节距，意义与一般电机绕组节距的意义相同，m；

　　　m——定尺绕组与滑尺绕组的匝数比。

式(9.4) 表明，感应同步器定尺上感应的输出电压幅度是常量，不随位移变化，只与励磁电压有关，输出电压的相位与滑尺的机械位移成正比关系，每隔一个节距 T 重复一次。

这种状态下，感应同步器实际上是一个位移-相位变换器。

当感应同步器工作在鉴幅状态时，正弦交流励磁电压不是加在滑尺上，而是在定尺连续绕组上施加单相正弦励磁电压 $u_f(t)=U_{fm}\sin\omega t$，这时在滑尺的两相绕组中产生的感应电动势分别为

$$u_A(t)=m'U_{fm}\cos\frac{2\pi x}{T}\sin\omega t \tag{9.5}$$

$$u_B(t)=m'U_{fm}\sin\frac{2\pi x}{T}\sin\omega t \tag{9.6}$$

将 $u_A(t)$ 接到正弦函数变换器上，使输出电压按给定位移 X 调制为

$$u'_A(t)=m'U_{fm}\cos\frac{2\pi x}{T}\sin\frac{2\pi X}{T}\sin\omega t \tag{9.7}$$

再将 $u_B(t)$ 接到余弦函数变换器上，使其输出变为

$$u'_B(t)=m'U_{fm}\sin\frac{2\pi x}{T}\cos\frac{2\pi X}{T}\sin\omega t \tag{9.8}$$

然后将这两路信号相减后作为控制信号输出，由式（9.7）减去式（9.8）得

$$u'_{bis}(t)=m'U_{fm}\left(\cos\frac{2\pi x}{T}\sin\frac{2\pi X}{T}-\sin\frac{2\pi x}{T}\cos\frac{2\pi X}{T}\right)\sin\omega t$$

$$=m'U_{fm}\sin\left[\frac{2\pi}{T}(X-x)\right]\sin\omega t \tag{9.9}$$

式（9.9）表明，输出电压的幅值按位移 $(X-x)$ 进行了调幅，当系统运行到差值为零时输出也为零。

根据感应同步器的这两种工作状态所构成的直线位移随动系统，均能得到很高的精度，这是因为作为反馈控制信号的感应电压是由定尺和滑尺的相对位移直接产生的，没有其他机械转换装置。感应同步器一般采用激光刻制，在恒温条件下用专门设备进行精密感光腐蚀生产，位移精度高达 $1\mu m$，分辨率达到 $0.2\mu m$；旋转式感应同步器的精度为角秒级，在 $0.5''\sim1.2''$ 之间，比旋转变压器高得多。

9.1.3　光栅传感器

（1）光栅的结构和分类

光栅系统由光栅、光源、光路和测量电路等部分组成。其中，光栅是关键部件，它决定整个系统的测量精度。光栅按其用途和形状可分为测量线位移的长条形光栅和测量角位移的圆盘形光栅；按光路系统不同可分为透射式和反射式两类，如图9.6所示；按物理原理和刻线形状不同，又可分为黑白光栅（或称幅值光栅）和闪耀光栅（或称相位光栅）。

光栅有长短两块，其上刻有均匀平行分布的刻线。短的一块称为指示光栅，由高质量的光学玻璃制成。长的一块称为标尺光栅或主光栅，由透明材料或高反射率的金属或镀有金属层的玻璃制成。刻线密度由测量精度确定，闪耀式光栅为每毫米100～2800条，黑白光栅有每毫米25条、50条、100条和250条等。

（2）莫尔条纹

以透射式黑白光栅为例分析光栅测量位移的原理。

把长短两块光栅重叠放置，但中间留有微小的间隙 δ（一般 $\delta=d^2/\lambda$，λ 为有效光波长；d 是相邻两条刻线间距离，称为光栅栅距），并使两块光栅的刻线之间有一很小的夹角 θ，如图9.7所示。当有光照时，光线就从两块光栅刻线重合处的缝隙透过，形成明亮的条纹，如图9.7中 h-h 所示。在两块光栅刻线错开的地方，光线被遮住而不能透过，于是就形成暗的条纹，如图9.7中的 g-g 所示。这些明暗相间的条纹称为莫尔条纹，其方向与光栅刻线近

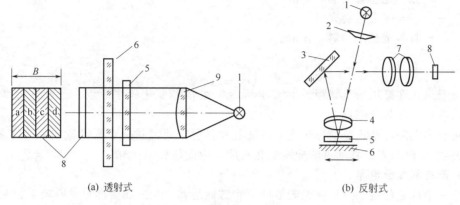

(a) 透射式　　　　　　　　　　(b) 反射式

图 9.6　透射式和反射式光栅

1—光源；2—聚光镜；3—反射镜；4—场镜；5—指示光栅；

6—标尺光栅；7—物镜；8—光敏元件；9—透镜

似垂直，相邻两明亮条纹之间的距离 B 称为莫尔条纹间距。

若标尺光栅和指示光栅的刻线密度相同，即光栅的栅距 d 相等，则莫尔条纹间距 B 为

$$B = \frac{d}{2\sin\dfrac{\theta}{2}} \approx \frac{d}{\theta} \tag{9.10}$$

由于 θ 角很小，故莫尔条纹间距 B 远大于光栅栅距 d，即莫尔条纹具有放大作用。

测量时，把标尺光栅与被测对象相联结，使之随其一起运动。当标尺光栅沿着垂直于刻线的方向相对于指示光栅移动时，莫尔条纹就沿着近似垂直于光栅移动的方向运动。当光栅移动一个栅距 d 时，莫尔条纹也相应地运动一个莫尔条纹间距 B。因此可以通过莫尔条纹的移动来测量光栅的移动大小和方向。

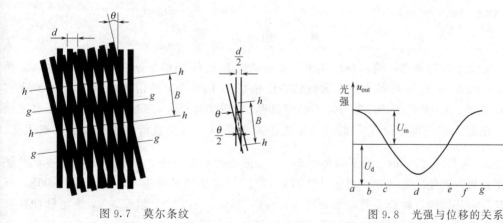

图 9.7　莫尔条纹　　　　　　　图 9.8　光强与位移的关系

对于某一固定观测点，其光强随莫尔条纹的移动，即随光栅的移动按近似余弦的规律变化，光栅每移动一个栅距，光强变化一个周期，如图 9.8 所示。如果在该观测点放置一个光敏元件（一般用硅光电池、光敏晶体管），即可将光强信号转变为按同一规律变化的电信号，即

$$u_{\text{out}} = U_{\text{d}} + U_{\text{m}}\sin\left(\frac{\pi}{2} + \frac{2\pi}{d}x\right) = U_{\text{d}} + U_{\text{m}}\sin(\varphi + 90°) \tag{9.11}$$

式中 U_d——信号的直流分量，V；

　　　U_m——信号变化的幅值，V；

　　　x——标尺光栅的位移，mm；

　　　φ——角度，(°)，$\varphi = \dfrac{2\pi}{d}x = \dfrac{360°}{d}x$。

可以看出，在莫尔条纹间距 B 的 1/4 及 3/4 处信号变化斜率最大，灵敏度最高，故通常都以这些位置作为观测点。

通过整形电路，把正弦信号转变为方波脉冲信号，每经过一个周期输出一个方波脉冲，这样脉冲数 N 就与光栅移动过的栅距数相对应，因而位移 $x = Nd$。

(3) 辨向和细分电路

对于一个固定的观测点，不论光栅向哪个方向运动，光照强度都只做明暗交替变化，光敏元件总是输出同一规律变化的电信号，因此，仅依该信号是无法判别光栅移动的方向。为了辨别方向，通常在相距 $B/4$ 的位置安放两个光敏元件 1 和 2 如图 9.9(a) 所示，从而获得相差为 90°的两个正弦信号。然后把这两个电信号 u_1 和 u_2 输入到图 9.9(b) 所示的辨向电路进行处理。

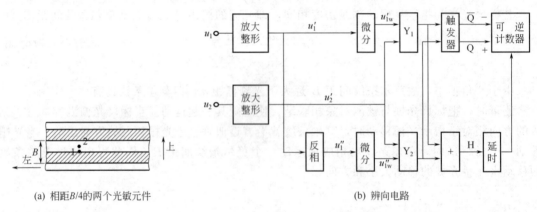

(a) 相距 $B/4$ 的两个光敏元件　　　　　　　　　　　　(b) 辨向电路

图 9.9　辨向电路

当标尺光栅向左移动，莫尔条纹向上运动时，光敏元件 1 和 2 分别输出图 9.10(a) 所示的电压信号 u_1 和 u_2，经放大整形后得到相位相差 90°的两个方波信号 u_1' 和 u_2'。u_1' 经反相后得到 u_1'' 方波。u_1' 和 u_1'' 经 RC 微分电路后得到两组光脉冲信号 u_{1w}' 和 u_{1w}''，分别输入到与门 Y_1 和 Y_2 的输入端。当与门 Y_1，由于 u_{1w}' 处于高电平时，u_2' 总是低电平，故脉冲被阻塞，Y_1 无输出；当与门 Y_2，u_{1w}'' 处于高电平时，u_2' 也正处于高电平，故允许脉冲通过，并触发加减控制触发器使之置"1"，可逆计数器对与门 Y_2 输出的脉冲进行加法计数。同理，当标尺光栅反向移动时，输出信号波形如图 9.10(b) 所示，与门 Y_2 阻塞，Y_1 输出脉冲信号使触发器置"0"，可逆计数器对与门 Y_1 输出的脉冲进行减法计数。这样每当光栅移动一个栅距时，辨向电路只输出一个脉冲，计数器所计的脉冲数即代表光栅位移 x。

上述辨向逻辑电路的分辨力为一个光栅的栅距 d，为了提高分辨力，可以增大刻线密度来减小栅距，但这种办法受到制造工艺的限制。另一种方法是采用细分技术，使光栅每移动一个栅距时输出均匀分布的 n 个脉冲，从而使分辨力提高到 d/n。细分的方法有多种，这里仅介绍直接细分方法。

直接细分也称为位置细分，常用细分数为 4，故又称为四倍频细分。实现方法有如下两

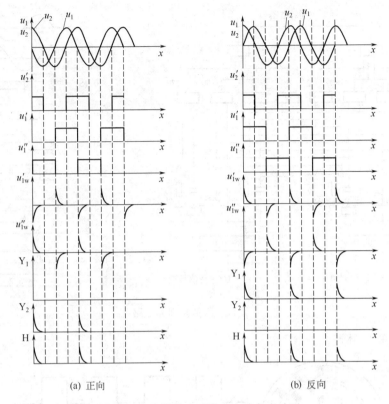

(a) 正向　　　　　　　(b) 反向

图 9.10　光栅移动时辨向电路各点波形

种：一种是在相距 $B/4$ 位置依次安放 4 个光敏元件，如图 9.6(a) 中 a,b,c,d 所示，从而得到相差依次为 90°的 4 个正弦信号，再通过由负到正过零检测电路，分别输出 4 个脉冲；另一种方法是采用在相距 $B/4$ 位置上，安放两个光敏元件，首先获得相位差为 90°的两个正弦信号 u_1 和 u_2，然后再分别通过各自的反相电路又获得与 u_1 和 u_2 相位相反的两个正弦信号 u_3 和 u_4。最后通过逻辑组合电路在一个栅距内获得均匀分布的 4 个脉冲信号，送到可逆计数器，图 9.11 所示为一种四倍频细分电路。

9.1.4　光电编码盘

光电编码盘可直接将角位移信号转换成数字信号，它是一种直接编码装置。与旋转变压器一样，常用于数控机床中装在旋转轴上构成闭环系统。按编码原理划分，有增量式和绝对式两种光电码盘。增量式光电码盘可用于检测转速，绝对式码盘可检测转角。它们的主要特点概述如下。

① 增量式光电码盘。增量式光电码盘数据处理电路简单。因为是数字信号，所以噪声容限较大，容易实现高分辨率，检测精度高；缺点是不耐冲击及振动，容易受温度变化影响，适应环境能力较差。

② 绝对式光电码盘。绝对式光电码盘上有许多圈槽，为获得高分辨率就要求很高的机械加工精度，导致成本很高。

(1) 增量式光电码盘的转速检测原理

增量式光电码盘由与电动机轴相连的码盘和由光敏元件构成的脉冲产生电路组成。码盘上有三圈透光的细缝如图 9.12(a) 所示，第 1 圈和第 2 圈细缝数相等，且位置相错 90°电角度，输出波形 A，B 为互错 90°的脉冲，如图 9.12(b) 所示。第 3 圈只有一个细缝，码盘转

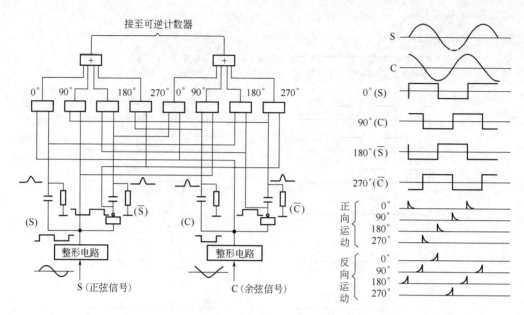

接至可逆计数器

图 9.11　四倍频细分电路

一圈，才有一个 C 脉冲。

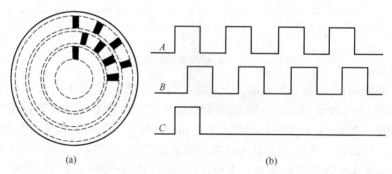

(a)　　　　　　　　　　(b)

图 9.12　增量式光电码盘及其输出波形

利用码盘和接口电路可以计算转速，方法有脉冲积分法和脉冲间隔法。

① 脉冲积分法。脉冲积分法又称 M 法，如图 9.13（a）所示，在一定的采样间隔时间 T_s 内，将来自编码器的脉冲用计数器累计，然后，计算转速（rad/min）为

$$n = 60000m/(MT_s) \qquad (9.12)$$

式中　T_s——采样间隔，ms；

　　　m——在 T_s 时间内的脉冲数；

　　　M——码盘每圈的脉冲数，由码盘铭牌得到。

如当 $M=1000$，$T_s=1\mathrm{ms}$，$m=20$ 时，利用式（9.12）计算实际转速 $n=1200\mathrm{r/min}$。

脉冲积分法的缺点是低转速测量受到限制。

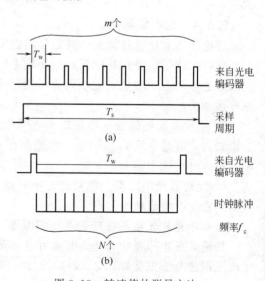

图 9.13　转速值的测量方法

由于低速时脉冲的频率较低，若在 T_s 内只能采到一个脉冲 $m=1$ 时，计算实际转速 $n_{min}=60r/min$。即低于 $60r/min$ 的转速无法测到。如果要测更低的转速，只有增大采样间隔。欲使 $n_{min}=1r/min$，则 $T_s=60ms$，这样系统快速性太差。如果增大 M，测量精度可以提高，但要受机械制造技术限制，而且成本很高。另外还可采用 A，B 信号叠加后产生的倍频信号做计数脉冲，M 将是原来的 2 倍。若在不增加 M，不改变 T_s 的情况下，实现低速测量，可采用另一种方法——脉冲间隔法。

② 脉冲间隔法。脉冲间隔法又称 T 法，如图 9.13（b）所示，在两个码盘脉冲间隔 T_w 内插入已知频率的高频脉冲，计数高频脉冲的个数，从而计算出 T_w 及转速（rad/min）。计算公式为

$$n=60000f_c/MN \tag{9.13}$$

式中 f_c——插入的高频脉冲频率，kHz；

M——码盘每转脉冲个数；

N——在 T_w 内的高频脉冲个数。

如 $M=1000$，$f_c=5kHz$，$N=255$ 时，按式（9.13）计算转速 $n=1.2r/min$。

但是，用脉冲间隔法测量转速上限受到限制，当 $N=1$ 时，上例中 $n_{max}=300r/min$。

以上两种方法各有特点，若要在大范围内测量转速时，可在同一系统中分段采用这两种方法，即高速时采用积分法，在低速时采用脉冲间隔法，这又称 M/T 法。

在可逆调速系统中，不仅要测速度值，还要测速度方向。可利用 A，B 脉冲之间相位差，采用一个 D 触发器如图 9.14（a）接线，输出 Q 信号为方向信号，波形如图 9.14（b）和（c）所示。逆时针旋转时，A 脉冲超前于 B 脉冲，则 Q 为高电平；反之 B 脉冲超前于 A 脉冲，Q 为低电平。

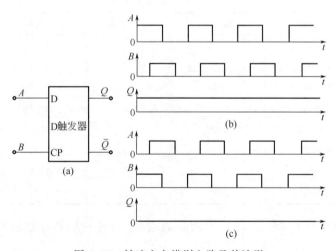

图 9.14 转速方向辨别电路及其波形

（2）绝对式码盘

绝对式码盘是通过读取轴上码盘的图形表示轴的位置，码制可选用二进制、二-十进制（BCD 码）或循环码等。

① 二进制码盘。二进制码盘中，外层为最低位，里层为最高位。从外往里按二进制刻制，如图 9.15（a）所示。轴位置和数码的对照表见表 9.1。在码盘移动时，可能出现两位以上的数字同时改变，导致"粗大误差"产生。如当数码由 0111（十进制 7）变到 1000（十进制 8）时，由于光电管排列不齐或光电管特性不一致，有可能导致高位偏移，本来是

1000，变成了0000，相差为8。为克服这一缺点，在二进制或二-十进制码盘中，除最低位外，其余均由双排光电管组成双读出端，进行"选读"。当最低位由"1"转为"0"时，应当进位，读超前光电管；由"0"转为"1"时，不应进位，则读滞后光电管，这时除最低位外，对应于其他各位的读数不变。

② 循环码盘（格雷码盘）。循环码盘的特点是在相邻二扇面之间只有一个码发生变化，因而当读数改变时，只可能有一个光电管在交界面上。即使发生读错，也只有最低一位的误差，不可能产生"粗大误差"。此外，循环码表示最低位的区段宽度要比二进制码盘宽1倍，这是它的优点。其缺点是不能直接实现二进制算术运算，在运算前必须先通过逻辑电路换成二进制码。循环码盘如图9.15（b）所示。轴位和数码的对照见表9.1。

(a) 二进制编码盘

(b) 循环码编码盘

图9.15 绝对值光电编码盘

表9.1 光电编码盘轴位和数码对照

轴的位置	二进码	循环码	轴的位置	二进码	循环码
0	0000	0000	8	1000	1100
1	0001	0001	9	1001	1101
2	0010	0011	10	1010	1111
3	0011	0010	11	1011	1110
4	0100	0110	12	1100	1010
5	0101	0111	13	1101	1011
6	0110	0101	14	1110	1001
7	0111	0100	15	1111	1000

光电码盘的分辨率为 $360/N$，对于增量码盘 N 是转一周的计数总和。对绝对值码盘 $N=2^n$，n 是输出字的位数。粗精结合的码盘分辨率已能做到 $\frac{1}{2^{20}}$，如果码盘制造非常精确，则编码精度可达到量化误差。所以光电编码盘用作位置检测可以大大提高测量精度。

9.2 速度（转速）测量

速度（转速）反馈环节是闭环调整系统中不可缺少的组成部分。可直接获得代表转速的电压且具有良好实时性的速度传感器是测速发电机。测速发电机也是一种发电机，但是其应用不以输出电功率为目的，而是用于转速的测量，一般通过传动机构或直接与转轴耦合，输出与转速成正比的模拟电压。测速发电机有直流和交流两种，其区别在于输出电压信号是直流还是交流。

9.2.1 直流测速发电机

直流测速发电机是一种微型直流发电机。按定子磁极的励磁方式不同，可分为电磁式和永磁式两大类；按电枢的结构形式不同，可分为无槽电枢、有槽电枢、空心杯电枢和圆盘印刷绕组等几种。

(1) 直流测速发电机的输出特性

直流测速发电机的工作原理与一般直流发电机相同，如图 9.16 所示。在恒定磁场中，旋转的电枢绕组切割磁通，并产生感应电动势。由电刷两端引出的电枢感应电动势为

$$E_s = K_e \Phi n = C_e n \tag{9.14}$$

式中，K_e 为感应系数；Φ 为磁通；n 为转速；C_e 为感应电动势与转速的比例系数。

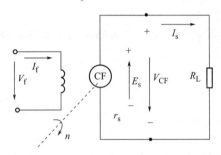

图 9.16 直流测速发电机电气原理图

空载（即图 9.16 中所示电枢电流 $I_s = 0$）时，直流测速发电机的输出电压和电枢感应电动势相等，因而输出电压与转速成正比。

有负载（即电枢电流 $I_s \neq 0$）时，直流测速发电机的输出电压为

$$V_{CF} = E_s - I_s r_s \tag{9.15}$$

式中，r_s 为电枢回路的总电阻（包括电刷和换向器之间的接触电阻等）。理想情况下，若不计电刷和换向器之间的接触电阻，r_s 为电枢绕组电阻。

显然，有负载时，测速发电机的输出电压应比空载时小，这是电阻 r_s 的电压降造成的。

有负载时，电枢电流为

$$I_s = \frac{V_{CF}}{R_L} \tag{9.16}$$

式中，R_L 为测速发电机的负载电阻。

由式(9.14)～式(9.16) 可得

$$V_{CF} = \frac{C_e}{1 + \dfrac{r_s}{R_L}} n = Cn \tag{9.17}$$

式中

$$C = \frac{C_e}{1 + \dfrac{r_s}{R_L}} \tag{9.18}$$

理想情况下，r_s，R_L 和 Φ 均为常数，则系数 C 也为一常数。由式(9.17) 得到直流测速发电机有负载时的输出特性如图 9.17 所示。负载电阻不同，测速发电机的输出特性的斜率亦不同，从而得到一组直线。

(2) 产生误差的原因和改进方法

直流测速发电机在工作中，其输出电压与转速之间不能保持比例关系，主要有以下三个原因。①有负载时，电枢反映去磁作用的影响，使输出电压不再与转速成正比，遇到这

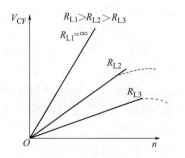

图 9.17 直流测速发电机有负载时的输出特性

种情况可以在定子磁极上安装补偿绕组，或使负载电阻大于规定值。② 电刷接触压降的影响。这是因为电刷接触电阻是非线性的，即当电机转速较低、相应的电枢电流较小时，接触电阻较大，从而使输出电压很小。只有当转速较高、电枢电流较大时，电刷压降才可以认为是常数。为了减小电刷接触压降的影响，即缩小不灵敏区，应采用接触压降较小的铜-石墨电极或铜电极，并在它与换向器相接触的表面上镀银。③温度的影响。这是因为励磁绕组中长期流过电流易发热，其电阻值也相应增大，从而使励磁电流减小的缘故。在实际使用时，可在直流测速发电机的绕组回路中串联一个电阻值较大的附加电阻，再接到励磁电源上。这样，当励磁绕组温度升高时，其电阻虽有增加，但励磁回路总电阻的变化却较小，故可保证励磁电流几乎不变。

9.2.2　交流测速发电机

交流测速发电机可分为永磁式、感应式和脉冲式三种。

(1) 永磁式交流测速发电机

永磁式交流测速发电机实质上是单向永磁转子同步发电机，定子绕组感应的交变电动势的大小和频率均随输入信号（转速）而变化，即

$$
\left.
\begin{aligned}
f &= \frac{pn}{60} \\
E &= 4.44 f N K_\mathrm{W} \Phi_\mathrm{m} = 4.44 \frac{p}{60} N K_\mathrm{W} \Phi_\mathrm{m} n = Kn
\end{aligned}
\right\}
\tag{9.19}
$$

式中，K 为常系数，$K = 4.44 \dfrac{p}{60} N K_\mathrm{W} \Phi_\mathrm{m}$；$p$ 为电机极对数；N 为定子绕组每相匝数；K_W 为定子绕组基波绕组系数；Φ_m 为电机每极基波磁通的幅值。

这种测速发电机尽管结构简单，没有滑动接触，但由于感应电动势的频率随转速而改变，致使电动机本身的阻抗和负载阻抗均随转速而变化，故其输出电压不与转速成正比关系。通常这种电机只作为指示式转速计使用。

(2) 感应式测速发电机

感应式测速发电机是利用定子、转子齿槽相互位置的变化，使输出绕组中的磁通产生脉动，从而感应出电动势。这种工作原理称为感应子式发电机原理。图 9.18 为感应子式测速发电机的原理结构图。定子、转子铁芯均为高硅薄钢片冲制叠成，定子内圆周和转子外圆周上都有均匀分布的齿槽。在定子槽中放置节距为一个齿距的输出绕组，通常组成三相绕组，定子、转子的齿数应符合一定的配合关系。

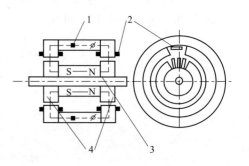

图 9.18　感应子式测速
发电机的原理结构图
1—定子；2—输出绕组；
3—永久磁铁；4—转子铁芯

当转子不转时，永久磁铁在电动机气隙中产生的磁通不变，所以定子输出绕组中没有感应电动势。当转子以一定速度旋转时，定、转子齿之间的相对位置发生周期性的变化，定子绕组中有交变电动势产生。每当转子转过一个齿距，输出绕组的感应电动势也变化一个周期，因此，输出电动势的频率应为

$$
f = \frac{Z_\mathrm{r} n}{60}
\tag{9.20}
$$

式中，Z_r 为转子的齿数；n 为电动机转速，rpm。

由于感应电动势频率和转速之间有严格的关系，相应感应电动势的大小也与转速成正比，故可作为测速发电机使用。配合整流电路后，可以作为性能良好的直流测速发电机使用。

(3) 脉冲式测速发电机

脉冲式测速发电机与感应式测速发电机的工作原理基本同。它是以脉冲频率作为输出信号。由于输出信号的电压脉冲频率和转速保持严格的正比关系，所以属于同步发电机类型。其特点是输出信号的频率相当高，即使在较低转速下（如每分钟几转或几十转），也能输出较多的脉冲数，因而以脉冲个数显示的速度分辨力比较高，适用于速度比较低的调节系统，特别适用于鉴频锁相的速度控制系统。

9.2.3　光电式转速表

机械式转速表和接触式电子转速表会影响被测物的旋转速度。光电式转速表可以在距被测物数十毫米外非接触地测量其转速。光电传感器属于数字式传感器，测得的转速信号是脉冲信号，可以利用单片机对其进行处理，并在 LCD 上直观地显示转速值。光电元件的动态特性较好，可用于高速测量并且不干扰被测物的转动。

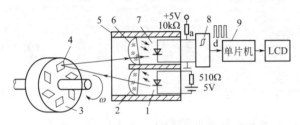

图 9.19　光电式转速表电路原理图

1—光源（红色 LED）；2,6—聚焦透镜；3—被测旋转物；
4—反光纸；5—遮光罩；7—光敏二极管；
8—放大、整形电路；9—单片机

光电式转速表的电路原理如图 9.19 所示。

光源发出的光线经聚焦透镜 2 汇聚成平行光束，照射到被测旋转物 3 上，光线经事先粘贴在旋转物体上的反光纸 4 反射回来，经透镜 6 聚焦后落在光敏二极管 7 上。旋转物体每转一圈，光敏二极管就产生 6 个脉冲信号，经放大整形电路得到 TTL 电平的脉冲信号。

单片机完成对电机转速脉冲的计数，读取寄存器完成转速频率的测定。电机脉冲信号连到单片机的 $\overline{\text{INT0}}$ 引脚，$\overline{\text{INT0}}$ 中断对转速脉冲计数。定时器 T0 以方式 1 工作于定时方式。每到 1s 读一次外部中断 $\overline{\text{INT0}}$ 计数值，此值即为脉冲信号的频率。再由数码显示器显示出每分钟的转数。

电机转速计算公式为

$$n = 60\frac{f}{z} \tag{9.21}$$

式中，n 为电机转速；f 为电机脉冲信号频率；z 为转轴旋转一圈所产生的脉冲数。

光电式转速表具有测量速度快、测量精度高、灵敏度高的优点，不但可应用于一般的机电控制过程中的转速测量，也可应用于要求高精度的转速测量中。

9.3　转矩测量

运动控制系统中针对位置、转速、张力等的控制在本质上是通过控制电动机的转矩实现的。而在一些以转矩为控制目标的系统，如造纸机和轧钢机的卷取系统和齿轮箱疲劳试验系统中，转矩传感器则是必不可少的测量反馈环节。转矩的测量一般通过对轴的弹性扭转形变的测量实现，其方法是在驱动轴和负载轴之间串接一个高强度高弹性材料制作的轴。该轴可以传递转矩同时又可以产生较大的扭转形变，因此一般称之为弹性轴或扭力轴。在轴上可以安装传感器将其形变转换为电信号，间接实现对转矩的测量。

9.3.1　电阻应变式转矩传感器

当轴类元器件受转矩作用时，在其表面产生切应变，可以用电阻应变片测量。应变片可以直接贴在需要测转矩的轴类零件上，也可以贴在一根特制的弹性传动轴上，制成一个应变式扭矩测量传感器。

由材料力学可知，在扭矩 M 的作用下，轴体表面上沿与轴线成 $45°$ 和 $135°$ 倾角方向上的主应力 σ_1, σ_3，其数值与轴体表面上最大扭应力相等，如图 9.20 所示，即

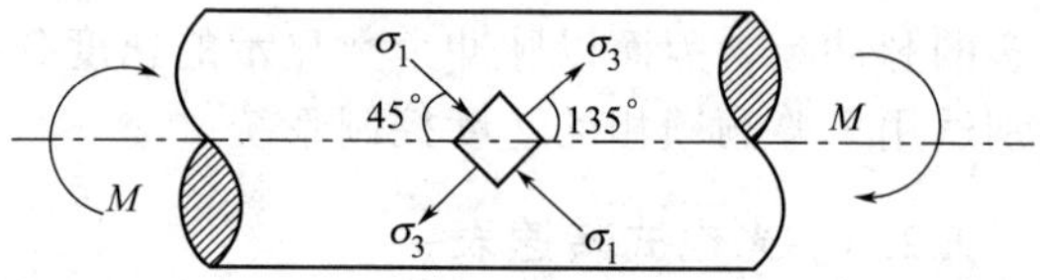

图 9.20　轴体表面应力计算简图

$$\sigma_1 = -\sigma_3 \tag{9.22}$$

设与 σ_1, σ_3 对应的主应变分别为 $\varepsilon_1, \varepsilon_3$，则

$$\varepsilon_1 = -\varepsilon_3 \tag{9.23}$$

且有

$$\varepsilon_1 = \frac{\sigma_1}{E} + \mu \frac{-\sigma_3}{E} = \frac{1+\mu}{E}\sigma_1 = \frac{\sigma}{E} \tag{9.24}$$

$$\varepsilon_3 = \frac{-\sigma_3}{E} + \mu \frac{\sigma_1}{E} = -\frac{1+\mu}{E}\sigma_3 = -\frac{\sigma}{E} \tag{9.25}$$

式中，E 为轴体材料的弹性模量，Pa；μ 为轴体材料的泊松比；σ 为应力。

当轴体的扭转断面系数为 W，则有

$$\varepsilon_1 = -\varepsilon_3 = \left(\frac{1+\mu}{E}\right)\frac{M}{W} = K_\varepsilon M \tag{9.26}$$

$$\sigma_1 = -\sigma_3 = \frac{M}{W} = K_\sigma M \tag{9.27}$$

式中，K_ε, K_σ 为比例常数。

$$K_\varepsilon = \frac{1+\mu}{EW} \tag{9.28}$$

$$K_\sigma = \frac{1}{W} \tag{9.29}$$

当实心轴的直径为 D，空心轴的外径和内径分别为 D 及 d 时
实心轴

$$W = \frac{\pi}{16}D^3 \approx 0.2D^3 \tag{9.30}$$

空心轴

$$W = \frac{\pi(D^4 - d^4)}{16D} \approx 0.2D^3(1 - a^4) \tag{9.31}$$

式中，$a = d/D$。

由式(9.26)和式(9.27)可知，ε_1（或 ε_3）及 σ_1（或 σ_3）均与被测扭矩 M 成正比。通过测量轴体表面的扭转主应变或应力即可确定扭矩 M。工程实际中常用应变片将轴的主应变

转变为电信号，通过电信号的定标来测扭矩值。

图 9.21 是一种应变式扭矩传感器。4 个应变片中的 2 个粘贴在与轴线成 45°的方向上，另外 2 个粘贴在与轴线成 135°的方向上。4 个应变片接成全桥回路，除可提高灵敏度外，还可消除轴向力和弯曲力的影响。集流环是将转动中轴体上的电信号与固定测量电路装置相联系的专用部件。4 个集流环中的 2 个用于接入激励电压，2 个用于输出信号。

集流环按工作原理可分为电刷-滑环式、水银式和感应式等几种。

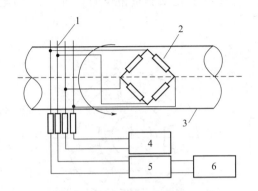

图 9.21　电阻应变式扭矩传感器

1—集流环；2—应变片；

3—轴；4—振荡器；

5—放大器；6—显示记录器

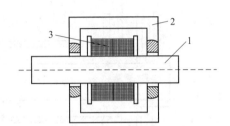

图 9.22　磁弹式扭矩传感器

1—转轴（铁磁材料）；

2—铁芯；3—线圈

9.3.2　压磁式转矩传感器

压磁式扭矩仪又称磁弹式扭矩仪，图 9.22 为磁弹式扭矩传感器的结构示意图。轴 1 由强磁性材料制成，通过联轴节与动力机和负载相连，联轴节由非磁性材料制造，具有隔磁作用。将转轴 1 置于线圈绕组 3 中，线圈所形成的磁通路经轴 1，并靠铁芯 2 封闭。测量时线圈 3 通入激励电流，转轴 1 在轴向被线圈 3 磁化。根据磁弹效应，受扭矩作用的轴的导磁性（磁导率）也要发生相应变化，即磁导率发生变化，从而引起线圈的感抗变化，通过测量电路测量感抗的变化可确定扭矩。

9.3.3　扭转角式转矩传感器

当轴受扭矩作用时，沿轴向相距为 l 的任意两截面之间，将产生相对扭转角 ϕ，如图 9.23 所示，其值为

$$\phi = \frac{Ml}{GJ_p} \tag{9.32}$$

式中，G 为剪切弹性模量；J_p 为轴体截面的极惯性矩。

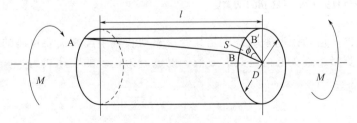

图 9.23　轴体扭转角变位简图

由式(9.32)可知，扭角 ϕ 与扭矩 M 成正比。当轴体为实心圆截面时

$$J_p = \frac{\pi D^4}{32} \approx 0.1 D^4 \tag{9.33}$$

当轴体为环形截面（外形 D，内径 d）时

$$J_p = \frac{\pi(D^4 - d^4)}{32} \approx 0.1(D^4 - d^4) \tag{9.34}$$

电容式扭矩测量仪是利用机械结构，将轴受扭矩作用后的两端面相对转角变化变换成电容器两极板之间的相对有效面积的变化，引起电容量的变化来测量扭矩的。图 9.24 为电容式扭矩传感器结构示意图。

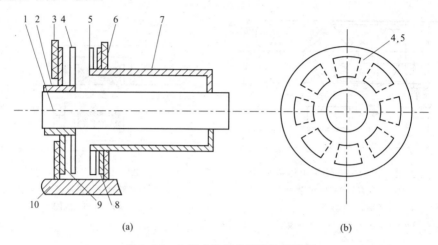

图 9.24　电容式扭矩传感器结构简图

1—弹性转轴；2—轴套；3,6—绝缘板；4,5—开孔金属圆盘；7—套管；8,9—金属圆盘；10—壳体

当弹性轴 1 传递扭矩时，靠轴套 2、套管 7 固定在轴两端的开孔金属圆盘 4、5 产生相对转角变化。在靠近圆盘 4 和 5 的两侧，另有两块金属圆盘 8,9，通过绝缘板 3 和 6 固定在壳体上，构成电容器。其中金属圆盘 8 是信号输入板，它与高频信号电源相接，金属圆盘 9 是信号接收板，信号经高增益放大器后，输出电信号。壳体接地，开孔金属圆盘 4、5 经过轴和轴上的轴承也接地。

金属圆盘 8,9 之间电容量的大小，取决于它们之间的距离以及开孔金属圆盘 4,5 所组成扇形孔的大小。当轴承受扭矩时，开孔金属圆盘 4,5 产生相对角位移，窗孔尺寸变化，使得金属圆盘 8,9 之间的电容发生相应变化。即使输出信号与开孔金属圆盘 4,5 之间的角位移成比例，角位移与轴 1 所承受的扭矩成比例。

电容式扭矩传感器的主要优点是灵敏度高。测量时它需要集流装置传输信号。

9.4　霍尔电压、电流测量

电压和电流也是运动控制系统特别是其变流驱动装置中经常需要检测的物理量。通常在对这些物理量的测量中最关心的是其有效值，以电流为代表的表达式为

$$I_{rms} = \sqrt{\frac{1}{T} \int_0^T [i(t)]^2 \, dt} \tag{9.35}$$

有效值实质上是与电能量密切相关，通常使用的指针式电表的指针偏转取决于被测信号的平均值，用于交流测量时，一般先整流，然后再取平均值。平均值的数字表达式为

$$I_{\text{avg}} = \frac{1}{T} \int_0^T |i(t)| \, \mathrm{d}t \tag{9.36}$$

霍尔电流、电压传感器中的敏感元件霍尔器件是根据霍尔效应的原理制成的，将一电流为 I_C 的载流导体放在磁场中，如果磁场方向与电流方向正交，则在与电流和磁场都垂直的方向上将产生电动势 U_H（如图 9.25 左半部所示），该电动势被称为霍尔电势。半导体是制作霍尔器件的最佳材料。霍尔电势可表达为

$$U_H = K_H I_C B \tag{9.37}$$

式中，K_H 为霍尔器件的灵敏度；B 为磁场强度。

图 9.25 右半边是霍尔电流传感器的原理电路。在电路中通过电阻 R_W 调节改变控制电流 I_C，也就改变了霍尔器件的灵敏度。当 I_1 通过穿心导线时，在导线周围将产生与 I_1 成正比的磁场，这一磁场可以通过聚磁环而集聚，传递到气隙中的霍尔器件上并使其产生与 I_1 成正比的电动势信号输出。如果将这一电动势信号经功率放大器放大后直接转换为标准输出或数字形式，这就是直接式霍尔电流传感器的原理。而在霍尔电流传感器的设计中更多采用的则是磁场平衡式（又称补偿式）的设计。在这种设计中于聚磁环上安装了一个补偿线圈，可以通过平衡电流 I_2 产生磁场抵消被测电流 I_1 所产生的磁场。平衡电流 I_2 的产生则是由 U_H 经过一个控制器来驱动的。当气隙磁场被完全平衡而等于零时，平衡电流 I_2 就是被测电流 I_1 的度量，可以由采样电阻 R_M 将其转换为电压，然后再转换为标准输出或数字形式。

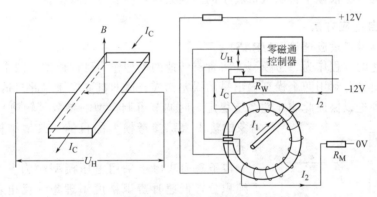

图 9.25　霍尔效应原理和磁场平衡式测量电路

霍尔电压、电流传感器具有如下的优点。

① 动态性能好。相对于普通互感器的动态响应时间为 $10 \sim 20 \mu s$，霍尔传感器的动态响应时间一般小于 $1\mu s$，跟踪速度 $\mathrm{d}i/\mathrm{d}t$ 高于 $50A/\mu s$。

② 精度高。一般的霍尔电流、电压传感器/变送器模块在工作区域内的精度优于 1%，线性度优于 0.1%，而普通互感器精度一般为 $3\% \sim 5\%$。

③ 工作频带宽。可在 $0 \sim 100kHz$ 频率范围内很好地工作，而普通互感器只能工作于工频；

④ 过载能力强，测量范围大（$0 \sim \pm 6000A$）。

⑤ 可靠性高，平均无故障工作时间大于 $50000h$。

⑥ 尺寸小，重量轻，易于安装且不会给系统带来任何损失。

⑦ 霍尔电压、电流传感器最突出的优点是可以测量任意波形的电流和电压信号，如直流、交流和脉冲波形等，也可以对瞬态峰值参数进行测量。

9.5　无速度传感器技术

通常，高性能的交流调速系统需要实现速度的闭环控制，而速度传感器的安装带来一些问题：系统的成本增加；码盘在电机轴上的安装存在同心度的问题，安装不当将影响测速的精度；电机轴上的体积增大，而且给电机的维护造成一定困难，同时破坏了异步电机简单、坚固的特点；在恶劣的环境下，码盘工作的精度易受环境的影响。因此，无速度传感器传动控制技术不仅是现代交流传动控制的重要研究方向，而且已经成为当前研究的热点。相对于常规速度传感器的传动控制，无速度传感器控制技术利用检测的定子电压、电流等易测的物理量进行速度估计以取代速度传感器，其关键是如何获取电机的转速信息，并且保持较高的控制精度，满足实时控制的要求。

目前，速度传感器的研究可以分为三类：基于基波模型的方法、高频信号注入法及基于人工智能理论的估算方法。①基于基波模型的方法有直接计算方法、基于观测器的估算方法、模型参考自适应（Model Referencing Adaptive System，MRAS）方法、电感法及反电动势法；②高频信号注入法基于检测电动机的凸极效应，通过在电动机中注入特定的高频电压（电流）信号，然后检测电动机中对应的电流（电压）信号以确定转子的凸极位置；③人工智能估算方法中基于人工神经网络的速度估算方法，但该方法的理论研究尚不成熟，其硬件实现有一定难度，通常需要专门的硬件支持。

因高频注入方法依赖于特制电机转子的凸极效应，一般应用较少。

模型参考自适应方法

(1) 模型参考自适应理论（MRAS）

将不含转速的方程作为参考模型，将含有转速的模型作为可调模型，两个模型具有相同物理意义的输出量，利用两个模型输出量的误差构成合适的自适应律（此自适应律是基于波波夫的超稳定理论以保证此非线性系统稳定）时调节可调模型的参数（转速），以达到控制

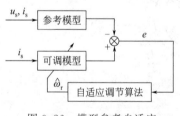

图 9.26　模型参考自适应控制系统的结构

对象的输出跟踪参考模型的目的。典型结构图如图 9.26 所示。

转子磁通法由于采用电压模型法为参考模型、引入了纯积分，低速时辨识精度不理想。反电势估计法省略了纯积分环节，改善了估计性能，但是定子电阻的影响依然存在；无功功率估计法是转子磁通估计法的改进，消除了定子电阻的影响，从而获得较好的低速性能及鲁棒性。

总之，MRAS 是基于稳定性设计的参数辨识方法，保证了参数估计的渐进收敛性。但是由于 MRAS 的速度观测是以参考模型准确为基础的，参考模型本身的参数准确程度直接影响到速度辨识和控制系统的成效。然而感应电机的参数实际上并非是常数，存在集肤效应和漏磁通饱和，定子漏电抗与定子电流大小有关，转子电阻和漏电抗与转子频率和转子电流有关。而转子频率取决于转差率，定、转子电流大小同样取决于转差率。所以不同的转差率时电机具有不同的参数，同时电机运行时的电流电压的检测不可避免存在噪声，这些因素可能导致模型参考自适应转速的估计误差。

(2) 基于 MRAS 的 PI 自适应控制器法

速度估算方法实际是模型参考自适应法（MRAS）的一种变形，它充分利用了控制系

统已有的结构，在此基础上以 PI 调节器估计转速，其结构比 MRAS 简单，性能较好。其结构如图 9.27 所示。

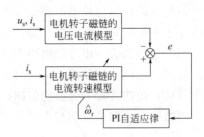

图 9.27 PI 自适应法速度估算

（3）观测器估计方法

观测器的实质是状态重构，根据可测量应用系统模型重构状态 $\hat{x}$ 和输出，与测量的输出进行比较后得到误差 e，观测器一级是用来观测系统内部状态 x 的。通常 $\hat{x}(t)$ 为 $x(t)$ 的重构状态或估计状态，而称这个用以实现状态重构的系统为观测器。这种方法稳定性好、鲁棒性强、适用面广。近年来，随着微型计算机技术的迅速发展，出现了高性能的微处理芯片和数字信号处理器（DSP），极大地推动了该方法在无速度传感器矢量控制系统中的应用。目前主要存在的观测器有全阶状态观测器、降阶状态观测器、扩展卡尔曼滤波器（Extended Kalman Filter，EKF）和滑模观测器。

卡尔曼滤波器（KF）是一种最小方差意义上的最优估计递归算法，扩展的卡尔曼滤波器（EKF）是对非线性的拓展。将电机的转速看作状态变量，考虑电机的非线性模型，采用扩展卡尔曼滤波器在每一估计点将模型线性化用于估计转速，该方法可有效地抑制噪声，提高转速估计的精度。卡尔曼滤波器可在噪声环境下以及系统模型不确定的情况下获得准确的状态变量估计。但估计精度受到电机参数变化的影响，而且计算量过大。EKF 应用于感应电机参数估计，将待估计变量（如转子转速、转子电阻、转子时间常数、负载转矩等）作为增加的状态变量，基于扩展的感应电机非线性模型进行估计。

与其他估计方法相比，卡尔曼滤波器的优点是可抑制噪声干扰，提高状态估计准确度，估计精度受到电机参数变化的影响较小；其不足之处是计算量较大，调整参数多，参数设置不合适将影响收敛速度，可能引起系统不稳定。

（4）人工智能估计方法

当前智能控制方法主要包括：①神经网络控制；②模糊控制；③集成智能控制；④组合智能控制。人工智能速度估计方法具有对电机参数变化和噪声较强的鲁棒性，不依赖电机数学模型的优势。

① 神经网络速度估计方法　异步电机转子转速的准确检测或计算对高性能的矢量控制系统是非常重要的，由于电机参数的时变性，使得根据转子磁链模型进行计算误差较大，影响了系统性能。人工神经网络经过严格的训练后，具有对非线性系统进行辨识的能力，由非线性处理函数构成的多层网络更具有对任意函数良好的逼近能力，利用人工神经网络对异步电机转子磁链和转速进行直接辨识，利用误差反传算法对多层网络进行训练，使神经网络准确地反映电机转子磁链和转速，在此基础上建立异步电机矢量控制系统，系统仿真结果表明该方法能较好地辨识电机转子磁链信号和转速，系统具有良好的辨识能力和动态性能。

目前提出的神经网络速度估计方法大多是基于模型参考自适应理论建立的，常规的基于模型参考自适应的 ANN 速度估计如图 9.28 所示。

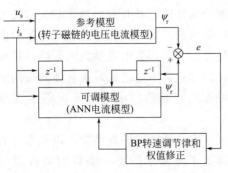

图 9.28　常规的 ANN 速度估计原理

该估计器通过比较电压模型（参考模型）和电流模型（ANN 可调节模型，神经网络替代电流模型转子磁链观测器）输出的转子磁链（或电动势、无功功率等），采用 BP 算法对神经网络进行训练，用神经网络训练电流模型得到转子磁链的估计值，通过对电压模型的实时计算得到磁链的实际值，两者之差作为输入样本对神经网络进行训练，估计出转速大小，调节权值，使估计转子磁链的值跟踪转子磁链给定值，从而使估计转速跟踪实际转速，并使其对参数的变化和系统的噪声具有很好的鲁棒性。网络无需事先离线学习与训练，在线学习的过程即为速度估计过程。

② 模糊控制速度估计方法

目前在无速度传感器控制方面的应用主要有：a. 直接用简单的模糊控制器取代传统的 PD 调节器以进行速度控制，该方法对于系统参数变化、负载扰动时具有较好的快速性和鲁棒性；b. 根据运行状态，适时地调节模糊控制器中的量化因子和比例因子，可有效地提高系统的分辨率和控制精度，另外将模糊控制与 PID 控制器相结合，当偏差较大时采用模糊控制，在小偏差范围时采用 PID 控制，可以获得较快的动态响应速度、较小的超调和较高的稳态精度；c. 将模糊控制与滑模变结构控制等方法相结合进行速度估计，以获得更高的控制精度和鲁棒性。

模糊控制展示了其处理精确数学模型，非线性、时变和时滞系统的强大功能。但是模糊控制系统还有一些理论和设计问题亟待解决才能发挥其巨大的潜能和作用。

③ 集成智能控制速度估计方法

各种智能方法均具有自身明显的优势和特点，可有机结合。

a. 模糊神经网络控制，将人工神经网络与其他的智能控制方法，如模糊控制相结合，以解决交流传动控制系统速度估计中存在的非线性和智能化问题。

b. 基于遗传算法的集成智能控制是基于自然选择和自然基因原理的搜索算法，它不仅具有全局搜索的特点，还具有解决方案多模式、多对象优化问题的能力。

c. 基于专家的集成智能控制，可在未知环境下模仿专家的经验，实现对系统的有效控制。

④ 复合智能控制速度估计方法

采用传统控制方法和智能控制方法相结合的方法，增加一定的智能控制手段，以消除非线性、参数变化和扰动的影响，这种控制通常称为复合智能控制。它比单纯地采用智能控制的方法往往能具有更好的效果，如采用模糊神经网络与变结构控制相结合，构成了自适应控制器，增强了系统的鲁棒性和自适应性，改善了变结构滑模控制的抖动问题，提高无速度传感器异步电机速度估计性能。

提高感应电机无速度传感器矢量控制系统的低速控制性能，具有重要理论意义和实用价值。利用电机数学模型推导出的转速估计方法受电机参数的影响较大，并且在低速区和启动过程存在一定的问题。不依赖电机数学模型的速度估计方法，不受电机参数的影响，具有很强的鲁棒性，但速度辨识具有一定的范围。根据各自的优点和不足之处，在具体的应用中选择适当的方案，所以结合各种方法的优点，并利用人工智能的方法进行辨识将是其发展方向。

速度估计研究方向应该是在提高速度估计的精度、改进低速区控制性能，以及系统的抗噪声干扰能力和参数鲁棒性方面取得突破，开发满足工业要求的易于实现的高性能控制方案。

本章小结

机械量是运动控制的重要参数，也是许多传感器及变送器的中间转换参数。机械量测量方法很多，本章着重介绍了位移、转速及转矩等常用机械运动量测量。

① 感应同步器是应用电磁感应原理测量直线位移或转角位移的一种器件。感应同步器具有以下特点：广泛用于雷达天线定位、程控数控机床及高精度重型机床及加工中测量装置等；可作大范围的位移测量；制造成本低，安装使用方便；对工作环境条件要求不高，抗干扰能力强。

② 光栅数字传感器主要由标尺光栅、指示光栅、光路系统和光电元件等组成，利用光栅的莫尔条纹现象，将被测几何量转换为莫尔条纹的变化，再将莫尔条纹的变化经过光电转换系统转换成电信号，从而实现精密测量。

③ 转矩测量主要介绍电阻应变式转矩传感器、压磁式转矩传感器等。特别介绍目前发展的无速度传感技术，包括基波模型、高频信号注入法以及人工智能等估算方法，这给交流传动领域带来了重要变化，值得引起读者关注。

思考题与习题

9.1 旋转变压器用于角差测量和角度-相位变换时的组成原理有什么不同？

9.2 简述感应同步器的组成及用途。

9.3 鉴相型和鉴幅型感应同步器的工作原理有什么区别？

9.4 简述光栅式传感器的基本组成及其分类。

9.5 莫尔条纹是如何形成的？有什么特点？

9.6 若某光栅的线密度为 50 线/mm，标尺光栅和指示光栅之间夹角 $\theta = 0.01$ rad。求：

(1) 形成的莫尔条纹间距 B 是多少？

(2) 若采用 4 只光敏二极管接收莫尔条纹信号，并且光敏二极管响应时间为 10^{-6} s，问此时允许光栅最快运动速度是多少？

9.7 二进制码与循环码的码盘各有什么特点？并说明它们的互换原理。

9.8 一个 21 码道的循环码盘，其最小分辨力 θ_1 是多少？若每个 θ_1 角所对应的圆弧长为 0.001mm，问此时码盘直径是多少？

9.9 变磁通感应式转速传感器中的开磁路与闭磁路各有何优缺点？

9.10 已知某他励式直流测速发电机的电枢绕组电阻 $r_s = 1\Omega$，在 $n = 300$rpm 时，测得测速发电机的输出电压 $V_{CF} = 3$V。求：①当负载电阻 $R_L = 25\Omega$ 时，该发电机的 C_e 和 C；②当 $R_L \to \infty$，$n = 300$rpm 时，发电机的输出电压 V_{CF}；③当 $R_L = 25\Omega$，$n = 1000$rpm 时的电枢电流 I_s 及测速发电机的输入功率（不考虑效率）。

部分习题参考答案

第 1 章

1.5 $K = 300\,\text{mV/mm}$

1.6 不能，不合格

1.7 $\tau = 8.5\,\text{s}$

1.8 小于 $9.16\,\text{kHz}$

1.9 端基法：$y = 1 + 1.718x$，$\delta_L = 12.3\%$

   最小二乘法：$y = 0.894 + 1.705x$，$\delta_L = 5.75\%$

1.10 $\tau = 2\,\text{s}$，$K = 10^{-3}\,\text{m/℃}$

1.11 $\omega_0 = 1.5 \times 10^5\,\text{rad/s}$，$\xi = 0.01$，$K = 4.89\,\text{pC/(m/s}^2)$

第 2 章

2.9 最佳表达式 $2.762 \pm 0.006\%$，t 分布估计 $2.762 \pm 0.023\%$

2.10 $475\ 2.0 \pm 0.9$ （r/min）

2.11 91.63 ± 0.16 （℃）

2.12 0.668 ± 0.002 （MPa）

2.13 置信区间为 $[10.25\%,\ 13.25\%]$

第 3 章

3.4 变送器 69 台，调节器 86 台，记录仪 27 台

3.5 $\lambda < 2.23 \times 10^{-4}/\text{h}$

3.6 (1) $F_{\text{syst}} = 0.623$；(2) $F_{\text{overall}} = 0.242$；(3) $F_{\text{syst}} = 0.301$

第 4 章

4.10 $\left(\dfrac{\Delta R}{R}\right)_{\text{r}} = \dfrac{3p\,\pi_{11}}{16h^2}\left[r^2(1+\mu) - x^2(5-\mu)\right]$

   $\left(\dfrac{\Delta R}{R}\right)_{\text{t}} = \dfrac{3p\,\pi_{11}}{16h^2}\left[r^2(1+\mu) - x^2(5\mu-1)\right]$

4.12 (1) $L = 157\,\text{mH}$；(2) $\Delta L = 65\,\text{mH}$；

   (3) $Q = 85$

第 5 章

5.10 $t_{\text{实}} = 557\,℃$，$t_{\text{指示}} = 538.4\,℃$

5.11　$[A]$，$t_1 = t_2$

5.12　精确值 155.667Ω，近似值 155.25Ω，估算值 155.64Ω

5.13　$B = 2\,275K$，$\alpha_t = -2.56\%/K$

5.14　（1）室温或偏低，断偶前温度，始端

　　　（2）始端，终端

　　　（3）低于 500℃

　　　（4）偏高

5.15　105℃

5.16　（1）201.2℃　（2）147mm

第 6 章

6.15　1/50

6.16　$K = 2.598$ 次/升

6.17　$K_0 = 1.14$，量程范围 114～1140L/h

6.18　$\Delta p = 6000Pa$，$Q = 248m^3/h$

6.19　6.635mV

6.20　2907m³/h

第 7 章

7.9　仪表的测量范围为 -7025.4～$(6120.7-7025.4)$ Pa，即 -7025.4～$-904.7Pa$。
对应液位为零时的差压即为迁移量，所以迁移量为 $-7.025kPa$，并且是负迁移。

7.10　（1）量程 $\Delta p_{max} = h_3(\rho_2 - \rho_1)g$

　　　（2）迁移量 $\Delta p = p_+ - p_- = (h_2 + h_3)\rho_1 g + h_4\rho_2 g - (h_2 + h_3 + h_4)\rho_0 g$。

第 9 章

9.6　（1）$B = 2mm$；（2）$v = 20m/s$

9.8　$Q_1 = 1.716 \times 10^{-6}° = 0.29 \times 10^{-5}rad$，$D = 667.8mm$

参 考 文 献

[1] 王化祥. 自动检测技术. 3 版. 北京：化学工业出版社，2018.

[2] Doebelin E O. Measurement System. Application and Design. McGraw-book Company，1993.

[3] In-process measurement and control/edited by Stephan D. Murphy Murphy，Stephan D.，（1948-）New York：M. Dekker，c1990.

[4] 费业泰. 误差理论与数据处理. 7 版. 北京：机械工业出版社，2015.

[5] 宋明顺. 测量不确定度评定与数据处理. 北京：中国计量出版社，2000.

[6] 王伯雄. 测试技术基础. 2 版. 北京：清华大学出版社，2012.

[7] 吕崇德. 热工参数测量与处理. 2 版. 北京：清华大学出版社，2009.

[8] 陈忧先. 化工测量及仪表. 3 版. 北京：化学工业出版社，2010.

[9] 王化祥，张淑英. 传感器原理及应用. 3 版. 天津：天津大学出版社，2007.

[10] 王化祥. 仪器仪表可靠性技术. 天津：天津大学出版社，2020.

[11] 严兆大，等. 热能与动力工程机械测试技术. 2 版. 北京：机械工业出版社，2006.

[12] 李克林，等. 温度计量. 2 版. 北京：中国质检出版社，2006.

[13] 罗次申，等. 动力机械测试技术. 上海：上海交通大学出版社，2001.

[14] 苏彦勋. 流量计量与测试. 2 版. 北京：中国质检出版社，2007.

[15] 徐苓安. 相关流量测量技术. 天津：天津大学出版社，1998.

[16] 梁国伟，蔡武昌. 流量测量技术及仪表. 北京：机械工业出版社，2002.

[17] 冯圣一. 热工测量新技术. 北京：中国电力出版社，1995.

[18] XieC. G.，Plaskowski A，et al. 8-electrode capacitance system for two-component flow identification part 1：Tomographic flow imaging. IEE Proceedings Pt. A. 1989，136（4）：173～183.

[19] Mann R，Dickin F J，Wang M B，et al. Application of electrical resistance tomography to interrogate mixing process at plant scale. Chemical Engineering Science. 1997，52（13）：2087～2097.

[20] 陈晓竹，陈宏. 物性分析技术及仪表. 北京：机械工业出版社，2002.

[21] W. Warsito，L. -S. Fan、ECT imaging of three-phase luidized bed based on three-phase capacitance model. Chemical Engineering Science 58（2003）823～832.

[22] 张宏建，王化祥等. 检测控制仪表学习指导. 北京：化学工业出版社，2006.